"十二五"职业教育国家规划教材
经全国职业教育教材审定委员会审定

U0891866

地基与基础（第三版）

主　编　王秀兰　王　玮　韩家宝
副主编　刘　宇　郭　宁　边亚东
主　审　杨太生

人民交通出版社股份有限公司
北　京

内 容 提 要

本书为高职高专土建类专业"十二五"职业教育国家规划教材。全书共分十章:土的物理性质及工程分类,地基应力的计算,土的压缩性与地基变形计算,土的抗剪强度与地基承载力,土压力与支挡结构,建筑场地的岩土工程勘察,天然地基浅基础设计,桩基础,软弱地基处理,区域性地基*。为便于教师教学和学生学习,书后附有实践性教学内容指导:土工试验指导,课程设计指导。书中打*号部分为选学内容,供不同院校选用。

本书可作为高职高专院校建筑工程技术专业、建设工程监理专业及相关专业的教学用书,也可作为有关工程技术人员的参考书。

图书在版编目(CIP)数据

地基与基础/王秀兰,王玮,韩家宝主编. —3版.
—北京:人民交通出版社股份有限公司,2015.12
ISBN 978-7-114-12663-5

Ⅰ. ①地… Ⅱ. ①王… ②王… ③韩… Ⅲ. ①地基—高等学校—教材②基础(工程)—高等学校—教材 Ⅳ. ①TU47

中国版本图书馆CIP数据核字(2015)第292469号

Diji yu Jichu

书　　名:地基与基础(第三版)
著 作 者:王秀兰　王　玮　韩家宝
责任编辑:陈力维　邵　江
出版发行:人民交通出版社股份有限公司
地　　址:(100011)北京市朝阳区安定门外外馆斜街3号
网　　址:http://www.ccpcl.com.cn
销售电话:(010)59757973
总 经 销:人民交通出版社股份有限公司发行部
经　　销:各地新华书店
印　　刷:中国电影出版社印刷厂
开　　本:787×1092　1/16
印　　张:18.75
字　　数:430千
版　　次:2007年2月　第1版
2011年8月　第2版
2015年12月　第3版
印　　次:2021年7月　第4次印刷　总第13次印刷
书　　号:ISBN 978-7-114-12663-5
定　　价:38.00元
(有印刷、装订质量问题的图书由本公司负责调换)

高职高专土建类专业规划教材出版说明

近年来，我国职业教育蓬勃发展，教育教学改革不断深化，国家对职业教育的重视达到前所未有的高度。为了贯彻落实《国务院关于大力发展职业教育的决定》的精神，提高我国建设工程领域的职业教育水平，培育出适应新时期职业要求的高素质高技能人才，人民交通出版社股份有限公司深入调研，周密组织，在全国高职高专教育土建类专业教学指导委员会的热情鼓励和悉心指导下，发起并组织了全国四十余所院校一大批骨干教师，编写出版本系列教材。

本套教材以《高等职业教育土建类专业教育标准和培养方案》为纲，结合专业建设、课程建设和教育教学改革成果，在广泛调查和研讨的基础上进行规划和展开编写工作，重点突出企业参与和实践能力、职业技能的培养，推进教材立体化开发，鼓励教材创新。教材组委会、编审委员会、编写与审稿人员全力以赴，为打造特色鲜明的优质教材做出了不懈努力，希望能够以此推动高职土建类专业的教材建设。

本系列教材已先后推出建筑工程技术、建设工程监理和工程造价三个土建类专业共计四十余种主辅教材，随后将在全面推出土建大类中七类方向的全部专业教材的同时，对已出版的教材进行优化、修订，并开发相关数字资源。最终出版一套体系完整、特色鲜明、资源丰富的优秀高职高专土建类专业新形态教材。

本系列教材适合高职高专院校、成人高校、继续教育学院和民办高校土建类专业学生使用，也可作为相关从业人员的自学、培训教材。

人民交通出版社股份有限公司

2017 年 1 月

前言

QIANYAN

本教材于2007年2月正式出版发行，前两版经过八年的使用，得到了广大读者的认可。但随着我国高等职业教育的进一步发展，全国各院校在教学模式、课程体系、教学内容等方面的改革力度加大，2011年的第二版教材与当前高等职业教育的教学改革趋势尚有差距。编者按照高等职业教育土建类专业“十二五”职业教育国家级规划教材修订要求以及本课程的教学要求与课程标准，并广泛征求意见，在《地基与基础》教材第二版的基础上进行了修订。

在本次修订中，针对专业培养目标，精简了一些在工程实际中应用面不广、理论性较强的内容，增加了一些与职业能力相关的施工图识读的内容和多种形式的综合练习题；同时，将与教材内容配套的教学课件也进行了相应的修改和完善。本次修订力求使教材的内容更具有针对性、实用性和实践指导性，教材包含的知识能够满足高等职业教育土建类专业学生的职业能力和岗位知识的需要。

本书由王秀兰、王玮、韩家宝担任主编，刘宇、郭宁、边亚东担任副主编，王秀兰负责全书及其配套课件的统稿工作。本书共十章，绪论、第二章、第五章由黑龙江建筑职业技术学院王秀兰修订；第三章和第七章由徐州建筑职业技术学院王玮修订；第六章和第八章由哈尔滨职业技术学院韩家宝修订；第一章和第四章由深圳市建设集团(有限)公司郭宁修订；第九章和第十章由中原工学院边亚东修订；附录和配套课件由黑龙江建筑职业技术学院刘宇修订。全书由杨太生主审。

限于编者水平，书中难免有不妥之处，恳请读者及时指出，以便修改。

编者

2015年8月

目录

MULU

绪　论

“地基与基础”是一门理论性和实践性较强的土建类专业课程，是高职高专院校土建类专业学生以及从事工程设计、生产第一线的技术和质量管理及工程监理等岗位所必备的专业知识。本课程的任务：了解地基土的物理性质和工程性质；掌握地基土的应力与变形计算及地基承载力验算；掌握土压力计算及挡土结构设计基本知识；能解读和使用工程地质勘察资料，进行一般房屋基础设计，并具有识读和绘制一般房屋基础施工图的能力；具有应用本专业基本知识分析和处理基础工程中一般问题的能力。

一　土力学与地基基础的概念

土是岩石风化的产物，是由土粒、水和空气三相物质组成的三相体系。由于土形成的自然条件和地理环境不同，使得土的种类繁多，性质各异。土具有一定的散粒性，土粒之间的联结强度很弱，远低于颗粒本身的强度。同时，土还具有压缩性、渗透性和明显的区域性等。

土力学是用力学的基本原理和土工测试技术，研究土的各种性能的一门学科。土的性能主要包括土的物理特性、应力与变形、土的压缩性、抗剪强度、土压力及边坡稳定性等。由于土的工程性质复杂，因此，要解决基础工程中的实际问题，不仅需要本课程及相关学科的基本知识和技术，还要依赖于娴熟的现场实践经验和试验测试技术。

所有建筑物都要建造在地层上，建筑物的荷载都是通过基础向地基土中传播扩散。因此，当地层承受建筑物荷载后，使地层在一定范围内改变原有的应力状态，产生附加应力和变形。我们将承受建筑物荷载并受其影响的该部分地层，称为地基；并将直接与基础底面接触的土层称为持力层，在地基范围内持力层以下的土层统称为下卧层（图 0-1）。

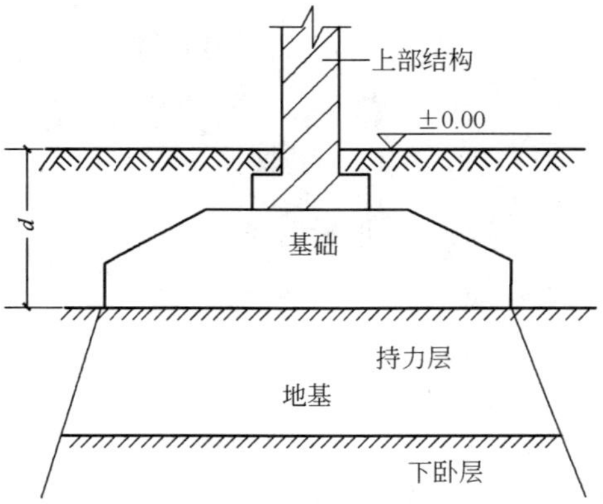

图 0-1　地基与基础示意图

一般建筑物由两部分组成，地面以上的结构称为建筑物的上部结构，地面以下的部分结构称为建筑物的下部结构。工程中通常将建筑物的下部结构称为基础，它位于建筑物上部结构与地基之间。基础的作用是承受建筑物荷载并将其荷载合理地传给地基。

基础都有一定的埋置深度，如图 0-1 所示。图中 d 表示基础底面至设计地面（一般指室内外设计地面）的垂直距离，称为基础埋置深度。基础根据埋置深度不同，可分为两类：一般将埋置深度不大（$d \leq 5m$）且采用一般方法与设备施工的基础，称为浅基础，如条形基础、独立基础、筏板基础等；如果基础埋置深度较大（$d > 5m$）且需用特殊的施工方法和机械设备建造的基础，称为深基础，如桩基础、墩基础、沉井和地下连续墙基础等。

为了保证建筑物的安全和正常使用，地基应满足下列两项基本要求。

（1）承载力要求：即作用在基础底面的压力不得超过地基承载力特征值，以保证地基不至于因承载力不足失去稳定而破坏。

（2）变形要求：即地基的变形（地基沉降量）不得超过建筑物的允许变形值，以保证建筑物不因地基变形过大产生开裂、损坏而影响正常使用。

此外，还应要求基础结构本身具有足够的强度和刚度，在地基反力作用下不会发生强度破坏，并且对地基变形具有一定的调整能力。

良好的地基应该具有较高的承载力及较低的压缩性。如果地基土软弱，工程性质较差，而且建筑物荷载较大，地基承载力和变形都不能满足上述两项要求时，需对地基进行人工加固处理后才能作为建筑地基，称为人工地基。未经过加固处理，直接建筑基础的地基，称为天然地基。由于基础工程的费用一般约占建筑总费用的 10% ~ 30%，因此，建筑物应尽量采用天然地基，以减少基础工程造价。

二 地基与基础的重要性

基础是建筑物的重要组成部分，基础工程属于隐蔽工程。若地基基础设计和施工不当，将影响建筑物的安全和正常使用。轻则上部结构开裂、倾斜，重则建筑物倒塌，而且进行补强修复、加固处理极其困难。下面列举一些国内外典型的因地基基础破坏而引起建筑物倾斜或倒塌的案例。

图 0-2　加拿大特朗斯康谷仓倾斜

【案例一】 加拿大特朗斯康谷仓，因地基承载力不足而发生严重的整体倾斜。谷仓建筑面积 59.4m × 23m、高 31m、自重 2×10^5kN，谷仓由 65 个钢筋混凝土圆形筒仓组成，基础采用 2m 厚筏形基础、埋置深度 3.6m。首次装载后 1h 谷仓下沉达 30.5cm，装载 24h 后倾倒，西端下沉 8.8m，东端抬高 1.5m，整体倾斜 26°53′，如图 0-2 所示。事故发生后经勘察发现，地表 3m 以下埋有约 15m 厚的高塑性淤泥质软黏土，加载后谷仓基底压力达 330kPa，而实际地基极限承载力为 277kPa。显然事故的原因是地基软弱下卧层承载力不足而造成整体失稳倾倒。地基强度虽破坏但钢筋混凝土筒体却安然无恙。后用 388 个 50t 千斤顶、70 多个混凝土墩支承在 16m 深的基岩上，纠正修复后继续使用，但谷仓的位置较原来下降了4m，如图0-2右下方示意图。

【案例二】 巴西11层框架结构大楼，建筑面积为29m×12m，支承在99根21m长的钢筋混凝土桩上。施工中虽发现明显沉降但没有引起重视。当发现沉降速度加快再采取加固措施为时已晚，竣工约20min后大楼彻底倒塌。事故后经调查：地基中有16m厚的软土，周围建筑物也采用桩基，但桩长26m。显然事故是由于桩长不够，未打入较好土层而悬浮在软土中，最终因软土承载力不足而导致大楼倾倒。

【案例三】 图0-3为苏州虎丘塔，建于北宋建隆二年（公元959—961年）。塔高47.5m，塔底直径13.66m，为7层八角形砖塔，由外壁、回廊及塔心三部分组成，重63000kN。其地基土层由上至下依次为杂填土、块石填土、黏土夹块石、风化岩石、基岩等，由于地基土压缩层厚度土质不均及砖砌体偏心受压等原因，造成该塔向东北方向倾斜。1956—1957年间对上部结构进行修缮，但使塔重增加了2000kN，加速了塔体的不均匀沉降。1957年塔顶位移1.7m，到1978年发展到2.3m，重心偏离基础轴线0.924m，砌体多处出现纵向裂缝，部分砖墩应力已接近极限状态。后来在塔周围建造了一圈桩排式地下连续墙，并采用注浆法和树根桩加固塔基，基本控制了塔的继续沉降和倾斜。

图0-3 苏州虎丘塔

【案例四】 广东省海康大旅店，坐落在湛江市通往海南岛的公路旁，建筑面积$4190m^2$，总高度24.4m。1980年5月正式开工，1981年8月7层主体结构完工。1981年6月28日发现地梁开裂，并测得有不均匀沉陷，53根柱子基础最大沉降量为10.5cm；同年11月25日测得最大沉降量为41cm；同年12月30日县建委主持全面检查，发现1～6层楼部分梁、柱、墙出现裂缝有31处之多，最大裂缝宽度达0.3cm，最长的裂缝长480cm；1982年1月31日测定最大沉降量达44cm。大楼于1982年5月3日下午6时30分，在无风无雨情况下突然全部倒塌，一塌到底，伤亡7人，直接经济损失六十多万元，是我国建筑史上罕见的倒塌事故。倒塌原因有很多方面——地基不均匀沉降、结构计算有误、工程质量失控和施工管理松懈等。

图0-4 墨西哥城一幢建筑的不均匀沉降

【案例五】 地基除满足承载力要求外，还要求地基不能发生过大的变形。图0-4为墨西哥城的一幢建筑，可清晰地看见因地基的不均匀沉降而引起上部结构产生较明显的挠曲变形。墨西哥城因四面环山，古代是大湖泊，由火山灰沉积而成。该地基为深厚的湖相沉积层，其天然含水量极高，并具有极高的压缩性。

【案例六】 哈尔滨铁路分局职工宿舍是一幢5层西式古典建筑，属于保护建筑。由于相邻建筑违章施工，在未采取任何预防和保护措施的情况下，在贴近该建筑基础旁，开挖深基坑，造成该楼南侧一角于基坑挖完第二天（1998年5月7日凌晨4时15分）倒塌，建筑自上而下刀切般地塌落在相邻工程的基坑内。其原因主要是违反建设程序和法规，擅自在相邻建筑开挖深基坑，大量弃土卸荷，导致坑壁失稳。

以上工程事故案例，足以说明地基基础的重要性。建筑物倒塌多数是与地基基础有关，因此，不仅要因地制宜合理地进行地基基础勘察、设计、施工，还要严格遵守建设法规、行业规范和标准，以免发生工程事故。

三 本课程的内容和特点

本书共分十章（未包括绪论），第一章是土力学基础知识，主要介绍土的物理性质、物理特征及土的工程分类。第二章~第四章是土力学基本理论部分，主要介绍土的力学及工程性质，要求掌握土中应力计算和分布，掌握土的压缩性、抗剪强度指标的测试方法及地基沉降量、地基强度计算。第五章为土压力与支挡结构，主要掌握主动土压力与挡土墙设计要点以及支护结构的类型。第六章~第十章是基础工程部分，主要介绍建筑场地的工程地质勘察和报告的阅读与使用；天然地基浅基础、桩基础设计与计算；地基处理方法和区域性地基方面的知识。本书后还附有土工试验和课程设计指导。

由于本课程的理论性和实践性较强，其中内容与高等数学、建筑力学、建筑结构、建筑材料、施工技术、工程地质等学科有密切关系，要求在学习本课程过程中，不仅要掌握和灵活运用土力学及基础工程方面知识和技能，还要注重理论联系工程实际，以及与相关学科的联系，增强分析问题和解决工程实际问题的能力。

本课程内容面向土木工程专业学生和设计人员以及生产第一线的技术和质量管理、工程监理、项目管理者等。

第一章 土的物理性质及工程分类

【职业能力目标】

通过本章课堂教学和实验课技能的训练，要求学生能够熟练准确评价土的工程性状，正确确定土的名称，并具有一定的土工试验操作能力。

【知识目标】

了解土的成因和三相组成物质，重点掌握土的物理性质和物理状态指标的基本概念、计算方法及其实际应用，掌握岩土的工程分类依据及其方法，准确定名。学会土的含水量、塑限、液限的测试方法，增强动手能力。

第一节 概 述

一 土的成因

土是岩石经风化、剥蚀、搬运、沉积等过程形成的松散沉积物。不同的风化作用形成不同性质的土。风化作用有物理风化、化学风化和生物风化三种。

(一) 物理风化

指岩石经受风、霜、雪、雨的侵蚀，温度、湿度的变化，发生不均匀膨胀与收缩，逐渐破碎崩解为碎块。这种风化作用仅改变颗粒的大小与形状，不改变原来的矿物成分，称为物理风化。

由物理风化生成的土颗粒较大，为粗粒土，如碎石土和砂土等，这种土统称为无黏性土。

(二) 化学风化

岩石的碎屑与空气、水和各种水溶液相接触，逐渐发生化学作用，改变了原来的矿物成分，形成新的矿物——次生矿物，称为化学风化。

经化学风化生成的土为细粒土，具有黏结力，如黏性土。

(三)生物风化

由动物、植物和人类活动对岩体的破坏称生物风化，例如，长在岩石缝隙中的树，因树根伸展使岩石缝隙扩展开裂，同时树根分泌出的有机酸也可使岩石分解破坏。而人们开采矿山、修铁路打隧道等活动形成的土，其矿物成分没有变化，所以不是生物风化。

二 土的结构与构造

(一)土的结构

土的结构是指土粒的大小、形状、土粒间的联结关系和土粒的相互排列情况。

土的结构是决定土的工程性质变化趋势的内在依据。一般认为有单粒结构、蜂窝结构和絮状结构三种。

1. 单粒结构

粗颗粒土(如卵石和砂土等)在沉积过程中，由于颗粒自重大于颗粒之间的引力，使每一个颗粒在自重作用下单独下沉并达到稳定状态。呈松散状态的单粒结构的土[图 1-1a)]，土粒间的空隙较大，不稳定，在荷载作用下变形较大。这种土层未经处理一般不宜作为建筑地基。而呈密实状态的单粒结构的土[图1-1b)]，强度较高，压缩性较小，是良好的天然地基。

2. 蜂窝结构

对于较细(如粉粒)的土颗粒，在水中单粒下沉时，由于土粒之间的分子引力大于土粒的重力，当碰到已沉积的土粒，下沉的土粒被吸引而不再下沉，形成具有很大孔隙的蜂窝结构，如图 1-2 所示。

3. 絮状结构

对于粒径极细的黏土颗粒(粒径小于 0.005mm)，由于黏粒自重轻不会下沉而在水中长期悬浮、运动、相互碰撞吸引而逐渐形成链环状的集合体，并随质量增大而下沉，形成絮状结构，如图 1-3 所示。

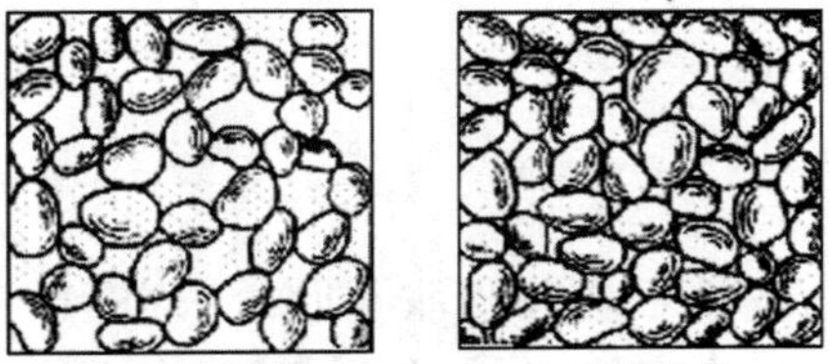

a)松散状态　　b)密实状态

图 1-1　单粒结构

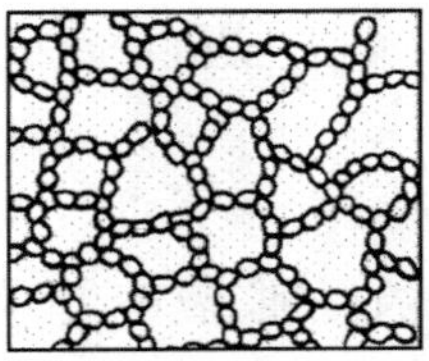

图 1-2　蜂窝结构

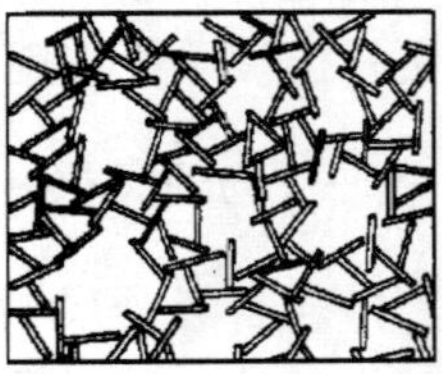

图 1-3　絮状结构

无论是蜂窝结构还是絮状结构，其共同特点均为水下沉积，孔隙大、含水量高、不稳定、承载力极小，因而不能作为地基。

(二)土的构造

土的构造是指同一土层中，结构不同部分相互排列的特征。其主要特征是成层性和裂隙性，如图 1-4 所示。

成层性即土具有层状构造，这是由于土粒在沉积过程中，不同阶段沉积物的物质成分、颗粒大小、颜色等不同，一层一层相互平行，沿竖向呈现出成层特征。例如在平原地区，土通常呈现出水平层理构造。

裂隙性是指土体中有很多不连续的小裂隙，这种裂隙的存在破坏了土的整体性，使土体强度和稳定性降低、渗透性增高、工程性质变差。某些坚硬或硬塑状态的黏性土即为此种构造。

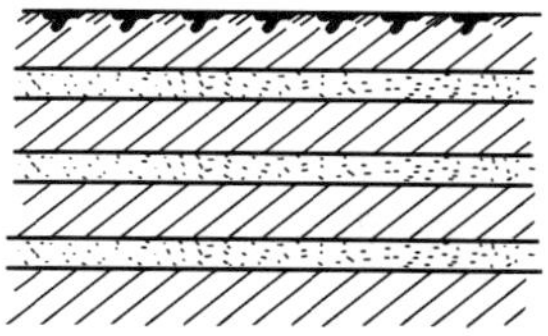
a)水平层理构造

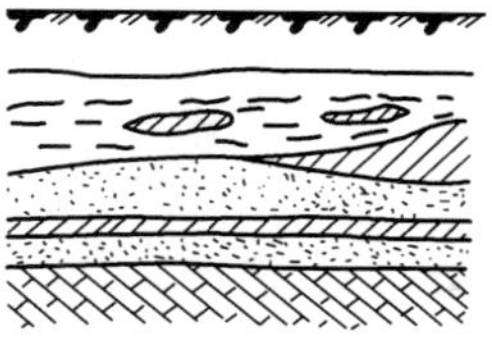
b)交错层理构造

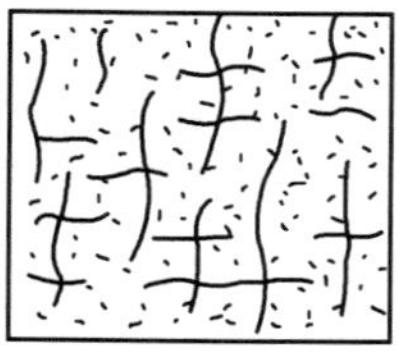
c)裂隙构造

图 1-4 土的层状构造与裂隙构造

第二节 土 的 组 成

土是由固体矿物颗粒、水和气体三部分，即固相、液相和气相组成的三相体系。土中的固体矿物颗粒构成土的骨架，骨架之间存在着大量孔隙，孔隙中充满着水和空气，如图 1-5 所示。

土的三相组成比例随着环境的改变而发生相应的变化。

当孔隙中充填着水和空气时，为湿土；当孔隙中全部被水充满时（$V_a=0$），为饱和土；当孔隙中只有空气时（$V_w=0$），为干土。饱和土和干土均属二相体系。

由此可见，要研究土的各种工程性质，首先要从土的最基本组成即三相物质开始研究。

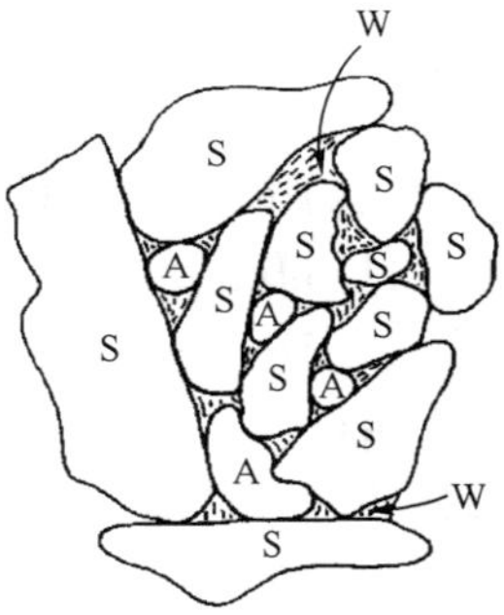

图 1-5 土的组成示意图
S-固相；W-液相；A-气相

一 土中固相

土的固相（固体矿物颗粒）构成了土的骨架，是土的三相组成中的主体，是决定土的工程性质的主要成分。

（一）粒组的划分

自然界中土一般都是由大小不等的土颗粒混合组成的，土的粒径大小不同，工程性质也各异。通常将颗粒直径简称粒径，单位为 mm。工程上将不同粒径的土粒，按某一粒径范围（物理性质及特征接近）划分为若干粒组，见表 1-1。粒组与粒组之间的分界粒径称为界限粒径。

土粒粒组的划分

表 1-1

粒组名称	粒径范围(mm)	一般特征
漂石(块石)粒	$d>200$	透水性大,无黏性,无毛细水
卵石(碎石)粒	$20<d\leq 200$	透水性大,无黏性,无毛细水
圆砾(角砾)	$2<d\leq 20$	透水性大,无黏性,毛细水上升高度不超过粒径大小
砂粒	$0.075<d\leq 2$	易透水,当混入云母等杂物时透水性减小,而压缩性增加;无黏性,遇水不膨胀,干燥时松散;毛细水上升高度不大,随粒径变小而增大
粉粒	$0.005<d\leq 0.075$	透水性小;湿时稍有黏性,遇水膨胀小,干时稍有收缩;毛细水上升高度较大较快,极易出现冻胀现象
黏粒	$d\leq 0.005$	透水性很小;湿时有黏性、可塑性,遇水膨胀大,干时收缩显著;毛细水上升高度大,且速度较慢

(二)土的颗粒级配

土的颗粒级配是指土粒大小的组成情况,通常以土中各个粒组的相对含量(即各粒组占土粒总质量的百分数)来表示。土中各个粒组的相对含量可通过颗粒分析试验得到。颗粒分析目前常用筛分法和密度计法。

1. 筛分法

筛分法是将风干、分散的代表性土样倒入标准筛中,经过筛分机振动过筛后,称出留在各筛盘上的土粒质量,即可求得各粒组的相对百分含量。此法适用于粒径在 0.075 ~ 60mm 的土。目前我国采用的标准筛的最小孔径为0.075mm。

2. 密度计法

密度计法是根据粒径不同的土粒,在水中沉降的速度不同的特性,将密度计放入悬液中,测计读数计算而得。此法适用于粒径 $d<0.075$mm 的土。

根据颗粒分析试验结果绘制土的颗粒级配曲线,如图 1-6 所示。纵坐标表示小于某粒径的土粒占总质量的百分数,横坐标表示土粒粒径,用对数坐标表示。图中级配曲线 a 和 b 分别表示两个试样的颗粒组成情况,从图中可以看出:曲线越陡(试样 b),表明颗粒大小相差不大,颗粒较均匀,土的级配不良;曲线越缓(试样 a),表明粒径分布的范围越广,粒径相差越悬殊,颗粒越不均匀,较大颗粒间的孔隙被较小的颗粒所填充,土粒级配良好。

工程上常用两个指标来定量描述土的级配特征:

不均匀系数 C_u

$$C_u=\frac{d_{60}}{d_{10}} \tag{1-1}$$

曲率系数 C_c

$$C_c=\frac{(d_{30})^2}{d_{10}\times d_{60}} \tag{1-2}$$

式中:d_{10}——有效粒径,小于某粒径的土粒质量占总质量的 10% 时相应的粒径;

d_{60}——限定粒径,小于某粒径的土粒质量占总质量的 60% 时相应的粒径;

d_{30}——小于某粒径的土粒质量占总质量的30%时相应的粒径。

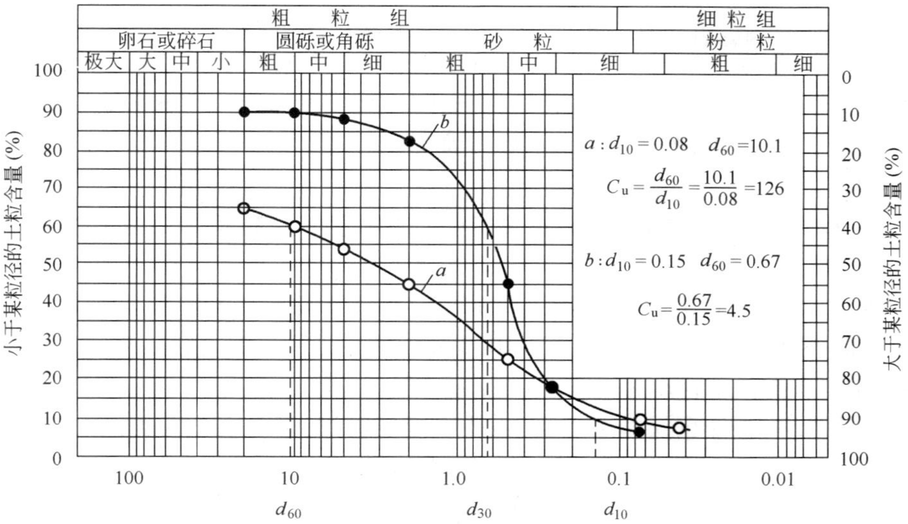

图1-6 颗粒级配曲线示例

不均匀系数反映颗粒级配的不均匀程度。C_u 值越大，曲线越平缓，土粒分布越不均匀，土的级配良好，作为堤坝等填方工程的土料时，比较容易获得较大的密实度。反之，C_u 值越小，曲线越陡，土粒越均匀。实际工程中，一般将 $C_u<5$ 的土视为级配不良的均粒土，而 $C_u>10$ 的土称为级配良好的非均粒土。

曲率系数 C_c 反映级配曲线的整体形状。当级配曲线斜率很大时，表明某一粒组含量过于集中，其他粒组含量相对较少。对砾石和砂土，当 $C_u \geq 5$ 且 $C_c=1 \sim 3$ 时级配良好；级配不能同时满足 C_u 与 C_c 两个要求，则为级配不良。

(三)土粒的矿物成分

土的固相是由各种矿物颗粒或矿物集合体组成的，不同矿物成分的性质是有差别的，因此由不同矿物组成的土粒性质也是不同的。土粒的矿物成分可分为原生矿物和次生矿物两大类。

(1)原生矿物是由岩石经物理风化而成的矿物碎屑，其成分与母岩相同，如石英、长石、云母等。

(2)次生矿物是原生矿物经化学风化，使其进一步分解，改变原来的化学成分而形成的一些颗粒更细小的新矿物。主要有黏土矿物、氧化物、氢氧化物和各种难溶盐类，其中黏土矿物包括蒙脱石、高岭石和伊利石三种：

①蒙脱石亲水性强，胀缩性(吸水膨胀、失水收缩)强，可塑性强。

②高岭石亲水性差，胀缩性弱，可塑性弱。

③伊利石又称水云母，亲水性介于蒙脱石和高岭石之间，胀缩性与可塑性也介于蒙脱石和高岭石之间，比较接近蒙脱石。

二 土中液相

土中液相主要是水(溶解有少量的可溶盐类)。按存在状态,土中水可划分为液态水、固态水和气态水。固态水是指当土中温度在0℃以下时,土中水冻结成为冰。水结成冰形成冻土,体积增大,强度增大,而冻土融化后又会使土体强度大大降低。气态水是指土中水以蒸气形式出现,对土的性质影响不大。液态水可分为结合水和自由水两种。

1. 结合水

结合水又称吸附水,是受土粒表面电场吸引而吸附于土粒表面的水,分为强结合水和弱结合水。

(1)强结合水:由于黏土颗粒表面的电场吸引,水分子紧靠在土粒表面。这种强结合水的性质接近固体,不传递静水压力,略高于100℃时才蒸发,具有很大的黏滞性、弹性和抗剪强度。当黏土中只含有强结合水时呈坚硬状态。

(2)弱结合水:存在于强结合水外侧,也受电场的吸引,但电场作用力随着与土粒距离的增大而减弱。弱结合水也不传递静水压力,呈黏滞状态,此部分水对黏性土的影响很大,是黏性土在一定含水量范围内具有可塑性的原因。

2. 自由水

自由水是在土粒表面电场范围以外的水,不受电场的吸引。其性质与普通水一样,能传递静水压力,有重力水和毛细水两种。

(1)重力水:位于地下水位以下的土孔隙中,能在重力或压力差的作用下流动,具有浮力的作用。

(2)毛细水:位于地下水位以上的土孔隙中。由于水与空气交界面处的表面张力作用,使土中自由水通过毛细管(土粒间的孔隙贯通,形成无数不规则的毛细管)逐渐上升,形成毛细水,并且毛细管越细,毛细水的上升高度越高。在工程中,毛细水的上升对基础防潮和地基土的湿润、冻胀有重要影响。

三 土中气相

土的孔隙中没有被水填充的部分都是气体,主要是空气、水蒸气,有时还有沼气等。土中气体分为自由气体和封闭气体两种。

1. 自由气体

自由气体与大气相连通,当土受压时能从孔隙中逸出,故对土的性质影响不大。

2. 封闭气体

封闭气体与大气隔绝,不易逸出,常存在于细粒土中。当土受压时封闭气泡被压缩,卸荷时又能有所恢复,使土体具有弹性,不易压实,俗称“橡皮土”。若土中封闭气泡很多时,将使土的透水性降低。另外,封闭气体的突然逸出可能会造成意外的沉陷。

第三节　土的物理性质指标

土的物理性质指标是指组成土的三相之间的比例关系。这些指标反映了土的干燥与潮湿、疏松与紧密,是评价土的工程性质的最基本的物理性质指标,也是工程地质勘察报告中不可缺少的基本内容,具有重要的实用价值。

一 土的三相简图

为了更直观地反映土中三相物质的比例关系,把土中分散的三相物质分别集中起来,并按适当的比例绘出三相示意图,如图1-7所示。

图的左边表示土中各相的质量,右边表示各相所占的体积,各符号的意义如下:

m_s——土粒的质量,g;

m_w——土中水的质量,g;

m——土的质量,$m = m_s + m_w$,g;

V_s——土粒的体积,cm^3;

V_w——土中水的体积,cm^3;

V_a——土中气的体积,cm^3;

V_v——土中孔隙体积,$V_v = V_a + V_w$,cm^3;

V——土的体积,$V = V_s + V_w + V_a$,cm^3。

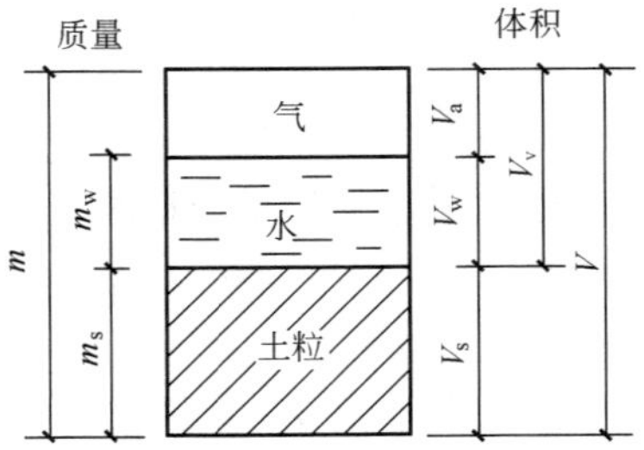

图1-7 土的三相简图

二 三相指标的定义

土的物理性质指标有9个:土的密度(或重度)、土粒相对密度、含水量、土的干密度、饱和重度、有效重度、孔隙比、孔隙率、饱和度。

(一)基本指标

土的密度、土粒相对密度、土的含水量三个指标可在实验室内直接测定,是实测指标,常称为土的三相基本指标。

1. 土的密度 ρ

土的密度指单位体积土的质量,单位 g/cm^3。

$$\rho = \frac{m}{V} \tag{1-3}$$

实际工程中,常将土的密度换算成土的重度,用 γ 表示,单位 kN/m^3。

$$\gamma = \rho g = \frac{mg}{V} = \frac{W}{V} \tag{1-4}$$

土的密度常用环刀法测定,用容积为 $100cm^3$ 或 $200cm^3$ 的环刀切取土样,用天平称其质量而得。天然状态下土的密度值变化较大。

2. 土粒相对密度 d_s

土粒相对密度指土粒质量与4℃时同体积水的质量之比,旧称土粒比重,无量纲。

$$d_s = \frac{m_s}{V_s}\frac{1}{\rho_w} \tag{1-5}$$

常用比重瓶法测定。数值大小取决于土的矿物成分,变化范围不大。

3. 土的含水量 w

土的含水量指土中水的质量与土粒质量之比，又称土的含水率，用百分数表示。

$$w = \frac{m_w}{m_s} \times 100\% \tag{1-6}$$

土的含水量是描述土的干湿程度的重要指标，常用烘干法测定。天然土的含水量变化范围很大，含水量越大，土越湿或越饱和，反之土越干。土的含水量对黏性土、粉土的性质影响较大，常见值为：砂土 0～40%；黏性土 20%～60%；当 $w \approx 0$ 时，黏性土呈坚硬状态。

（二）导出指标

1. 土的干重度 γ_d

土的干重度指单位体积土中土粒的重力，即土在干燥状态下的重度，单位 kN/m^3。

$$\gamma_d = \frac{W_s}{V} = \frac{m_s g}{V} = \rho_d g \tag{1-7}$$

土的干重度 γ_d（或干密度 ρ_d）越大，土越密实，强度越高。

土的干密度是评价土密实程度的一个指标，工程上常用于填方工程（土坝、路基和人工压实地基等）的土体压实质量控制标准。例如，在密云水库白河主坝防渗斜墙施工中，粉质黏土的施工压实质量标准为 $\rho_d \geq 1.70g/cm^3$。

2. 土的饱和重度 γ_{sat}

土的饱和重度指土孔隙中全部充满水时单位体积的重力，单位 kN/m^3。

$$\gamma_{sat} = \frac{W_s + V_v \gamma_w}{V} \tag{1-8}$$

式中：γ_w——水的重度，常近似取 $10kN/m^3$。

3. 土的有效重度（浮重度）γ'

地下水位以下的土层，如果土层是透水的，此时土受水的浮力作用，土的实际重量将减小，那么这种处于地水位以下的有效重度常称为土的浮重度，即土体单位体积所受重力与浮力的差值。

$$\gamma' = \gamma_{sat} - \gamma_w = \frac{W_s - V_s \gamma_w}{V} \tag{1-9}$$

对于同一种土，比较土的天然重度、干重度、饱和重度、浮重度的数值大小存在如下关系：

$$\gamma_{sat} > \gamma > \gamma_d > \gamma'$$

4. 土的孔隙比 e

土的孔隙比指土中孔隙体积与土粒体积之比，用小数表示。

$$e = \frac{V_v}{V_s} \tag{1-10}$$

土的孔隙比是评价土的密实程度的重要指标，按其大小可对砂土或粉土进行密实度分类。

5. 土的孔隙率 n

土的孔隙率指土中孔隙体积与总体积之比，用百分数表示。

$$n = \frac{V_v}{V} \times 100\% \tag{1-11}$$

土的孔隙率也可以评价土的密实程度。一般砂类土的孔隙率常小于黏性土的孔隙率。

6. 土的饱和度 S_r

土的饱和度指土中水的体积与孔隙体积之比。

$$S_r = \frac{V_w}{V_v} \tag{1-12}$$

饱和度反映土中孔隙被水充满的程度。其数值为0～1，当土处于完全干燥状态时，$S_r = 0$；当土处于完全饱和状态时，$S_r = 1$。

三 三相指标的换算

上述三相比例指标中，除土的重度、土粒相对密度、土的含水量三个基本指标外，其余六个物理性质指标均可通过三相简图换算求得。

换算的一般方法是：首先绘制三相简图，然后根据三个已知指标数值和其他各指标的定义进行换算。为简化计算，一般根据情况令 $V_s = 1$ 或 $V = 1$，利用指标定义得土的三相比例指标换算图，如图1-8所示。具体换算公式见表1-2。

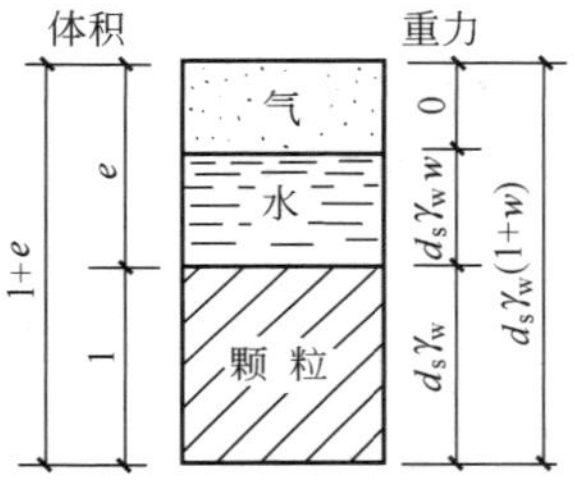

图1-8 三相比例指标换算图

土的三相比例指标换算公式及常见值 表1-2

指标	符号	表达式	单位	常见值	换算公式
重度	γ	$\gamma = \frac{W}{V} = \rho g$	kN/m³	16～22	$\gamma = \frac{(d_s + S_r e)\gamma_w}{1+e}$
密度	ρ	$\rho = \frac{m}{V}$	g/cm³	1.6～2.2	$\gamma = \frac{d_s(1+w)\gamma_w}{1+e}$
相对密度	d_s	$d_s = \frac{m_s}{V_s\rho_w}$		砂土：2.65～2.69 粉土：2.70～2.71 黏性土：2.72～2.75	$d_s = \frac{S_r e}{w}$
含水量	w	$w = \frac{m_w}{m_s} \times 100\%$	%	砂土：0～40% 黏性土：20%～60%	$w = \left(\frac{\gamma}{\gamma_d} - 1\right) \times 100\%$ $w = \frac{S_r e}{d_s} \times 100\%$
干重度	γ_d	$\gamma_d = \frac{W_s}{V} = \rho_d g$	kN/m³	13～20	$\gamma_d = \frac{\gamma}{1+w} = \frac{\gamma_w d_s}{1+e}$
干密度	ρ_d	$\rho_d = \frac{m_s}{V}$	g/cm³	1.3～2.0	
饱和重度	γ_{sat}	$\gamma_{sat} = \frac{W_s + V_v\gamma_w}{V}$	kN/m³	18～23	$\gamma_{sat} = \frac{d_s + e}{1+e}\gamma_w$
饱和密度	ρ_{sat}	$\rho_{sat} = \frac{m_s + V_v\rho_w}{V}$	g/cm³	1.8～2.3	

续上表

指　标	符　号	表　达　式	单　位	常　见　值	换　算　公　式
有效重度	γ'	$\gamma' = \gamma_{sat} - \gamma_w = \frac{W_s - V_s\gamma_w}{V}$	kN/m^3	8 ~ 13	$\gamma' = \frac{(d_s - 1)\gamma_w}{1+e}$
有效密度	ρ'	$\rho' = \rho_{sat} - \rho_w = \frac{m_s - V_s\rho_w}{V}$	g/cm^3	0.8 ~ 1.3	
孔隙比	e	$e = \frac{V_v}{V_s}$		砂土:0.3 ~ 0.9 黏性土:0.4 ~ 1.2	$e = \frac{n}{1-n}$ $e = \frac{d_s\gamma_w(1+w)}{\gamma} - 1$
孔隙率	n	$n = \frac{V_v}{V} \times 100\%$	%	砂土:25% ~ 45% 黏性土:30% ~ 60%	$n = \left(\frac{e}{1+e}\right) \times 100\%$
饱和度	S_r	$S_r = \frac{V_w}{V_v}$		0 ~ 1	$S_r = \frac{wd_s}{e} = \frac{w\gamma_d}{n\gamma_w}$

注:在换算公式中,含水量 w 应用小数代入计算。

【例题 1-1】 已知某钻孔原状土样用体积为 $72cm^3$ 的环刀取样,经试验测得:土的质量 $m_1 = 130g$,烘干后质量 $m_2 = 115g$,土粒相对密度 $d_s = 2.70$,试用三相图法求其余的物理性质指标。

解:(1)确定三相简图中的未知量。

土样中水的质量:$m_w = m_1 - m_2 = 130 - 115 = 15g$

土粒体积:$d_s = \frac{m_s}{V_s\rho_w} \Rightarrow V_s = \frac{m_s}{d_s\rho_w} = \frac{115}{2.70 \times 1.0} = 42.59cm^3$

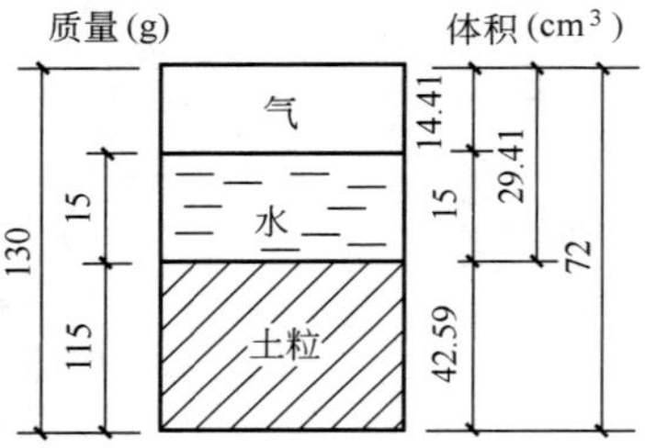

图 1-9　例题 1-1 土的三相计算简图

孔隙体积:$V_v = V - V_s = 72 - 42.59 = 29.41cm^3$

水的体积:$V_s = \frac{m_w}{\rho_w} = \frac{15}{1.0} = 15cm^3$

气相体积:$V_a = V_v - V_w = 29.41 - 15 = 14.41cm^3$

将以上所求数据填写在三相简图中,如图 1-9 所示。

(2)确定其余的物理性质指标。

土的密度:$\rho = \frac{m}{V} = \frac{130}{72} = 1.81g/cm^3$

土的含水量:$w = \frac{m_w}{m_s} \times 100\% = \frac{15}{115} \times 100\% = 13.04\%$

土的干密度:$\rho_d = \frac{m_s}{V} = \frac{115}{72} = 1.60g/cm^3$

饱和密度:$\rho_{sat} = \frac{m_s + V_v\rho_w}{V} = \frac{115 + 29.41 \times 1.0}{72} = 2.01g/cm^3$

有效密度:$\rho' = \rho_{sat} - \rho_w = 2.01 - 1.0 = 1.01g/cm^3$

孔隙比:$e = \frac{V_v}{V_s} = \frac{29.41}{42.59} = 0.69$

孔隙率：$n=\frac{V_v}{V}\times 100\%=\frac{29.41}{72}\times 100\%=40.85\%$

饱和度：$S_r=\frac{V_w}{V_v}=\frac{15}{29.41}=0.51$

第四节　土的物理状态指标

一　无黏性土的物理状态指标

无黏性土一般是指具有单粒结构的碎石土、砂土，土粒之间无黏结力。它们最主要的物理状态指标是密实度。

土的密实度是指单位体积土中固体颗粒的含量。根据固体颗粒含量的多少，无黏性土处于从紧密到松散的不同物理状态。当其处于密实状态时，结构较稳定，压缩性小，强度较高，可作为良好的天然地基；而处于松散状态时，稳定性差，压缩性大，强度偏低，属于软弱土。

（一）碎石土的密实度

碎石土的颗粒较粗，试验时不易取得原状土样，可以根据重型圆锥动力触探锤击数 $N_{63.5}$ 确定其密实度，见表 1-3。

碎石土的密实度　　表 1-3

重型圆锥动力触探锤击数 $N_{63.5}$	$N_{63.5}\leq 5$	$5<N_{63.5}\leq 10$	$10<N_{63.5}\leq 20$	$N_{63.5}>20$
密实度	松散	稍密	中密	密实

注：1. 本表适用于平均粒径小于等于 50mm 且最大粒径不超过 100mm 的卵石、碎石、圆砾、角砾；对于平均粒径大于 50mm 或最大粒径大于 100mm 的碎石土，可按野外鉴别方法划分其密实度（见表 1-4）。

2. 表内 $N_{63.5}$ 为经综合修正后的平均值。

碎石土密实度野外鉴别方法　　表 1-4

密实度	骨架颗粒含量和排列	可挖性	可钻性
松散	骨架颗粒质量小于总质量的 60%，排列混乱，大部分不接触	锹可以挖掘，井壁易坍塌，从井壁取出大颗粒后，立即塌落	钻进较易，钻杆稍有跳动，孔壁易坍塌
中密	骨架颗粒质量等于总质量的 60%～70%，呈交错排列，大部分接触	锹镐可以挖掘，井壁有掉块现象，从井壁取出大颗粒处，能保持凹面形状	钻进较困难，钻杆、吊锤跳动不剧烈，孔壁有坍塌现象
密实	骨架颗粒质量大于总质量的 70%，呈交错排列，连续接触	锹镐挖掘困难，用撬棍方能松动，井壁较稳定	钻进困难，钻杆、吊锤跳动剧烈，孔壁较稳定

注：密实度应按表列各项特征综合确定。

（二）砂土的密实度

1. 以孔隙比 e 为标准

用一个指标 e 判别砂土的密实度虽应用方便，但不足之处是它无法反映砂土的颗粒级配情况。例如,对同一种砂土,密砂的孔隙比 e_1 必然小于松砂的孔隙比 e_2。为了克服用一个指标 e 难以准确判别级配不同的砂土的缺陷,通常采用相对密实度 D_r 来判别。

2. 以相对密实度 D_r 为标准

$$D_r = \frac{e_{max} - e}{e_{max} - e_{min}} \tag{1-13}$$

式中:e_{max}——砂土在最松散状态时的孔隙比,即最大孔隙比;

e_{min}——砂土在最密实状态下的孔隙比,即最小孔隙比;

e——砂土在天然状态下的孔隙比。

当 $e = e_{min}$,$D_r = 1$ 时,砂土处于最密实状态;当 $e = e_{max}$,$D_r = 0$ 时,砂土处于最松散状态。根据 D_r 值可将砂土分为三种密实状态,见表 1-5。

用相对密实度 D_r 判定砂土密实度 表 1-5

相对密实度 D_r	$0 \leq D_r \leq 0.33$	$0.33 < D_r \leq 0.67$	$0.67 < D_r \leq 1$
密实度	松散	中密	密实

3. 以标准贯入试验 N 为标准

采用相对密实度 D_r 来评定砂土的密实程度,理论上讲是一种好办法,但实际上由于砂土原状土样不易取得,测定天然孔隙比较为困难,加上实验室的测定精度有限,因此计算的相对密实度误差较大。在实际工程中,常用标准贯入试验锤击数 N 来判定砂土的密实程度,见表 1-6。

砂 土 的 密 实 度 表 1-6

标准贯入试验锤击数 N	$N \leq 10$	$10 < N \leq 15$	$15 < N \leq 30$	$N > 30$
密实度	松散	稍密	中密	密实

二 粉土的物理状态指标

(一) 粉土的密实度

粉土的密实度根据孔隙比 e 分为稍密、中密和密实三种状态,见表 1-7。

粉土的密实度划分 表 1-7

孔隙比 e	$e < 0.75$	$0.75 \leq e \leq 0.9$	$e > 0.9$
密实度	密实	中密	稍密

(二) 粉土的湿度

粉土的潮湿程度应根据含水量 w(%)衡量,按含水量数值大小可分为稍湿、湿、很湿三种物理状态,见表 1-8。

粉土的湿度划分表 表 1-8

含水量 w(%)	$w < 20$	$20 \leq w \leq 30$	$w > 30$
粉土的湿度	稍湿	湿	很湿

三 黏性土的物理状态指标

黏性土的主要成分是黏粒，土粒间存在黏聚力而使土具有黏性。黏土颗粒很细，土的比表面积(单位体积的颗粒总表面积)越大，土粒表面与水作用的能力也越强。随着土中含水量变化，土具有不同的物理性质，因此水对黏性土的工程性质影响较大。

黏性土因含水多少而表现出的软硬程度，称为稠度。因含水多少而表现出的不同的物理状态称为黏性土的稠度状态。土的稠度状态因含水量的不同，可表现为固态、半固态、可塑状态与流塑状态四种状态。

例如，同一种黏性土，当它的含水量较小时，土呈半固体坚硬状态；当含水量适当增加，土粒间距离加大，土呈现可塑状态；如含水量再增加，土中出现较多的自由水时，黏性土则变成流塑状态，如图 1-10 所示。

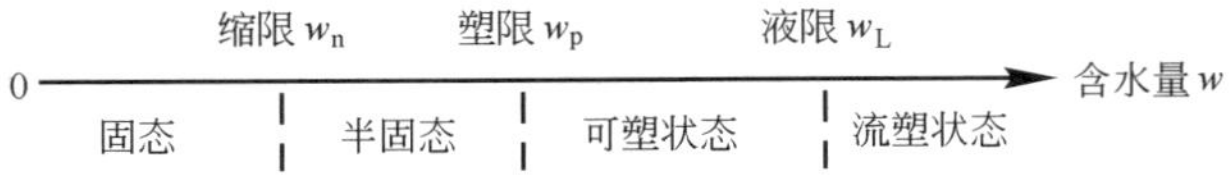

图 1-10　黏性土的物理状态与含水量的关系

(一)界限含水量

黏性土由一种稠度状态转变为另一种稠度状态时相应的分界含水量称为界限含水量(也称稠度界限)。液限是土由可塑状态转到流塑状态的界限含水量，用 w_L(%)表示。塑限是土由半固态转到可塑状态的界限含水量，用 w_p 表示。缩限是土由固态转到半固态的界限含水量，用 w_n 表示。

黏性土的液限与塑限可采用锥式液限仪进行测定。此外，黏性土塑限还常用滚搓法测定，具体操作方法详见附录 A 土工试验指导。

(二)塑性指数 I_p

黏性土中含水量在液限与塑限之间时，土处于可塑状态，具有可塑性，这是黏性土的独特性能。塑性指数 I_p 是液限与塑限的差值(去掉百分号)，即：

$$I_p = w_L - w_p \tag{1-14}$$

塑性指数表示黏性土处于可塑状态的含水量变化范围。一种土的 w_L 与 w_p 之间的范围越大，I_p 越大，表明该土能吸附的结合水越多，即该土黏粒含量高或矿物成分吸水能力强，其可塑性就越强。所以在工程实际中用塑性指数作为黏性土定名的标准，详见表1-15。

(三)液性指数 I_L

液性指数 I_L 是天然含水量与塑限的差值(去掉百分号)和塑性指数之比，即：

$$I_L = \frac{w - w_p}{w_L - w_p} \tag{1-15}$$

液性指数反映土的软硬程度。当 $w < w_p$ 时，$I_L < 0$，土呈坚硬状态；当 $w > w_L$ 时，$I_L > 1$，土处于流塑状态。根据液性指数 I_L 大小不同，可将黏性土分为五种软硬不同的物理状态，见表 1-9。

黏 性 土 的 状 态　　表 1-9

液性指数 I_L	$I_L \leq 0$	$0 < I_L \leq 0.25$	$0.25 < I_L \leq 0.75$	$0.75 < I_L \leq 1$	$I_L > 1$
物理状态	坚硬	硬塑	可塑	软塑	流塑

【例题 1-2】 从某地基取原状土样，测得土的液限 $w_L = 46.8\%$，塑限 $w_p = 26.7\%$，天然含水量 $w = 38.4\%$，问：(1)地基土为何种土？(2)该地基处于什么状态？

解：(1)由下式求塑性指数：

$$I_p = w_L - w_p = 46.8 - 26.7 = 20.1$$

查表 1-15 黏性土的分类，$I_p = 20.1 > 17$，该土为黏土。

(2)由下式求液性指数：

$$I_L = \frac{w - w_p}{w_L - w_p} = \frac{38.4 - 26.7}{46.8 - 26.7} = 0.58$$

查表 1-9 黏性土的状态，$0.25 < I_L \leq 0.75$，该土处于可塑状态。

(四)黏性土的灵敏度和触变性

天然状态下的黏性土通常都具有一定的结构性。当受到外来因素的扰动时，黏性土的天然结构被破坏，使强度降低，压缩性增大。土的这种结构性对强度的影响，一般用灵敏度 S_t 来表示，即：

$$S_t = \frac{q_u}{q'_u} \tag{1-16}$$

式中：q_u——原状土的无侧限抗压强度，kPa；

q'_u——重塑土的无侧限抗压强度，kPa。

原状土样是指取样时保持天然状态下土的结构和含水量不变的黏性土样。当土样的结构受到外来因素扰动而彻底破坏(含水量保持不变)时，为重塑土样。

根据灵敏度的大小可将黏性土分为三类，见表 1-10。

黏性土的灵敏度 S_t　　表 1-10

灵敏度 S_t	$1 < S_t \leq 2$	$2 < S_t \leq 4$	$S_t > 4$
灵敏度划分	低灵敏土	中灵敏土	高灵敏土

土的灵敏度越高，其结构性越强，受扰动后土的强度降低就越多。因此在基础工程中，当遇到灵敏度高的土，施工时应特别注意保护基槽，尽量减少对土的结构的扰动，避免降低地基承载力。

当黏性土的结构受扰动时，土的强度降低。但静置一段时间后，由于土的结构逐步恢复，土的强度又逐渐增长，这种性质称为土的触变性。例如，在黏性土中打入预制桩，桩侧土的结构受到破坏，强度降低，使桩容易打入。当打桩停止后，土的一部分强度逐渐恢复，桩的承载力将提高。

第五节　地基土的工程分类

自然界中可以作为地基的岩土种类很多，为了对其性质进行深入研究，并为工程设计与施工提供依据，需要对地基岩土进行科学的分类与定名。

《建筑地基基础设计规范》（GB 50007—2011）规定，作为建筑地基的岩土可分为岩石、碎石土、砂土、粉土、黏性土和人工填土六类。

一 岩石

颗粒间牢固联结、呈整体或具有节理裂隙的岩体称为岩石。作为建筑物地基，除应确定岩石的地质名称外，尚应划分其坚硬程度和完整程度，见表 1-11 和表 1-12。

（一）按坚硬程度划分

岩石坚硬程度的划分　表 1-11

坚硬程度类别	坚硬岩	较硬岩	较软岩	软岩	极软岩
饱和单轴抗压强度标准值 f_{rk}（MPa）	$f_{rk}>60$	$60\geqslant f_{rk}>30$	$30\geqslant f_{rk}>15$	$15\geqslant f_{rk}>5$	$f_{rk}\leqslant 5$

注：饱和单轴抗压强度标准值 f_{rk} 按《建筑地基基础设计规范》（GB 50007—2011）附录 J 确定。

（二）按岩体完整程度划分

岩石完整程度划分　表 1-12

完整程度等级	完整	较完整	较破碎	破碎	极破碎
完整性指数	>0.75	0.75～0.55	0.55～0.35	0.35～0.15	<0.15

注：完整性指数为岩体纵波波速与岩块纵波波速之比的平方。选定岩体、岩块测定波速时应有代表性。

二 碎石土

粒径 $d>2$mm 的颗粒含量超过全重 50% 的土称为碎石土。

根据土的颗粒形状及粒组含量可分为六类，见表 1-13。

碎石土的分类　表 1-13

土的名称	颗粒形状	粒组含量
漂石	圆形及亚圆形为主	粒径 $d>200$mm 的颗粒含量超过全重 50%
块石	棱角形为主	
卵石	圆形及亚圆形为主	粒径 $d>20$mm 的颗粒含量超过全重 50%
碎石	棱角形为主	
圆砾	圆形及亚圆形为主	粒径 $d>2$mm 的颗粒含量超过全重 50%
角砾	棱角形为主	

注：分类时应根据粒组含量栏从上到下以最先符合者确定。

三 砂土

粒径 $d>2$mm 的颗粒含量不超过全重 50%、粒径 $d>0.075$mm 的颗粒超过全重 50% 的土称为砂土。

根据土的粒径级配各粒组含量分为五类，见表 1-14。

砂土的分类　　表 1-14

土的名称	粒组含量
砾砂	粒径 $d>2$mm 的颗粒含量占全重 25% ~ 50%
粗砂	粒径 $d>0.5$mm 的颗粒含量超过全重 50%
中砂	粒径 $d>0.25$mm 的颗粒含量超过全重 50%
细砂	粒径 $d>0.075$mm 的颗粒含量超过全重 85%
粉砂	粒径 $d>0.075$mm 的颗粒含量超过全重 50%

注：分类时应根据粒组含量栏由上到下以最先符合者确定。

四 粉土

塑性指数 $I_p \leqslant 10$ 且粒径 $d>0.075$mm 的颗粒含量不超过全重 50% 的土称为粉土。

五 黏性土

塑性指数 $I_p>10$ 的土称为黏性土。按塑性指数的大小分为两类，见表1-15。

黏性土的分类　　表 1-15

塑性指数 I_p	$10<I_p \leqslant 17$	$I_p>17$
土的名称	粉质黏土	黏土

六 人工填土

由人类活动堆填形成的各类土称为人工填土。人工填土与上述五大类由大自然生成的土性质不同。按其组成和成因，可分为素填土、压实填土、杂填土和冲填土四种。

（1）素填土，由碎石土、砂土、粉土、黏性土等组成的填土。例如，各城镇挖防空洞所弃填的土，这种人工填土不含杂物。

（2）压实填土，经分层压实或夯实的素填土，统称为压实填土。

（3）杂填土，含有建筑垃圾、工业废料、生活垃圾等杂物的填土，称为杂填土。通常大中小城市地表都有一层杂填土。

（4）冲填土，由水力冲填泥沙形成的填土，称为冲填土。例如，天津市一些地区为疏浚海河时连泥带水，抽排至低洼地区沉积而成冲填土。

通常人工填土的成分复杂，压缩性大且不均匀，强度低，工程性质差，一般不宜直接用做地基。

以上六大类岩土，在工业与民用建筑工程中经常会遇到。此外，还有一些特殊土，如淤泥和淤泥质土、红黏土和次生黏土、湿陷性黄土和膨胀土等，它们都具有特殊的性质，在第十章区域性地基中有详细介绍。

【例题1-3】 某三种土A、B、C的颗粒级配曲线如图1-11所示，试按现行《建筑地基基础设计规范》(GB 50007—2011)的分类方法确定三种土的名称。

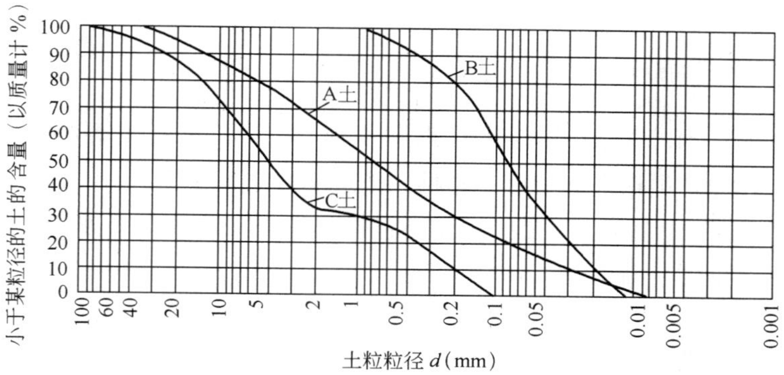

图1-11　例题1-3附图

解：由图1-11所示的土的颗粒级配曲线可知：

A土：粒径小于2mm的占总土质量的67%，粒径小于0.075mm占总土质量的21%，满足粒径大于2mm的不超过50%，粒径大于0.075mm的超过50%的要求，该土属于砂土。

又由于粒径大于2mm的占总土质量的33%，满足粒径大于2mm占总土质量25%～50%的要求，故此土应命名为砾砂；

B土：粒径大于0.075mm占总土质量的52%，属于砂土。同时满足粒径d大于0.075mm的颗粒含量占全重50%，此土应命名为粉砂。

C土：粒径大于2mm的占总土质量的67%，属于碎石土，同时满足粒径大于20mm的占总土质量的13%，按碎石土分类表可得，该土应命名为圆砾或角砾。

本章小结

(一)土的组成

(1)一般土是由三相物质组成的三相体系，各相性质及其相互之间的比例关系决定了土的物理力学性质。而饱和土和干土分别是由两相物质组成。

(2)土的颗粒级配。

土的颗粒级配通常以土中各粒组占土粒总质量的百分数表示。工程上用不均匀系数C_u表示颗粒级配的不均匀程度，一般将C_u小于5的土视为级配不好，C_u大于10的土称为级配良好。而曲率系数C_c主要反映级配曲线的整体形状。

(3)土中水的分类及性质。

液态水：
- 结合水：强结合水、弱结合水
- 自由水：重力水、毛细水

当黏土中只含有强结合水时土呈坚硬状态，而含有大量弱结合水时对黏性土性质影响最大，可使黏性土在一定含水量范围内具有可塑性。重力水能传递静水压力并产生浮力；毛细水的上升对基础防潮和地基土的潮湿程度、冻胀有一定影响。

（二）土的物理性质指标

（1）基本物理指标有三个：土的密度 ρ（重度 γ）、土粒相对密度 d_s、含水量 w，均是由实验室直接测定得到，其他各项指标均为导出指标。土的密度之间关系为：$\rho_{sat}>\rho>\rho_d>\rho'$（$\gamma_{sat}>\gamma>\gamma_d>\gamma'$）。干密度 ρ_d（干重度 γ_d）主要用于衡量填土质量。位于地下水位以下的土，应考虑浮力的影响，用有效重度 γ' 计算。

（2）反映土的密实程度的指标：土的密度（重度）、干密度（干重度）、孔隙比、孔隙率。

（3）反映土中潮湿程度的指标：含水量和饱和度（一般用于反映砂土湿度）。

（三）土的物理状态指标

（1）无黏性土的特征主要以密实度评价。当处于密实状态时，结构较稳定，压缩性小，强度较高，可作为良好的天然地基。

（2）黏性土的物理状态主要是指它的黏性、塑性和软硬程度。塑性指数 I_p 越大，表明黏性土的黏粒含量高、吸附水能力强、可塑范围越大，土的黏性、塑性越好。工程中根据塑性指标的数值大小给黏性土定名分类。

（3）液性指数是反映黏性土的软硬程度的重要指标，工程上根据液性指数 I_L 大小，将黏性土分为五种软硬不同的状态。

（四）土的工程分类方法

黏性土一般按塑性指数定名分类，无黏性土（未包括岩石）主要按粒径大小和相对含量分类。

小知识

你知道为什么吗？

《建筑地基基础设计规范》（GB 50007—2011）规定：在单桩竖向静载荷试验中，将预制桩打入土中后，开始试验的时间，对于黏性土不得少于 15 天，对于饱和软黏土不得少于 25 天。试用黏性土的触变性解释此项规定。

当把预制桩打入土中时对土有一定的扰动，使土的结构性发生变化，引起强度降低，而打桩停止后，由于土的触变性，土的强度有所恢复，为此规范规定要在打桩后隔一段时间再进行压桩试验。

思 考 题

1. 土由哪几部分组成？土中三相比例的变化对土的性质有什么影响？
2. 何谓土的颗粒级配？级配良好与级配不良的土在特征上有何区别？
3. 土体中结合水有何特性？土中固态水(冰)对工程有何影响？
4. 土的物理性质指标有哪些？其中哪几个可以直接测定？常用测定方法是什么？
5. 黏性土的物理状态指标是什么？如何应用它们的数值大小来评定土的工程性质？
6. 地基土(岩)分哪几大类？各类土是如何划分的？

综合练习题

一、填空题

1. 由固体颗粒和水两相物质组成的土,称为＿＿＿＿＿土。
2. 工程中把不均匀系数 $C_u<5$ 的土视为＿＿＿＿＿。
3. 土的三相比例指标中,基本物理指标是:＿＿＿＿＿、＿＿＿＿＿、＿＿＿＿＿。
4. 在实际工程中,常用＿＿＿＿＿来评定砂土的密实度。
5. 塑性指数 I_p 数值越大,表明黏性土的＿＿＿＿＿和＿＿＿＿＿越好。

二、单项选择题

1. 工程中常用于衡量填方工程土的压实质量的密度控制指标是(　　)。
   A. 天然重度 γ　　B. 干重度 γ_d
   C. 饱和重度 γ_{sat}　　D. 有效重度 γ'
2. (　　)对黏性土的性质影响最大。
   A. 强结合水　　B. 弱结合水
   C. 重力水　　D. 毛细水
3. 表示黏性土软硬程度的物理指标是(　　)。
   A. 塑限 ω_p　　B. 液限 ω_l
   C. 塑性指数 I_P　　D. 液性指数 I_L
4. 如果土的粒径从大到小变化,则土的(　　)也从大到小变化。
   A. 渗透性　　B. 压缩性　　C. 黏性　　D. 可塑性
5. 塑性指数(　　),为粉质黏土。
   A. $I_p \leq 10$　　B. $10 < I_p \leq 17$　　C. $I_p > 17$

三、判断题

1. 液性指数 $I_L > 1$,说明黏性土处于软塑状态。(　　)

2. 砂土的潮湿程度用含水量 ω 来衡量。(　　)

3. 工程上把不均匀系数 $C_u > 10$ 的土,视为颗粒级配不良的土。(　　)

4. 重力水能产生浮力并传递静水压力。(　　)

5. 素填土可以用做地基。(　　)

四、计算题

1. 某办公楼工程地质勘察中取原状土做试验,用体积为 $100cm^3$ 的环刀取样,用天平测得环刀加湿土的质量为245.00g,环刀质量为55.00g,烘干后土样质量为215.00g,土粒相对密度为2.70。计算此土样的天然密度、干密度、饱和密度、天然含水量、孔隙比、孔隙率以及饱和度,并比较各种密度的大小。(答案:$1.90g/cm^3$,$1.60g/cm^3$,$2.01/cm^3$,18.75%,0.686,40.7%,0.74,$\rho_{sat} > \rho > \rho_d$)

2. 某住宅地基土的试验中,已测得土的干密度 $\rho_d = 1.64g/cm^3$,含水量 $w = 21.3\%$,土粒相对密度 $d_s = 2.65$。计算土的 e、n 和 S_r。此土样又测得 $w_L = 29.7\%$,$w_p = 17.6\%$,计算 I_P 和 I_L,并描述土的物理状态,定出土的名称。(答案:0.67,40.1%,0.87;12.1,0.306,可塑状态,粉质黏土)

3. 有一砂土土样的物理性试验结果,标准贯入试验锤击数 $N = 34$,经筛分后各颗粒粒组含量见表1-16。试确定该砂土的名称和状态。(答案:粉砂,密实状态)

颗粒粒组含量 表1-16

粒径(mm)	<0.01	0.01~0.05	0.05~0.075	0.075~0.25	0.25~0.5	0.5~2.0
粒组含量(%)	3.9	14.3	26.7	28.6	19.1	7.4

第二章 地基应力的计算

【职业能力目标】

能正确计算基底压力以及地基中的附加应力;能灵活应用角点法解决工程中地基任意点的附加应力计算问题,为计算地基变形和地基承载力验算提供可靠依据。

【知识目标】

理解地基土自重应力、附加应力的基本概念及基本理论(定义、性质、分布特点),了解因地下水位下降,基础工程中大量挖土、填土对地基应力的影响。要求重点掌握地基自重应力、基底压力的计算;掌握矩形、条形均布荷载角点下土中附加应力的计算,学会在实际工程中的应用。

第一节 概　　述

土中应力是指土体内任意点或任意截面上的平均应力。当地基土承受建筑物荷载时,地基原有的应力状态发生了改变,地基中产生新的应力增量。按其产生的原因和作用效果不同。地基应力分为两种:一种是由土的自身重力在地基中产生的应力,称为自重应力;另一种是由建筑物荷载或其他外荷载的作用在地基中产生的应力,称为附加应力。

两种应力由于产生的原因不同,其应力性质及分布规律也不同。自重应力是在建造建筑物之前,早已长期存在于地基土中的应力。由于天然土层形成的年代比较久,在自重应力作用下其压缩变形已经稳定,因此它不会引起地基土产生新的变形。而附加应力是由于建造建筑物,使地基原有的应力状态发生变化产生了新的应力,从而引起地基产生新的变形。地基应力计算的目的,是为地基承载力验算和地基变形计算提供计算的依据,以保证建筑物的安全和正常使用。

为了简化土中应力计算,一般假定地基土为弹性均质的、各向同性的半无限直线变形体,这样就可以采用弹性理论来计算土中应力。虽然与地基土的实际性质不完全一致,但用弹性理论来计算的应力值与实测的土中应力值相差不大,其误差一般不会超过允许范围。

第二节　自重应力的计算

一 竖向自重应力的计算

计算土中自重应力时，一般假定天然地面为一无限大的水平面，将土体任意深度同水平面上各点的自重压力视为均匀相等且无限分布；任意竖直面均视为对称面，根据剪应力互等定理，对称面上均质土体中的剪应力均等于零。则作用在地基任意深度处的竖向自重应力就等于单位面积上土柱的重力与土柱底面积之比（图 2-1），即：

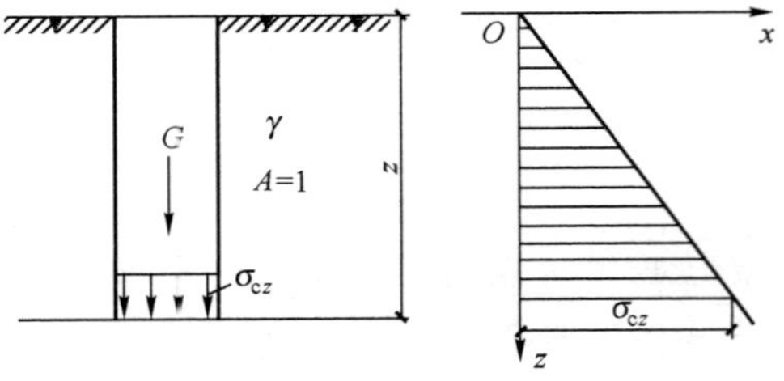

图 2-1　匀质地基土中竖向自重应力

$$\sigma_{cz} = \frac{G}{A} = \frac{\gamma A z}{A} = \gamma z \tag{2-1}$$

式中：σ_{cz}——天然地面以下 z 深度处的自重应力，kPa；

G——单位土柱的重力，kN；

A——土柱的底面积，m^2；

γ——土的天然重度，kN/m^3。

天然地基土一般是由若干不同土质的成层土组成。其原因是土在形成的过程中，沉积条件以及地理环境的改变而导致地基土的性质不同。例如地基由 n 层土组成，则天然地面以下任意深度处土的竖向自重应力为：

$$\sigma_{cz} = \gamma_1 h_1 + \gamma_2 h_2 + \gamma_3 h_3 + \cdots + \gamma_n h_n = \sum_{i=1}^{n} \gamma_i h_i \tag{2-2}$$

式中：n——从天然地面至 z 深度范围内的土层数；

h_i——第 i 层土的厚度，m；

γ_i——第 i 层土的天然重度，kN/m^3。

自重应力的分布规律：在匀质地基中，竖向自重应力沿地基深度呈线性三角形分布，如图 2-1 所示。即土中自重应力的数值大小是与土层厚度 z 成正比的，而地基任意深度同一水平面上的自重应力呈均匀分布。当地基由成层土组成时，土的竖向自重应力随地基深度的增加而增大，其应力分布图形呈折线形（图 2-2）。

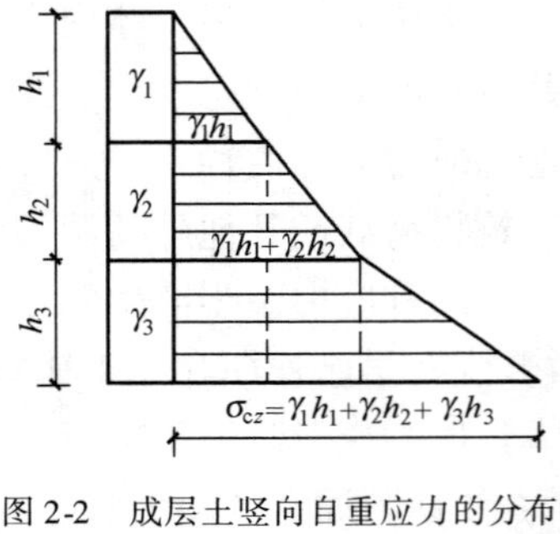

图 2-2　成层土竖向自重应力的分布

二 水平自重应力的计算

地基中任意水平面上除作用竖向自重应力外，在竖直面上还作用水平自重应力 σ_{cx} 和 σ_{cy}，根据弹性力学及土体的侧限条件可得：

$$\sigma_{cx} = \sigma_{cy} = K_0 \sigma_{cz} \tag{2-3}$$

由上式可知，水平自重应力 σ_{cx} 和 σ_{cy} 与 σ_{cz} 成正比，其比例系数 K_0 称为土的侧压力系数或静止土压力系数。

三 地下水位变化对自重应力的影响

当地基土中含有地下水时，位于地下水位以下的地基土，由于受到水的浮力作用，使土的自重减轻，自重应力减小。因此，计算地下水位以下土层的自重应力时，应考虑地下水浮力作用的影响，相应土层的重度 γ 改用土的有效重度 γ' 进行计算。在地下水位以下的土层中，若埋藏有不透水层（指岩石或致密的黏土层），如图 2-3 所示，在不透水层界面上下自重应力是不相等的，则第四层土底面自重应力为：

$$\sigma_{cz} = \gamma_1 h_1 + \gamma_2 h_2 + \gamma_3' h_3 + \gamma_4' h_4 \tag{2-4a}$$

不透水层顶面上由于静水压力的作用使其自重应力增加，则不透水层顶面处的自重应力为：

$$\sigma_{cz} = \gamma_1 h_1 + \gamma_2 h_2 + \gamma_3' h_3 + \gamma_4' h_4 + \gamma_w (h_3 + h_4) \tag{2-4b}$$

天然土层由于形成年代已久，在其自重应力作用下变形早已完成。但是，当地下水位由于某种因素影响而大幅度下降时，将会引起土中自重应力发生变化。例如，在软土地区地下水位较高，往往因大量抽取地下水或基坑开挖时降低地下水位而导致地下水位大幅度下降，使原水位以下的土层浮力消失导致其自重应力增加，如图 2-4 所示。由于新增加的自重应力相当于大面积的附加均布荷载，能引起下方土体产生新的压密变形，甚至造成地表大面积下沉的严重后果。因此，地下水位大幅度下降所增加的这部分自重应力，其性质属于附加应力（图 2-4b）。它引起的地基变形应计入地基总变形内。

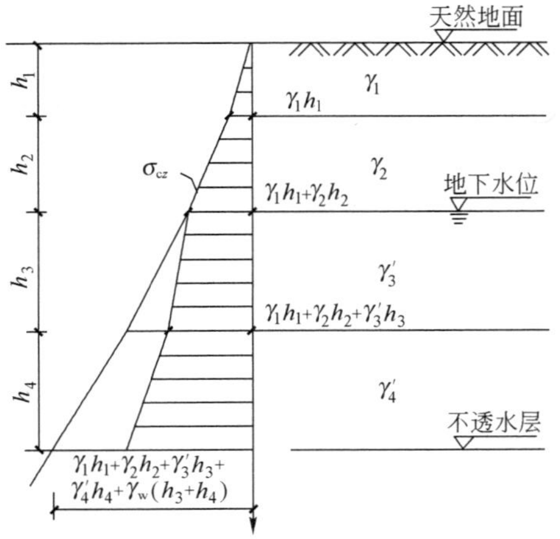

图 2-3　土中有地下水及不透水层时自重应力的分布

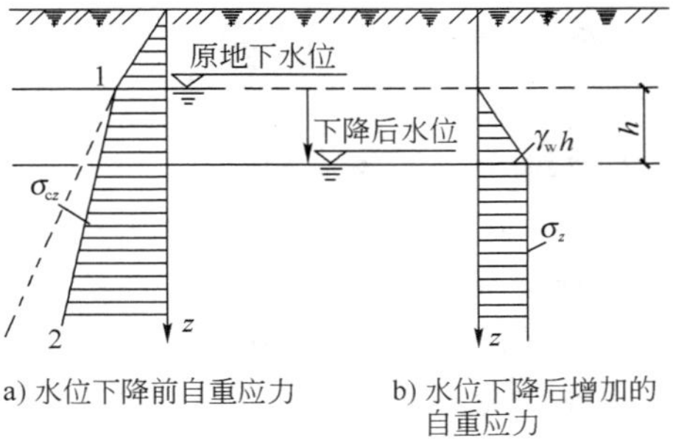

图 2-4　地下水位下降后的应力变化

地下水位上升对工程也不利，不仅软化了土质，还会使该土层受到地下水的浮力作用，其自重应力减少。如果是在基础工程完工前地下水位回升，则可能导致基坑边坡坍塌。此外，由于水位上升使该土层含水量急剧增加至饱和状态，使土粒之间的摩擦力降低，从而土的承载力也随之降低。

四 建筑场地填方整平时地基应力

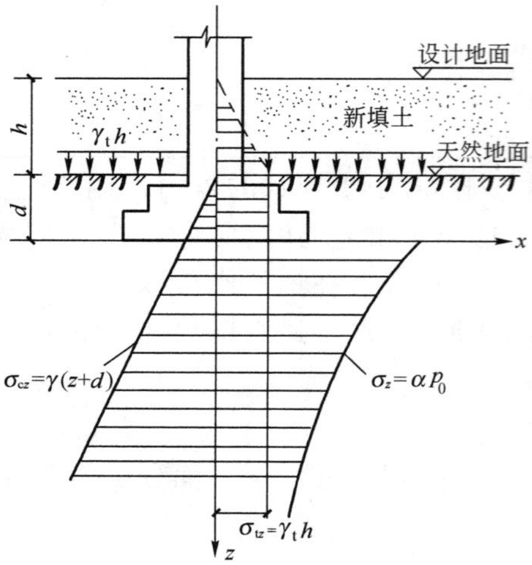

图 2-5 大面积新填土作用下地基应力分布

当建筑场地上进行大面积填土时，由于新填土的自重作用，不仅在该土层中产生自重应力，同时还给地基增加了新的附加应力而引起地基产生新的压密变形。尤其是在软土地区，它将影响建筑物产生过大的沉降甚至破坏。因此，在建筑物沉降计算中，需将填土视为外荷载即大面积附加均布荷载 $\gamma_t h$（γ_t 为填土重度，h 为填土厚度）作用在天然地面上。这样可以画出如图 2-5 所示的基础中心点下地基竖向应力分布图形。可以看出，在新填土厚度内应力图形仍然与自重应力规律分布相同，但至填土底面起沿深度呈矩形分布，因该应力不通过基础传递，不存在压力扩散问题。况且填土堆积时间短，在其自重作用下不仅本身要产生压密变形，同时还将引起其下土层产生新的变形。所以，大面积新填土在天然地面下产生的应力属于附加应力。当然，对于堆积很久的所谓多年填土在地基中产生的应力，仍属于自重应力的范畴。

【例题 2-1】 某建筑物场地工程地质条件为：在天然地面上有新铺大面积填土 2m 厚，填土重度 $\gamma_t = 16.5\text{kN/m}^3$；天然地面下第一层为粉质黏土层 $h_1 = 3\text{m}$ 厚，其重度 $\gamma_1 = 19\text{kN/m}^3$；第二层为黏土层 $h_2 = 2\text{m}$ 厚，重度 $\gamma_2 = 18.8\text{kN/m}^3$；第三层为砂土层 $h_3 = 4\text{m}$ 厚，该土层顶面为地下水位标高处，如图 2-6 所示，其重度 $\gamma_{3\text{sat}} = 20\text{kN/m}^3$，该土层底面为基岩。试计算各土层界面处及地下水位标高处的应力，并绘出应力分布图形。

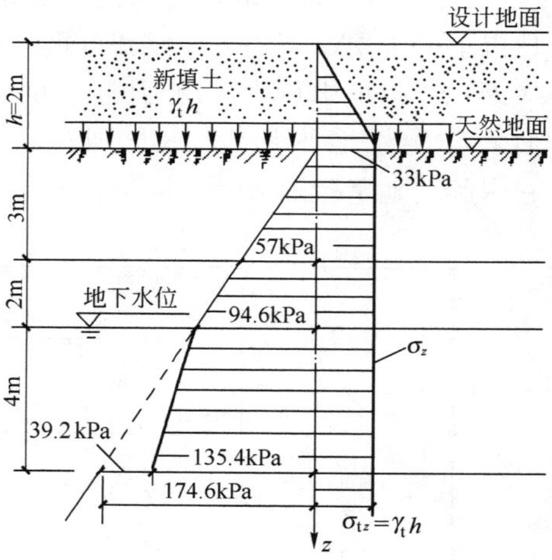

图 2-6 例题 2-1 附图

解：大面积新填土底面

$$\sigma_z = \gamma_t h = 16.5 \times 2 = 33\text{kPa}$$

粉质黏土底面

$$\sigma_{cz1} = \gamma_1 h_1 = 19 \times 3 = 57\text{kPa}$$

地下水位标高处

$$\sigma_{cz2} = \sigma_{cz1} + \gamma_2 h_2 = 57 + 18.8 \times 2 = 94.6\text{kPa}$$

砂土层底面

$$\sigma_{cz3} = \sigma_{cz2} + \gamma_3' h_3 = 94.6 + (20 - 9.8) \times 4 = 135.6\text{kPa}$$

基岩层面

$$\sigma_{cz} = \sigma_{cz3} + \gamma_w h_3 = 135.6 + 9.8 \times 4 = 174.6\text{kPa}$$

由于大面积新填土所产生的自重应力能引起下部土层产生新的变形，故属于附加应力，其应力分布图形如图 2-6 所示。

第三节　基底压力的计算

一　基底压应力的分布

建筑物荷载是通过基础传给地基的，基底压应力就是基础底面与地基接触面积上的压应力，简称为基底压力（也称接触压力）。它的反作用力即地基对基础底面的作用力，称为地基反力。在计算地基附加应力时，基础底面的压力分布是不可缺少的条件。

由试验及弹性理论可知，基底压应力的分布与基础刚度、基底平面形状、作用于基础上的荷载大小及分布、地基土的性质及基础埋深等因素有关。若基础刚度很小，如土坝、路基及平面尺寸大的金属油罐、薄板等，可视为柔性基础。在竖向荷载作用下没有抵抗弯曲变形的能力，基础将随着地基一起变形，因此当基础中心受压时，基底压力呈均匀分布（图2-7）。如果基础具有足够的刚度，即可认为在地基反力作用下是不变形的绝对刚性的基础，如块式整体基础，其本身的刚度远超过土的刚度，可视为绝对刚性基础。根据弹性理论求解，其基底压应力分布如图2-8a）中虚线所示。即基底中部压应力较小，而边缘压应力剧增并趋向无穷大，使地基土发生局部剪切破坏。实测的基底压应力图形，其边缘压应力远小于按弹性理论所确定的值，通常呈现马鞍形分布，如［图2-8a）］中实线所示。对黏性土地基，基底压应力图形呈边缘压应力为有限值的抛物线形［图2-8b）］；而在砂土地基上却呈边缘压应力为零的钟形分布［图2-8c）］。

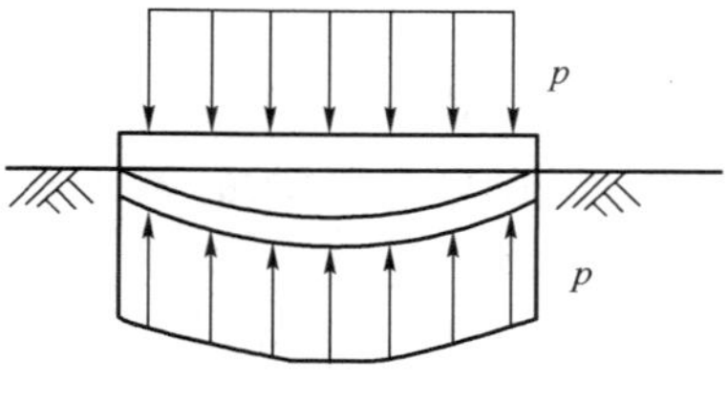

图2-7　柔性基础基底压力的分布

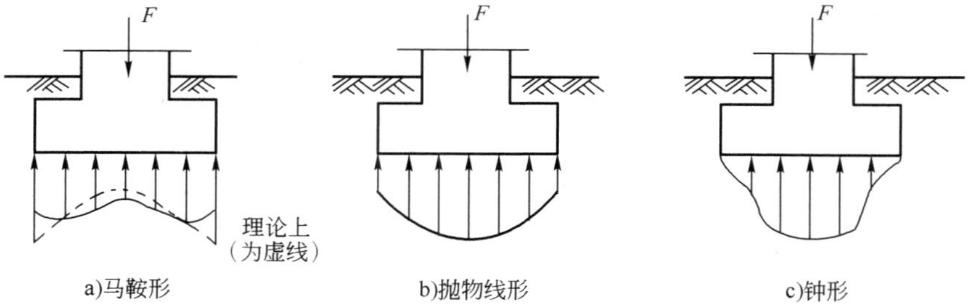

图2-8　刚性基础基底压力的分布

由此可见，刚性基础的基底压应力图形还与地基中塑性变形区开展的程度有关。一般情况下，对于具有一定刚度及基底尺寸较小的扩展基础（柱下单独基础、墙下条形基础），基底压应力可近似地按直线分布考虑，并且可按材料力学公式进行简化计算。对于基础刚度较大的十字交叉基础、筏形基础、箱形基础等，应考虑基础刚度的影响，用弹性地基梁板理论确定基底压力。

二　基底压力的计算

（一）中心受压基础

在轴心荷载作用下，基底压力呈均匀分布（图2-9），其数值按下列公式计算：

$$p_k = \frac{F_k + G_k}{A} \tag{2-5}$$

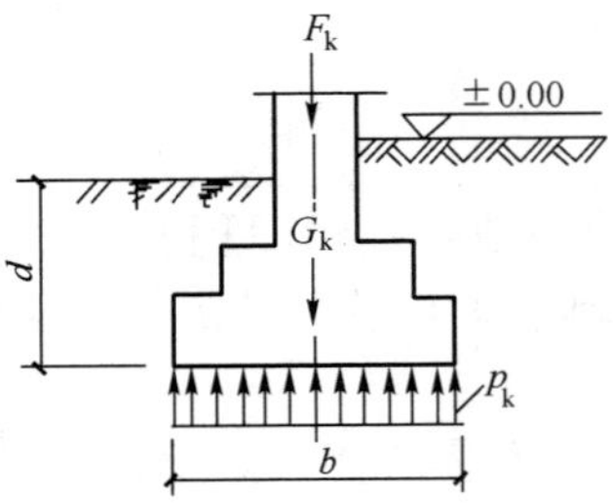

图 2-9　轴心荷载作用下基底压力

式中：p_k——相应于荷载标准组合时，基础底面处的平均压力值，kPa；

F_k——相应于荷载效应标准组合时，上部结构传至基础顶面的竖向力值，对于矩形或方形基础，单位为 kN，对于荷载沿基础长度方向均匀分布的墙下条形基础，则沿长度方向取 1m 进行计算，故 F_k 为每延米的相应荷载值，单位为 kN/m；

G_k——基础自重和基础上的土重，kN，$G_k = \gamma_G Ad$；

γ_G——基础及其台阶上回填土的平均重度，一般取 20，地下水位以下部分取有效重度 γ'，kN/m^3；

d——基础埋置深度，m，对于室内外地面有高差的外墙、外柱，取室内外平均埋深，如图 2-9 所示；

A——基础底面积，m^2，矩形基础 $A = l \times b$，l 为基础长边，b 为基础短边（宽度），对于条形基础通常沿基础长度方向取单位长度为计算单元，即 $l = 1m$，则：

$$p_k = \frac{F_k + G_k}{b} \tag{2-6}$$

（二）偏心受压矩形基础

当偏心荷载不通过基础底面形心，而是作用于矩形基底某一主轴上，使基础处于单向偏心（图 2-10）。并假设基底压应力为线性分布，基底边缘压应力可按材料力学短柱的偏心受压公式计算，即：

$$p_{kmax} = \frac{F_k + G_k}{lb} + \frac{M_k}{W} \tag{2-7a}$$

$$p_{kmin} = \frac{F_k + G_k}{lb} - \frac{M_k}{W} \tag{2-7b}$$

式中：p_{kmax}、p_{kmin}——分别为相应于荷载效应标准组合时，基底边缘的最大、最小压力值，kPa；

M_k——分别为相应于荷载效应标准组合时作用于基础底面的弯矩设计值，kN·m；

$$M_k = (F_k + G_k)e$$

$$e = \frac{M_k}{F_k + G_k}$$

W——基础底面的抵抗矩，m^3。

若将弯矩 M_k 和 W 表达式代入式(2-7)中可得：

$$p_{kmax} = \frac{F_k + G_k}{lb}\left(1 + \frac{6e}{b}\right) \tag{2-8a}$$

$$p_{kmin} = \frac{F_k + G_k}{lb}\left(1 - \frac{6e}{b}\right) \tag{2-8b}$$

由式(2-8)可以看出：

(1)当 $e<\frac{b}{6}$ 时，基底压力呈梯形分布，$p_{\mathrm{kmin}}>0$，见图 2-10a)。

(2)当 $e=\frac{b}{6}$ 时，基底压力呈三角形分布，$p_{\mathrm{kmin}}=0$，见图 2-10b)。

(3)当 $e>\frac{b}{6}$ 时，基底压力出现部分负值，$p_{\mathrm{kmin}}<0$，见图 2-10c)。

实际上，由于基础与地基之间不可能承受拉应力，故此时意味着基础底面将部分与地基脱离，基底实际的压应力为三角形分布，如图 2-10d)所示。三角形压应力的合力作用于三角形形心，必然与外荷载 $F_{\mathrm{k}}+G_{\mathrm{k}}$ 大小相等、方向相反而互相平衡。所以，可利用平衡条件列出平衡方程求得基底边缘最大压应力。则：

$$F_{\mathrm{k}}+G_{\mathrm{k}}=\frac{1}{2}3alp_{\mathrm{kmax}}$$

$$p_{\mathrm{kmax}}=\frac{2(F_{\mathrm{k}}+G_{\mathrm{k}})}{3al} \qquad (2\text{-}9)$$

式中：a——单向偏心竖向荷载作用点至基底最大压应力边缘的距离，$a=\frac{b}{2}-e$，m。

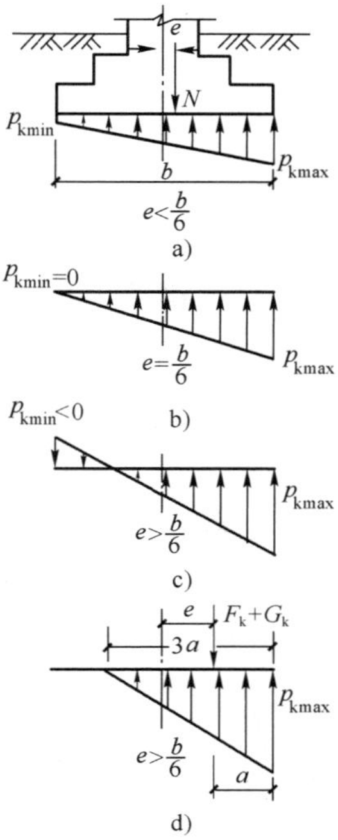

图 2-10　偏心荷载作用下基底压力分布

三 基底附加压力

在建造建筑物之前，基础底面处已有自重应力的作用。在建造建筑物之后，上部结构荷载通过基础传至基础底面处将产生基底压力，这与开挖基坑之前相比基础底面的应力增加，其增加的应力即为基底附加压应力。由于基底附加压力向地基传播扩散，将引起地基产生新的变形。建筑物基础需要有一定的埋置深度，因此在基础施工时要把基底标高以上的土挖除，将基底处原来存在的自重应力减去。如果基坑开挖后施加在基底的压应力为 p_{k}，则基底附加压力 p_0 在数值上应等于基底压应力 p_{k} 减去基底处土的自重应力 σ_{cd}（图 2-11），即：

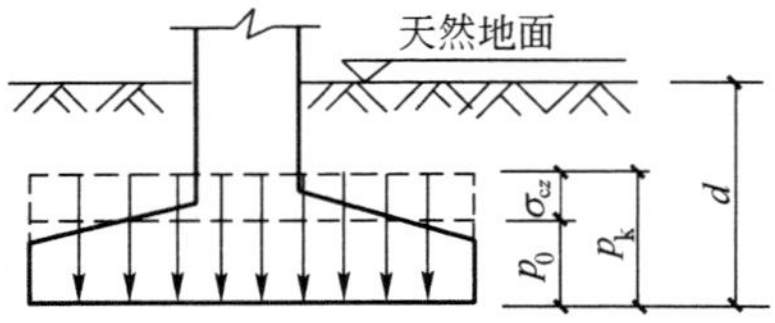

图 2-11　基底压力与基底附加压力

$$p_0=p_{\mathrm{k}}-\sigma_{cz}=p_{\mathrm{k}}-\gamma d \qquad (2\text{-}10)$$

式中：p_0——基础底面处平均附加压力，kPa；

σ_{cz}——基础底面处的自重应力，kPa；

d——从天然地面算起的基础埋深，m；

γ——土的天然重度，kN/m^3；若基础埋深范围内有两层土组成，需计算基础底面以上天然土层的加权平均重度 γ_m，即：

$$\gamma_m=\frac{\sum_{i=1}^{n}\gamma_i z_i}{d} \tag{2-11}$$

【例题 2-2】 某柱下独立基础底面积尺寸为 $l\times b=3\text{m}\times 2\text{m}$，上部结构传来轴向力 $F_k=980\text{kN}$，基础埋深为1.5m，室内外高差为0.6m，如图2-12所示，试求基底压力 p_k 和基底附加压力 p_0。

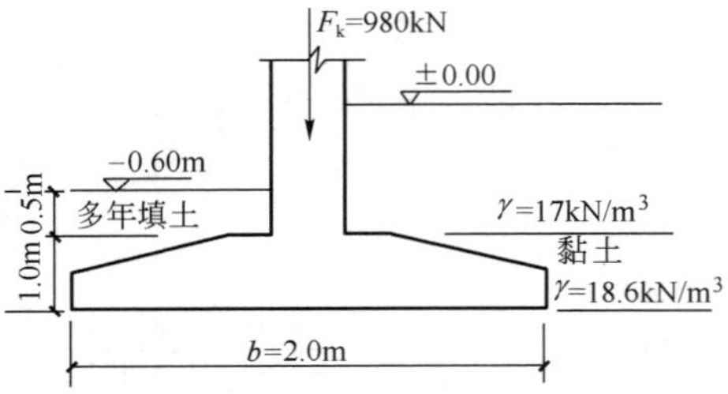

图 2-12 例题 2-2 附图

解：因基础埋深有高差需计算基础平均埋深：

$$\bar{d}=1.5+\frac{0.6}{2}=1.8\text{m}$$

$$G_k=\gamma_G A\bar{d}=20\times 3\times 2\times 1.8=216\text{kN}$$

$$p_k=\frac{F_k+G_k}{A}=\frac{980+216}{3\times 2}=199.33\text{kPa}$$

$$\gamma_m=\frac{\sigma_{cz}}{d}=\frac{17\times 0.5+18.6\times 1}{1.5}=18.1\text{kN/m}^3$$

$$p_0=p_k-\sigma_{cz}=p_k-\gamma_m d=199.33-18.1\times 1.5=172.18\text{kPa}$$

【例题 2-3】 某单层厂房柱下单独基础如图2-13所示，在基础顶面传来内力设计值：$N=600\text{kN}$，$M=150\text{kN}\cdot\text{m}$，$V=28\text{kN}$，基础梁传来竖向力设计值 $F=210\text{kN}$，F 至柱子中间的偏心矩 $e'=0.42\text{m}$，柱截面尺寸为400mm×600mm，基础埋深 $d=1.2\text{m}$，基础底面尺寸初步确定为 $l\times b=4.5\text{m}\times 3\text{m}$，试求基底最大和最小压力以及基底平均压力。

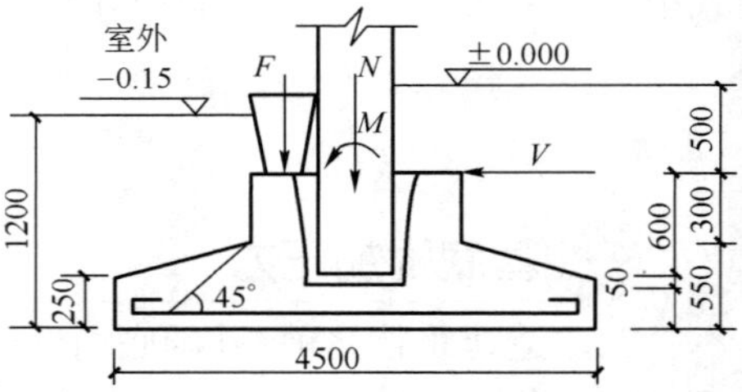

图 2-13 例题 2-3 附图（尺寸单位：mm）

解：$G=\gamma_G Ad=20\times 4.5\times 3\times\left(1.2+\dfrac{0.15}{2}\right)=344.25\text{kN}$

$$\sum N=N+G+F=600+344.25+210=1154.25\text{kN}$$

$$\sum M=M+Vh+Fe'=150+28\times 0.85+210\times 0.42=262\text{kN}\cdot\text{m}$$

$$e=\frac{\sum M}{\sum N}=\frac{262}{1154.25}=0.227\text{m}<\frac{l}{6}=0.75\text{m}$$

$$\frac{p_{max}}{p_{min}}=\frac{\sum N}{A}\left(1\pm\frac{6e}{l}\right)=\frac{1154.25}{4.5\times 3}\times\left(1\pm\frac{6\times 0.227}{4.5}\right)=\frac{111.38}{59.6}\text{kPa}$$

$$\frac{p_{max}+p_{min}}{2}=\frac{111.38+59.6}{2}=85.5\text{kPa}$$

第四节　地基附加应力的计算

地基附加应力是基底附加应力通过土粒之间的接触点向地基中传递扩散的结果。计算土中附加应力时，通常假定地基土是连续均质的、各向同性的半无限直线变形体，然后应用弹性力学公式求得地基土中的附加应力。

一　竖向集中荷载作用下土中附加应力

在半无限直性变形体表面作用一个集中荷载时，地基中任意一点 $M(x,y,z)$ 处将有六个应力分量及三个位移分量，如图 2-14 所示。

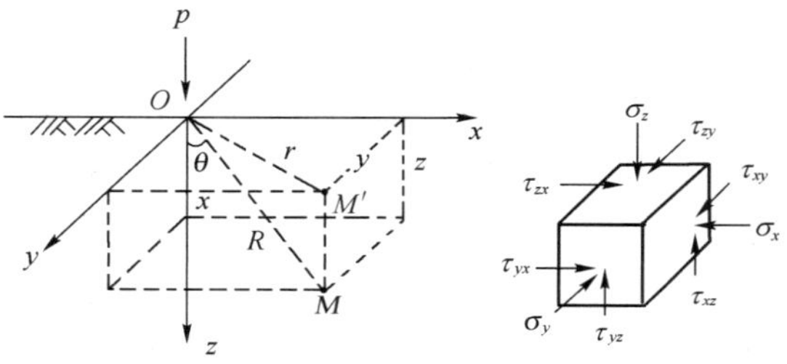

图 2-14　竖向集中力作用下土中应力

1885 年法国学者布辛奈斯克于用弹性理论对此推出了它们的解。由于在建筑工程中，建筑物荷载主要以竖向荷载为主，而对基础沉降计算意义最大的是竖向应力。因此下面主要介绍地基中任意一点 M 处的竖向附加应力 σ_z 的表达式。即：

$$\sigma_z = \frac{3p}{2\pi}\frac{z^3}{R^5} = \frac{3p}{2\pi R^2}\cos^3\theta \tag{2-12}$$

式中：p——作用于坐标原点 O 的竖向集中荷载，kN；

z——M 点的深度，m；

R——集中荷载作用点（即坐标原点 O）至 M 点的直线距离，m。

$$R = \sqrt{x^2 + y^2 + z^2} = \sqrt{r^2 + z^2} = \frac{z}{\cos\theta}$$

为了计算方便起见，利用图 2-14 中的几何关系 $R^2 = \sqrt{r^2 + z^2}$，代入式（2-12）可得：

$$\sigma_z = \frac{3p}{2\pi}\frac{z^3}{(r^2 + z^2)^{5/2}} = \frac{3}{2\pi}\frac{1}{[(r/z)^2 + 1]^{5/2}}\frac{p}{z^2} = K\frac{p}{z^2} \tag{2-13}$$

式中：K——集中荷载作用下土中竖向附加应力系数，可由表 2-1 查得是 r/z 的函数，即：

$$K = \frac{3}{2\pi}\frac{1}{[(r/z)^2 + 1]^{5/2}}$$

r——集中荷载作用点至计算点 M 在 xOy 平面上投影点 M' 的水平距离，m。

集中荷载作用下土中竖向附加压力系数 K 表 2-1

r/z	K	r/z	K	r/z	K	r/z	K	r/z	K
0	0.4775	0.45	0.3011	0.90	0.1083	1.35	0.0357	2.00	0.0085
0.05	0.4745	0.50	0.2733	0.95	0.0956	1.40	0.0317	2.10	0.0070
0.10	0.4657	0.55	0.2466	1.00	0.0844	1.45	0.0282	2.30	0.0048
0.15	0.4516	0.60	0.2214	1.05	0.0744	1.50	0.0251	2.50	0.0034
0.20	0.4329	0.65	0.1978	1.10	0.0658	1.55	0.0224	3.00	0.0015
0.25	0.4103	0.70	0.1762	1.15	0.0581	1.60	0.0200	3.50	0.0007
0.30	0.3849	0.75	0.1565	1.20	0.0513	1.70	0.0160	4.00	0.0004
0.35	0.3577	0.80	0.1386	1.25	0.0454	1.80	0.0129	4.50	0.0002
0.40	0.3294	0.85	0.1226	1.30	0.0402	1.90	0.0105	5.00	0.0001

下面举例说明地基中附加应力的扩散作用及分布规律。

【例题 2-4】 在地基表面作用有一个集中力 $P = 400\text{kN}$，试求：

(1) 沿地基深度 $z = 2\text{m}$ 水平面上，水平距离 $r = 0\text{m}$、1m、2m、3m、4m 处各点的附加应力，并绘出应力分布图。

(2) 求集中力作用线（即 $r = 0$）距地基表面 $z = 0\text{m}$、1m、2m、3m、4m 处各点的附加应力，并绘出应力分布图。

解：(1) 分别计算地基 $z = 2\text{m}$ 水平面上各点的附加应力 σ_z，并将计算过程与计算结果列于表 2-2 中，其应力分布图如图 2-15 所示。

表 2-2

z(m)	r(m)	$\frac{r}{z}$	K	$\sigma_z = K\frac{P}{z^2}$(kPa)
2	0	0	0.4775	47.75
2	1	0.5	0.2733	27.33
2	2	1.0	0.0844	8.44
2	3	1.5	0.0251	2.51
2	4	2.0	0.0085	0.85

(2) 将地基中 $r = 0$ 竖直线上各计算点的附加应力 σ_z 的计算过程与结果列于表 2-3 中，其应力分布图如图 2-15 所示。

表 2-3

z(m)	r(m)	$\frac{r}{z}$	K	$\sigma_z = K\frac{P}{z^2}$(kPa)
0	0	0	0.4775	∞
1	0	0	0.4775	191.0
2	0	0	0.4775	47.75
3	0	0	0.4775	21.20
4	0	0	0.4775	12.00

由图 2-15 可归纳出地基中附加应力的分布规律为：

(1)在地基任意深度同一水平面上的附加应力不相等，基底中心线上应力数值最大，向两侧逐渐减小。

(2)地基附加应力随土层深度增加而逐渐减小，但压力扩散的范围也越来越广。

当地基表面作用有两个(或两个以上)相邻集中荷载时，则土中任一平面上各点的应力均可应用叠加原理进行计算，即为 P_1、P_2 在该平面引起的应力之和，如图 2-16 中 *abcd* 曲线所示。

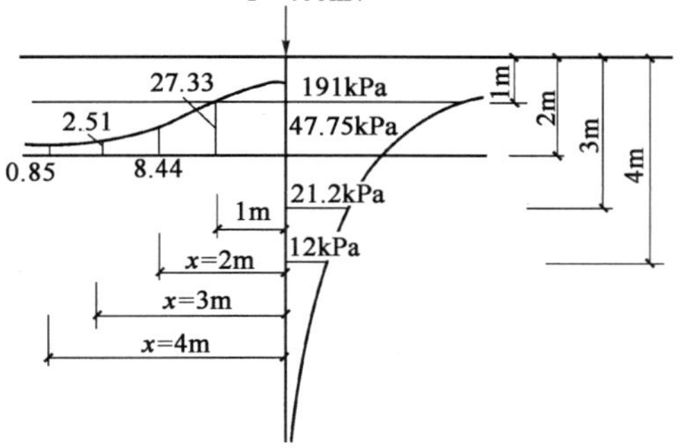

图 2-15　例题 2-4 附图

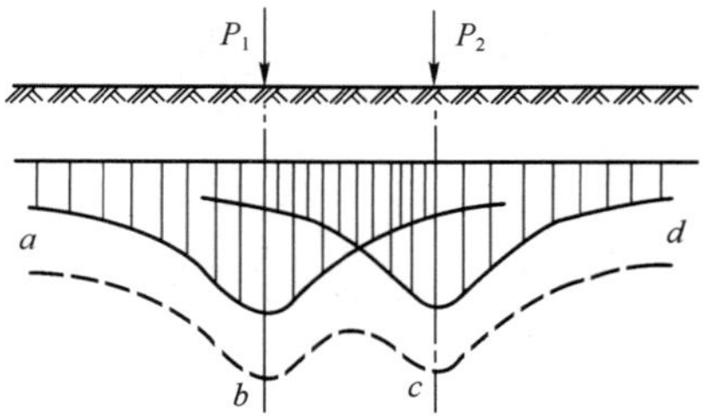

图 2-16　地基中应力叠加现象

由此可见，在相邻荷载特别是相邻新建筑物荷载作用下，由于附加应力的扩散和叠加作用的影响(图 2-17)会导致相邻新建筑物特别是相邻旧建筑物产生附加沉降。

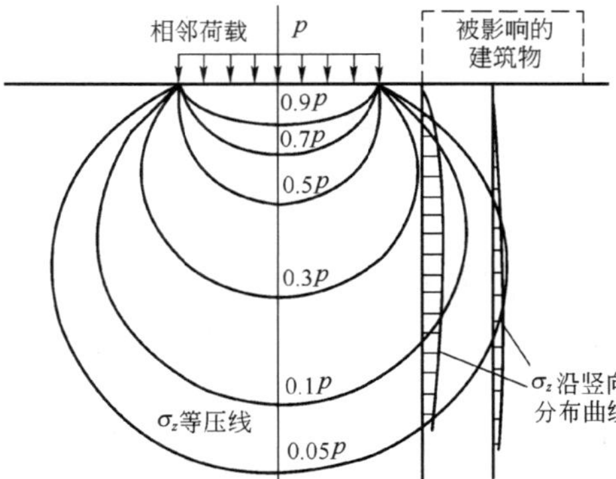

图 2-17　相邻荷载的影响

二 矩形面积均布荷载作用下土中竖向附加应力的计算

(一)矩形面积均布荷载角点下任意深度附加应力

轴心受压基础，基底压力和基底附加压力一般视为均匀分布，如图 2-18 所示。那么，当矩

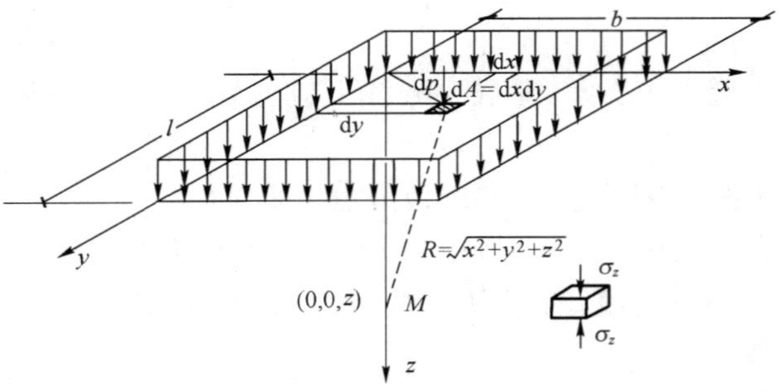

图 2-18　矩形面积均布荷载角点下附加

形基底面积上作用均布荷载 p_0(kPa)时，计算矩形荷载面角点 O 轴线上地基任意深度处 M 点附加应力的具体方法是：在矩形荷载面上取一无穷小的受荷面积 $dA = dxdy$，以集中力 $dp = p_0 \cdot dxdy$ 代替这个微分面积上的均布荷载，然后应用式(2-12)求得在该集中力 dp 作用下地基任意深度 M 点处所引起的竖向附加应力 σ_z，即：

$$d\sigma_z = \frac{3dp}{2\pi}\frac{z^3}{R^5} = \frac{3p_0z^3}{2\pi(x^2+y^2+z^2)^{5/2}}dxdy$$

$$\sigma_z = \frac{3p_0z^3}{2\pi}\int_0^l\int_0^b \frac{1}{(x^2+y^2+z^2)^{5/2}}dxdy$$

若令基底长宽比 $m = l/b$，深宽比 $n = z/b$，则得：

$$\sigma_z = \frac{p_0}{2\pi}\left[\frac{mn(1+m^2+2n^2)}{(m^2+n^2)(1+n^2)\sqrt{1+m^2+n^2}} + \arctan\frac{m}{n\sqrt{1+m^2+n^2}}\right]$$

为计算方便，令：

$$\alpha = \frac{1}{2\pi}\left[\frac{mn(1+m^2+2n^2)}{(m^2+n^2)(1+n^2)\sqrt{1+m^2+n^2}} + \arctan\frac{m}{n\sqrt{1+m^2+n^2}}\right]$$

则上式可写成：

$$\sigma_z = \alpha p_0 \tag{2-14}$$

式中：α——矩形均布荷载角点下的竖向附加应力系数，它是 l/b 和 z/b 的函数，可由表 2-4 查得。

(二)角点法的应用

凡是利用角点下的应力计算公式及叠加原理计算土中任意点 M 处附加应力的方法，均可称为角点法。则矩形面积均布荷载角点下土中任意深度 M 处附加应力的计算，可应用角点法求得。角点法的具体做法如下。

通过基底平面上任意点 M(即地基中计算点 M 在基底平面上的投影点)做一些相应的辅助线，使 M 点成为几个小矩形的公共角点，M 点以下深度 z 处的竖向附加应力 σ_z 就等于这几个小矩形荷载在该深度处所引起的应力之和。

下面根据地基中 M 点的位置不同列出四种情况，分别说明角点法的具体应用。

(1)如图 2-19a)所示，当 M 点作用在矩形均布荷载面以内时：

$$\sigma_{zM} = p_0(\alpha_{\mathrm{I}} + \alpha_{\mathrm{II}} + \alpha_{\mathrm{III}} + \alpha_{\mathrm{IV}})$$

式中：　p_0——基础底面处的平均附加压力，kPa；

α_{I}、α_{II}、α_{III}、α_{IV}——分别为小矩形荷载面Ⅰ、Ⅱ、Ⅲ、Ⅳ的角点下附加应力系数，可分别根据 l_i/b_i、z_i/b_i(l_i、b_i 分别为每个小矩形的长边和短边)由表 2-4 查得。

矩形面积均布荷载角点下竖向附加应力系数 α　　　表 2-4

	l/b										
z/b	1.0	1.2	1.4	1.6	1.8	2.0	3.0	4.0	5.0	6.0	10	条形
0.0	0.250	0.250	0.250	0.250	0.250	0.250	0.250	0.250	0.250	0.250	0.250	0.250
0.2	0.249	0.249	0.249	0.249	0.249	0.249	0.249	0.249	0.249	0.249	0.249	0.249
0.4	0.240	0.242	0.243	0.243	0.244	0.244	0.244	0.244	0.244	0.244	0.244	0.244
0.6	0.223	0.228	0.230	0.232	0.232	0.233	0.234	0.234	0.234	0.234	0.234	0.234
0.8	0.200	0.208	0.212	0.215	0.216	0.218	0.220	0.220	0.220	0.220	0.220	0.220
1.0	0.175	0.185	0.191	0.196	0.198	0.200	0.203	0.204	0.204	0.204	0.204	0.205
1.2	0.152	0.163	0.171	0.176	0.179	0.182	0.187	0.188	0.189	0.189	0.189	0.189
1.4	0.131	0.142	0.151	0.157	0.161	0.164	0.171	0.173	0.174	0.174	0.174	0.174
1.6	0.112	0.124	0.133	0.140	0.145	0.148	0.157	0.159	0.160	0.160	0.160	0.160
1.8	0.097	0.108	0.117	0.124	0.129	0.133	0.143	0.146	0.147	0.148	0.148	0.148
2.0	0.084	0.095	0.103	0.110	0.116	0.120	0.131	0.135	0.136	0.137	0.137	0.137
2.2	0.073	0.083	0.092	0.098	0.104	0.108	0.121	0.125	0.126	0.127	0.128	0.128
2.4	0.064	0.073	0.081	0.088	0.093	0.098	0.111	0.116	0.118	0.118	0.119	0.119
2.6	0.057	0.065	0.073	0.079	0.084	0.089	0.102	0.107	0.110	0.111	0.112	0.112
2.8	0.050	0.058	0.065	0.071	0.076	0.081	0.094	0.100	0.102	0.104	0.105	0.105
3.0	0.045	0.052	0.058	0.064	0.069	0.073	0.087	0.093	0.096	0.097	0.099	0.099
3.2	0.040	0.047	0.053	0.058	0.063	0.067	0.081	0.087	0.090	0.092	0.093	0.094
3.4	0.036	0.042	0.048	0.053	0.057	0.061	0.075	0.081	0.085	0.086	0.088	0.089
3.6	0.033	0.038	0.043	0.048	0.052	0.056	0.069	0.076	0.080	0.082	0.084	0.084
3.8	0.030	0.035	0.040	0.044	0.048	0.052	0.065	0.072	0.075	0.077	0.080	0.080
4.0	0.027	0.032	0.036	0.040	0.044	0.048	0.060	0.067	0.071	0.073	0.076	0.076
4.2	0.025	0.029	0.033	0.037	0.041	0.044	0.056	0.063	0.067	0.070	0.072	0.073
4.4	0.023	0.027	0.031	0.034	0.038	0.041	0.053	0.060	0.064	0.066	0.069	0.070
4.6	0.021	0.025	0.028	0.032	0.035	0.038	0.049	0.056	0.061	0.063	0.066	0.067
4.8	0.019	0.023	0.026	0.029	0.032	0.035	0.046	0.053	0.058	0.0620	0.064	0.064
5.0	0.018	0.021	0.024	0.027	0.0300	0.033	0.0430	0.050	0.055	0.057	0.061	0.062
6.0	0.013	0.015	0.017	0.020	0.0220	0.024	0.0330	0.039	0.043	0.046	0.051	0.052
7.0	0.009	0.011	0.013	0.015	0.016	0.018	0.025	0.031	0.035	0.038	0.043	0.045
8.0	0.007	0.009	0.010	0.011	0.013	0.014	0.020	0.025	0.028	0.031	0.037	0.039
9.0	0.006	0.007	0.008	0.009	0.010	0.011	0.016	0.020	0.024	0.026	0.032	0.035
10.0	0.005	0.006	0.007	0.007	0.008	0.009	0.013	0.017	0.020	0.022	0.028	0.032

(2)如图2-19b)所示，当M点作用在矩形荷载面某一边缘上时：

$$\sigma_{zM}=p_0(\alpha_{\mathrm{I}}+\alpha_{\mathrm{II}})$$

(3)如图2-19c)所示，当M点作用在矩形荷载面以外时：

$$\sigma_{zM}=p_0(\alpha_{Mecg}-\alpha_{Medh}+\alpha_{Mgbf}-\alpha_{Mhaf})$$

(4)如图2-19d)所示，当M点作用在矩形荷载角点外侧时：

$$\sigma_{zM}=p_0(\alpha_{Mech}-\alpha_{Medg}-\alpha_{Mfbh}+\alpha_{Mfag})$$

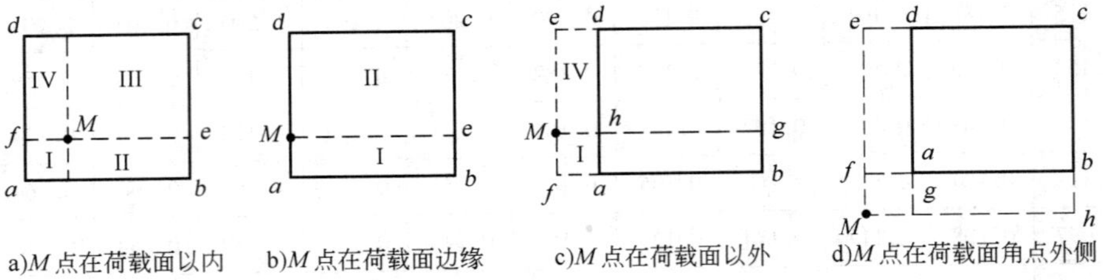

图2-19　角点法的应用

(三)矩形均布荷载中心点下任意深度附加应力

根据土中附加应力分布规律可知，在基底任意深度同一水平面上，一般是基础中心线上的竖向附加应力数值最大，相应的引起的地基变形也较大。因此，基础最终沉降量计算，一般是指基础中心点下的沉降量。基础中心点下的附加应力σ_{z0}可应用角点法求得。为此，首先须将矩形荷载面(即矩形基底)划分为四块相等的小矩形面积，使M点成为这四块小矩形面积的公共角点，如图2-20所示，这时基础中心点以下z深度处的附加应力σ_{z0}计算公式为：

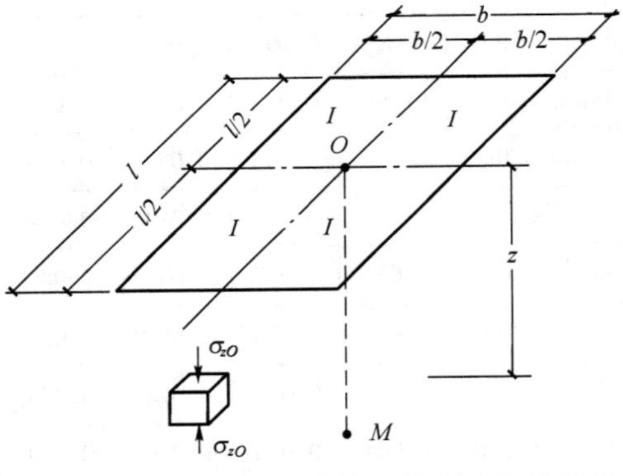

图2-20　矩形均布荷载中心点下任意深度附加应力

$$\sigma_{z0}=4\alpha_1 p_0 \tag{2-15}$$

【例题2-5】　有甲、乙两个基础，其埋深和基底附加压力p_0相同，基础底面积分别为4m×2m和2m×2m，如图2-21所示，其上均作用矩形均布荷载$p_0=200\mathrm{kPa}$。

(1)试求甲基础中心点下$z=2\mathrm{m}$深度处的竖向附加应力。

(2)考虑相邻荷载的影响，试求由乙基础荷载在甲基础中心点下$z=2\mathrm{m}$处所产生的附加应力。

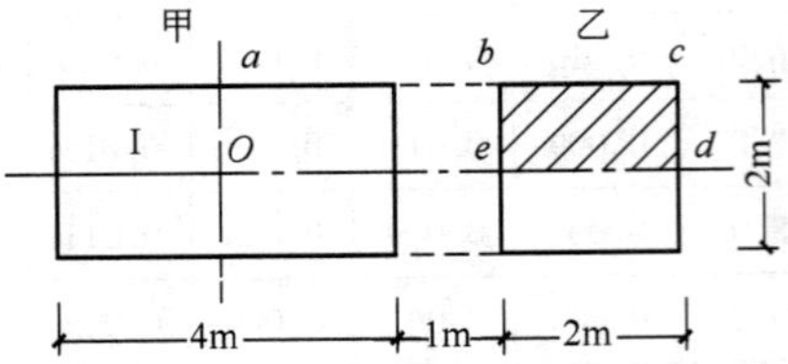

图2-21　例题2-5附图

解：(1)按角点法先将方形基础甲底面积4m×2m荷载面，通过基底中心点O划分为四块小面积，每块小面积均为 2m×1m(图 2-21),长宽比 $l/b=2/1=2$,深宽比 $z/b=2/1=2$,查表2-4可得 $\alpha_{\mathrm{I}}=0.12$,则:

$$\sigma'_{zO}=4\alpha_{\mathrm{I}}p_0=4\times0.12\times200=96\mathrm{kPa}$$

(2)考虑相邻荷载的影响,计算由乙基础荷载在甲基础中心点下,深度 $z=2\mathrm{m}$ 处所产生的附加应力,可根据角点法将甲基础中心点 O 视为乙基础矩形荷载面以外的一点,先求出乙基础小矩形荷载面 $ebcd$(即用大矩形面积 $Oacd$ 减去小矩形阴影面积 $Oabe$)在甲基础 O 点下产生的附加应力,然后再乘以 2 倍。即:

$$\sigma''_{zO}=2p_0(\alpha_{Oacd}-\alpha_{Oabe})$$
$$=2\times200\times(0.136-0.131)=2\mathrm{kPa}$$

α_{Oacd}:按基础长宽比 $l/b=5/1=5$,深宽比 $z/b=2/1=2$,查表 2-2 得 $\alpha_{Oacd}=0.136$;

α_{Oabe}:按基础长宽比 $l/b=3/1=3$,深宽比 $z/b=2/1=2$,查表 2-2 得 $\alpha_{Oacd}=0.131$。

甲基础中心 O 点下产生的附加应力总和为:

$$\sigma_{zO}=\sigma'_{zO}+\sigma''_{zO}=96+2=98\mathrm{kPa}$$

【例题 2-6】 有一幢带有地下室的高层建筑,其基础(筏形基础)高度为 6m,平面为 64m×16m,房屋上部结构荷载和基础总重量为 164000kN,目前考虑了三种不同的基础埋深,即:$d_1=2\mathrm{m}$,$d_2=4\mathrm{m}$,$d_3=6\mathrm{m}$。地基土的重度 $\gamma=18\mathrm{kN/m^3}$,地下水埋藏深度为地面下 13m 处,试比较基础在三种不同埋置深度情况下地基中附加应力有何不同。

解:(1)求三种不同基础埋深情况基底附加应力 p_0,将计算结果列于表 2-5 中。

不同基础埋深情况基底附加应力(单位:kPa) 表 2-5

基础埋深 / 基底附加应力	$d_1=2\mathrm{m}$	$d_2=4\mathrm{m}$	$d_3=6\mathrm{m}$
$p_{\mathrm{k}}=\dfrac{F_{\mathrm{k}}+G_{\mathrm{k}}}{A}$	$p_{\mathrm{k}}=\dfrac{164000}{64\times16}=160$	160	160
$\sigma_{\mathrm{cz}}=\gamma d$	$\sigma_{\mathrm{cz}}=18\times2=36$	72	108
$p_0=p_{\mathrm{k}}-\sigma_{\mathrm{cz}}$	$p_0=160-36=124$	88	52

(2)求三种不同基础埋深情况基础中心点下地基附加应力 $\sigma_z=4\alpha p_0$ 并将计算结果列于表 2-6 中。

不同埋深基础中心点下地基附加应力 表 2-6

点	l/b	z(m)	z/b	α	σ_{z1}(kPa)	σ_{z2}(kPa)	σ_{z3}(kPa)
0	32/8=4	0	0	0.2500	124.0	88.00	52.00
1		3.2	0.4	0.244	121.0	85.89	50.75
2		6.4	0.8	0.220	109.1	77.44	45.76
3		9.6	1.2	0.188	93.2	66.17	39.10

由此表明,在基底压力不变的情况下,增加基础埋置深度,地基附加应力会随之减少。

三 矩形面积三角形分布荷载角点下竖向附加应力

(一) 求压力为零的角点 1 轴线上的竖向附加应力 σ_{z1}

如图 2-22 所示，在矩形面积上作用三角形分布荷载 $p(x)=p\dfrac{x}{b}$(即荷载在宽度为 b 的边长上呈三角形分布)，沿另一边 l 的荷载分布不变，试求通过矩形面积角点 1(荷载为零值边的角点)轴线上地基任意深度 z 处的竖向附加应力 σ_{z1}。其具体方法为：取荷载零值边的角点 1 为坐标原点，在荷载面内某点(x,y)处取一无穷小受荷面积 $dA=dxdy$，并以集中力代替 $dp=p_0\dfrac{x}{b}dxdy$ 这个微分面积上的分布荷载。然后应用式(2-12)以积分法求得由于该集中力 dp 的作用，在角点 1 下任意深度处 M_1 点所引起的竖向附加应力 σ_{z1}，即：

$$d\sigma_{z1}=\frac{3x\mathrm{d}p}{2\pi b}\frac{z^3}{R^5}=\frac{3p_0xz^3}{2\pi b(x^2+y^2+z^2)^{5/2}}\mathrm{d}x\mathrm{d}y$$

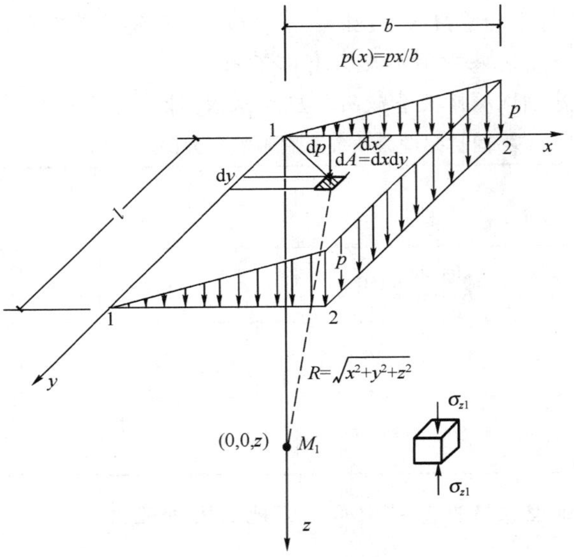

图 2-22　矩形面积三角形荷载角点 1 下附加应力 σ_{z1}

将上式对整个矩形面积积分：

$$\sigma_{z1}=\frac{3\mathrm{d}pz^3}{2\pi b}\int_0^l\int_0^b\frac{x}{(x^2+y^2+z^2)^{5/2}}\mathrm{d}x\mathrm{d}y$$

若令 $m=l/b$，$n=z/b$，则得：

$$\sigma_{z1}=\alpha_{t1}p_0 \tag{2-16}$$

式中：$\alpha_{t1}=\dfrac{mn^3}{2\pi}\left[\dfrac{1}{n^2\sqrt{m^2+n^2}}-\dfrac{1}{(1+n^2)\sqrt{1+m^2+n^2}}\right]$

（二）求压力最大值角点 2 轴线上的竖向附加应力 σ_{z2}

同理，应用角点法也可以求如图 2-23 所示荷载最大值边角点 2 下任意深度 z 处 M_2 点的竖向附加应力 σ_{z2}，即：

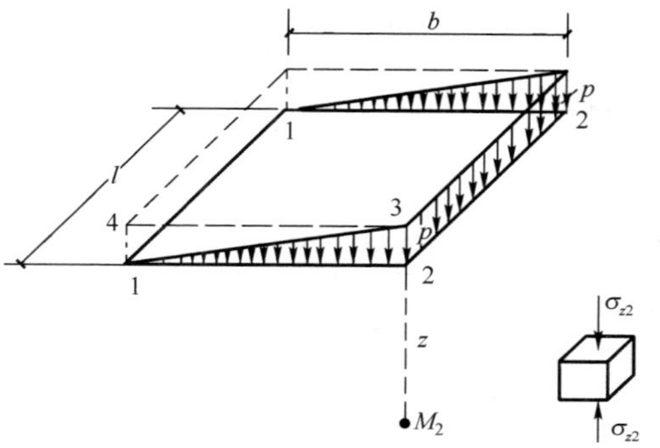

图 2-23　矩形面积三角形荷载角点 2 下附加应力 σ_{z2}

$$\sigma_{z2}=\alpha_{t2}p_0 \tag{2-17}$$

式中 α_{t1}、α_{t2}分别为矩形面积三角形分布荷载角点 1 及角点 2 下的竖向附加应力系数，它们均是 l/b 和 z/b 的函数，应用时可由表 2-7 查得。注意 b 为沿三角形分布荷载方向的边长。

矩形面积三角形分布荷载角点下竖向附加应力系数 α_{t1} 和 α_{t2}　　表 2-7

l/b	0.2		0.4		0.6		0.8		1.0	
点 / z/b	1	2	1	2	1	2	1	2	1	2
0.0	0.0000	0.2500	0.0000	0.2500	0.0000	0.2500	0.0000	0.2500	0.0000	0.2500
0.2	0.0223	0.1821	0.0280	0.2115	0.0296	0.2165	0.0301	0.2178	0.0304	0.2182
0.4	0.0269	0.1094	0.0420	0.1604	0.0487	0.1781	0.0517	0.1844	0.0531	0.1870
0.6	0.0259	0.0700	0.0448	0.1165	0.0560	0.1405	0.0621	0.1520	0.0654	0.1575
0.8	0.0232	0.0480	0.0421	0.0853	0.0553	0.1093	0.0637	0.1232	0.0688	0.1311
1.0	0.0201	0.0346	0.0375	0.0638	0.0508	0.0852	0.0602	0.0996	0.0666	0.1086
1.2	0.0171	0.0260	0.0324	0.0491	0.0450	0.0673	0.0546	0.0807	0.0615	0.0901
1.4	0.0145	0.0202	0.0278	0.0386	0.0392	0.0540	0.0483	0.0661	0.0554	0.0751
1.6	0.0123	0.0160	0.0238	0.0310	0.0339	0.0440	0.0424	0.0547	0.0492	0.0628
1.8	0.0105	0.0130	0.0204	0.0254	0.0294	0.0363	0.0371	0.0457	0.0435	0.0534
2.0	0.0090	0.0108	0.0176	0.0211	0.0255	0.0304	0.0324	0.0387	0.0384	0.0456

续上表

z/b \ l/b（点）	0.2		0.4		0.6		0.8		1.0	
	1	2	1	2	1	2	1	2	1	2
2.5	0.0063	0.0072	0.0125	0.0140	0.0183	0.0205	0.0236	0.0265	0.0284	0.0313
3.0	0.0046	0.0051	0.0092	0.0100	0.0135	0.0148	0.0176	0.0192	0.0214	0.0233
5.0	0.0018	0.0019	0.0036	0.0038	0.0054	0.0056	0.0071	0.0074	0.0088	0.0091
7.0	0.0009	0.0010	0.0019	0.0019	0.0028	0.0029	0.0038	0.0038	0.0047	0.0047
10.0	0.0005	0.0004	0.0009	0.0010	0.0014	0.0014	0.0019	0.0019	0.0023	0.0024

z/b \ l/b（点）	1.2		1.4		1.6		1.8		2.0	
	1	2	1	2	1	2	1	2	1	2
0.0	0.0000	0.2500	0.0000	0.2500	0.0000	0.2500	0.0000	0.2500	0.0000	0.2500
0.2	0.0305	0.2148	0.0305	0.2185	0.0306	0.2185	0.0306	0.2185	0.0306	0.2185
0.4	0.0539	0.1881	0.0543	0.1886	0.0545	0.1889	0.0546	0.1891	0.0547	0.1892
0.6	0.0673	0.1602	0.0684	0.1616	0.0690	0.1625	0.0694	0.1630	0.0696	0.1633
0.8	0.0720	0.1355	0.0739	0.1381	0.0751	0.1396	0.0759	0.1405	0.0764	0.1412
1.0	0.0708	0.1143	0.0735	0.1176	0.0753	0.1202	0.0766	0.1215	0.0774	0.1225
1.2	0.0664	0.0962	0.0698	0.1007	0.0721	0.1037	0.0738	0.1055	0.0749	0.1069
1.4	0.0606	0.0817	0.0644	0.0864	0.0672	0.0897	0.0692	0.0921	0.0707	0.0937
1.6	0.0545	0.0696	0.0586	0.0743	0.0616	0.0780	0.0639	0.0806	0.0656	0.0826
1.8	0.0487	0.0596	0.0528	0.0644	0.0560	0.0681	0.0585	0.0709	0.0604	0.0730
2.0	0.0434	0.0513	0.0474	0.0560	0.0507	0.0596	0.0533	0.0625	0.0553	0.0649
2.5	0.0326	0.0365	0.0362	0.0405	0.0393	0.0440	0.0419	0.0469	0.440	0.0491
3.0	0.0249	0.0270	0.0280	0.0303	0.0307	0.0333	0.0331	0.0359	0.0352	0.0380
5.0	0.0104	0.0108	0.0120	0.0123	0.0135	0.0139	0.0148	0.0154	0.0161	0.0167
7.0	0.0056	0.0056	0.0064	0.0066	0.0073	0.0074	0.0081	0.0083	0.0089	0.0091
10.0	0.0028	0.0028	0.0033	0.0032	0.0037	0.0037	0.0041	0.0042	0.0046	0.0046

z/b \ l/b（点）	3.0		4.0		6.0		8.0		10.0	
	1	2	1	2	1	2	1	2	1	2
0.0	0.0000	0.2500	0.0000	0.2500	0.0000	0.2500	0.0000	0.2500	0.0000	0.2500
0.2	0.0306	0.2186	0.0306	0.2186	0.0306	0.2186	0.0306	0.2186	0.0306	0.2186
0.4	0.0548	0.1894	0.0549	0.1894	0.0549	0.1894	0.0549	0.1894	0.0549	0.1894
0.6	0.0701	0.1638	0.0702	0.1639	0.0702	0.1640	0.0702	0.1640	0.0702	0.1640
0.8	0.0773	0.1423	0.0776	0.1424	0.0776	0.1426	0.0776	0.1426	0.0776	0.1426
1.0	0.0790	0.1244	0.0794	0.1248	0.0795	0.1250	0.0796	0.1250	0.0796	0.1250
1.2	0.0774	0.1096	0.0779	0.1103	0.0782	0.1105	0.0783	0.1105	0.0783	0.1105
1.4	0.0739	0.0973	0.0748	0.0982	0.0752	0.0986	0.0752	0.0987	0.0753	0.0987
1.6	0.0697	0.0870	0.0708	0.0882	0.0714	0.0887	0.0715	0.0888	0.0715	0.0889

续上表

z/b \ l/b \ 点	3.0		4.0		6.0		8.0		10.0	
	1	2	1	2	1	2	1	2	1	2
1.8	0.0652	0.0782	0.0666	0.0797	0.0673	0.0805	0.0675	0.0806	0.0675	0.0808
2.0	0.0607	0.0707	0.0624	0.0726	0.0634	0.0734	0.0636	0.0736	0.0636	0.0738
2.5	0.0504	0.0559	0.0529	0.0585	0.0543	0.0601	0.0547	0.0604	0.0548	0.0605
3.0	0.0419	0.0451	0.0449	0.0482	0.0469	0.0504	0.0474	0.0509	0.0476	0.0511
5.0	0.0214	0.0221	0.0248	0.0256	0.0283	0.0290	0.0296	0.0303	0.0301	0.0309
7.0	0.0124	0.0126	0.0152	0.0154	0.0186	0.0190	0.0204	0.0207	0.0212	0.0216
10.0	0.0066	0.0066	0.0084	0.0083	0.0111	0.0111	0.0128	0.0130	0.0139	0.0141

这里需要指出,如果求 b 边方向三角形分布荷载中点下竖向附加应力 σ_z,可以按 $\frac{p}{2}$ 的均布荷载进行计算。

四 矩形面积梯形分布荷载角点下竖向附加应力

对于偏心受压基础,当弯矩作用方向与基础宽度一致且偏心距 $e < \frac{b}{6}$ 时,基底压力呈梯形分布。这时,可利用式(2-14)和式(2-16)、式(2-17),按角点法和叠加原理求得土中附加应力,如图 2-24 所示的梯形荷载作用情况。若求矩形面积中心点下任意深度 z 处 M 点的附加应力,可采用下面简化方法计算。

由图 2-24 可以看出:如果设基础中心点的平均附加压力 $\bar{p}_0 = \frac{p_{0\max} + p_{0\min}}{2}$,则基底边缘正、负三角形分布荷载的最大压力分别为 $p_{0\max} - \bar{p}_0$ 和 $\bar{p}_0 - p_{0\min}$,并且数值大小相等而方向相反。因此,由正、负三角形分布荷载在 M 点所引起的应力也大小相等,符号相反,其叠加计算结果相互抵消。由此可见,对于矩形面积作用梯形分布荷载时,基础中心点下任意深度的附加应力,可以按压力等于梯形荷载平均值 $\bar{p}_0$ 的均布荷载作用下的方法进行简化计算。

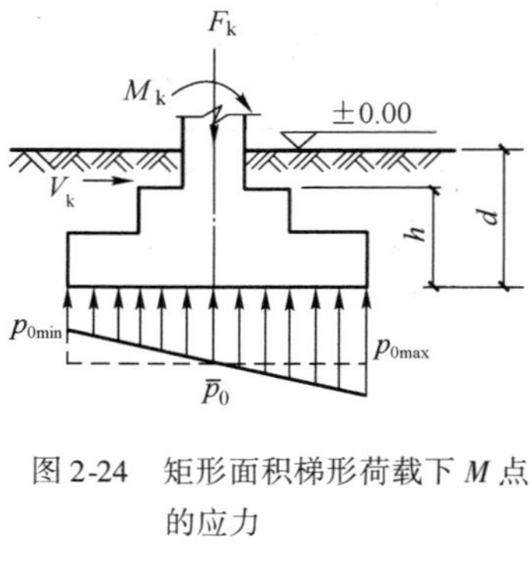

图 2-24 矩形面积梯形荷载下 M 点的应力

五 条形荷载作用下土中附加应力

条形荷载在理论上是指承载面积宽度为 b,长度为无限延伸的均布荷载。但在实际工程中并没有无限延长的荷载。研究表明,当矩形荷载面的长宽比 $l/b \geq 10$ 时,计算地基附加应力的数值与按 $l/b = \infty$ 时的解相差很小。因此在建筑工程中,将挡土墙基础、墙下或柱下条形基础、路基等均视为条形荷载,并按平面问题计算地基中竖向附加应力。

墙下条形基础在条形均布荷载 p_0 作用下，可取宽度 b 的中点作为坐标原点，如图 2-25 所示，则地基中任意点 $M(x,z)$ 处的竖向附加应力 σ_z 可由式(2-18)求得。

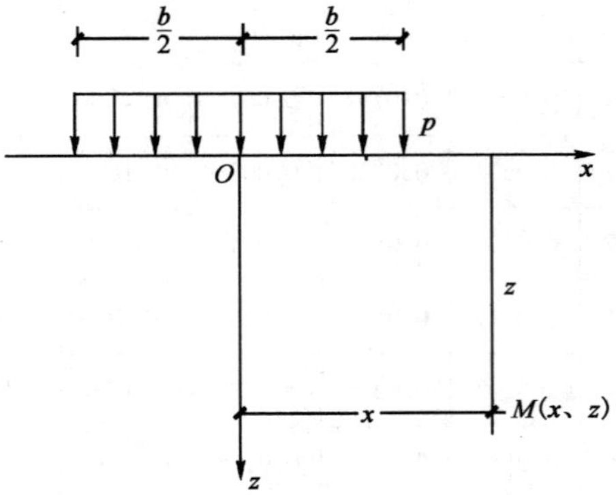

图 2-25　条形均布荷载作用下地基某点附加应力

$$\sigma_z = \alpha_{sz} P_0 \tag{2-18}$$

式中：α_{sz}——条形均布竖向荷载作用下附加应力系数，它是 x/b 和 z/b 的函数，由表 2-8 查得。

条形均布荷载作用下土中任意点竖向附加应力系数 α_{sz}　　表 2-8

z/b	x/b					
	0.00	0.25	0.50	1.00	1.50	2.00
0.00	1.00	1.00	0.50	0	0	0
0.25	0.96	0.90	0.50	0.02	0.00	0
0.50	0.82	0.74	0.48	0.08	0.02	0
0.75	0.67	0.61	0.45	0.15	0.04	0.02
1.00	0.55	0.51	0.41	0.19	0.07	0.03
1.25	0.46	0.44	0.37	0.20	0.10	0.04
1.50	0.40	0.38	0.33	0.21	0.11	0.06
1.75	0.35	0.34	0.30	0.21	0.13	0.07
2.00	0.31	0.31	0.28	0.20	0.14	0.08
3.00	0.21	0.21	0.20	0.17	0.13	0.10
4.00	0.16	0.16	0.15	0.14	0.12	0.10
5.00	0.13	0.13	0.12	0.12	0.11	0.9
6.00	0.11	0.10	0.10	0.10	0.10	—

【例题 2-7】 某条形基础底面宽度 $b=2\text{m}$，基础底面处平均附加压力 $p_0=180\text{kPa}$，试求条形均布荷载中点 O 轴线下以及条形荷载面以外 O_1 点下的附加应力 σ_z 及其分布图形。

解：(1)计算条形均布荷载中点 O 轴线下及条形荷载面以外($x=3\text{m}$) O_1 点下深度 $z=0$、1m、2m、3m、4m、6m、8m 处的附加应力 σ_z 值，并将各深度处的 σ_z 值计算结果列于表 2-9 中。

条形均布荷载中点 O 以及 O_1 点下的附加应力 表 2-9

z(m)	z/b	条形均布荷载中点 O 轴线下 σ_z			条形荷载面以外 O_1 点下 σ_z		
		x/b	α_{sz}	$\sigma_z=\alpha_{sz}p_0$(kPa)	x/b	α_{sz}	$\sigma_z=\alpha_{sz}p_0$(kPa)
0	0.0	0	1.00	180.0	1.5	0.00	0.0
1	0.5		0.82	147.6		0.02	3.6
2	1.0		0.55	90.0		0.07	12.6
3	1.5		0.40	72.0		0.11	19.8
4	2.0		0.31	55.8		0.14	25.2
6	3.0		0.21	37.8		0.13	23.4
8	4.0		0.16	28.8		0.12	21.6

(2)绘制地基附加应力 σ_z 分布图形，如图 2-26 所示。

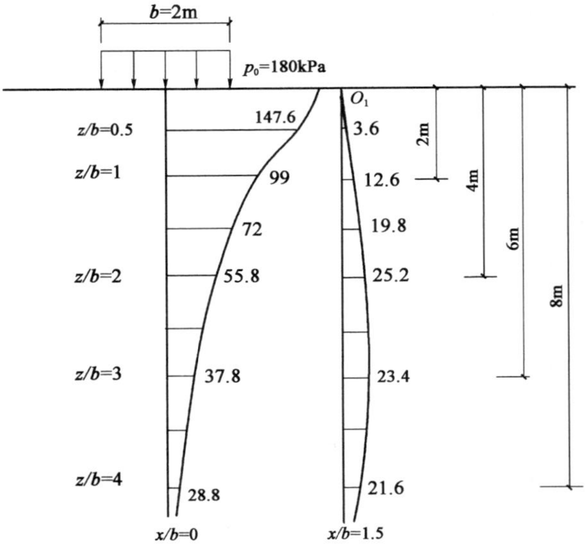

图 2-26 例题 2-7 附图

本 章 小 结

（一）地基自重应力和附加应力的定义、性质及分布规律

（1）定义和性质：自重应力是由土自身重力产生的应力，因沉积年代久，在自重作用下变形已完成，所以自重应力的性质是不引起地基产生新的变形。附加应力是由建筑物荷载在地基中产生的应力，其性质能引起地基产生新的变形。

（2）分布规律：①自重应力随地基土深度增加而增加（与土层厚度成正比），其应力分布图形应从天然地面画起。②附加应力沿竖向随地基土的深度增加数值逐渐减少；而在任意深度同一水平面上的附加应力，中心线处附加应力数值最大，向两侧逐渐减少。附加应力的分布图形应从基础底面画起，因为建筑物荷载是通过基础传递的。

（二）基底压力的分布与计算

基底压力的分布主要与基础刚度、土的性质、基础埋深、荷载大小及性质有关。轴压基础基底压力一般按均匀分布考虑，其计算公式：$p_k = \dfrac{F_k + G_k}{A}$。

偏压基础基底压力的分布，除上述影响因素外还与荷载作用位置（即偏心距大小）有关。当偏心距 $e < \dfrac{b}{6}$ 时，基底压力呈梯形分布；当偏心距 $e = \dfrac{b}{6}$ 时，基底压力呈三角形分布；其计算公式：$\begin{matrix} p_{kmax} \\ p_{kmin} \end{matrix} = \dfrac{F_k + G_k}{A}\left(1 \pm \dfrac{6e}{b}\right)$；当偏心距 $e > \dfrac{b}{6}$ 时，基底压力出现负值，按公式 $p_{kmax} = \dfrac{2(F_k + G_k)}{3al}$ 计算。

（三）地基附加应力计算公式

归纳为表 2-10，重点掌握角点法的实际应用。

地基附加应力的计算公式　　表 2-10

序　号	基底荷载作用形式	附加应力计算公式	查 表 方 法
1	集中力作用下地基任意点竖向附加应力	$\sigma_z = K\dfrac{p}{z^2}$	K 可根据 r/z 由表 2-1 查得
2	矩形面积均布荷载角点下任意深度竖向附加应力	$\sigma_z = \alpha p_0$	α 可根据 l/b、z/b 由表 2-4 查得
3	矩形面积均布荷载中心点下任意深度竖向附加应力	$\sigma_z = 4\alpha p_0$	α 可根据 l/b、z/b 由表 2-4 查得
4	矩形面积三角形荷载角点下任意深度竖向附加应力	求压力为零的角点 1 轴上：$\sigma_{z1} = \alpha_{t1} p_0$ 求压力为最大值角点 2 轴上：$\sigma_{z2} = \alpha_{t2} p_0$	α_{t1} 和 α_{t2} 可根据 l/b、z/b 由表 2-7 查得
5	条形均布荷载作用下土中竖向附加应力	$\sigma_z = \alpha_{sz} p_0$	α_{sz} 可根据 z/b，x/b 由表 2-9 查得

小知识

在某建筑物施工中遇到挡土墙下有一管道，如图 2-27 所示，如何求得由挡土墙荷载在管道顶点所产生的压应力？

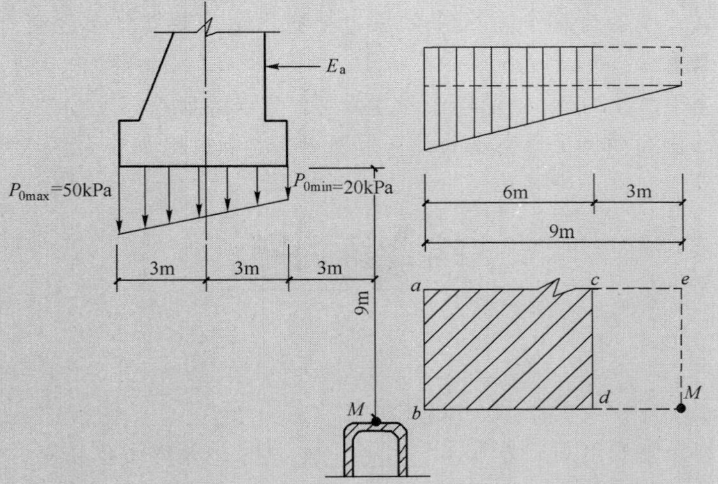

图 2-27　求挡土墙下管道顶点压应力

要解决这个问题，首先假定挡土墙基础沿长度方向无限延伸，取 $l/b \geq 10$，然后根据角点法的具体做法画一些相应的辅助线，将整个压力图形看作由条形均布荷载及三角形分布荷载两部分组成，利用叠加原理计算基底下水管顶点的附加压力。即：

已知：大矩形附加压力 $p_{大}=20\text{kPa}$　　分布宽度 $b=9\text{m}$

小矩形附加压力 $p_{小}=20\text{kPa}$　　分布宽度 $b=3\text{m}$

大三角形附加压力 $p_{t大}=30\text{kPa}$　　分布宽度 $b=9\text{m}$

小三角形附加压力 $p_{t小}=10\text{kPa}$　　分布宽度 $b=3\text{m}$

附加应力系数可按 $l/b \geq 10$ 查表 2-4 条形荷载：

大矩形 $z/b=9/9=1$；$\alpha_{Meab}=0.205$

小矩形 $z/b=9/3=3$；$\alpha_{Mecd}=0.099$

附加应力系数可按 $l/b \geq 10$ 查表 2-7 三角形荷载：

大三角形 $z/b=9/9=1$；$\alpha_{t1}=0.0796$

小三角形 $z/b=9/3=3$；$\alpha_{t1}=0.0476$

基底下水管顶点的压应力为：

$$\sigma_z=2\times(20\times0.205-20\times0.099+30\times0.0796-10\times0.0476)=8.06\text{kPa}$$

思 考 题

1. 什么是土的自重应力和附加应力？二者在地基中的分布规律有何不同？

2. 地下水位的升降，对土中自重应力有何影响？若地下水位大幅度下降，能否引起建筑物产生附加沉降？为什么？

3. 何谓基底压力、地基反力及基底附加压力？它们有何区别？

4. 在中心荷载及偏心荷载作用下，基底压力分布图形主要与什么因素有关？影响基底压力分布的主要因素有哪些？

5. 在计算地基附加应力时，做了哪些基本假定？它与实际有哪些差别？

6. 什么是角点法？如何应用角点法计算地基中任意点的附加应力？

综合练习题

一、填空题

1. 如果地下水位大幅度下降，能引起建筑物产生__________。

2. 增加基础埋深基底附加应力可以__________，随之地基变形也相应__________。

3. 自重应力的性质是__________引起地基产生新的变形，其分布规律是与__________成正比。

4. 附加应力的性质是__________引起地基产生新的变形，其应力分布规律是随着地基土深度增加，其数值__________。

5. 在填方工程中，如有大面积新填土作用，能引起下部土层产生__________。

二、单项选择题

1. 由建筑物荷载在地基中产生的应力，称为（　　）。

A. 自重应力　B. 附加应力　C. 基底压力　D. 孔隙水压力

2. 地基与基础的沉降是（　　）引起的。

A. 自重应力　B. 附加应力　C. 基底压力　D. 孔隙水压力

3. 若基底面积保持不变，增加基础埋深会影响（　　）减少。

A. 基底附加压力 p_0　B. 基底压力 P_k　C. 基底自重压力 σ_{cz}

4. 当土中含有地下水，计算土的自重应力时应采用（　　）。

A. 天然重度 γ　B. 饱和重度 γ_{sat}　C. 干重度 γ_d　D. 有效重度 γ'

5. 基底荷载偏心距 $e < \frac{l}{6}$ 时，基底压力（　　）。

A. 呈矩形分布　B. 呈梯形分布　C. 呈三角形分布　D. 出现负值

三、判断题

1. 自重应力的分布图形应从天然地面画起。(　　)
2. 基底压力的分布与基础刚度无关。(　　)
3. 偏心受压基础若偏心距 e 过大对基础稳定性不利。(　　)
4. 基础自重不包括基础台阶上的土重。(　　)
5. 设置地下室或半地下室,可减少基底附加应力。(　　)

四、计算题

1. 某工程地质剖面及各层土的重度,如图 2-28 所示,其中水的重度 $\gamma_w = 9.8\text{kN/m}^3$,试求:①$A$、$B$、$C$ 三点的自重应力及其应力分布图形。②地下水位下降 4m 后所产生的附加应力,并画出相应的分布图形。(答案:①72kPa,108.8kPa,168.8kPa;②39.2kPa)

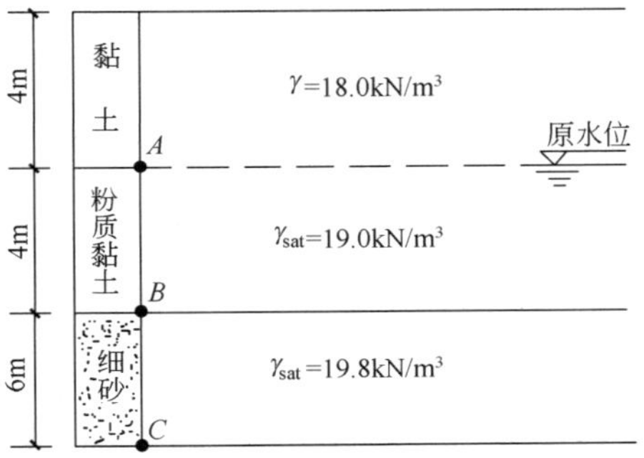

图 2-28　计算题 1 附图

2. 已知某柱下基础底面积为 $l \times b = 4\text{m} \times 2.5\text{m}$,上部结构传至基础顶面处的竖向力 $F_k = 1200\text{kN}$,基础埋深 $d = 1.5\text{m}$,建筑场地土质条件:地面下第一层为 1m 厚杂填土,重度 $\gamma = 16\text{kN/m}^3$;第二层为 4.5m 厚黏土,重度 $\gamma = 18\text{kN/m}^3$。试求基底压力和基底附加压力。(答案:$p_k = 150\text{kPa}$,$p_0 = 125\text{kPa}$)

3. 某偏心受压柱下基础如图 2-29 所示。在地面设计标高处作用偏心荷载 $F_k = 650\text{kN}$,偏心距 $e = 0.3\text{m}$,基础埋深 $d = 1.4\text{m}$,基底尺寸 $l \times b = 4\text{m} \times 3\text{m}$。试求:①基底压力及其分布图形。②如果 F_k 不变,$M_k = 65\text{kN} \cdot \text{m}$,基底压力有何变化?(答案:①$p_{kmax} = 115\text{kPa}$,$p_{kmin} = 49.3\text{kPa}$;②$p_{kmax} = 92\text{kPa}$,$p_{kmin} = 72.3\text{kPa}$)

4. 某教学楼筏形基础如图 2-30 所示,已知基底附加压力 $p_0 = 180\text{kPa}$,试用角点法求基础底面 1、2 两点其深度为 $z = 6\text{m}$ 处的附加应力。(答案:84.6kPa,84.4kPa)

5. 在图 2-31 中,右侧部分为一全长 24m 条形基础,已知基底附加应力 $p_0 = 150\text{kN/m}^2$,试求:①若不计相邻基础,试分别计算基底下 $z = 4\text{m}$ 处 A、B、C 三点的附加应力。②如果左侧方形基础底面的附加压力及基底标高同条形基础,试求方形基础荷载在 C 点 $z = 4\text{m}$ 处所引起的附加压应力。(答案:①45.6kPa,37.2kPa,22.8kPa;②5.7kPa)

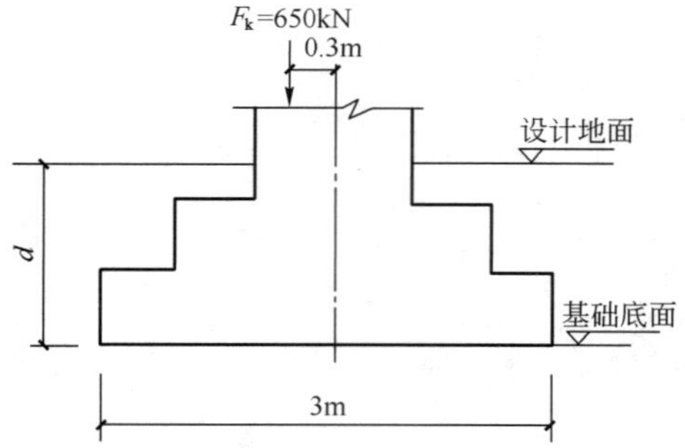

图 2-29　计算题 3 附图

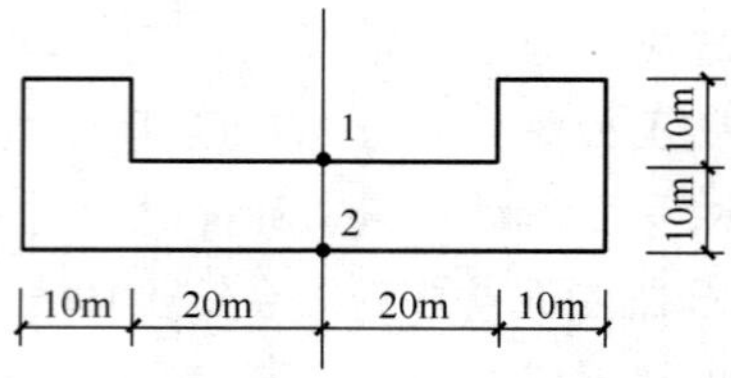

图 2-30　计算题 4 附图

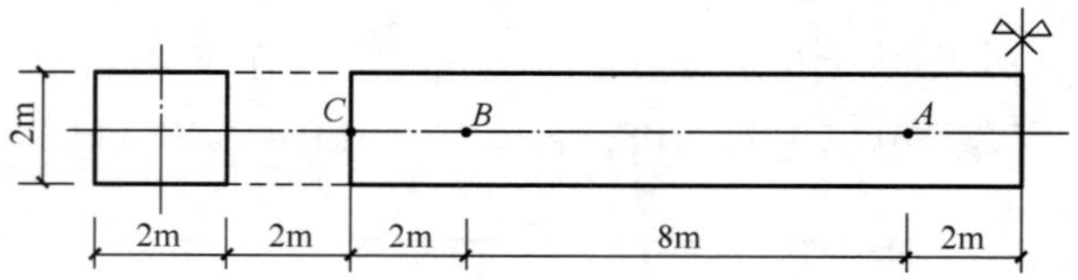

图 2-31　计算题 5 附图

第三章
土的压缩性与地基变形计算

【职业能力目标】

通过本章课堂教学和实验课技能训练，学生能掌握土的压缩性指标测定方法，并能运用其指标评价地基土的压缩性高低、计算地基的变形。

【知识目标】

掌握压缩试验操作方法及土的压缩性指标，熟悉计算地基变形的分层总和法和规范法，掌握建筑物沉降观测要点及地基变形特征。能够利用所学知识结合工程实际进行地基沉降观测，验算地基变形。

第一节　土的压缩性

一　基本概念

(一) 土的压缩性

地基土在荷载作用下体积减小的特性，称为土的压缩性。建筑物荷载的作用是引起土的压缩性的主要因素，其次，地下水位大幅度下降、施工影响、振动影响、温度变化、浸水下沉等也都会引起土的压缩，这些是引起土压缩性的外部原因。

从土的组成来看，土的压缩性是土孔隙体积被压缩压缩、固相矿物颗粒本身压缩变形引起的，这是引起土压缩性的内部原因。试验研究表明，在 100 ~ 600kPa 一般工程压力作用下，固相矿物颗粒及水的压缩变形量不到全部土体压缩变形量的 1/400，可以忽略不计。因此，可以认为，土的压缩主要是由于受压力作用土中水和气体被挤出，致使土的孔隙体积减小引起的。在这一压缩过程中，土颗粒间产生相对移动，重新排列并互相挤紧(对饱和土而言，则仅是一部分孔隙水被挤出)。

(二) 土的固结与固结度

土体的压缩随时间变化的过程，称为土的固结。土体完成压缩过程所需的时间与土的渗透性有关。对透水性大的无黏性土，如，砂土的压缩在施工完毕时基本结束，而高压缩性的饱和黏性土，由于渗透速度慢，其压密固结需要较长时间，当施工完毕时只完成了最终沉降量的5%～20%。

饱和土承受荷载作用的瞬间，土中的压应力全部由孔隙中的水来承担，这时孔隙水承担的应力称为孔隙水压力或超静水压力，用 u 表示。荷载作用一段时间后，孔隙水由于渗透而逐渐排出，超静水压力逐渐变小，土颗粒骨架开始承受压力，并逐渐增大，土颗粒骨架上承担的应力称为有效应力，用 σ' 表示。由静力平衡条件，土的有效应力 σ' 与超静水压力 u 之和等于由荷载作用产生的附加应力 σ，即：

$$\sigma = \sigma' + u \tag{3-1}$$

当 t 增加到一定程度后，$u=0$，$\sigma=\sigma'$，表明超静水压力消散，土的固结完成。由以上分析可知，土的固结过程就是超静水压力消散并转化为有效应力的过程。

饱和土在某一时间的固结程度称为固结度 U，可表示为：

$$U = \frac{s_t}{s} \tag{3-2}$$

式中：s_t——地基土在某一时刻 t 的固结沉降；

s——地基土的最终沉降。

土的固结度能够反映土颗粒承受的有效应力 σ' 的变化过程，当固结过程确定为某一时刻时，有效应力 σ' 与荷载作用产生的附加应力 σ 的比值即可反映出土体的固结程度。

二 压缩试验与压缩曲线

在计算地基的沉降量时，需要知道土的压缩性指标。土的压缩性指标可通过室内试验或现场载荷试验测定。试验时求应力的试验条件与土的天然状态及其在外荷载作用下的实际应力条件相适应。

(一) 土的压缩试验

室内压缩试验是用侧限压缩仪（固结仪）进行的（图 3-1 为三联式侧限压缩仪）。"侧限"是指土样不能产生侧向膨胀只能产生竖向压缩变形。因此，该试验又称侧限试验或固结试验。

图 3-1　三联式侧限压缩仪

试验时，用金属环刀取保持天然结构的原状土样，置于圆筒形压缩容器的刚性护环内（图 3-1），土样上下各垫放一块透水石，使土样受压后土中水可以自由地从上下两面排出。由于金属环刀和刚性护环的限制，土样在压力作用下只能产生竖向压缩变形，而无侧向膨胀。在试验中，每个土样一般按 $p=50$kPa、100kPa、200kPa、300kPa、400kPa 五级加载，并分别记下每级荷载下土样的稳定变形量，然后算出相应压力下土的孔隙比，便可以绘出表示土的孔隙比 e 与压力 p 关系的压缩曲线。

(二)土的压缩曲线

设原状土样初始高度为 h_0,原状土样的初始孔隙比为 e_0,当施加压力 p_i 后,土样的稳定变形量为 s_i,土样变形稳定后的孔隙比为 e_i,则土样变形稳定后的高度为$h_i = h_0 - s_i$,根据试验过程中土粒体积 V_s 不变和在侧限条件下土样横截面积不变的条件,可得:

$$\frac{1+e_0}{h_0} = \frac{1+e_i}{h_i}$$

代入 $h_i = h_0 - s_i$,则在压力 p_i 作用下土样的孔隙比 e_i 为:

$$e_i = e_0 - \frac{s_i}{h_0}(1+e_0) \qquad (3\text{-}3)$$

式中:e_0——原状土的孔隙比,可根据土样的基本物理性质指标求得。

根据某级荷载下的稳定变形量 s_i,按式(3-3)即可求出该级荷载下的孔隙比 e_i。然后以横坐标表示压力 p,纵坐标表示孔隙比 e,可绘出 e-p 关系曲线,此曲线称为土的压缩曲线(图 3-2)。

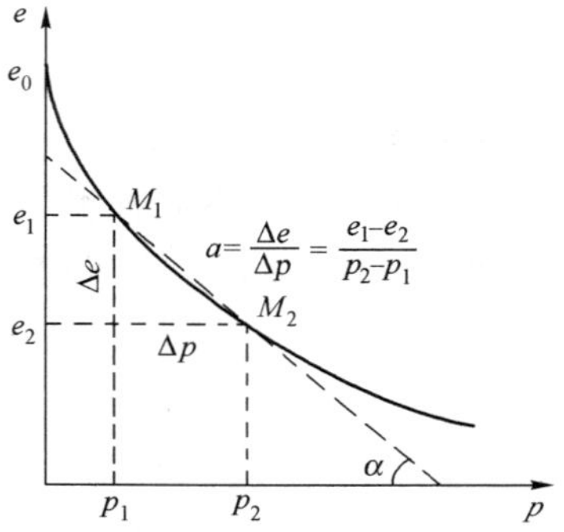

图 3-2 土的压缩曲线

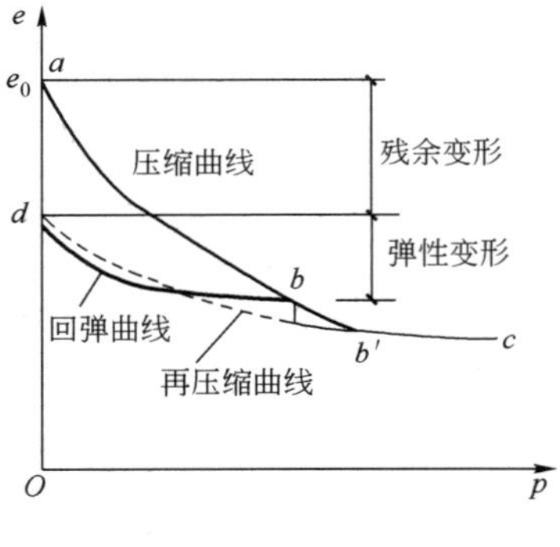

图 3-3 土的回弹与再压缩曲线

(三)土的弹性变形与残余变形

土样在外力作用下压缩后如果逐级卸载,一部分变形会逐渐恢复,能够恢复的变形称为土的弹性变形,不能恢复的变形称为土的残余变形。通过土样的压缩试验,得到如图 3-3所示土的压缩曲线 abc、回弹曲线 bd、再压缩曲线 db'。由此可以看出:

(1)土的卸荷回弹曲线不与原压缩曲线相重合,说明土不是理想的弹性体,土的压缩变形除了弹性变形外,还有相当一部分不能恢复的残余变形即塑性变形。

(2)土的再压缩曲线比原压缩曲线斜率要小得多,说明土经过压缩卸荷后再压缩时,其压缩性明显降低。

三 压缩性指标

(一)压缩系数 *a*

压缩性不同的土,其 e-p 曲线的形状也是不一样的。曲线越陡,说明在相同压力增量下,土的孔隙比减少的越显著,因而土的压缩性就越高。因此,曲线上任一点的切线斜率的大小表示相应的压力作用下土的压缩性高低。从图 3-2 的 e-p 曲线可以看出,在侧限条件下,孔隙比

e 随压力 p 的增加而逐渐减小。当压力变化范围不大时，土的压缩性可近似用图 3-2 中割线 M_1M_2 的斜率来表示，当压力由 p_1 增至 p_2 时，相应的孔隙比由 e_1 减小到 e_2，则压缩系数为：

$$a = \tan\alpha = -\frac{\Delta e}{\Delta p} = \frac{e_1 - e_2}{p_2 - p_1} \tag{3-4}$$

压缩系数 a 表示在单位压力增量作用下土的孔隙比的减小。压缩系数 a 值越大，土的压缩性就越大。压缩系数 a 是判断土压缩性的一个重要指标。

压缩系数 a 的常用单位为 MPa^{-1}，p 的常用单位为 kPa，则上式可写为：

$$a = 1000\,\frac{e_1 - e_2}{p_2 - p_1} \tag{3-5}$$

由图 3-2 还可以看出，同一种土的压缩系数并不是常数，而是随所取压力变化范围的不同而不同。为了评价不同种类土的压缩性，现行《建筑地基基础设计规范》(GB 50007—2011)规定取 $p_1 = 100\mathrm{kPa}$、$p_2 = 200\mathrm{kPa}$ 时相对应的压缩系数 a_{1-2} 来评价土的压缩性。

$a_{1-2} < 0.1\mathrm{MPa}^{-1}$　　低压缩性土

$0.1\mathrm{MPa}^{-1} \leqslant a_{1-2} < 0.5\mathrm{MPa}^{-1}$　　中压缩性土

$a_{1-2} \geqslant 0.5\mathrm{MPa}^{-1}$　　高压缩性土

需要注意的是，在实际工程中，p_1 一般是指地基计算深度处土的自重应力，p_2 为计算深度处的总应力，即自重应力和附加应力之和。

(二)侧限压缩模量 E_s

土的侧限压缩模量是指土样在侧限条件下，竖向压应力变化量 $\Delta\sigma$ 和竖向压应变变化量 $\Delta\varepsilon$ 的比值，即：

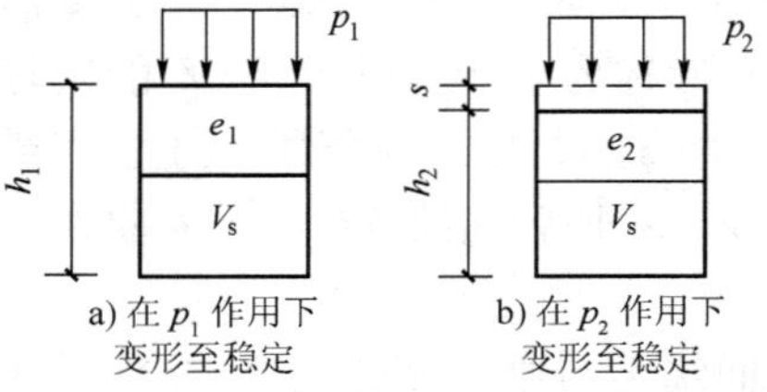

图 3-4　压缩过程中土样变形示意图

$$E_s = \frac{\Delta\sigma}{\Delta\varepsilon} \tag{3-6}$$

设土样在 p_1 和 p_2 作用下达稳定变形时的高度分别为 h_1、h_2，土样变形量为 s，在变形稳定后土样孔隙比分别为 e_1 和 e_2，如图3-4所示，则有：

$$\Delta\sigma = p_2 - p_1 \tag{3-6a}$$

$$\Delta\varepsilon = \frac{\Delta h}{h} = \frac{(1+e_1) - (1+e_2)}{1+e_1} = \frac{e_1 - e_2}{1+e_1} \tag{3-6b}$$

将式(3-6a)和式(3-6b)代入式(3-6)得：

$$E_s = \frac{1+e_1}{a} \tag{3-7}$$

由式(3-7)可知，E_s 与 a 成反比，即 E_s 越大，a 越小，土的压缩性越低。一般 $E_s < 4\mathrm{MPa}$，为高压缩性土，$E_s = 4 \sim 15\mathrm{MPa}$ 为中压缩性土，$E_s > 15\mathrm{MPa}$ 为低压缩性土。

(三)变形模量 E_0

土的试样在无侧限条件下竖向压应力与压应变之比称为变形模量 E_0。变形模量 E_0 可由现场静载荷试验测定，也可通过室内侧限压缩试验得到的压缩模量的换算公式求得，即：

$$E_0 = \beta E_s \tag{3-8}$$

$$\beta = 1 - \frac{2\mu^2}{1-\mu} \quad (\mu = 0 \sim 0.5, \beta \leq 1.0) \tag{3-9}$$

式中：β——与土的泊松比 μ 有关的系数，可查表 3-1 得到。

μ、β 的经验值 表 3-1

土的种类和状态	μ	β
碎石土	0.15～0.20	0.95～0.90
砂土	0.20～0.25	0.90～0.83
粉土	0.25	0.83
粉质黏土：坚硬状态	0.25	0.83
可塑状态	0.30	0.74
软塑及流塑状态	0.35	0.62
黏土：坚硬状态	0.25	0.83
可塑状态	0.35	0.62
软塑及流塑状态	0.42	0.39

式(3-8)是 E_0 与 E_s 的理论关系式，由于室内与现场试验的条件不同，室内对土扰动较大，且土的泊松比也不易测准，故对硬土的变形模量 E_0 可能较 βE_s 大数倍；而对软土的变形模量 E_0 与 βE_s 则比较接近。因此，要得到能较好地反映土的压缩性高低的指标，应在现场进行静载荷试验。

第二节　地基变形计算

地基变形指地基在建筑物荷载的作用下，变形稳定后的最终沉降量。计算地基最终沉降量的目的是为了控制建筑物的地基变形值（沉降量、沉降差和倾斜）不大于地基变形允许值，以保证建筑物的安全和正常使用。

地基变形计算目前采用分层总和法及《建筑地基基础设计规范》（GB 50007—2010）推荐的方法。

一　分层总和法

分层总和法是指将地基变形计算深度范围划分成若干薄层，分别计算每一薄层土的竖向压缩变形量，然后将各薄层土的变形量相加，最终可得到地基的最终沉降量的一种计算方法。

（一）基本假设

在采用分层总和法计算地基最终变形时，通常作如下假定：

（1）地基土为均匀、连续、各向同性的半无限线性变形体，按直线变形理论计算土中应力。

（2）地基土在压缩变形时不发生侧向变形，即采用完全侧限条件下土的压缩性指标。

（3）以基础底面中心点下的附加应力 σ_z 作为计算地基变形的依据，可弥补假定(2)使沉降量计算结果偏小所带来的误差。

（二）计算方法

假设基础中心点以下任意深度处土的自重应力和附加应力都已知，并把地基压缩层分为n层（图3-5a），现分析第i层土的压缩量。

现取基础中心点下截面为A的单元土柱进行分析，如图3-5所示，在基底下z_i深度处任取第i层土进行分析，第i层土层厚h_i。施工前，该土层仅受到自重应力作用，设自重应力的平均值为p_{1i}；施工结束后时，土中增加了附加应力，设附加应力的平均值为$\overline{\sigma}_{zi}$。此时，该土层受到的总压力为$p_{2i}=p_{1i}+\overline{\sigma}_{zi}$。由于施工前后土中应力的变化，即$p_{1i}$增至$p_{2i}$引起的第$i$层土的变形量$\Delta s_i$利用式（3-3）可得：

$$\Delta s_i = \frac{e_{1i}-e_{2i}}{1+e_{1i}}h_i \tag{3-10}$$

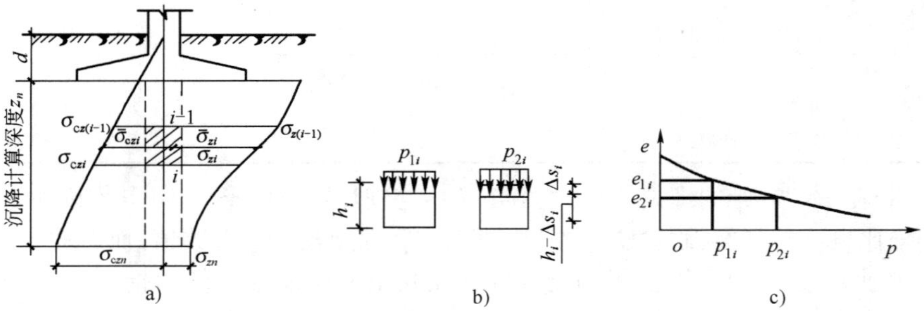

图3-5　分层总和法计算地基变形

由式（3-4）得：

$$e_{1i}-e_{2i}=a_i(p_{2i}-p_{1i})$$

由式（3-7）得：

$$a_i=\frac{1+e_{1i}}{E_{si}}$$

将上两式代入式（3-10），第i层土的变形量Δs_i又可表示为：

$$\Delta s_i = \frac{p_{2i}-p_{1i}}{E_{si}}h_i = \frac{\overline{\sigma}_{zi}}{E_{si}}h_i \tag{3-11}$$

则地基土的总变形为：

$$s=\sum_{i=1}^{n}\Delta s_i=\sum_{i=1}^{n}\frac{e_{1i}-e_{2i}}{1+e_{1i}}h_i \tag{3-12}$$

或表示为：

$$s=\sum_{i=1}^{n}\frac{\overline{\sigma}_{zi}}{E_{si}}h_i \tag{3-13}$$

式中：h_i——第i层土厚度；

p_{1i}——作用于第i层土的平均自重应力$\overline{\sigma}_{czi}$，$p_{1i}=\overline{\sigma}_{czi}=\dfrac{\sigma_{czi}+\sigma_{z(i-1)}}{2}$，kPa；

p_{2i}——作用于第i层土的平均自重应力$\overline{\sigma}_{czi}$和平均附加应力$\overline{\sigma}_{zi}$之和，$p_{2i}=\overline{\sigma}_{czi}+\overline{\sigma}_{zi}$，kPa；

$\overline{\sigma}_{zi}$——第i层土的附加应力平均值，$\overline{\sigma}_{zi}=\dfrac{\sigma_{zi}+\sigma_{z(i-1)}}{2}$，kPa；

e_{1i}——第 i 层土的平均自重应力 p_{1i} 作用下的孔隙比；

e_{2i}——第 i 层土的平均总应力 p_{2i} 作用下的孔隙比；

E_{si}——第 i 层土的压缩模量，MPa。

（三）分层总和法计算地基变形的步骤

（1）将基底以下土分为若干薄层，每分层厚 $h_i \leqslant 0.4b$（b 为基底宽度）。天然土层面及地下水位标高因为土质有变化，应作为分层的一个界面。

（2）计算基底中心点下每一分层界面处土的自重应力 σ_{cz} 和附加应力 σ_z，并绘出自重应力和附加应力分布图形。

（3）确定地基压缩层深度 z_n，对一般土层应满足 $\sigma_{zn}/\sigma_{czn} \leqslant 0.2$，软弱土层应满足 $\sigma_{zn}/\sigma_{czn} \leqslant 0.1$ 的条件。

（4）确定每一分层土的平均自重应力 $\overline{\sigma}_{czi}$ 和平均附加应力 $\overline{\sigma}_{zi}$；或求 p_{1i} 和 p_{2i}，进一步确定 e_1 和 e_2。

（5）按式（3-10）或式（3-11）分别计算每一薄层土的变形量。

（6）按式（3-12）或式（3-13）计算压缩层深度范围内地基最终变形量。

二 《建筑地基基础设计规范》推荐法

《建筑地基基础设计规范》（GB 50007—2011）推荐的计算地基最终沉降量的方法是一种简化的分层总和法，它是根据应力图形的性质，采用平均附加应力系数 $\overline{\alpha}_i$，对同一土层采用单一的压缩性指标，使计算得到简化，同时引入沉降计算经验系数 φ_s，使计算结果更接近于实际。

（一）规范推荐法公式

根据大量建筑物的沉降观测资料，并与理论计算相对比，利用分层总和法计算的地基沉降，对于中等地基，计算沉降量与实测沉降量相近，即 $s_{计} \approx s_{实}$；对于软弱地基，计算沉降量小于实测沉降量，最多可相差 40%，即 $s_{计} < s_{实}$；对于坚实地基，计算地基沉降量远大于实测沉降量。

为了提高计算结果的准确性，规范在总结国内大量建筑物沉降观测资料的基础上，引入沉降经验系数来修正用分层总和法得到的计算值与实测值的差别。规范推荐的最终变形量的基本计算公式为：

$$s = \psi_s s' = \psi_s \sum_{i=1}^{n} \frac{p_0}{E_{si}} (\overline{\alpha}_i z_i - \overline{\alpha}_{i-1} z_{i-1}) \tag{3-14}$$

式中：s——地基最终沉降量，mm；

s'——按分层总和法计算出的地基最终沉降量，mm；

n——地基变形计算深度范围内所划分的土层数；

p_0——对应于荷载效应准永久组合时的基础底面处的附加压力，kPa；

E_{si}——基础底面下第 i 层土的压缩模量，应取土的自重压力至土的自重压力与附加压力之和的压力段计算，MPa；

z_i、z_{i-1}——基础底面至第 i 层土、第 $i-1$ 层土底面的距离，见图 3-6，m；

$\overline{\alpha}_i$、$\overline{\alpha}_{i-1}$——基础底面计算点至第 i 层土、第 $i-1$ 层土底面范围内平均附加应力系数，可查表 3-2得到；

ψ_s——沉降计算经验系数，根据地区沉降观测资料及经验确定，无地区经验时可采用表 3-3的数值。

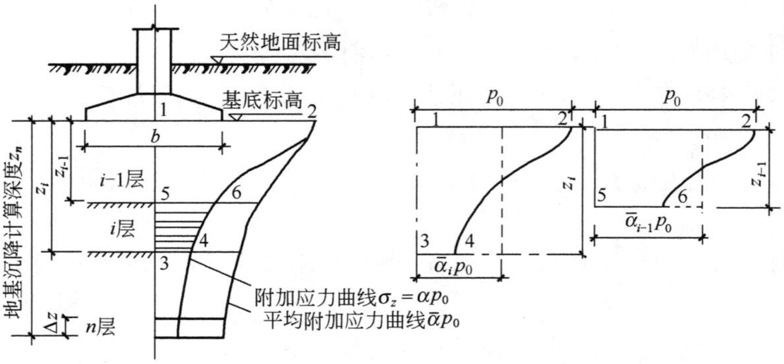

图 3-6　依据现行《建筑地基基础设计规范》计算地基最终沉降示意图

矩形面积三角形分布荷载作用下，圆形面积上作用均布荷载中点下的平均附加应力系数表见现行《建筑地基基础设计规范》（GB 50007—2011）附录 K。

矩形面积上均布荷载作用下角点的平均附加应力系数 $\overline{\alpha}$　　表 3-2

z/b \ l/b	1.0	1.2	1.4	1.6	1.8	2.0	2.4	2.8	3.2	3.6	4.0	5.0	10.0
0.0	0.2500	0.2500	0.2500	0.2500	0.2500	0.2500	0.2500	0.2500	0.2500	0.2500	0.2500	0.2500	0.2500
0.2	0.2496	0.2497	0.2497	0.2498	0.2498	0.2498	0.2498	0.2498	0.2498	0.2498	0.2498	0.2498	0.2498
0.4	0.2474	0.2979	0.2481	0.2483	0.2483	0.2484	0.2485	0.2485	0.2485	0.2485	0.2485	0.2485	0.2485
0.6	0.2423	0.2437	0.2444	0.2448	0.2451	0.2452	0.2454	0.2455	0.2455	0.2455	0.2455	0.2455	0.2456
0.8	0.2346	0.2372	0.2387	0.2395	0.2400	0.2403	0.2407	0.2408	0.2409	0.2409	0.2410	0.2410	0.2410
1.0	0.2252	0.2291	0.2313	0.2326	0.2335	0.2340	0.2346	0.2349	0.2351	0.2352	0.2352	0.2353	0.2353
1.2	0.2149	0.2199	0.2229	0.2248	0.2260	0.2268	0.2278	0.2282	0.2285	0.2286	0.2287	0.2288	0.2289
1.4	0.2043	0.2102	0.2140	0.2164	0.2190	0.2191	0.2204	0.2211	0.2215	0.2217	0.2218	0.2220	0.2221
1.6	0.1939	0.2006	0.2049	0.2079	0.2099	0.2113	0.2130	0.2138	0.2143	0.2146	0.2148	0.2150	0.2152
1.8	0.1840	0.1912	0.1960	0.1994	0.2018	0.2034	0.2055	0.2066	0.2073	0.2077	0.2079	0.2082	0.2084
2.0	0.1746	0.1822	0.1875	0.1912	0.1938	0.1958	0.1982	0.1996	0.2004	0.2009	0.2012	0.2015	0.2018
2.2	0.1659	0.1737	0.1793	0.1833	0.1862	0.1883	0.1911	0.1927	0.1937	0.1943	0.1947	0.1952	0.1955
2.4	0.1578	0.1657	0.1715	0.1757	0.1789	0.1812	0.1843	0.1862	0.1873	0.1880	0.1885	0.1890	0.1895
2.6	0.1503	0.1583	0.1642	0.1686	0.1719	0.1745	0.1779	0.1799	0.1812	0.1820	0.1825	0.1832	0.1838
2.8	0.1433	0.1514	0.1574	0.1619	0.1654	0.1680	0.1717	0.1739	0.1753	0.1763	0.1769	0.1777	0.1784
3.0	0.1369	0.1449	0.1510	0.1556	0.1592	0.1619	0.1658	0.1682	0.1698	0.1708	0.1715	0.1725	0.1733
3.2	0.1310	0.1390	0.1450	0.1497	0.1533	0.1562	0.1602	0.1628	0.1645	0.1657	0.1664	0.1675	0.1685

续上表

z/b \ l/b	1.0	1.2	1.4	1.6	1.8	2.0	2.4	2.8	3.2	3.6	4.0	5.0	10.0
3.4	0.1256	0.1334	0.1394	0.1441	0.1478	0.1508	0.1550	0.1577	0.1595	0.1607	0.1616	0.1628	0.1639
3.6	0.1205	0.1282	0.1342	0.1389	0.1427	0.1456	0.1500	0.1528	0.1548	0.1561	0.1570	0.1583	0.1595
3.8	0.1158	0.1234	0.1293	0.1340	0.1378	0.1408	0.1452	0.1482	0.1502	0.1516	0.1526	0.1541	0.1554
4.0	0.1114	0.1189	0.1248	0.1294	0.1332	0.1362	0.1408	0.1438	0.1459	0.1474	0.1485	0.1500	0.1516
4.2	0.1073	0.1147	0.1205	0.1251	0.1289	0.1319	0.1356	0.1396	0.1418	0.1434	0.1445	0.1462	0.1479
4.4	0.1035	0.1107	0.1164	0.1210	0.1248	0.1279	0.1325	0.1357	0.1379	0.1396	0.1407	0.1425	0.1444
4.6	0.1000	0.1070	0.1127	0.1172	0.1209	0.1240	0.1287	0.1319	0.1342	0.1359	0.1371	0.1390	0.1410
4.8	0.0967	0.1036	0.1091	0.1136	0.1173	0.1204	0.1250	0.1283	0.1307	0.1324	0.1337	0.1357	0.1379
5.0	0.0935	0.1003	0.1057	0.1102	0.1139	0.1169	0.1216	0.1249	0.1273	0.1291	0.1304	0.1325	0.1348
5.2	0.0906	0.0972	0.1026	0.1070	0.1106	0.1136	0.1183	0.1217	0.1241	0.1259	0.1273	0.1295	0.1320
5.4	0.0878	0.0943	0.0996	0.1039	0.1075	0.1105	0.1152	0.1186	0.1211	0.1229	0.1243	0.1265	0.1292
5.6	0.0852	0.0916	0.0968	0.1010	0.1046	0.1076	0.1122	0.1156	0.1181	0.1200	0.1215	0.1238	0.1266
5.8	0.0828	0.0890	0.0941	0.0983	0.1018	0.1047	0.1094	0.1128	0.1153	0.1172	0.1187	0.1211	0.1240
6.0	0.0805	0.0866	0.0916	0.0957	0.0991	0.1021	0.1067	0.1101	0.1126	0.1146	0.1161	0.1185	0.1216
6.2	0.0783	0.0842	0.0891	0.0932	0.0966	0.0995	0.1041	0.1075	0.1101	0.1120	0.1136	0.1161	0.1193
6.4	0.0762	0.0820	0.0869	0.0909	0.0942	0.0971	0.1016	0.1050	0.1076	0.1096	0.1111	0.1137	0.1171
6.6	0.0742	0.0799	0.0847	0.0886	0.0919	0.0948	0.0993	0.1027	0.1053	0.1073	0.1088	0.1114	0.1149
6.8	0.0723	0.0779	0.0826	0.0865	0.0898	0.0926	0.0970	0.1004	0.1030	0.1050	0.1066	0.1092	0.1129
7.0	0.0705	0.0761	0.0806	0.0844	0.0877	0.0904	0.0949	0.0982	0.1008	0.1028	0.1044	0.1071	0.1109
7.2	0.0688	0.0742	0.0787	0.0825	0.0857	0.0884	0.0928	0.0962	0.0987	0.1008	0.1023	0.1051	0.1090
7.4	0.0672	0.0725	0.0769	0.0806	0.0838	0.0865	0.0908	0.0942	0.0967	0.0988	0.1004	0.1031	0.1071
7.6	0.0656	0.0709	0.0752	0.0789	0.0820	0.0846	0.0889	0.0922	0.0948	0.0968	0.0984	0.1012	0.1054
7.8	0.0642	0.0693	0.0736	0.0771	0.0802	0.0828	0.0871	0.0904	0.0929	0.0950	0.0966	0.0994	0.1036
8.0	0.0627	0.0678	0.0720	0.0755	0.0785	0.0811	0.0853	0.0886	0.0912	0.0932	0.0948	0.0976	0.1020
8.2	0.0614	0.0663	0.0705	0.0739	0.0769	0.0795	0.0837	0.0869	0.0894	0.0914	0.0931	0.0959	0.1004
8.4	0.0601	0.0649	0.0690	0.0724	0.0754	0.0779	0.0820	0.0852	0.0878	0.0898	0.0914	0.0943	0.0988
8.6	0.0588	0.0636	0.0676	0.0710	0.0739	0.0764	0.0805	0.0836	0.0862	0.0882	0.0898	0.0927	0.0973
8.8	0.0576	0.0623	0.0663	0.0696	0.0724	0.0749	0.0790	0.0821	0.0846	0.0866	0.0882	0.0912	0.0959
9.2	0.0554	0.0599	0.0637	0.0670	0.0697	0.0721	0.0761	0.0792	0.0817	0.0837	0.0853	0.0882	0.0931
9.6	0.0533	0.0577	0.0614	0.0645	0.0672	0.0696	0.0734	0.0765	0.0789	0.0809	0.0825	0.0855	0.0905
10.0	0.0514	0.0556	0.0592	0.0622	0.0649	0.0672	0.0710	0.0739	0.0763	0.0783	0.0799	0.0829	0.0880
10.4	0.0496	0.0533	0.0572	0.0601	0.0627	0.0649	0.0686	0.0716	0.0739	0.0759	0.0775	0.0804	0.0857
10.8	0.0479	0.0519	0.0553	0.0581	0.0606	0.0628	0.0664	0.0693	0.0717	0.0736	0.0751	0.0781	0.0834
11.2	0.0463	0.0502	0.0535	0.0563	0.0587	0.0606	0.0644	0.0672	0.0695	0.0714	0.0730	0.0795	0.0813
11.6	0.0448	0.0486	0.0518	0.0545	0.0569	0.0590	0.0625	0.0652	0.0675	0.0694	0.0709	0.0738	0.0793

续上表

l/b z/b	1.0	1.2	1.4	1.6	1.8	2.0	2.4	2.8	3.2	3.6	4.0	5.0	10.0
12.0	0.0435	0.0471	0.0502	0.0529	0.0552	0.0573	0.0606	0.0634	0.0656	0.0674	0.0690	0.0719	0.0774
12.8	0.0409	0.0444	0.0474	0.0499	0.0521	0.0541	0.0573	0.0599	0.0621	0.0639	0.0654	0.0682	0.0739
13.6	0.0387	0.0420	0.0448	0.0472	0.0493	0.0512	0.0543	0.0568	0.0589	0.0607	0.0621	0.0649	0.0707
14.4	0.0367	0.0398	0.0425	0.0448	0.0468	0.0486	0.0516	0.0540	0.0561	0.0577	0.0592	0.0619	0.0677
15.2	0.0349	0.0379	0.0404	0.0426	0.0446	0.0463	0.0492	0.0515	0.0535	0.0551	0.0565	0.0592	0.0650
16.0	0.0332	0.0361	0.0385	0.0407	0.0425	0.0442	0.0492	0.0469	0.0511	0.0527	0.0540	0.0567	0.0625
18.0	0.0297	0.0323	0.0345	0.0364	0.0381	0.0396	0.0442	0.0442	0.0460	0.0475	0.0487	0.0512	0.0570
20.0	0.0269	0.0292	0.0312	0.0330	0.0345	0.0359	0.0383	0.0402	0.0418	0.0432	0.0444	0.0468	0.0524

沉降计算经验系数 ψ_s 表 3-3

$\overline{E}_s$(MPa) 基底附加应力	2.5	4.0	7.0	15.0	20.0
$p_0 \geqslant f_{ak}$	1.4	1.3	1.0	0.4	0.2
$p_0 \leqslant 0.75 f_{ak}$	1.1	1.0	0.7	0.4	0.2

注：1. f_{ak} 为地基承载力特征值，kPa。

2. $\overline{E}_s$ 为地基变形计算深度范围内压缩模量的当量值，应按下式计算：

$$\overline{E}_s = \frac{\Sigma A_i}{\Sigma \dfrac{A_i}{E_{si}}} \tag{3-15}$$

式中，A_i 及 E_{si} 分别为压缩层内第 i 层土的平均附加应力图形面积（图 3-6 中阴影部分面积）及压缩模量。

在实际计算时：

$$A_i = p_0(\overline{\alpha}_i z_i - \overline{\alpha}_{i-1} z_{i-1}) \tag{3-16}$$

（二）地基变形计算深度 z_n

这里 z_n 的确定与分层总和法的规定不同，现行《建筑地基基础设计规范》（GB 50007—2011）规定地基变形计算深度 z_n 应符合下式要求：

$$\Delta s'_n \leqslant 0.025 \sum_{i=1}^{n} \Delta s'_i \tag{3-17}$$

式中：$\Delta s'_i$——在计算深度 z_n 范围内，第 i 层土的计算变形值，mm；

$\Delta s'_n$——在计算深度 z_n 处向上取厚度为 Δz 土层的计算变形值，mm，Δz 按表 3-4 确定。

Δz 取值表 表 3-4

b(m)	$b \leqslant 2$	$2 < b \leqslant 4$	$4 < b \leqslant 8$	$8 < b$
Δz(m)	0.3	0.6	0.8	1.0

如按式（3-17）确定的地基变形计算深度下部仍有较软土层时，在相同压力条件下，变形会增大，尚应继续向下计算，直至软弱土层中所取规定厚度 Δz 的计算变形满足上式为止。

当无相邻荷载影响,基础宽度在 1 ~ 30m 范围内时,基础中点的地基变形计算深度也可按下式简化计算,即:

$$z_n = b(2.5 - 0.4\ln b) \tag{3-18}$$

式中:b——基础宽度,m。

在计算深度范围内存在基岩时,z_n 可取至基岩表面;当存在较厚的坚硬黏性土层,其孔隙比小于 0.5,压缩模量大于 50MPa 或存在较厚的密实砂卵石层,其压缩模量大于 80MPa 时,z_n 可取至该土层表面。

【例题 3-1】 已知矩形基础,底面尺寸为 $l \times b = 4\text{m} \times 2\text{m}$,基础的埋置深度 $d = 1.5\text{m}$,上部柱传到基础顶面的竖向荷载准永久值为 $F_k = 1100\text{kN}$,持力层土的地基承载力特征值为 $f_{ak} = 125\text{kPa}$,地基土层如图 3-7a) 所示,实测地基沉降量为 78mm,试分别用分层总和法和规范方法,计算基础中点处的最终沉降量,并与实测值进行比较。

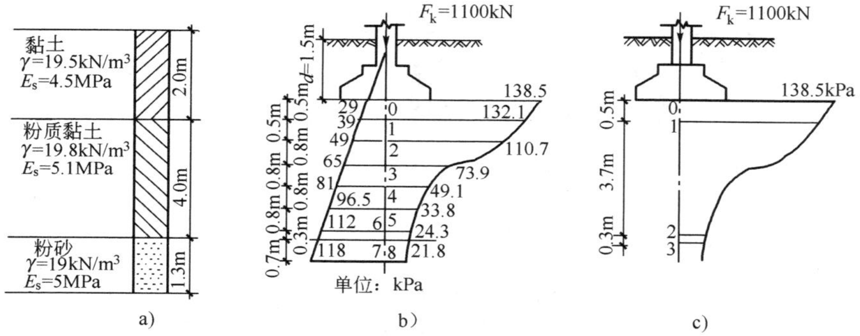

图 3-7 例题 3-1 附图

解:1. 用分层总和法计算基础的最终沉降量

(1) 计算基础及其台阶上回填土的平均重量:

$$G_k = \gamma_G A d = 20 \times 4 \times 2 \times 1.5 = 240\text{kN}$$

(2) 计算由准永久值产生的基底压力 p_k:

$$p_k = \frac{F_k + G_k}{A} = \frac{1100 + 240}{4 \times 2} = 167.5\text{kPa}$$

(3) 计算基底附加压力 p_0:

$$p_0 = p_k - \sigma_{cz} = 167.5 - 19.5 \times 1.5 = 138.5\text{kPa}$$

(4) 将基础底面以下的土层分层,天然土层面作为分层的界面。分层厚度 $h_i \leq 0.4b = 0.4 \times 2 = 0.8\text{m}$,具体的分层情况见图 3-7b)。

(5) 计算各分层界面处的自重应力 σ_{cz},其计算结果见表 3-5,并画出自重应力分布图(图 3-7b)。

现以 0、1、2 点为例说明计算过程:

0 点 $\sigma_{cz} = 19.5 \times 1.5 = 29\text{kPa}$

1 点 $\sigma_{cz} = 29 + 19.5 \times 0.5 = 39\text{kPa}$

2 点 $\sigma_{cz}=39+19.8\times0.5=49\text{kPa}$

(6)计算各分层界面处的附加应力 σ_z，计算结果见表 3-5，画出附加应力分布图(图 3-7b)。

各分层界面处的附加应力 表 3-5

点	z(m)	l/b	z/b	α	4α	σ_{zi}(kPa)	σ_{czi}(kPa)	σ_z/σ_{cz}	z_n(m)
0	0	2	0	0.2500	1.000	138.5	29		
1	0.5		0.5	0.2384	0.9536	132.1	39		
2	1.0		1.0	0.1999	0.7996	110.7	49		
3	1.8		1.8	0.1334	0.5336	73.9	65		
4	2.6		2.6	0.0887	0.3548	49.1	81		
5	3.4		3.4	0.0611	0.2444	33.8	96.5		
6	4.2		4.2	0.0439	0.1756	24.3	112		
7	4.5		4.5	0.0393	0.1572	21.8	118	0.185	4.5

现以 1 点为例说明计算过程：$l/b=2/1=2$，$z/b=0.5/1=0.5$，查表得 $\alpha=0.2384$，则：

$$\sigma_{z1}=4\alpha p_0=4\times0.2384\times138.5=132.1\text{kPa}$$

(7)确定地基压缩层深度 z_n。从自重应力和附加应力分布曲线上可知，当 $z=4.5\text{m}$ 时，$\frac{\sigma_z}{\sigma_{cz}}=\frac{21.8}{118}=0.185<0.2$，所以取 $z_n=4.5\text{m}$ 即可。

(8)计算各分层的平均自重应力 $\overline{\sigma}_{czi}$ 和平均附加应力 $\overline{\sigma}_{zi}$，计算结果见表 3-6。

各分层土的沉降量 表 3-6

土层	层厚(mm)	$\overline{\sigma}_{czi}$(kPa)	$\overline{\sigma}_{zi}$(kPa)	E_{si}(MPa)	$\Delta s_i=\frac{\overline{\sigma}_{zi}}{E_{si}}h_i$(mm)	$s=\sum_{i=1}^{7}\Delta s_i$(mm)
0~1	500	34	135.3	4.5	15.03	
1~2	500	44	121.4	5.1	11.9	
2~3	800	57	92.3	5.1	14.48	
3~4	800	73	61.5	5.1	9.65	
4~5	800	89	41.45	5.1	6.50	
5~6	800	104	29.05	5.1	4.56	
6~7	300	115	23.05	5.1	1.36	63.48

例如，对 0~1 分层：

$$\overline{\sigma}_{czi}=\frac{\sigma_{czi}+\sigma_{cz(i-1)}}{2}=\frac{29+39}{2}=34\text{kPa}$$

$$\overline{\sigma}_{zi}=\frac{\sigma_{zi}+\sigma_{z(i-1)}}{2}=\frac{138.5+132.1}{2}=135.3\text{kPa}$$

(9)利用式 $\Delta s_i=\frac{\overline{\sigma}_{zi}}{E_{si}}h_i$ 求各分层的沉降量，计算结果见表 3-6。

(10)利用式 $s=\sum_{i=1}^{7}\Delta s_i=\Delta s_1+\Delta s_2+\cdots+\Delta s_7$，求总沉降量 s。

由表3-6得基础的最终沉降量为63.48mm。

2. 用规范法计算基础的最终沉降量

(1)、(2)、(3)计算步骤同分层总和法。

(4)计算压缩层深度 z_n：

$$z_n = b(2.5-0.4\ln b) = 2\times(2.5-0.4\ln 2) = 4.445\text{m}\approx 4.5\text{m}$$

沉降深度计算至粉质黏土层底面。

(5)划分土层。取天然土层作为分层面，但考虑到复核变形条件是否满足，因为 $b=2\text{m}$，按照表3-4，取 $\Delta z=0.3\text{m}$，则从粉质黏土层底面向上取0.3m作为一层，具体划分情况见图3-7c)。

(6)基础沉降量计算过程见表3-7。

各分层土的沉降量 表3-7

点	z (m)	l/b	z/b	$\overline{\alpha}_i$	$\overline{\alpha}_i z_i$ (mm)	$\overline{\alpha}_i z_i-\overline{\alpha}_{i-1}z_{i-1}$ (mm)	p_0 (kPa)	E_{si} (MPa)	$\Delta s_i=\frac{p_0}{E_{si}}(\overline{\alpha}_i z_i-\overline{\alpha}_{i-1}z_{i-1})$ (mm)
0	0	2/1=2	0	4×0.25 =1.00	0	0	138.5	4.5	
1	0.5		0.5	4×0.2468 =0.9872	493.60	493.60		4.5	0~1层土 $\frac{138.5\times10^{-3}\times493.6}{4.5}=15.19$
2	4.2		4.2	4×0.1319 =0.5276	2215.92	1722.32		5.1	1~2层土 $\frac{138.5\times10^{-3}\times1722.6}{5.1}=46.77$
3	4.5		4.5	4×0.126 =0.504	2268.00	52.08		5.1	2~3层土 $\frac{138.5\times10^{-3}\times52.08}{5.1}=1.41$
—									$s=\sum\Delta s_i'=63.37$

注：对矩形基础的中心点来说，求平均附加应力系数 $\overline{\alpha}_i$ 时，应把矩形分为四块相等的小面积，基础的中心点为四个小矩形面积的公共角点，计算 $m=l/b$，$n=z/b$，查表3-2得到的平均附加应力系数应乘以4。

(7)复核压缩层深度 z_n。由表3-7计算可知，$\frac{\Delta s_n}{\sum_{i=1}^{3}\Delta s_i'}=\frac{1.41}{63.37}=0.022<0.025$ 符合要求。

(8)计算沉降经验系数 ψ_s：

$$\overline{E}_s=\frac{\sum A_i}{\sum\frac{A_i}{E_{si}}}=\frac{p_0\sum(\overline{\alpha}_i z_i-\overline{\alpha}_{i-1}z_{i-1})}{p_0\sum\frac{(\overline{\alpha}_i z_i-\overline{\alpha}_{i-1}z_{i-1})}{E_{si}}}=\frac{493.6+1722.32+52.08}{\frac{493.6}{4.5}+\frac{1722.32}{5.1}+\frac{52.08}{5.1}}=4.96\text{MPa}$$

因为 $p_0=138.5>f_{ak}=125\text{kPa}$，查表3-3并用内插法得：

$$\psi_s = 1.3-\frac{1.3-1.0}{7-4}\times(4.96-4) = 1.2$$

(9)计算地基最终沉降量：

$$s = \psi_s s' = 1.2\times63.37 = 76\text{mm}$$

分层总和法的计算结果和规范法的计算结果与实测值比较，可知规范法的计算结果更接近实测值。

三 相邻荷载对地基沉降的影响

相邻荷载产生的附加应力扩散时，出现应力叠加，引起相邻基础产生附加沉降。在软弱地基中，这种附加沉降可达自身引起沉降量的50%以上，往往导致建筑物发生事故。

因此，要合理控制相邻建筑物基础间的净距。软弱地基相邻建筑物基础间的净距可按表3-8选用。

相邻建筑物基础间的净距　　表3-8

影响建筑物的预估平均沉降 s(mm)	被影响建筑物的长高比	
	$2.0 \leqslant L/H_f < 3.0$	$3.0 \leqslant L/H_f < 5.0$
70～150	2～3	3～6
160～250	3～6	6～9
260～400	6～9	9～12
>400	9～12	≥12

注：1. 表中 L 为建筑物长度或沉降缝分隔的单元长度，m；H_f 为自基础底面标高算起的建筑物高度，m。
2. 当被影响建筑物的长高比为 $1.5 < L/H_f < 2.0$ 时，其净间距可适当减小。

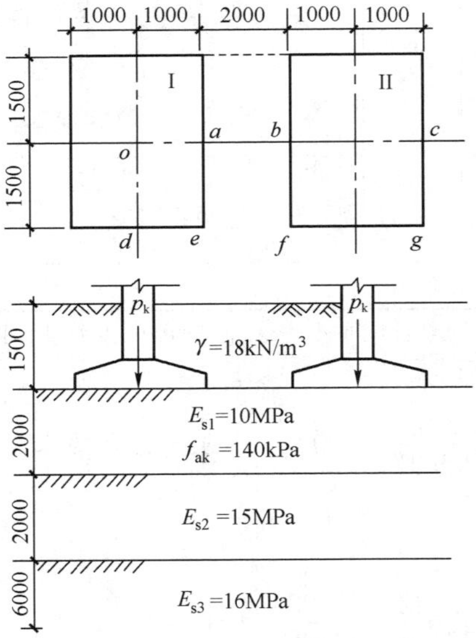

图3-8　例题3-2附图(尺寸单位：mm)

当需要考虑相邻荷载影响时，可用角点法计算相邻荷载引起的地基中的附加应力，并计算附加沉降量，具体计算详见例题3-2。

【例题3-2】 已知基础平面和各层土的压缩模量如图3-8所示，两基础在荷载效应准永久值作用下的底面处的平均压力均为 $p_k = 200\text{kPa}$，基础埋深 $d = 1.5\text{m}$，试按照现行《建筑地基基础设计规范》推荐方法求基础I的最终沉降量，并考虑相邻基础II的影响。

解：(1)计算基底附加压力 p_0。

$$p_0 = p_k - \sigma_{cz} = 200 - 18 \times 1.5 = 173\text{kPa}$$

(2)计算平均附加应力系数 $\overline{\alpha}_i$。考虑基础II对基础I的影响，采用角点法。

以基础中心点下 $z = 2\text{m}$ 处为例计算。

①基础I的荷载在基础中心点下 $z = 2\text{m}$ 处产生附加应力系数 $\overline{\alpha}_{1i}$。

对面积 $oaed$：$m = l/b = 1.5/1.0 = 1.5$，$n = z/b = 2.0/1.0 = 2.0$，查表3-2并用插值法得 $\overline{\alpha}_{oaed} = 0.1894$，因为 $\overline{\alpha}_{1i} = 4\overline{\alpha}_{oaed}$，所以 $\overline{\alpha}_{1i} = 4 \times 0.1894 = 0.7576$。

②基础II的荷载在基础I的中心点下 $z = 2\text{m}$ 处产生附加应力系数 $\overline{\alpha}_{2i}$。

由图可知：$\overline{\alpha}_{2i} = 2(\overline{\alpha}_{ocgd} - \overline{\alpha}_{obfd})$

对面积 $ocgd$：$m = l/b = 5.0/1.5 = 3.3$，$n = z/b = 2.0/1.5 = 1.3$，查表3-2并用插值法得：$\overline{\alpha}_{ocgd} = 0.2250$。

对面积 $obfd$：$m = l/b = 3.0/1.5 = 2.0$，$n = z/b = 2.0/1.5 = 1.3$，查表 3-2 并用插值法得：$\bar{\alpha}_{obfd} = 0.2230$。

所以：　　　　$\bar{\alpha}_{2i} = 2(\bar{\alpha}_{ocgd} - \bar{\alpha}_{obfd}) = 2 \times (0.2250 - 0.2230) = 0.0040$

③基础 I 的中心点下 $z = 2\text{m}$ 处总的平均附加应力系数为：

$$\bar{\alpha}_i = \bar{\alpha}_{1i} + \bar{\alpha}_{2i} = 0.7576 + 0.0040 = 0.7616$$

用相同的方法可得到其他深度范围内的平均附加应力系数，见表 3-9。

平均附加应力系数计算　　　　表 3-9

z_i (m)	l/b	基础 I		l/b	基础 II 对基础 I 的影响		$\bar{\alpha}_i$
		z_i/b	$\bar{\alpha}_{1i}$		z_i/b	$\bar{\alpha}_{2i}$	
0	1.5/1 = 1.5	0	—	5.0/1.5 = 3.3 3.0/1.5 = 2.0	0	—	0
2.0		2/1 = 2.0	4 × 0.1894 = 0.7576		2/1.5 = 1.3	2 × (0.2250 − 0.2230) = 0.0040	0.7616
4.0		4/1 = 4.0	4 × 0.1271 = 0.5084		4/1.5 = 2.7	2 × (0.1785 − 0.1713) = 0.0144	0.5222
3.7		3.7/1 = 3.7	4 × 0.1341 = 0.5364		3.7/1.5 = 2.5	2 × (0.1845 − 0.1779) = 0.0133	0.5497

④计算各层土的沉降量 Δs_i。对于 $z = 0 \sim 2\text{m}$：

$$\Delta s_i' = \frac{p_0(\bar{\alpha}_i z - \bar{\alpha}_{i-1} z_{i-1})}{E_{si}} = \frac{173}{8} \times (2 \times 0.7616 - 0) = 32.9\text{mm}$$

其余各层的沉降量计算结果见表 3-10。

⑤确定沉降计算深度 z_n。因为 $b = 2\text{m}$，按照表 3-4，取 $\Delta z = 0.3\text{m}$，则从 $z = 4\text{m}$ 处向上取 0.3m 作为一层，并验算该层的沉降量是否满足变形，见表 3-10。

沉 降 计 算 结 果　　　　表 3-10

z_i (m)	$\bar{\alpha}_i z_i$	$\bar{\alpha}_i z_i - \bar{\alpha}_{i-1} z_{i-1}$	E_{si} (kPa)	$\Delta s_i' = \frac{p_0}{E_{si}}(\bar{\alpha}_i z_i - \bar{\alpha}_{i-1} z_{i-1})$ (mm)	$\sum_{i=1}^{3} \Delta s_i'$	$\frac{\Delta s_n'}{\sum_{i=1}^{3} \Delta s_i'}$
0	0					
2.0	1.523	1.523	10	32.9	32.9	
4.0	2.091	0.568	15	6.55	39.45	
3.7	2.034	0.057	16	0.62		0.016

由表 3-10 计算可知，$\frac{\Delta s_n'}{\sum_{i=1}^{3} \Delta s_i'} = \frac{0.62}{39.45} = 0.016 < 0.025$，满足计算深度要求。故取计算深度 $z_n = 4\text{m}$。

⑥计算沉降经验系数 ψ_s：

$$\overline{E}_s=\frac{\sum A_i}{\sum \frac{A_i}{E_{si}}}=\frac{p_0\sum(\overline{\alpha}_i z_i-\overline{\alpha}_{i-1}z_{i-1})}{p_0\sum\frac{(\overline{\alpha}_i z_i-\overline{\alpha}_{i-1}z_{i-1})}{E_{si}}}=\frac{p_0(1.523+0.568)}{p_0\left(\frac{1.523}{10}+\frac{0.568}{15}\right)}=11\text{MPa}$$

因为 $p_0=173>f_{ak}=140\text{kPa}$，查表 3-3 并用插值法得 $\psi_s=0.7$。

⑦计算地基最终沉降量：

$$s=\psi_s s'=0.7\times39.45=27.62\text{mm}$$

四 地基沉降与时间的关系

在建筑物设计中，既要计算地基最终沉降量，还需要知道沉降与时间的关系，以便预留建筑物有关部分之间的净空，合理选择连接方法和施工顺序。对发生裂缝、倾斜等事故的建筑物，也需要知道沉降与时间的关系，以便对沉降计算值和实测值进行分析。

通常碎石土和砂土地基渗透性大、压缩性小，地基沉降趋于稳定的时间很短。而饱和黏性土地基的孔隙小、压缩性大，沉降往往需要几年甚至几十年才能达到稳定。一般多层建筑物在施工期间完成的沉降量：对于砂土可认为已完成 80% 以上；对于低压缩黏性土可以认为已完成 50% ~80%；对于中压缩性土可以认为已完成 20% ~50%；对于高压缩性土可以认为已完成 5% ~20%。因此，工程实践中一般只考虑黏性土的变形与时间的关系。

地基沉降与时间的关系可采用固结理论或经验公式估算（具体应用时可参考有关资料）。

第三节　建筑物沉降观测与地基变形允许值

一 建筑物的沉降观测

（一）水准基点的设置

以保证水准基点的稳定可靠为原则，水准基点宜设置在基岩或压缩性较低的土层上，其位置应靠近观测点，并在建筑物产生的压力影响范围以外不受行人车辆碰撞的地点。在一个观测区内水准基点不应少于 3 个。

（二）观测点的布置

观测点的布置应能全面反映建筑物的变形并结合地质情况确定，如建筑物四个角点、沉降缝两侧、高低层交界处、地基土软硬交界两侧等，数量不少于 6 个。

（三）仪器与精度

沉降观测的仪器宜采用精密水平仪和钢尺，对第一观测对象宜固定测量工具、固定人员，观测前应严格校验仪器。

测量精度宜采用 II 级水准测量，视线长度宜为 20 ~ 30m；视线高度不宜低于 0.3m。水准测量应采用闭合法。

(四)观测次数和时间

要求前密后疏。民用建筑每建完一层(包括地下部分)应观测一次;工业建筑按不同荷载阶段分次观测,施工期间观测不应少于4次,建筑物竣工后的观测:第一年不少于3~5次,第二年不少于2次,以后每年1次,直至下沉稳定为止。稳定标准半年沉降 $s \leq 2$mm,特殊情况(如突然发生严重裂缝或大量沉降)应增加观测次数。

当基坑较深时,可考虑开挖后的回弹观测。

二 地基允许变形值

(一)地基变形特征

不同类型的建筑物对地基变形的适应性不同。在验算地基变形时,对不同建筑物应采用不同的地基变形特征与允许变形值进行控制。《建筑地基基础和设计规范》(GB 50007—2011)将地基变形特征分为以下五种。

(1)沉降量:指基础中心点的沉降量(图3-9),以mm为单位。对单层排架结构柱基和地基均匀、无相邻荷载影响的高耸结构基础变形由沉降量控制。

(2)沉降差:指两相邻单独基础沉降量的差值,$\Delta s = s_1 - s_2$(图3-10),以mm为单位。对于建筑物地基不均匀、有相邻荷载影响及荷载差异较大的框架结构、单层排架结构,须验算基础沉降差。

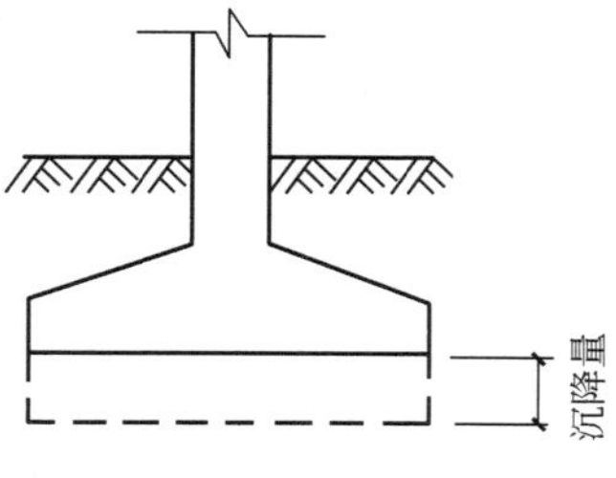

图3-9　基础沉降量

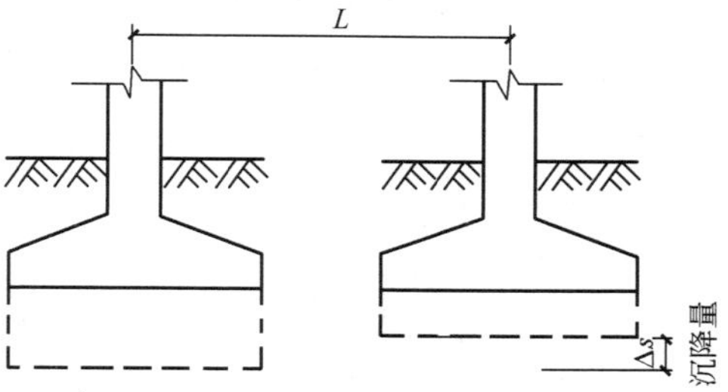

图3-10　基础沉降差

(3)倾斜:指单独基础倾斜方向两端点的沉降差与其距离的比值,即 $\Delta s/b$(图3-11)。对于地基不均匀或有相邻荷载影响的多层、高层建筑物基础及高耸结构基础,须验算基础的倾斜。

(4)局部倾斜:指砌体承重结构沿纵向6~10m内基础两点的沉降差与其距离的比值,即 $\Delta s/l$(图3-12)。根据对实际工程的调查分析可知,砌体结构墙身开裂大多数都是由于墙身局部倾斜超过允许值所引起的。因此,当地基均匀性较差、荷载差异较大且建筑体型较复杂时,就需要对墙身进行倾斜验算。

(5)挠度:指基础最大沉降与该处基础平均沉降的差值除以主体建筑宽度的比值。

(二)地基变形允许值

现行《建筑地基基础设计规范》(GB 50007—2011)根据大量的常见建筑物的类型、变形特征及观测资料进行分析得出地基变形允许值,要求建筑物的地基变形特征值不应大于地基变形允许值。地基变形允许值见表3-11(表中数值为建筑物地基实际最终变形允许值)。

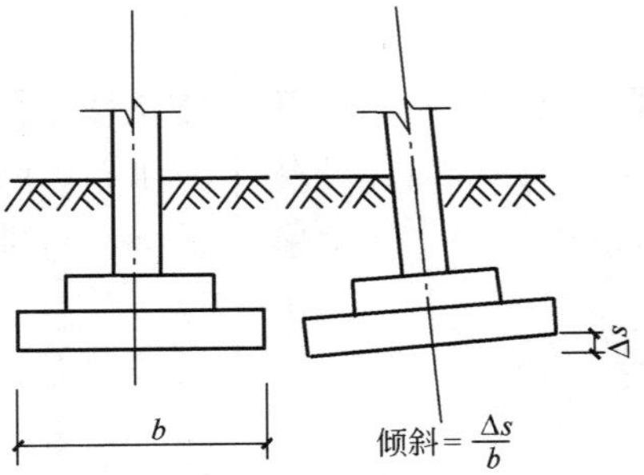

图 3-11　基础倾斜

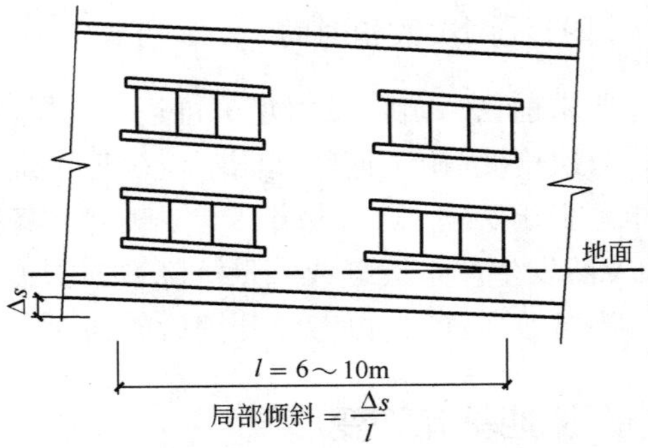

图 3-12　墙身局部倾斜

建筑物的地基变形允许值　　表 3-11

变形特征	地基土类别	
	中、低压缩性土	高压缩性土
砌体承重结构基础的局部倾斜	0.002	0.003
工业与民用建筑相邻柱基的沉降差 (1)框架结构 (2)砌体墙填充的边排柱 (3)当基础不均匀沉降时不产生附加应力的结构	 $0.002L$ $0.0007L$ $0.005L$	 $0.003L$ $0.001L$ $0.005L$
单层排架结构（柱距为 6m）柱基的沉降量（mm）	(120)	200
桥式吊车轨面的倾斜（按不调整轨道考虑） 纵向 横向	 0.004 0.003	
多层和高层建筑的整体倾斜　$H_g \leqslant 24$ $24 < H_g \leqslant 60$ $60 < H_g \leqslant 100$ $H_g > 100$	0.004 0.003 0.0025 0.002	
体型简单的高层建筑基础的平均沉降量（mm）	200	
高耸结构基础的倾斜　$H_g \leqslant 20$ $20 < H_g \leqslant 50$ $50 < H_g \leqslant 100$ $100 < H_g \leqslant 150$ $150 < H_g \leqslant 200$ $200 < H_g \leqslant 250$	0.008 0.006 0.005 0.004 0.003 0.002	
高耸结构基础的沉降量（mm）　$H_g \leqslant 100$ $100 < H_g \leqslant 200$ $200 < H_g \leqslant 250$	400 300 200	

注：1. 有括号者适用于中压缩性土。

2. L 为相邻柱基的中心距离，单位 mm；H_g 为自室外地面起算得的建筑物高度，单位 m。

本 章 小 结

(一)基本概念

(1)压缩性:地基土在荷载作用下体积减小的特性,称为土的压缩性。

(2)固结:土体的压缩随时间变化的过程,称为土的固结。

(3)固结度:土在固结过程中某一时间 t 的固结程度,它等于某一时间 t 的固结沉降量 s_t 与固结稳定的最终沉降量 s 的比值。

(4)孔隙水压力:孔隙水承担的应力称为孔隙水压力或称超静水压力。

(5)有效应力:土颗粒骨架上承担的应力称为有效应力。

(二)土的压缩性指标

(1)压缩系数 a 和压缩模量 E_s 是工程中常用评定地基土压缩性高低的两个重要指标,二者都是在有侧限条件下测定的(室内压缩试验)。压缩系数 a 值越大,土的压缩性就越高;而压缩模量 E_s 越大,土的压缩性越低。

(2)变形模量 E_0 是在无侧限条件下即由现场静载荷试验测定的,也可通过压缩模量换算求得。

(三)分层总和法与《建筑地基基础设计规范》推荐方法的比较

地基变形必须控制在建筑物所允许的范围内,即满足 $s\leqslant[s]$ 的要求。地基变形计算方法的比较见表 3-12。

比较两种地基沉降计算方法的异同点　　表 3-12

项　　目	分层总和法 分层计算沉降量,叠加	《建筑地基基础设计规范》推荐方法
计算步骤	$s=\sum_{i=1}^{n}\Delta s_i$	采用平均附加应力系数法
计算公式	$s=\sum_{i=1}^{n}\frac{e_{1i}-e_{2i}}{1+e_{1i}}h_i$ 或 $s=\sum_{i=1}^{n}\frac{\sigma_{zi}}{E_{si}}h_i$	$s=\varphi_s s'=\varphi_s\sum_{i=1}^{n}\frac{p_0}{E_{si}}(\bar{\alpha}_i z_i-\bar{\alpha}_{i-1}z_{i-1})$
计算结果与实测值关系	中等地基 $s_{计}\approx s_{实}$ 软弱地基 $s_{计}<s_{实}$ 坚实地基 $s_{计}>s_{实}$	引入沉降计算经验系数 ψ_s,使 $s_{计}\approx s_{实}$
沉降计算深度	一般土层 $\sigma_{zn}/\sigma_{czn}\leqslant0.2$ 软弱土层 $\sigma_{zn}/\sigma_{czn}\leqslant0.1$	1. 无相邻荷载影响时,$z_n=b(2.5-0.4\ln b)$ 2. 存在相邻荷载影响时,$\Delta s_n'\leqslant0.025\sum_{i=1}^{n}\Delta s_i'$
计算工作量	1. 绘制土的自重应力曲线 2. 绘制地基中附加应力曲线 3. 沉降计算每层厚度 $h_i\leqslant0.4b$ 计算工作量大	如为匀质土无论厚度多大,只需计算一次,简便

小知识

你知道地基土的污染问题吗？

大量的垃圾堆放在城市周围，已成为严重的环境问题。由于大多数垃圾和填埋场沥滤液防渗透及处理设施不完善甚至根本没有，已经或即将对场地周围的地表水、地下水和土壤造成难以处置的污染。污染物通过多种途径进入地基土后不断积累，如果超过土的自净能力，就会引起污染，使地基土的组成、结构和功能发生变化。

地基土被污染时，首先，颗粒间的胶结盐类被溶蚀，胶结强度被破坏，盐类在水作用下溶解流失，土孔隙比和压缩性增大，抗剪强度降低。其次，土颗粒本身腐蚀后，形成的新物质在土的孔隙中产生相变结晶而膨胀，并逐渐溶蚀或分裂碎化成小颗粒，新生成含结晶水的盐类，在干燥条件下，体积增大而膨胀，浸水收缩，经反复交替作用，土质受到破坏。再次，地基土遇到酸碱等腐蚀性物质，与土中的盐类形成离子交换，从而改变土的性质。

建筑物地基土经腐蚀后就会出现地基变形：一是土壤结构破坏，造成地基沉陷变形，如腐蚀的产物为易溶盐，在地下水中流失或使土变硬；二是土壤腐蚀后的生成物具有结晶膨胀性质，如氢氧化钠、石灰等埋入地基内，将引起地基土膨胀。

思考题

1. 何为土的压缩性？引起土压缩的原因是什么？
2. 土的压缩性指标有哪些？怎样利用土的压缩性指标判别土的压缩性？
3. 压缩模量 E_s 和变形模量 E_0 二者有何区别？它们是如何确定的？
4. 简述分层总和法计算地基变形的步骤。
5. 为什么计算地基变形的规范法比分层总和法更接近工程实际值？
6. 地基变形的特征分为几类？在工程实际中如何控制？

综合练习题

一、填空题

1. 在完全侧限条件下测定土的压缩性指标是__________和__________。
2. 分层总和法计算地基变形时，每一分层厚度为__________。
3. 柱下钢筋混凝土独立基础中心点下的沉降值，称为__________。
4. 土的压缩模量越大，表明该土层的压缩性__________。
5. 对于地基不匀或有相邻荷载影响的高层建筑物基础，需验算基础__________。

二、单项选择题

1. 引起土体产生压缩的主要原因是(　　)。
   A. 土粒压缩变形
   B. 孔隙水和空气压缩变形
   C. 孔隙水和空气被挤出
2. 通过现场载荷试验测定土的压缩性指标为(　　)。
   A. 压缩系数　　B. 压缩模量　　C. 变形模量
3. 多层砌体承重结构房屋的纵墙基础,应按哪一种地基变形特征控制?(　　)
   A. 沉降量　　B. 沉降差　　C. 局部倾斜　　D. 倾斜
4. 对于地基不均匀、有相邻荷载影响的框架结构,需验算基础(　　)。
   A. 局部倾斜　　B. 倾斜　　C. 沉降差　　D. 沉降量
5. 建筑物沉降观测水准基点布置,在一个观测区内水准基点不应少于(　　)。
   A. 1 个　　B. 2 个　　C. 3 个　　D. 4 个

三、判断题

1. 土的压缩系数越小,土的压缩性越低。(　　)
2. 土的压缩模量越大,土的压缩性越大。(　　)
3. "规范法"计算基础沉降量是把天然土层面作为分层界限。(　　)
4. 沉降量是指基础中心点下的沉降值。(　　)
5. 建筑物沉降观测点布置数量不少于 4 个,如建筑物四个角点、沉降缝两侧等。(　　)

四、计算题

1. 某地基中黏土的压缩试验资料如表 3-13 所示,试求:①绘制黏土的压缩曲线,并分别计算土的压缩系数 a_{1-2} 并评定土的压缩性。②若在工程实际中土的自重应力为 50kPa,土自重应力与附加应力之和为 200kPa,试计算此时土的压缩模量 E_s。(答案:①$a_{1-2}=0.26$,中压缩性土;②$E_s=4.77$MPa)

侧限压缩试验结果　　表 3-13

p(kPa)	0	50	100	200	400
e	0.810	0.781	0.751	0.725	0.690

2. 已知某工程钻孔取样,进行室内压缩试验,试样高为 $h_0=20$mm,在 $p_1=100$kPa 作用下测得压缩量为 $s_1=1.2$mm,在 $p_2=200$kPa 作用下的压缩量为 $s_2=0.58$mm,土样的初始孔隙比为 $e_0=1.6$,试计算压力 $p=100\sim200$kPa 范围内土的压缩系数,并评价土的压缩性。(答案:$a_{1-2}=0.7\text{MPa}^{-1}$,$E_{s1-2}=3.49$MPa,高压缩性土)

3. 已知某独立柱基础,底面尺寸为 $l\times b=2.5\text{m}\times2.5\text{m}$,上部柱传到基础顶面的竖向荷载准永久值为 $F_k=1250$kN,基础埋深为 2m,地基土层如图 3-13 所示,试用分层总和法计算基础中心点处的最终沉降量。(答案:79.9mm)

4. 已知条件同题3-4，地基土层分布见图3-14，试用规范法计算基础中点处的最终沉降量。（答案：11.06cm）

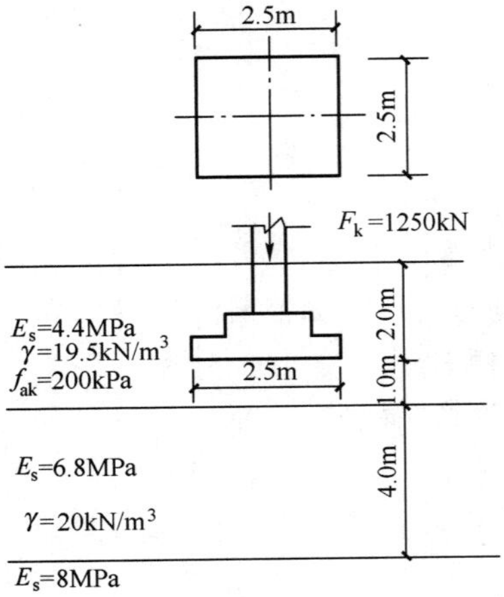

图3-13　计算题3附图

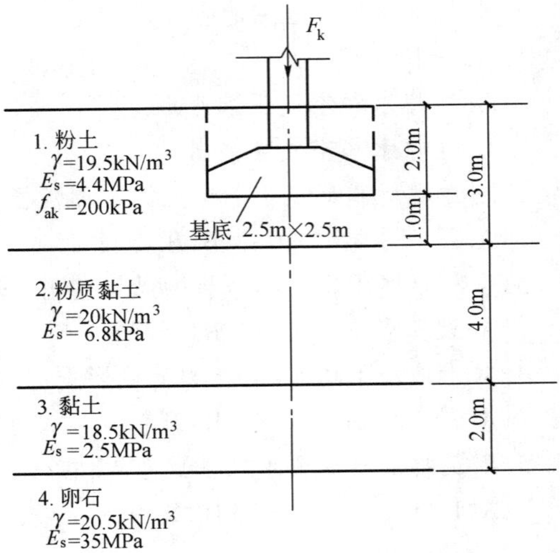

图3-14　计算题4附图

第四章 土的抗剪强度与地基承载力

【职业能力目标】

通过本章课堂教学和实验课技能的训练,学生能根据工程概况和建筑场地的地质条件正确选择土的抗剪强度指标和确定地基承载力,并具有一定的土工试验操作能力。

【知识目标】

理解抗剪强度的定义、构成因素及土的极限平衡条件;掌握库仑定律及抗剪强度试验方法;了解地基变形的三个阶段及临塑荷载、临界荷载和极限荷载的概念;掌握地基承载力特征值的确定与修正方法。

第一节 概 述

进行地基基础设计,不仅要求地基变形限制在建筑物所允许范围内,同时还要求地基必须具有足够的强度和稳定性,这里所谓强度就是指土的抗剪强度。在建筑物荷载作用下,地基中各点不仅产生竖向应力和变形,同时也产生水平剪应力和剪切变形。如果剪应力超过土的抗剪强度,则该点的土将沿着剪应力作用方向产生相对滑动,此时称该点发生剪切破坏。若荷载继续增大,土体中形成剪切破坏的塑性区域就越来越大,最后形成连续的滑动面,导致整个地基发生滑移而丧失整体稳定(图 4-1)。

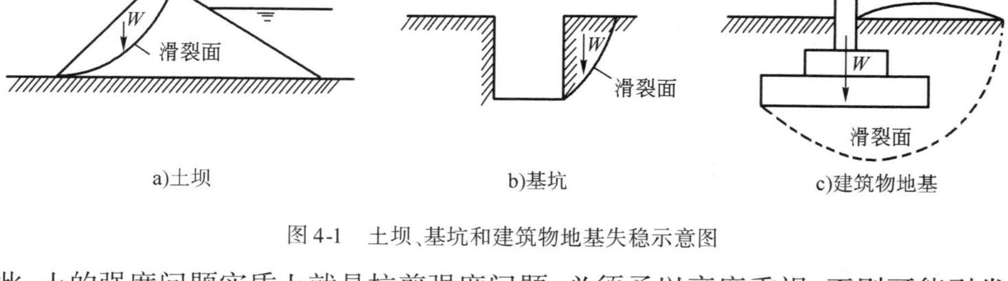

图 4-1 土坝、基坑和建筑物地基失稳示意图

因此,土的强度问题实质上就是抗剪强度问题,必须予以高度重视,否则可能引发严重的

地基失稳事故，而且往往是灾难性的，难以挽救。例如绪论中讲述的加拿大特朗斯康谷仓，由于谷仓荷载超过地基的极限荷载，引起地基整体滑动破坏，是地基强度破坏的典型工程实例。实际工程中，如道路的边坡、路基、土石坝、建筑物的地基等失稳破坏的例子很多（图 4-1）。

第二节　土的抗剪强度

土的抗剪强度是指土体抵抗剪切破坏的极限能力，其数值等于土体发生剪切破坏时滑动面上的剪应力。工程实践中，土的抗剪强度主要应用于地基承载力的计算、地基稳定性分析、土坡稳定性分析、挡土墙及地下结构的土压力计算等问题。

一　库仑定律

为了研究土的抗剪强度，法国科学家库仑（C. A. Coulomb）对土进行了一系列的强度试验，在 1776 年总结出土的抗剪强度规律，提出砂土和黏性土抗剪强度的表达式。

砂土：

$$\tau_f = \sigma\tan\varphi \tag{4-1}$$

黏性土：

$$\tau_f = \sigma\tan\varphi + c \tag{4-2}$$

式中：τ_f——土的抗剪强度，kPa；

σ——作用在剪切面上的法向应力，kPa；

φ——土的内摩擦角，(°)；

c——土的黏聚力，kPa。

式(4-1)与式(4-2)称为库仑定律或库仑公式。以 σ 为横坐标轴，τ_f 为纵坐标轴，绘制抗剪强度τ_f 与法向应力 σ 的关系曲线。试验表明：在法向压力 σ 变化不大的范围内，抗剪强度τ_f 与法向应力 σ 之间的关系近似为一条直线，即称为抗剪强度包线，如图 4-2 所示。对于砂土，曲线通过坐标原点，它与横坐标轴的夹角即为内摩擦角 φ；对于黏性土，曲线在纵坐标轴上的截距为黏聚力 c，与横坐标轴的夹角为 φ。c、φ 称为土的抗剪强度指标，通过剪切试验测得。

图 4-2　库仑定律

二　土的抗剪强度构成与影响因素

库仑定律表明，无黏性土的抗剪强度来源于土的内摩擦力；黏性土的抗剪强度主要由内摩擦力 $\sigma\tan\varphi$ 和黏聚力 c 两部分组成。

(1)内摩擦力包括表面摩擦力(由于颗粒表面粗糙不平产生的摩擦力)和咬合摩擦力(由于颗粒之间相互嵌入、咬合、连锁作用产生的机械咬合力)。影响内摩擦力的主要因素是:土的密实度、土粒矿物成分、颗粒大小及形状、颗粒级配、表面粗糙程度、含水量等。

(2)黏聚力是黏性土抗剪强度构成的主要因素,是由土颗粒之间的胶结作用和土粒之间电分子引力产生的。而无黏性土的黏聚力 $c=0$。影响黏聚力的主要因素是土粒矿物成分、原始密度、土的结构等。

第三节　土的极限平衡条件

当土中任意点在某一平面上的剪应力达到土的抗剪强度时,称该点处于极限平衡状态。极限平衡状态的应力条件称为极限平衡条件。

如果土中某点在某一平面上的剪应力τ,由小不断增大,那么是否在最大剪应力τ_{max}的平面处最先发生破坏,这个问题则需要研究土的极限平衡条件。

一　土中某点应力状态

以平面应力状态为例进行分析,首先在土体中任取一微元体。设作用在该微元体上的大、小主应力为 σ_1 和 σ_3,在微元体上任取一斜截面 mn,与大主应面即水平面成 α 角,截面 mn 上作用有法向应力 σ 和剪应力τ,如图 4-3a)所示。为了建立 σ、τ与 σ_1、σ_3 之间的关系,取楔形隔离体 abc 为分析对象,如图 4-3b)所示。

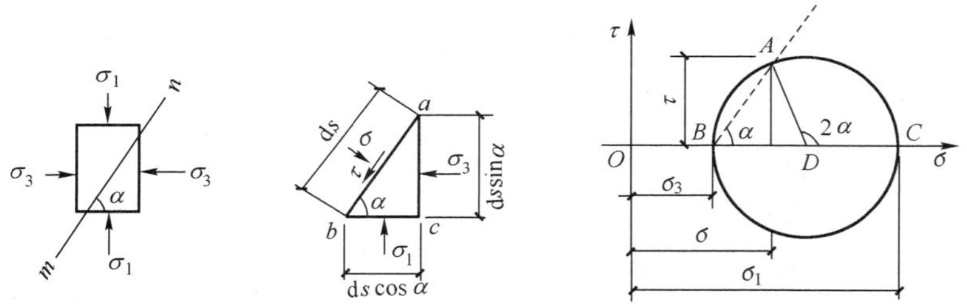

图 4-3　土中某点的应力状态

根据静力平衡条件,取水平与竖向合力为零,得:

$$\sigma \mathrm{d}s\sin\alpha - \tau\,\mathrm{d}s\cos\alpha - \sigma_3 \mathrm{d}s\sin\alpha = 0 \tag{4-3}$$

$$\sigma \mathrm{d}s\cos\alpha + \tau\,\mathrm{d}s\sin\alpha - \sigma_1 \mathrm{d}s\cos\alpha = 0 \tag{4-4}$$

将以上方程联立求解,可得任意截面 mn 上的法向应力 σ 与剪应力τ。

$$\sigma = \frac{\sigma_1 + \sigma_3}{2} + \frac{\sigma_1 - \sigma_3}{2}\cos2\alpha \tag{4-5}$$

$$\tau = \frac{\sigma_1 - \sigma_3}{2}\sin2\alpha \tag{4-6}$$

式中:σ——与大主应面成 α 角的截面 mn 上的法向应力,kPa;

τ——同一截面上的剪应力，kPa。

由式(4-5)与式(4-6)可知，当截面 mn 与大主应面的夹角 α 发生变化时，截面 mn 上的法向应力 σ 与剪应力 τ 也相应变化。即在 σ_1、σ_3 已知的情况下，截面 mn 上的 σ 和 τ 仅与该截面与大主应面的夹角 α 有关。因此，可以用莫尔应力圆来表示任意 α 角时斜截面 mn 上的 σ 与 τ 的关系。方法如下：

在 σ-τ 直角坐标系中，按一定的应力比例尺，在横坐标 $O\sigma$ 上截取 OB 和 OC 分别表示 σ_3 和 σ_1，以坐标为 $\left(\frac{\sigma_1+\sigma_3}{2},0\right)$ 的 D 点为圆心，$\frac{\sigma_1-\sigma_3}{2}$ 为半径作圆，即为莫尔应力圆，如图 4-3c) 所示。以 D 为圆心，自 DC 开始逆时针方向旋转 2α 角，与应力圆相交于 A 点。可以证明，此 A 点的坐标 (σ,τ) 即为土中任一点 M 处与最大主应面成 α 角的斜面 mn 上的法向应力 σ 和剪应力 τ。由此可见，用莫尔应力圆可以表示土体中任意点的应力状态，最大剪应力 τ_{max} 作用面与大主应力作用面的夹角为 45°。

二 土的极限平衡条件

为了建立土的极限平衡条件，将表示土体中某点应力状态的莫尔应力圆与土的抗剪强度包线绘在同一直角坐标系中，如图 4-4 所示。从图上可以看出，莫尔应力圆与抗剪强度包线的位置关系有以下三种情况：

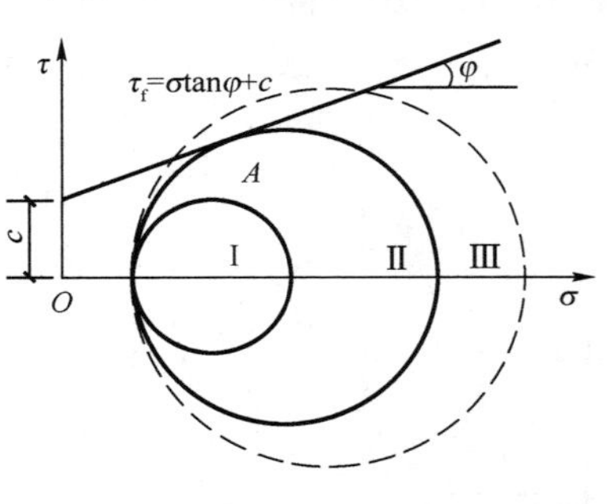

图 4-4　莫尔应力圆与抗剪强度包线之间的关系

1. 相离

当莫尔应力圆Ⅰ位于抗剪强度包线下方时，说明土中该点任一截面上的剪应力都小于土的抗剪强度($\tau<\tau_f$)，故该点不会发生剪切破坏，处于弹性平衡状态。

2. 相切

当莫尔应力圆Ⅱ与抗剪强度包线相切时，切点为 A，说明在 A 点所代表的平面上，剪应力正好等于土的抗剪强度($\tau=\tau_f$)，故该点处于极限平衡状态。此莫尔应力圆称为莫尔破裂圆，也称极限应力圆。

3. 相割

当莫尔应力圆Ⅲ与抗剪强度包线相割时，说明土中该点某些平面上的剪应力已经超过了土的抗剪强度($\tau>\tau_f$)，实际上该点早已破坏，在这些点处已产生了塑性流动和应力重分布。因此该应力圆所代表的应力状态是不存在的，所以用虚线圆Ⅲ来表示。

由此可见，通过对莫尔应力圆与抗剪强度包线的位置关系的比较，可以判断土体某点是否达到极限平衡状态。

根据莫尔破裂圆与抗剪强度包线之间的几何关系，可建立极限平衡条件的方程式，如图 4-5 所示。

图 4-5a) 表示土体某点微元体的受力情况。截面 mn 为破裂面，它与大主应力作用面的夹角为 α_f。图 4-5b) 表示该点达到极限平衡状态的莫尔破裂圆与抗剪强度包线的关系。设抗剪强度包线的延长线与 σ 轴交于 R 点，根据三角形 ARD 的边角关系，得到黏性土的极限平衡条

件，即：

$$\sigma_1 = \sigma_3\tan^2\left(45° + \frac{\varphi}{2}\right) + 2c\tan\left(45° + \frac{\varphi}{2}\right) \tag{4-7}$$

$$\sigma_3 = \sigma_1\tan^2\left(45° - \frac{\varphi}{2}\right) - 2c\tan\left(45° - \frac{\varphi}{2}\right) \tag{4-8}$$

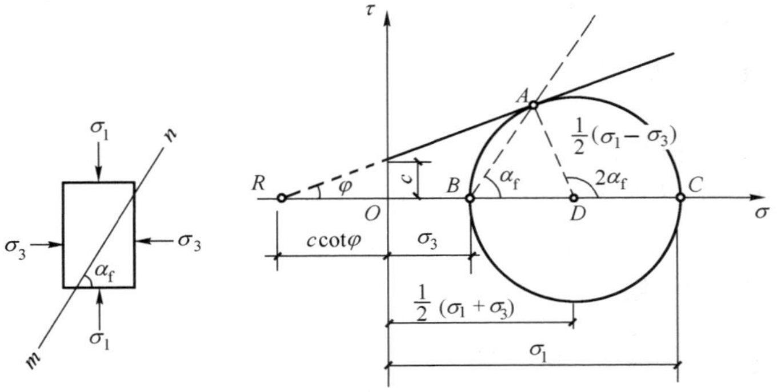

a)微元体上的应力　　b)极限平衡状态时的莫尔应力圆

图 4-5　土中某点达到极限平衡状态时的莫尔应力圆

对于无黏性土，$c=0$，可得无黏性土的极限平衡条件，即：

$$\sigma_1 = \sigma_3\tan^2\left(45° + \frac{\varphi}{2}\right) \tag{4-9}$$

$$\sigma_3 = \sigma_1\tan^2\left(45° - \frac{\varphi}{2}\right) \tag{4-10}$$

在图 4-5b）中，三角形 ARD 为直角三角形，$\angle DAR = 90°$，$2\alpha_f = 90° + \varphi$，即某点处于极限平衡状态时，破裂面与大主应面的夹角 α_f（称为破裂角）为：

$$\alpha_f = 45° + \frac{\varphi}{2} \tag{4-11}$$

应该指出，式(4-7)～式(4-10)是用于判断土体达到极限平衡状态时的最大主应力与最小主应力之间的关系，而不是任何应力条件下的恒等式。这一表达式是土的强度理论的基本关系式，在讨论分析地基承载力和土压力问题时应用。

综合上述分析，关于土的强度理论可归纳出以下几点结论：

(1)土的抗剪强度随该面上的正应力的大小变化而变化。

(2)土的强度破坏是剪切破坏，当土中某点达到剪切破坏状态时，破坏面上法向应力 σ 与剪应力 τ_f 的关系应符合极限平衡条件。

(3)剪切破坏时，破裂面并不一定发生在最大剪应力 τ_{max} 的作用面上（$\alpha = 45°$），而是在莫尔应力圆与抗剪强度包线相切点所代表的截面上，即与大主应力作用面成某一夹角 $\left(\alpha_f = 45° + \frac{\varphi}{2}\right)$ 的截面上。

(4)当土中某点处于极限平衡状态时，该点的莫尔破裂圆与抗剪强度线相切。如果同一种土有几个试样在不同的大、小主应力组合下受剪破坏，则在 σ-τ 图上可得一组莫尔破裂圆，

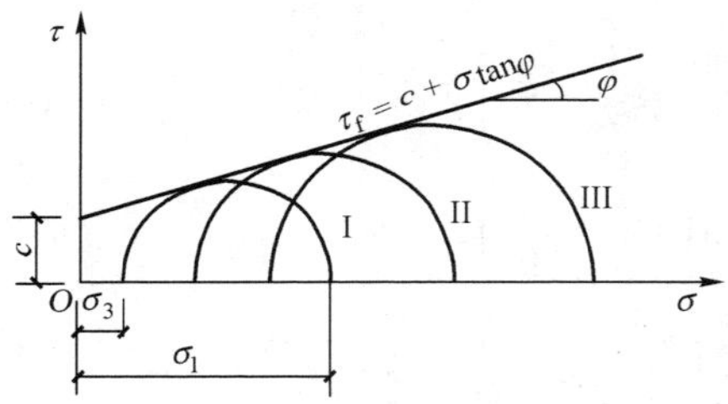

图 4-6 莫尔破裂圆与抗剪强度包线的关系

这组莫尔破裂圆的公切线即为土的抗剪强度包线。抗剪强度包线与纵坐标的截距为土的黏聚力 c，与横坐标的夹角为土的内摩擦角 φ，如图 4-6 所示。

（5）根据土的极限平衡条件式（4-7）~式（4-10），在已测得抗剪强度指标 c、φ 的条件下，已知大主应力、小主应力中的任何一个，即可求得另一个；或在已知抗剪强度指标 c、φ 与大主应力、小主应力的情况下，判断土体的平衡状态；也可利用这一关系求出土体中已发生剪切破坏的破裂面的位置。

【例题 4-1】 已知砂土地基中某点的大主应力为 $\sigma_1 = 600\text{kPa}$，小主应力 $\sigma_3 = 200\text{kPa}$，砂土的内摩擦角 $\varphi = 25°$，黏聚力 $c = 0$。试求：（1）最大剪应力 τ_{max}。（2）判断该点的应力状态。

解：（1）求最大剪应力值 τ_{max}。

由式（4-6）得：$\tau = \dfrac{\sigma_1 - \sigma_3}{2}\sin2\alpha = \dfrac{600 - 200}{2}\sin2\alpha = 200\sin2\alpha$

当 $\sin2\alpha = 1$ 时，即 $2\alpha = 90°$，$\alpha = 45°$ 时，$\tau = \tau_{max} = 200\text{kPa}$。

（2）为加深对本节内容的理解，以下采用多种方法求解。

方法一：根据该点某一平面上的 τ 与 τ_f 的大小关系来判断。

根据式（4-11），极限平衡状态时破裂面与大主应面的夹角为 $\alpha_f = 45° + \dfrac{\varphi}{2}$，将此角度值代入式（4-5）和式（4-6），可以求得破裂面上的法向应力 σ 和剪应力 τ。

$$\sigma = \frac{\sigma_1 + \sigma_3}{2} + \frac{\sigma_1 - \sigma_3}{2}\cos2\alpha = \frac{600 + 200}{2} + \frac{600 - 200}{2}\cos2\left(45° + \frac{25°}{2}\right) = 315.48\text{kPa}$$

$$\tau = \frac{\sigma_1 - \sigma_3}{2}\sin2\alpha = \frac{600 - 200}{2}\sin2\left(45° + \frac{25°}{2}\right) = 181.26\text{kPa}$$

由库仑定律式（4-1）：

$$\tau_f = \sigma\tan\varphi = 315.48\tan25° = 147.11\text{kPa} < \tau$$

由于破裂面上的剪应力 τ 大于抗剪强度 τ_f，故可判断该点已发生剪切破坏。

方法二：图解法，按莫尔应力圆与抗剪强度包线的位置关系来判断。

按一定的比例尺做出莫尔应力圆，圆心坐标为（400，0），直径为 400。按同样的比例绘出抗剪强度包线，如图 4-7 所示。由图可知，莫尔应力圆与抗剪强度包线相割，故可判断该点已发生剪切破坏。

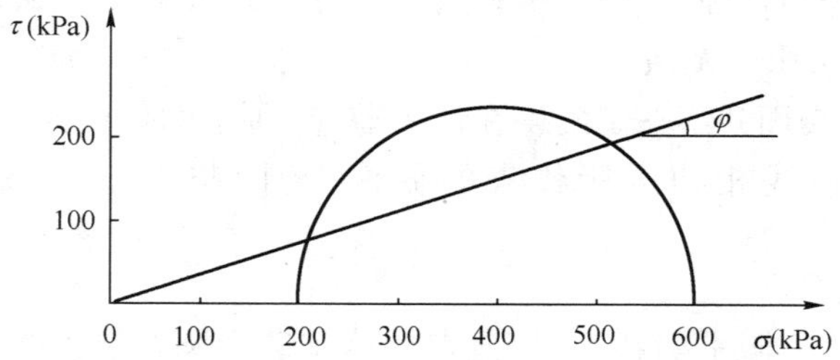

图 4-7 例题 4-1 附图

方法三：按式(4-9)判断。

$$\sigma_{1f}=\sigma_3\tan^2\left(45°+\frac{\varphi}{2}\right)=200\times\tan^2\left(45°+\frac{25°}{2}\right)=492.78\text{kPa}<\sigma_1=600\text{kPa}$$

σ_{1f}小于该点的实际大主应力σ_1，极限应力圆半径小于实际应力圆半径，故该点已发生剪切破坏。

方法四：按式(4-10)判断。

$$\sigma_{3f}=\sigma_1\tan^2\left(45°-\frac{\varphi}{2}\right)=600\times\tan^2\left(45°-\frac{25°}{2}\right)=243.52\text{kPa}>\sigma_3=200\text{kPa}$$

σ_{3f}大于该点的实际小主应力σ_3，极限应力圆半径小于实际应力圆半径，故该点已发生剪切破坏。

第四节　抗剪强度指标的测定方法

土的抗剪强度指标包括内摩擦角φ与黏聚力c两项，是土的重要力学指标，在确定地基承载力、挡土墙的土压力、土坡稳定性分析中都会用到。因此，正确测定和选择土的抗剪强度指标在工程上有重要意义。

土的抗剪强度指标可通过土工试验确定。室内试验常用方法有直接剪切试验、三轴剪切试验、无侧限抗压强度试验，现场原位测试方法有十字板剪切试验和大型直剪试验等。

一　直接剪切试验

(一)试验简介

直接剪切试验简称直剪试验，是测定土抗剪强度的最简单的方法。目前直剪试验大多采用的仪器为应变控制式直剪仪，如土工试验指导附图A-7所示。

试验时，对同一种土一般取4个土样，分别在不同的垂直压力作用下剪切破坏，得到相应的抗剪强度。再在σ-τ_f坐标上将各试验点连成直线，即为该土的抗剪强度包线，该直线方程即为库仑定律，直线在纵坐标上的截距为黏聚力c，与横坐标的夹角为内摩擦角φ。

试验及工程实践表明，土的抗剪强度与土受力后的固结排水状况有关。考虑实际工程中土的不同固结程度和排水条件，采用不同加荷速率的试验方法来近似模拟土体在受剪时的不同排水条件，由此产生了快剪、固结快剪和慢剪三种试验方法。试验详见附录A土工试验指导。

(二)直剪试验的优缺点和适用范围

1. 优点

仪器设备简单、操作方便等。

2. 缺点

(1)剪切面限定在上下盒之间的平面，而不是沿土样最薄弱的面剪切破坏。

(2)剪切面上剪应力分布不均匀，应力条件复杂。

(3)在剪切过程中，土样剪切面逐渐缩小，而在计算抗剪强度时仍按土样的原截面积计算。

(4)试验时不能严格控制排水条件,不能量测孔隙水压力。

3. 适用范围

适用于乙级、丙级建筑物的可塑状态的黏性土与饱和度不大于0.5的粉土。

【例题4-2】 某工程地质勘察时,取原样土进行直剪试验(快剪试验)。其中一组试验结果如下:4个试样分别施加垂直压力为100kPa、200kPa、300kPa和400kPa,测得破坏时相应的抗剪强度分别为60kPa、90kPa、120kPa和150kPa。试用作图法求该土样的抗剪强度指标c与φ值。若作用在此土中某点的法向应力为220kPa,剪应力为90kPa,该点是否会发生剪切破坏?若法向应力提高为360kPa,剪应力提高为138kPa,该点是否会发生破坏?

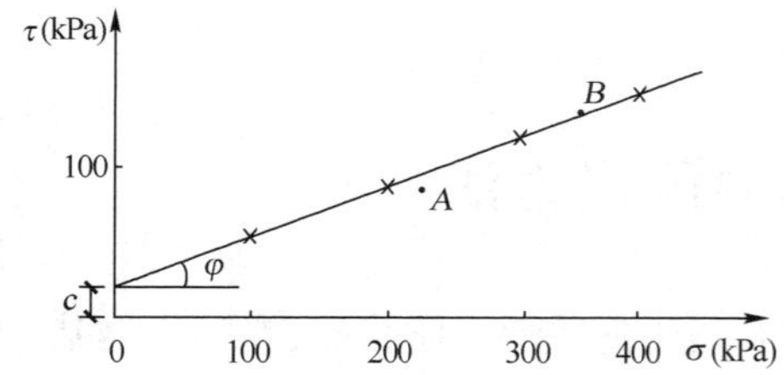

图4-8　例题4-2附图

解:(1)以垂直压力σ为横坐标,以抗剪强度τ_f为纵坐标,按相同比例将4个试样点绘在坐标系上,以×表示。连接这4个点,即得试样的抗剪强度包线,如图4-8所示。从图中量得抗剪强度包线与纵轴的截距值,即为土的黏聚力$c=30\text{kPa}$,直线与横坐标的夹角即为内摩擦角$\varphi=16.7°$。

(2)将表示$\sigma=220\text{kPa}$,$\tau=90\text{kPa}$的A点,绘在同一坐标图上。由图可见,A点位于抗剪强度包线之下,故不会发生剪切破坏。

(3)同理,表示$\sigma=360\text{kPa}$,$\tau=138\text{kPa}$的B点,正好位于抗剪强度包线上,则土样已发生剪切破坏。

二 三轴剪切试验

(一)试验简介

三轴剪切试验采用的三轴剪切仪由压力室、周围压力控制系统、轴向加压系统、孔隙水压力系统以及试样体积变化量测系统等组成,如图4-9所示。试验时,将圆柱体土样用橡皮膜包

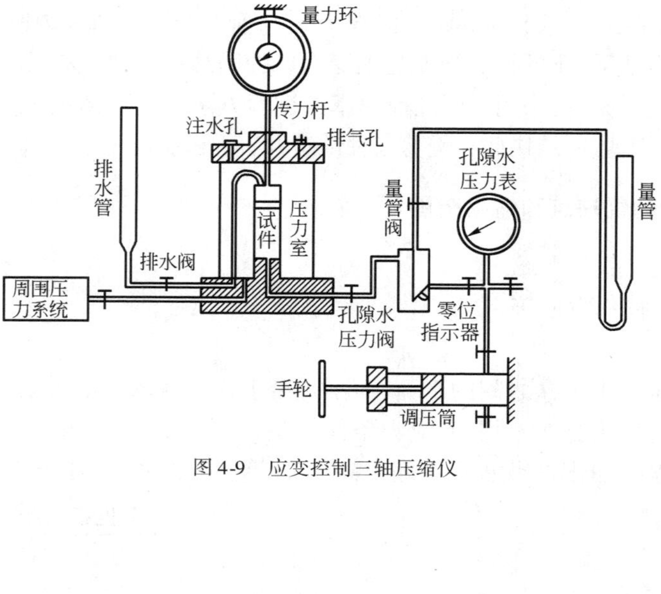

图4-9　应变控制三轴压缩仪

裹,固定在压力室内的底座上。先向压力室内注入液体(一般为水),使土样受到周围压力 σ_3 的作用,并在试验过程中保持不变。然后在压力室上端的活塞杆上施加垂直压力直至土样受剪破坏,求出破坏时对应的大主应力 σ_1。由 σ_1 和 σ_3 可绘制出一个莫尔应力圆。用同一种土制成 3 ~4 个土样,按上述方法进行试验,对每个土样施加不同的周围压力 σ_3,分别求得剪切破坏时对应的 σ_1,将这些结果绘成一组莫尔圆。根据土的极限平衡条件可知,通过这些莫尔圆的切点的直线就是土的抗剪强度线,由此可得抗剪强度指标 c 和 φ 值。

三轴剪切试验根据试样剪切前的固结程度和剪切过程中的排水条件不同,分为不固结不排水剪(UU)、固结不排水剪(CU)和固结排水剪(CD)三种方法,分别对应于直剪试验的快剪、固结快剪和慢剪试验。

(二)三轴剪切试验的优缺点和适用范围

1. 优点

(1)能根据工程实际需要,严格控制试样排水条件,准确量测孔隙水压力的变化。

(2)土样沿最薄弱的面产生剪切破坏,受力状态比较明确。

(3)试样中的应力分布比较均匀。

2. 缺点

(1)仪器设备复杂,试样制备较复杂,操作技术要求高。

(2)试验在轴对称条件下进行,与土体实际受力情况可能不符。

3. 适用范围

适用于重大工程、科学研究及甲级建筑物。

三 无侧限抗压强度试验

无侧限抗压强度试验适用于饱和黏性土,是周围压力 $\sigma_3=0$(无侧限条件)时的一种特殊三轴剪切试验,又称单轴压缩试验。该试验多在无侧限压力仪上进行,如图 4-10 所示。试验时,在不加任何周围压力的情况下,对圆柱体土样施加轴向压力直至剪切破坏。土样在无侧限压力条件下剪切破坏时所能承受的最大轴向压力 q_u,称为无侧限抗压强度。

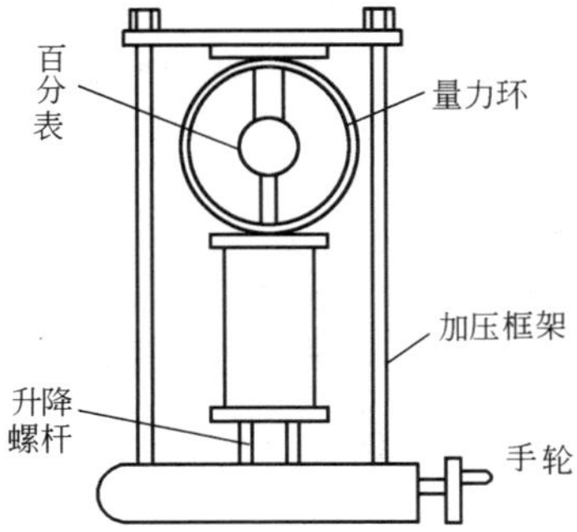

a)无侧限压力仪

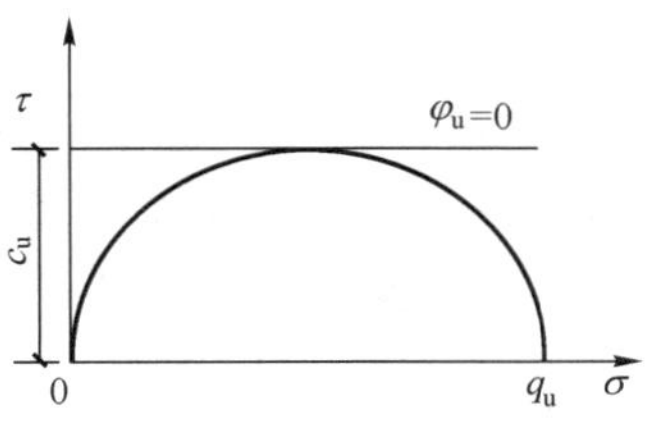

b)无侧限抗压强度试验结果

图 4-10　无侧限抗压强度试验

对于饱和黏性土，根据在三轴不固结不排水试验的结果，只能做出一个通过坐标原点的极限应力圆（$\sigma_3=0,\sigma_1=q_u$），其抗剪强度包线近于一条水平线。由于 $\varphi_u=0$，则饱和黏性土的不排水抗剪强度为：

$$\tau_f=c_u=\frac{q_u}{2} \tag{4-12}$$

式中：c_u——土的不排水抗剪强度，kPa；

q_u——无侧限抗压强度，kPa。

四 十字板剪切试验

为避免室内抗剪强度试验在取土、运送及制备试样过程中对土的扰动，特别是在取原状土样困难时，可以采用现场原位测试方法。

十字板剪切试验由于仪器简单、操作方便、对土的扰动小，特别适用于现场测定饱和黏性土的不排水抗剪强度。

十字板剪切试验采用的试验设备主要是十字板剪切仪，如图 4-11 所示。试验时，先将十字板插至测试深度，然后由地面上的扭力装置对钻杆施加扭矩，使埋在土中的十字板扭转，带动板内的土体与其周围土体产生相对扭剪直至剪坏，破坏面为十字板旋转所形成的圆柱面。测出剪切破坏时相应的最大扭力矩，并根据力矩的平衡条件推算出破坏面上土的抗剪强度。

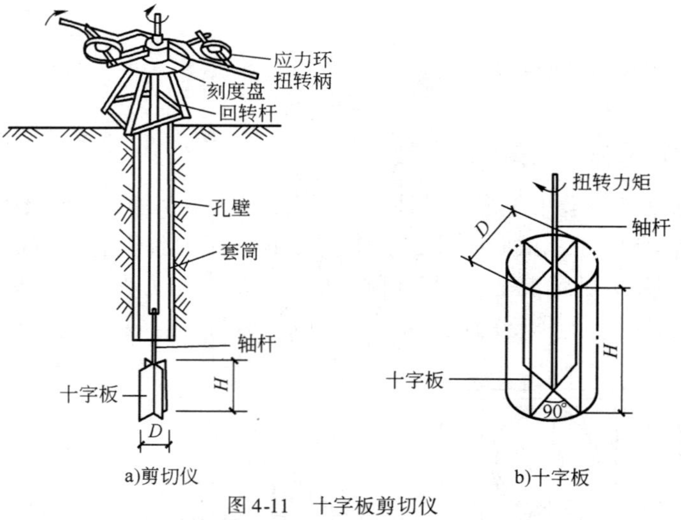

图 4-11　十字板剪切仪

十字板剪切试验为不排水剪切试验，因此，其试验结果与无侧限抗压强度试验结果接近。对于饱和黏性土的不排水剪，$\varphi_u=0$，则 τ_f 即为 c_u 值。十字板剪切试验还可测定软黏土的灵敏度。

五 抗剪强度指标的选择

土的抗剪强度指标随试验方法、排水条件的不同而异。一般工程问题多采用总应力法分析，在实际工程问题中，应尽可能根据现场条件选用试验方法，以获得合适的抗剪强度指标，见表 4-1。

地基土试验方法的选择　　表 4-1

试 验 方 法	适 用 条 件
不固结不排水试验或快剪试验	1. 地基为饱和状态的厚黏土层； 2. 地基土的透水性小、排水条件不良、施工速度较快
固结排水试验或慢剪试验	1. 地基为薄层黏性土、粉土层或砂土层； 2. 地基土的透水性大、排水条件较佳、施工速度慢
固结不排水试验或固结快剪试验	1. 地基条件介于上述两种情况之间； 2. 地基已充分固结； 3. 建筑物竣工很长时间后，荷载又突然增大； 4. 一般地基的稳定验算

第五节　地基承载力的确定

为了保证建筑物的安全和正常使用，除了控制地基变形外，还须确保地基具有足够的承载力承受上部结构的荷载。地基承载力是指地基承受荷载的极限能力。要研究地基承载力，首先要研究地基在荷载作用下的变形特征。

一　地基变形的三个阶段

试验表明，地基从开始承受荷载到破坏，经历了三个变形发展阶段。如图 4-12 所示为载荷试验得到的 p-s 曲线，它反映了荷载 p 与沉降 s 之间的关系。

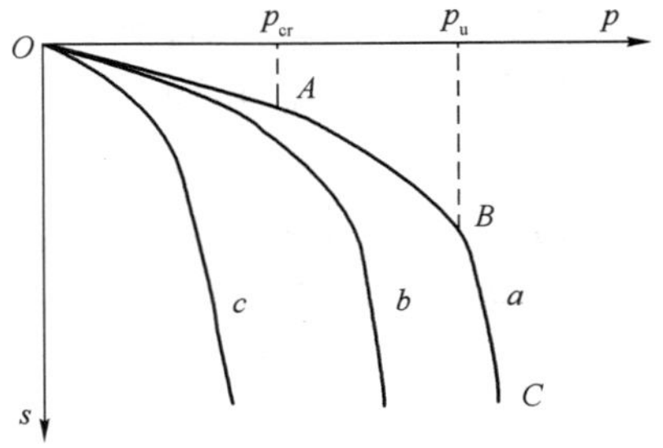

图 4-12　载荷试验 p-s 曲线

(一) 直线变形阶段（压密阶段）

相应于 p-s 曲线的 OA 段，接近于直线关系（图4-12）。A 点所对应的荷载称为临塑荷载或比例极限，用 p_{cr} 表示。此阶段荷载较小（$p < p_{cr}$），地基中各点的剪应力均小于土的抗剪强度，地基处于弹性平衡状态。地基变形主要是由于土的孔隙体积减小而产生的压缩变形，此时土的沉降量很小[图 4-13a)]。

(二) 塑性变形阶段

相应于 p-s 曲线上的 AB 段（图 4-12）。当荷载继续增加（$p_{cr} \leqslant p < p_u$）时，荷载与变形的关系不再是线性关系，曲线的斜率逐渐增大，曲线向下弯曲。其原因是地基土在局部区域内发生剪切破坏，土体出现塑性变形区[图 4-13b)]。随着荷载的增加，塑性变形区的范围逐步扩大，

土体沉降量显著增大。所以，这一阶段是地基由稳定状态向失稳状态发展过渡阶段。*B* 点所对应的荷载称为极限荷载，用 p_u 表示。

（三）失稳阶段（完全破坏阶段）

相应于 *p-s* 曲线上的 *BC* 段。当荷载继续增加（$p \geqslant p_u$）时，地基变形突然增大，说明地基中的塑性变形区已经形成与地面贯通的连续滑动面。土向基础的一侧或两侧挤出，地面隆起［图 4-13c）］，地基丧失整体稳定性而破坏，基础也随之突然下陷。

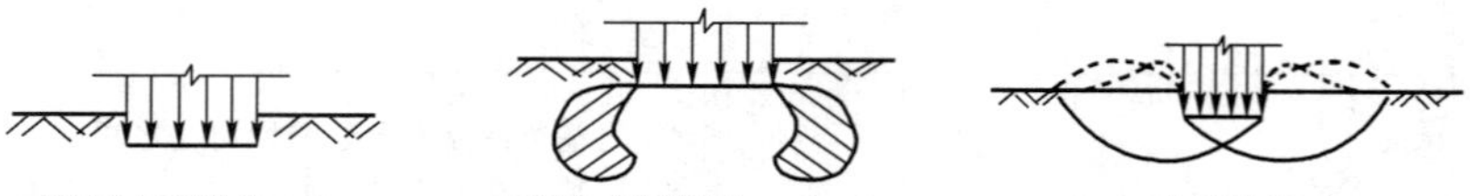

a）直线变形阶段 $p < p_{cr}$　b）塑性变形阶段 $p_{cr} \leqslant p < p_u$　c）失稳阶段 $p \geqslant p_u$

图 4-13　地基变形的三个阶段

二 地基破坏的三种形式

通过原位载荷试验和室内模型试验，我们可以发现地基发生破坏时的一些特征，如地基中滑动面的形式、荷载与沉降曲线的特点、基础两侧地面的变形情况和基础的位移方式等。根据不同的破坏特征，地基可能有三种破坏形式：整体剪切破坏、局部剪切破坏和冲剪破坏。

（一）整体剪切破坏

如图 4-12 中曲线 *a* 所示，其破坏特征为：

（1）*p-s* 曲线上有两个明显的转折点，可以区分地基变形的三个阶段。

（2）地基内产生塑性变形区，随着荷载的增加，塑性变形区发展，并出现与地面贯通的连续滑动面。

（3）达到极限荷载后，地基土向两侧挤出，基础急剧下沉，并可能向一侧倾斜，基础两侧地面明显隆起，如图 4-14a）所示。

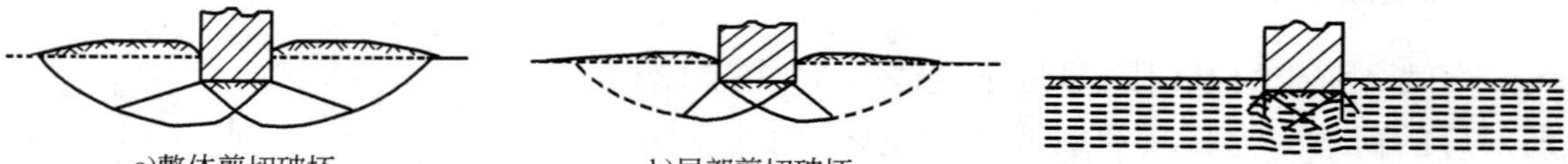

a）整体剪切破坏　b）局部剪切破坏　c）冲剪破坏

图 4-14　地基破坏的三种形式

（二）局部剪切破坏

如图 4-12 中曲线 *b* 所示，其破坏特征为：

（1）*p-s* 曲线的转折点不明显，没有明显的直线段。

（2）塑性变形区只在地基中的局部区域出现，不延伸到地面。

（3）达到极限荷载后，基础两侧地面微微隆起，如图 4-14b）所示。

(三)冲剪破坏

如图 4-12 中曲线 c 所示，其破坏特征为：

(1)p-s 曲线没有明显的转折点。

(2)地基不出现明显的连续滑动面，土体发生垂直剪切破坏。

(3)荷载达到极限荷载后，基础两侧地面不隆起，而是下陷，基础“切入”土中，如图 4-14c)所示。

地基发生何种破坏形式，主要与土体的压缩性有关。一般整体剪切破坏常发生在压缩性较小的较硬土地基中，如密实的砂土地基和坚硬的黏性土地基等；而在压缩性较高的软土地基中，如中密砂土、松砂和软黏土地基等，可能发生局部剪切破坏，也可能发生冲剪破坏。此外，地基的破坏形式还与受荷情况，基础的宽度、形状和埋深等因素有关。

三　地基承载力的确定

(一)按照土的强度理论确定地基承载力

确定地基承载力的主要依据土的强度理论。地基承载力的理论计算，需要应用土的抗剪强度指标。根据地基变形三个阶段和 p-s 曲线(图 4-12)，得到如下三个荷载：

1. 临塑荷载

临塑荷载是指在外荷载作用下，地基中即将出现剪切变形(即塑性变形)时的基底压力。在 p-s 曲线上(图 4-12)，由直线变形阶段转为塑性变形阶段的临界点 A 所对应的荷载 p_{cr} 即为临塑荷载。

2. 临界荷载

采用临塑荷载作为地基承载力往往偏于保守。因为在临塑荷载作用下，地基尚处于压密状态，并将要出现塑性变形区。对于一般地基土(软弱地基除外)，即使地基中存在局部塑性变形区，只要塑性变形区的范围不超过某一限度，就不致影响建筑物的安全。因此，可以用临界荷载 p_n 作为地基承载力，既安全又能充分发挥地基承载力，节省造价。工程经验表明，中心荷载作用下，塑性变形区的最大深度 z_{max} 可取基础宽度的 1/4，相应的临界荷载用 $p_{1/4}$ 表示；偏心荷载作用下，塑性变形区的最大深度 z_{max} 可取基础宽度的 1/3，相应的临界荷载用 $p_{1/3}$ 表示。

3. 极限荷载

极限荷载是指在外荷载作用下，地基即将丧失整体稳定性而破坏时的基底压力。在 p-s 曲线上(图 4-12)，由塑性变形阶段转为失稳阶段的临界点 B 所对应的荷载 p_u 即为极限荷载。

由于极限荷载是地基即将丧失整体稳定的荷载，在进行建筑物基础设计时，不能直接采用极限荷载作为地基承载力，必须有一定的安全系数 K。K 值的大小应根据建筑工程的等级、规模与重要性及各种极限荷载公式的理论、假定条件与适用情况确定，通常取 $K=2.0\sim3.0$。

(二)按照《建筑地基基础设计规范》(GB 50007—2011)确定地基承载力特征值

地基承载力特征值是指由载荷试验测定的地基土压力变形曲线线性变形内规定的变形所

对应的压力值，其最大值为比例界限值。

规范规定：地基承载力特征值可由载荷试验或其他原位测试、公式计算，并结合工程实践经验等方法综合确定。

1. 按载荷试验方法确定地基承载力特征值

对于设计等级为甲级的建筑物或在地质条件复杂、土质不均匀的情况下，采用现场荷载试验法，可以取得较精确可靠的地基承载力数值。

(1)浅层平板载荷试验，可适用于确定浅部地基土层在承压板下应力主要影响范围内的承载力。地基承载力特征值的确定应符合下列规定：

①当 p-s 曲线上有比例界限时，取该比例界限所对应的荷载值。

②当极限荷载小于对应比例界限的荷载值的两倍时，取极限荷载值的一半。

③当不能按上述两条要求确定时，当压板面积为 $0.25 \sim 0.50\text{m}^2$，可取 $s/b = 0.01 \sim 0.015$ 所对应的荷载，但其值不应大于最大加载量的一半。

④同一土层参加统计的试验点不应少于 3 点，当试验实测值的极差不超过其平均值的 30% 时，取此平均值作为该土层的地基承载力特征值 f_{ak}。

(2)深层平板载荷试验，适用于确定深部地基土层及大直径桩桩端土层在承压板下应力主要影响范围内的承载力。承压板采用直径为 0.8m 的刚性板，紧靠承压板周围外侧的土层高度应不少于 80cm。地基承载力特征值可由 p-s 曲线确定，具体试验要点参见规范。

(3)螺旋板载荷试验，适用于深层地基土或地下水位以下的地基土。试验时，将一螺旋形的承压板旋入地面以下预定深度，通过传力杆对螺旋形承压板施加荷载，并观测承压板的位移，以测定土层的荷载-变形-时间关系，确定地基承载力特征值。

2. 其他原位测试方法确定地基承载力特征值

(1)静力触探试验

静力触探试验适用于软土、一般黏性土、粉土、砂土和含少量碎石的土。试验时，用静压力将装有探头的触探器压入土中，通过压力传感器及电阻应变仪测出土层对探头的贯入阻力。探头贯入阻力的大小直接反映了土的强度的大小，利用贯入阻力与地基承载力之间的关系可以确定地基承载力。

(2)标准贯入试验

标准贯入试验适用于砂土、粉土、黏性土。试验时，先行钻孔，再把上端接有钻杆的标准贯入器放至孔底，然后用质量为 63.5kg 的锤，以 76cm 的高度自由下落将贯入器先打入土中 15cm，然后测出累计打入 30cm 的锤击数，该击数称为标准贯入锤击数。利用标准贯入锤击数与地基承载力之间的相互关系，可以得到相应的地基承载力。

3. 按公式计算方法确定地基承载力特征值

当偏心距 e 小于或等于 0.033 倍基础底面宽度时，根据土的抗剪强度指标确定地基承载力特征值可按下式计算，并应满足变形要求：

$$f_a = M_b \gamma b + M_d \gamma_m d + M_c c_k \tag{4-13}$$

式中：f_a——由土的抗剪强度指标确定的地基承载力特征值，kPa；

M_b、M_d、M_c——承载力系数，按表 4-2 确定；

γ——基础底面以下土的重度，地下水位以下取浮重度，kN/m^3；

γ_m——基础底面以上土的加权平均重度，地下水位以下取浮重度，kN/m^3；

c_k——基底下一倍短边宽深度内土的黏聚力标准值，kPa；

b——基础底面宽度，大于6m时按6m取值，对于砂土，小于3m时按3m取值，m；

d——基础埋置深度，m，一般自室外地面标高算起，在填方整平地区，可自填土地面标高算起，但填土在上部结构施工后完成时，应从天然地面标高算起，对于地下室，如采用箱形基础或筏基时，基础埋置深度自室外地面标高算起，当采用独立基础或条形基础时，应从室内地面标高算起。

承载力系数 M_b、M_d、M_c　　表4-2

土的内摩擦角标准值 φ_k(°)	M_b	M_d	M_c	土的内摩擦角标准值 φ_k(°)	M_b	M_d	M_c
0	0	1.00	3.14	22	0.61	3.44	6.04
2	0.03	1.12	3.32	24	0.80	3.87	6.45
4	0.06	1.25	3.51	26	1.10	4.37	6.90
6	0.10	1.39	3.71	28	1.40	4.93	7.40
8	0.14	1.55	3.93	30	1.90	5.59	7.95
10	0.18	1.73	4.17	32	2.60	6.35	8.55
12	0.23	1.94	4.42	34	3.40	7.21	9.22
14	0.29	2.17	4.69	36	4.20	8.25	9.97
16	0.36	2.43	5.00	38	5.00	9.44	10.80
18	0.43	2.72	5.31	40	5.80	10.84	11.73
20	0.51	3.06	5.66				

注：φ_k 为基底下一倍短边宽深度内土的内摩擦角标准值。

4.按经验方法确定地基承载力

对于设计等级为丙级的次要的轻型建筑物可根据邻近建筑物的经验确定地基承载力特征值。

5.地基承载力特征值的修正

规范规定，当基础宽度大于3m或埋置深度大于0.5m时，从载荷试验或其他原位测试、经验值等方法确定的地基承载力特征值，尚应按式(4-14)修正：

$$f_a = f_{ak} + \eta_b\gamma(b-3) + \eta_d\gamma_m(d-0.5) \tag{4-14}$$

式中：f_a——修正后的地基承载力特征值，kPa；

f_{ak}——地基承载力特征值，kPa；

b——基础底面宽度，当基宽小于3m时按3m取值，大于6m时按6m取值，m；

η_b、η_d——基础宽度和埋深的地基承载力修正系数，按基底下土的类别查表4-3。

承载力修正系数　　表4-3

土 的 类 别	η_b	η_d
淤泥和淤泥质土	0	1.0
人工填土 e(或 I_L)≥0.85 的黏性土	0	1.0

续上表

土的类别		η_b	η_d
红黏土	含水比 $a_w>0.8$	0	1.2
	含水比 $a_w\leq0.8$	0.15	1.4
大面积压实填土	压实系数大于0.95、黏粒含量 $\rho_c\geq10\%$ 的粉土	0	1.5
	最大干密度大于 $2.1t/m^3$ 的级配砂石	0	2.0
粉土	黏粒含量 $\rho_c\geq10\%$ 的粉土	0.3	1.5
	黏粒含量 $\rho_c<10\%$ 的粉土	0.5	2.0
e(及 I_L)<0.85 的黏性土		0.3	1.6
粉砂、细砂(不包括很湿与饱和时的稍密状态)		2.0	3.0
中砂、粗砂、砾砂和碎石土		3.0	4.4

注:1. 强风化和全风化的岩石,可参照所风化形成的相应土类取值,其他状态下的岩石不修正。
2. 地基承载力特征值按深层平板载荷试验确定时 η_d 取0。

本章小结

(一)土的抗剪强度

是指土体抵抗剪切破坏的极限能力,其数值等于土体发生剪切破坏时滑动面上的剪应力。无黏性土的抗剪强度来源于土的内摩擦力,黏性土的抗剪强度来源于土的黏聚力 c 和内摩擦力 $\sigma\tan\varphi$。工程实践中,土的抗剪强度主要应用于地基承载力的计算、地基稳定性分析、土坡稳定性分析、挡土结构的土压力计算等问题。

(二)土的极限平衡条件

当土中任意点在某一平面上的剪应力达到土的抗剪强度时($\tau=\tau_f$),该点处于极限平衡状态,也是莫尔应力圆与抗剪强度包线相切时的应力状态。极限平衡条件(莫尔-库仑强度理论),是目前判别土体所处状态的最常用、最基本的准则。通过莫尔应力圆与抗剪强度包线位置关系的比较,可以判断土体某点所处于的应力状态。

(三)抗剪强度指标的测定

土的抗剪强度指标可通过土工试验确定,但土的抗剪强度指标随试验方法、排水条件的不同而异。工程实际中应尽可能根据其受力条件和排水条件选用试验方法。

(四)地基承载力

地基承载力是指在保证地基稳定的条件下,地基单位面积上所能承受的最大应力。重点掌握地基承载力特征值的确定与修正方法。

小知识

你知道造成滑坡的原因吗?

滑坡事件在雨季发生的概率很高,重大的滑坡事件时有发生。香港地区的楼房大多紧靠山坡而建,因而要修建不少高陡的挡土墙,以抵抗山坡的外力。挡土墙上表土严重风化破碎,在暴雨期突发性地沿着陡峭的山坡迅速倾泻而下,并在下滑过程中不断地冲刷坡面,造成路毁、楼塌、人亡等严重事故。陡峭的山坡、独特的地质条件、倚山而建的高密集城市发展以及频繁而强烈的暴雨,使得滑坡灾害一直以来成为香港地区的主要自然灾害。

当大量雨水渗入挡土墙后填土中时,使土的黏聚力减小、抗剪强度显著降低以及挡土墙及坡体岩土的严重风化,促使边坡滑动或倒塌。此外,雨水通过边坡裂隙渗入坡体后,由于排泄速度较慢,加上在雨季经常有雨水补充,导致坡体内地下水长期处于较高水位,地下水对潜在的滑动体产生的水压力也随之增加,从而降低了坡体的抗滑力,引起滑坡。

思考题

1. 何谓土的抗剪强度?同一种土的抗剪强度是不是一个定值?

2. 土的抗剪强度的构成及主要影响因素有哪些?什么是土的抗剪强度指标?

3. 土体发生剪切破坏的平面是否为剪应力最大的平面?在什么情况下,破裂面与最大剪应力面一致?一般情况下,破裂面与大主应力面成的角度是多少?

4. 为什么土的抗剪强度与试验方法有关?如何根据工程实际选择试验方法?

5. 地基变形分哪三个阶段?各阶段有何特点?临塑荷载、临界荷载及极限荷载三者有何实用意义?

6. 何谓地基承载力特征值?怎样确定?地基承载力特征值如何进行修正?

综合练习题

一、填空题

1. 土体抵抗剪切破坏的极限能力,称为土的__________。

2. 粗颗粒土的内摩擦力包括__________和__________。

3. 黏性土的抗剪强度是由土的__________和__________两部分组成。

4. 地基承载力是指地基__________的极限能力。

5. 当基础宽度__________或基础埋深__________时,由载荷试验或其他原位测试等确定的地基承载力特征值应进行修正。

二、单项选择题

1. 砂土的抗剪强度来源于土的(　　)。
   A. 内摩擦力　　B. 黏聚力　　C. 孔隙水压力
2. 若地基某点处于弹性工作状态,其剪应力与抗剪强度之间的关系为(　　)。
   A. $\tau = \tau_f$　　B. $\tau < \tau_f$　　C. $\tau > \tau_f$
3. 当地基某点达极限平衡状态时,剪裂面与最大主应力面的夹角为(　　)。
   A. $45° + \varphi/2$　　B. $45° - \varphi/2$　　C. $45°$　　D. $\varphi/2$
4. 在外荷载作用下,地基即将丧失整体稳定时的基底压力为(　　)。
   A. 临塑荷载 p_{cr}　　B. 塑性荷载 p_n　　C. 极限荷载 p_u
5. 采用(　　)作为地基承载力,必须除以一个安全系数。
   A. 临塑荷载 p_{cr}　　B. 塑性荷载 p_n　　C. 极限荷载 p_u

三、判断题

1. 土的抗剪强度 τ_f 是一个常数。(　　)
2. 当 $p_{cr} < p < p_u$ 时,地基变形应处于局部剪切阶段。(　　)
3. 直接剪切试验能够有效地控制土样排水。(　　)
4. 黏聚力是构成黏性土抗剪强度的主要因素。(　　)
5. 土体发生剪切破坏时,破坏面并不一定发生在最大剪应力面上。(　　)

四、计算题

1. 某土样进行三轴剪切试验,剪切破坏时,测得 $\sigma_1 = 600\text{kPa}$,$\sigma_3 = 100\text{kPa}$,剪切破坏面与水平面夹角为60°,试求:①土的 c、φ 值。②计算剪切破坏面上的正应力和剪应力。(答案:①86.6kPa,30°;②225kPa,216.5kPa)

2. 已知某土的抗剪强度指标为 $c = 15\text{kPa}$,$\varphi = 25°$。若 $\sigma_3 = 100\text{kPa}$,试求:①达到极限平衡状态时的大主应力 σ_1。②极限平衡面与大主应力面的夹角。③当 $\sigma_1 = 300\text{kPa}$,试判断该点所处应力状态。(答案:①293.59kPa;②57.5°;③破坏)

第五章
土压力与支挡结构

【职业能力目标】

能综合应用朗肯土压力理论,分析和解决挡土墙与基坑支护结构上的土压力计算问题;能正确分析与评价边坡的稳定性;能合理地选择基坑支护方案。

【知识目标】

正确理解土压力类型及其影响因素,重点掌握主动土压力的计算与应用;明确区分朗肯与库仑两种土压力理论的异同点;掌握重力式挡土墙的设计要点及稳定性验算。了解边坡稳定的分析方法,初步掌握基坑支护结构的类型与适用条件,具备处理基坑工程中一般问题的能力。

第一节　土压力类型及影响因素

在建筑工程中,挡土结构上的土压力计算、边坡稳定与基坑支护都是比较常见的实际基础工程问题。挡土结构的形式较多,如图5-1所示的边坡挡土墙、地下室外墙、隧道侧壁、拱脚基础、薄壁式挡土墙、基坑板桩墙等。

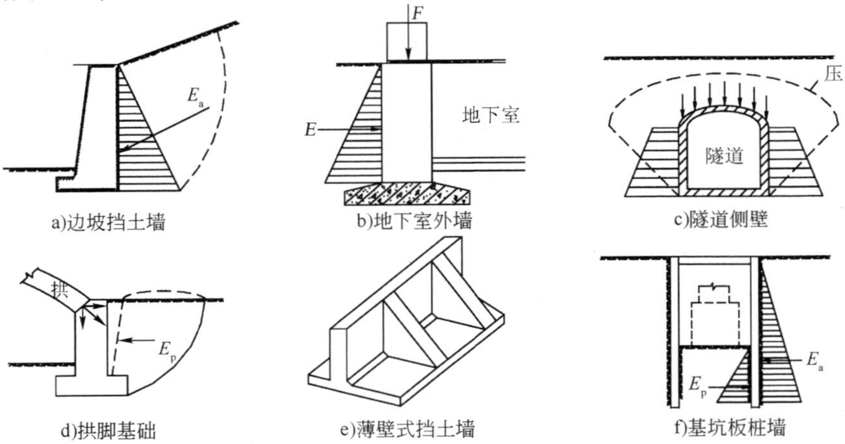

图5-1　挡土结构的形式

一 土压力类型

土压力是指挡土墙后的填土自重或作用在填土面上的荷载对挡土墙背产生的侧向压力，简称为土压力。作用在挡土结构上的土压力根据挡土结构的位移情况，可分为以下三种类型。

(一)静止土压力

挡土墙在土压力作用下不发生任何位移(平移或倾覆)，墙后土体处于完全静止的弹性平衡状态。这时墙后土体对墙背所产生的侧向压力称为静止土压力(如地下室外墙所承受的土压力)，用符号 E_0 表示[图 5-2a)]。

(二)主动土压力

挡土墙在土压力作用下向前位移或转动，使墙后填土松动下滑，墙背上的侧向土压力随之减小。当墙体达到一定位移量时，墙后填土处于主动极限平衡状态，这时填土对墙背所产生的侧向压力称为主动土压力，用符号 E_a 表示[图5-2b)]。

(三)被动土压力

挡土墙在外力作用下产生向后位移(如桥梁结构的边桥墩)，使墙后土体被挤压，土压力随之增加。当挡土墙达到一定位移量时，墙后土体处于被动极限平衡状态，这时土体对墙背所产生的侧向压力称为被动土压力，用符号 E_p 表示[图 5-2c)]。

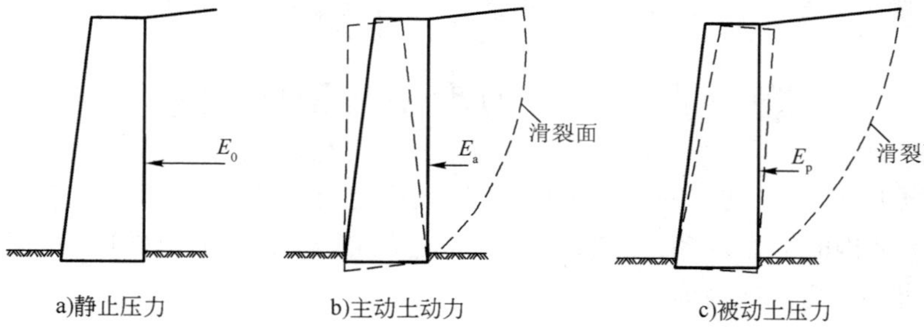

图 5-2　挡土墙上的三种土压力

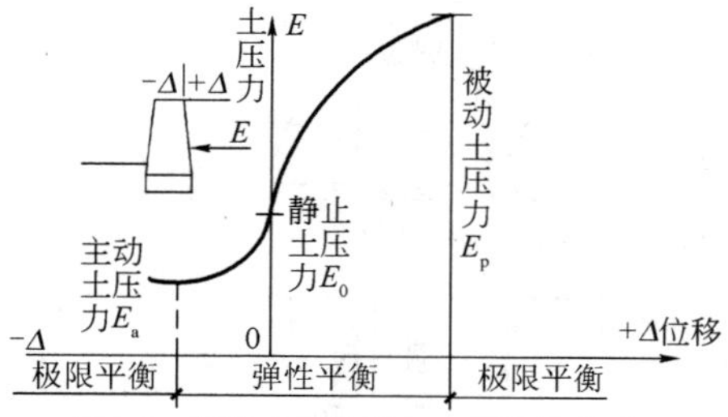

图 5-3　墙身水平位移与土压力的关系

上述三种土压力与挡土墙位移的关系，可绘出如图 5-3 所示的土压力 E 与位移 Δ 之间的关系曲线。在相同的条件下，三种土压力在数值上是主动土压力最小，被动压力最大，静止土压力介于两者之间，即：

$$E_a < E_0 < E_p$$

二 影响土压力的因素

在工程实践中，土压力的计算类型主要取决于挡土墙的位移情况。作用在挡土墙上的土

压力不是一个常数,其土压力的性质、大小以及沿挡土墙高度的分布规律与下列因素有关,即:

(1)挡土墙的位移方向及位移量。

(2)挡土墙的高度及填土的性质。

(3)挡土墙的形状、结构形式及墙背的粗糙程度。

(4)墙后填土表面的倾斜程度以及是否作用荷载。

第二节 静止土压力计算

当填土表面没有作用外荷载,则作用在挡土墙背上的土压力可视为天然土层自重应力的水平分量。所以,当挡土墙无任何位移时,墙后填土微元体上的水平应力 σ_x 即为作用在墙背上的静止土压力(图 5-4),静止土压力强度为:

$$\sigma_0 = \sigma_x = K_0\gamma z \tag{5-1}$$

计算土压力通常是沿挡土墙纵向取单位长度计算。静止土压力强度沿墙高为三角形分布,其分布图形的面积为静止土压力的合力 E_0(kN/m),E_0 作用点在距墙踵 $h/3$ 处,则 E_0 表达式为:

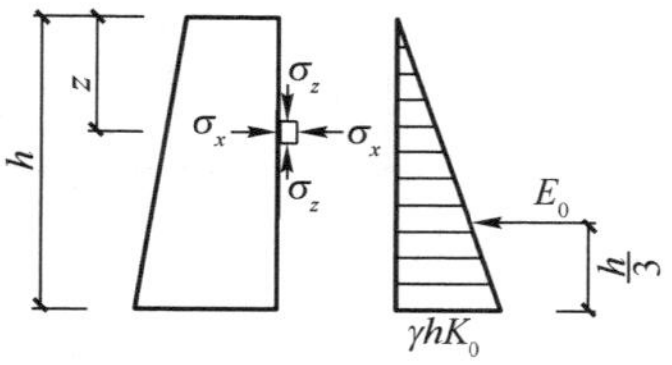

图 5-4 静止土压力计算

$$E_0 = \frac{1}{2}\gamma h^2 K_0 \tag{5-2}$$

式中:K_0——静止土压力系数,宜通过试验测定,当无试验条件时,对正常固结土可按表 5-1 估算;

γ——墙后填土重度,kN/m^3;

h——挡土墙高度,m。

静止土压力系数 表 5-1

土类	坚硬土	硬~可塑黏性土 粉质黏土、砂土	可~软塑黏性土	软塑黏性土	流塑黏性土
K_0	0.2~0.4	0.4~0.5	0.5~0.6	0.6~0.75	0.75~0.8

第三节 朗肯土压力理论

朗肯土压力理论是根据土中应力状态和极限平衡条件建立的。朗肯理论假定:

(1)视挡土墙为刚体。

(2)挡土墙背垂直、光滑。

(3)墙后填土表面水平且无限延伸。

由于忽略了墙背与填土之间的摩擦力,墙背竖直和水平面因没有剪应力而为主应力面。然后根据墙身的位移情况,按墙后填土内任一点处于主动或被动极限平衡状态时的最大和最小主应力间的关系,求得主动或被动土压力,其值等于土压力强度分布图形的面积。

一 主动土压力

挡土墙在填土侧压力作用下向前位移，墙后填土产生侧向膨胀伸展，使 σ_x 值减小，直到填土处于主动极限平衡状态，而土体被剪裂时的水平应力 σ_x，即为主动土压力 σ_a，这时 σ_a 为最小主应力 σ_3，而竖直应力 σ_z 为最大主应力 σ_1［图5-5a)］，则黏性土主动土压力强度为：

$$\sigma_a = \sigma_3 = \sigma_1 \tan^2\left(45° - \frac{\varphi}{2}\right) - 2c\tan\left(45° - \frac{\varphi}{2}\right)$$

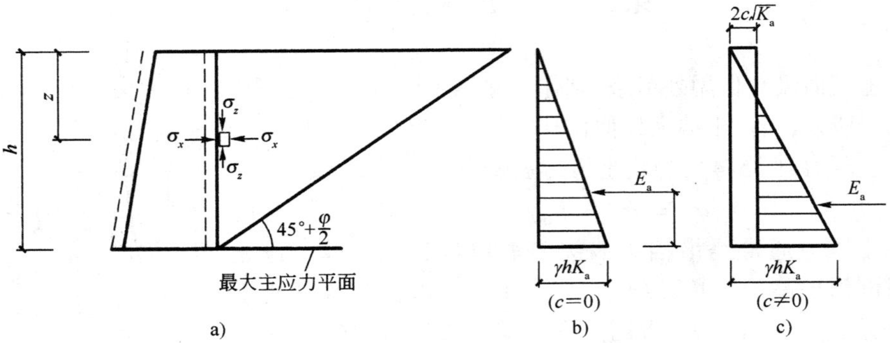

图 5-5　朗肯主动土压力

将 $\sigma_1 = \gamma z$，并令 $K_a = \tan^2\left(45° - \frac{\varphi}{2}\right)$代入上式可得：

$$\sigma_a = \gamma z K_a - 2c\sqrt{K_a} \tag{5-3}$$

由式(5-3)可以看出，黏性土的主动土压力强度由两部分组成。一部分是由填土自重产生的土压力 $\gamma z K_a$；另一部分是由黏聚力 c 产生的土压力。当 $z=0$ 时，$\sigma_a = -2c\sqrt{K_a}$，表明在填土表面处土压力出现了负值，如图 5-5c)所示。虽然黏性土能维持 z_0 高度的垂直边坡脱墙而自立，但实际上墙背与土之间不可能传递拉应力。这里 z_0 称为临界高度，其数值可通过式(5-3)令 $\sigma_a=0$ 的条件求得，即：

当 $z=z_0$ 时

$$\gamma z_0 K_a - 2c\sqrt{K_a} = 0$$

则临界高度

$$z_0 = \frac{2c}{\gamma\sqrt{K_a}} \tag{5-4}$$

当 $z=h$ 时

$$\sigma_a = \gamma h K_a - 2c\sqrt{K_a} \tag{5-5}$$

式中：σ_a——主动土压力强度，kPa；

K_a——主动土压力系数，$K_a = \tan^2\left(45° - \frac{\varphi}{2}\right)$；

γ——墙后填土重度，kN/m³；

z——计算点距填土表面的距离，m；

φ——墙后填土的内摩擦角，(°)；

c——填土的黏聚力,kPa;

h——挡土墙高度,m。

主动土压力合力 E_a 等于土压力强度分布图形(阴影三角形)的面积,即:

黏性土($c \neq 0$)

$$E_a = \psi_c \left[\frac{1}{2} (\gamma h K_a - 2c \sqrt{K_a})(h - z_0) \right] \tag{5-6}$$

无黏性土($c = 0$)

$$E_a = \psi_c \frac{1}{2} \gamma h^2 K_a \tag{5-7}$$

式中 ψ_c 为主动土压力增大系数,当土坡高度小于 5m 时宜取 1.0;高度为5~8m时宜取 1.1;高度大于 8m 时宜取 1.2。

土压力合力 E_a 的作用点:黏性土为$\frac{1}{3}(h - z_0)$,无黏性土为$\frac{h}{3}$处,即分别作用在土压力强度分布图形(阴影面积)的形心处,如图 5-5b)和 c)所示。

二 被动土压力

如果挡土墙在外力作用下被推向土体(即向后位移),使墙后土体被挤压,σ_x 逐渐增大,当达到被动极限平衡状态,土体被剪裂时的 σ_x 即为被动土压力 σ_p。因此,这时 σ_p 为最大主应力 σ_1,而竖直应力 σ_z 为最小主应力 σ_3(图 5-6),则被动土压力强度计算公式为:

黏性土

$$\sigma_p = \sigma_1 = \sigma_3 \tan^2\left(45° + \frac{\varphi}{2}\right) + 2c\tan\left(45° + \frac{\varphi}{2}\right) = \gamma z K_p + 2c \sqrt{K_p} \tag{5-8}$$

令 $K_p = \tan^2\left(45° + \frac{\varphi}{2}\right)$,$\sigma_3 = \sigma_z = \gamma z$,代入求得。

如果令

$z = 0$(填土表面)

$$\sigma_p = 2c\tan\left(45° + \frac{\varphi}{2}\right) = 2c \sqrt{K_p}$$

$z = h$(填土底面)

$$\sigma_p = \gamma h K_p + 2c \sqrt{K_p} \tag{5-9}$$

黏性土被动土压力强度也是由两部分组成,土压力分布强度图形呈梯形分布。其中由填土自重产生的土压力呈三角形分布;由黏聚力产生的土压力是呈矩形分布,如图 5-6b)所示。

无黏性土($c = 0$)被动土压力强度为:

$$\sigma_p = \sigma_3 \tan^2\left(45° + \frac{\varphi}{2}\right) = \gamma z K_p \tag{5-10}$$

同理,被动土压力的合力 E_p 等于土压力强度分布图形的面积,即:

黏性土

$$E_p = \frac{1}{2} \gamma h^2 K_p + 2c \sqrt{K_p} h \tag{5-11}$$

无黏性土

$$E_p = \frac{1}{2}\gamma h^2 K_p \tag{5-12}$$

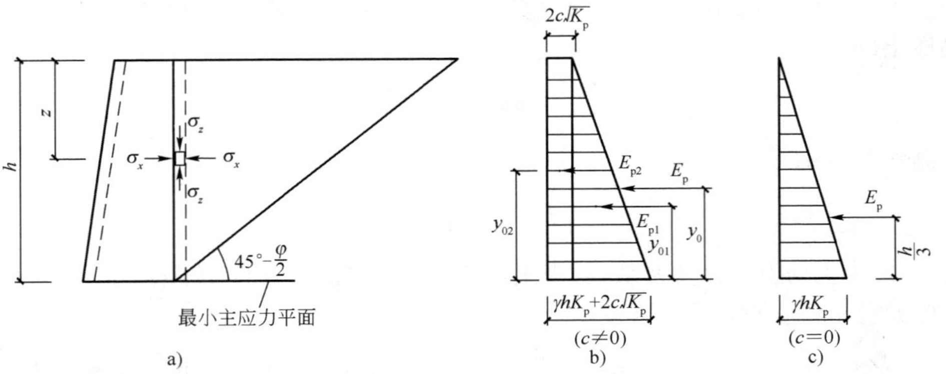

图 5-6　朗金被动土压力

E_p 的作用点均在土压力分布图形的形心处。滑动面(即剪裂面)与水平面(即最小主应力面)成$\left(45° - \frac{\varphi}{2}\right)$的角度。无黏性土被动土压力合力的作用点在距墙踵 $h/3$ 处;黏性土被动土压力合力的作用点,可根据力学求截面形心的方法求得。对于如图 5-6b)($c \neq 0$)所示的土压力分布图,即:

$$y_0 = \frac{E_{p1}y_{01} + E_{p2}y_{02}}{E_p} = \frac{\frac{1}{2}\gamma h^2 K_p \frac{h}{3} + 2c\sqrt{K_p}h\frac{h}{2}}{E_p} \tag{5-13}$$

式中:K_p——被动土压力系数;

E_p——被动土压力合力,kN/m;

E_{p1}、y_{01}——由填土产生的被动土压力及其作用点至墙底的距离,kN/m、m;

E_{p2}、y_{02}——由黏聚力产生的被动土压力及其作用点至墙底的距离,kN/m、m。

【例题 5-1】　某挡土墙高 $h = 6$m,其墙背垂直、光滑,填土表面水平,墙后填土为砂土,重度 $\gamma = 19.5$kN/m³,内摩擦角 $\varphi = 30°$,黏聚力 $c = 0$,试求作用墙背上的主动土压力 E_a 及其作用点。

解:(1)求主动土压力强度:

$$K_a = \tan^2\left(45° - \frac{\varphi}{2}\right) = \tan^2(45° - \frac{30°}{2}) = 0.33$$

$$\sigma_a = \gamma h K_a = 19.5 \times 6 \times 0.33 = 38.6\text{kPa}$$

(2)求主动土压力:

$$E_a = \psi_c \frac{1}{2}\gamma h^2 K_a = 1.1 \times \frac{1}{2} \times 38.6 \times 6 = 127.4\text{kN/m}$$

(3)主动土压力作用点:当墙后填土为无黏性土时,其土压力强度图形呈三角形分布,土压力作用点应距墙踵为$\frac{h}{3} = 2$m。

三 几种常见情况土压力计算

由于朗肯土压力理论忽略了墙背摩擦力的存在，往往使主动土压力计算结果偏大，这在实际上是偏于安全的。因此，在工程中常用朗肯土压力基本公式解决经常遇到的挡土结构土压力计算问题。下面介绍几种常见情况的土压力计算。

（一）填土表面作用均布荷载

当填土表面作用均布荷载 $q(\mathrm{kN/m^2})$ 时，一般可将均布荷载换算成墙后填土的当量土层，视为作用在填土面上，其当量土层的等效厚度 $h' = q/\gamma$（γ 为填土重度），并设想这时填土的厚度为 $h'+h$（图 5-7），则墙后填土（$c=0$）表面处主动土压力强度为：

$$\sigma_{a1} = \gamma h' K_a = qK_a \tag{5-14}$$

填土底面处土主动土压力强度为：

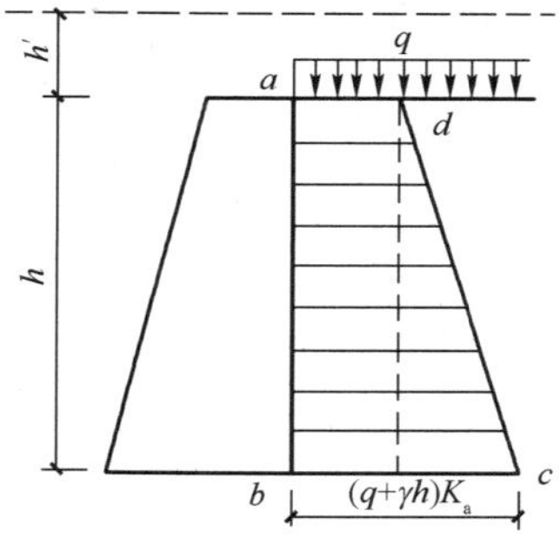

图 5-7　填土面有均布荷载

$$\sigma_{a2} = \gamma(h'+h)K_a = (q+\gamma h)K_a \tag{5-15}$$

由此可见，均布荷载对墙背产生的压力增量是一个定值，即等于 qK_a，其压力分布图形为矩形；而由填土自重产生的土压力图形为三角形分布，墙背上总压力分布图形为梯形。

（二）墙后填土分层

如图 5-8 所示，当墙后填土由不同性质的土组成时，由第一层土产生的土压力强度值为 $\gamma_1 h_1 K_{a1}$，而计算第二层土的压力强度时，可将上层土视为作用在第二层土界面上的均布荷载 q，即 $q=\gamma_1 h_1$（$\mathrm{kN/m^2}$），也可将该均布荷载折算成下一层土的当量土层，其等效厚度 $h'_1 = \dfrac{q}{\gamma_2} = \dfrac{\gamma_1 h_1}{\gamma_2}$。然后按假设土层厚度（$h'_1 + h_2$）计算土压力。同理，计算第三层土时，将一、二层土的自重压力视为作用在第三层土表面的均布荷载，即 $q=\gamma_1 h_1 + \gamma_2 h_2$。当然，也可将其均布荷载换算成第三层土的当量土层，其等效厚度 $h'_2 = \dfrac{q}{\gamma_3} = \dfrac{\gamma_1 h_1 + \gamma_2 h_2}{\gamma_3}$。下面计算如图 5-8 所示的主动土压力为：

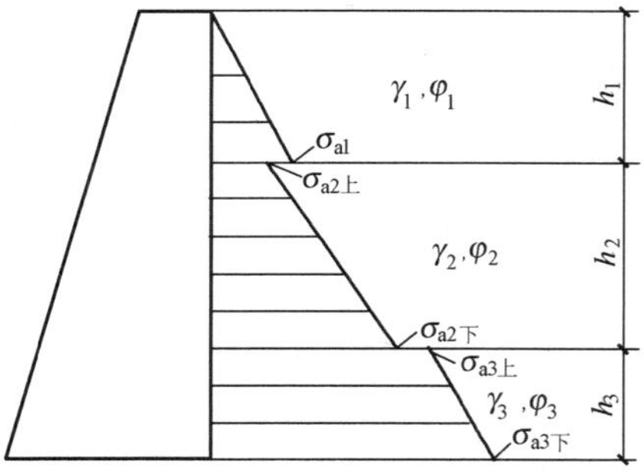

图 5-8　分层填土的土压力计算

填土表面：$\sigma_{a0}=0$

第一层土底面：$\sigma_{a1} = \gamma_1 h_1 K_{a1}$

$\begin{cases} \text{第二层土顶面：}\sigma_{a2上} = qK_{a2} = \gamma_1 h_1 K_{a2} \\ \text{第二层土底面：}\sigma_{a2下} = \gamma_2(h'+h_2)K_{a2} = (q+\gamma_2 h_2)K_{a2} = (\gamma_1 h_1 + \gamma_2 h_2)K_{a2} \end{cases}$

$\begin{cases} \text{第三层土顶面：}\sigma_{a3上} = qK_{a3} = (\gamma_1 h_1 + \gamma_2 h_2)K_{a3} \\ \text{第三层土底面：}\sigma_{a3下} = \gamma_3(h'_2+h_3)K_{a3} = (q+\gamma_3 h_3)K_{a3} = (\gamma_1 h_1 + \gamma_2 h_2 + \gamma_3 h_3)K_{a3} \end{cases}$

(三)填土中有地下水

如果墙后填土有地下水,对于不能采取有效排水措施的挡土墙,应考虑地下水作用的影响,这时墙背除作用土压力外,还有静水压力。

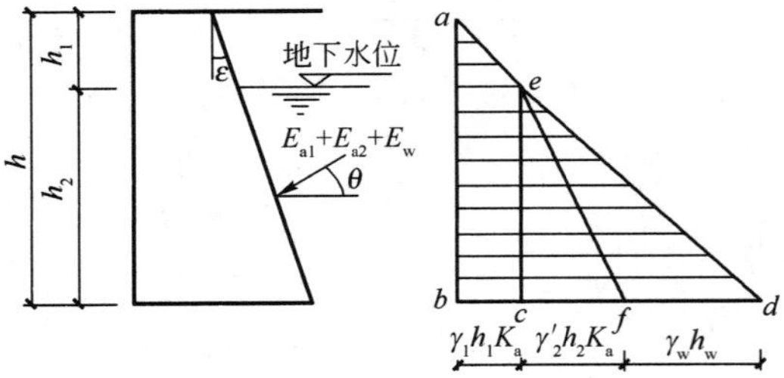

图 5-9 填土中有地下水时墙背上的压力分布

为了简化计算,在一般工程中可不计地下水对土体抗剪强度的影响,即水位上、下填土均采用同一个 φ 和 c 值,但水位以下的填土要考虑浮力影响,采用有效重度 γ' 计算土压力。此时,作用在墙背上的总压力为($E_{a1}+E_{a2}+E_w$),其总压力作用点的位置应在 *abcfde* 图形的形心标高处,如图 5-9 所示。图中 E_{a1} 为水位以上填土所引起的土压力,其值等于 *abce* 图形面积;E_{a2} 为水位以下填土引起的土压力,其值等于 *ecf* 图形面积;E_w 为水压力,其值等于 *efd* 图形面积。

【例题 5-2】 某挡土墙高度 $h=5$m,墙背垂直光滑,填土表面水平,其上作用均布荷载 $q=10\text{kN/m}^2$,墙后填土重度 $\gamma=19\text{kN/m}^3$,内摩擦角 $\varphi=30°$,黏聚力 $c=12$kPa,试求作用在墙背上的主动土压力合力及其作用位置。

解:(1)求墙顶处土压力强度:

$$K_a=\tan^2\left(45°-\frac{\varphi}{2}\right)=\tan^2\left(45°-\frac{30°}{2}\right)=0.33$$

$$\sigma_{a1}=qK_a-2c\sqrt{K_a}=10\times0.33-2\times12\times\sqrt{0.33}=-10.49\text{kPa}$$

(2)求土压力为零处的临界高度 z_0:

$$\sigma_a=(\gamma z_0+q)K_a-2c\sqrt{K_a}=0$$

$$z_0=\frac{2c}{\gamma\sqrt{K_a}}-\frac{q}{\gamma}=\frac{2\times12}{19\times\sqrt{0.33}}-\frac{10}{19}=1.67\text{m}$$

(3)墙踵处土压力强度:

$$\sigma_{a2}=(\gamma h+q)K_a-2c\sqrt{K_a}=(19\times5+10)\times 0.33-2\times12\times\sqrt{0.33}=20.86\text{kPa}$$

土压力强度按三角形分布(图 5-10),其合力 E_a 等于压力强度分布图形的面积($h=5$m,取 $\psi_c=1.1$),即:

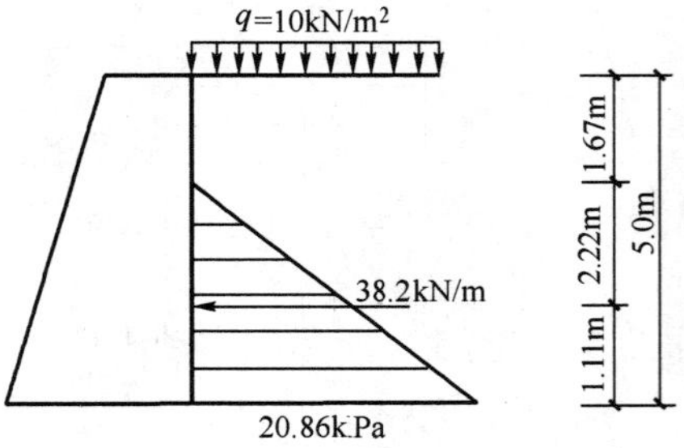

图 5-10 例题 5-2 附图

$$E_a=\psi_c\frac{1}{2}(h-z_0)\sigma_{a2}=1.1\times\frac{1}{2}\times(5-1.67)\times20.86$$
$$=38.2\text{kN/m}$$

E_a 作用点距墙踵为:

$$\frac{1}{3}(h-z_0)=\frac{1}{3}\times(5-1.67)=1.11\text{m}$$

【例题 5-3】 如图 5-11 所示的挡土墙，试求主动土压力 E_a、水压力 E_w（$\gamma_w = 10\text{kN/m}^3$）及总压力 E。

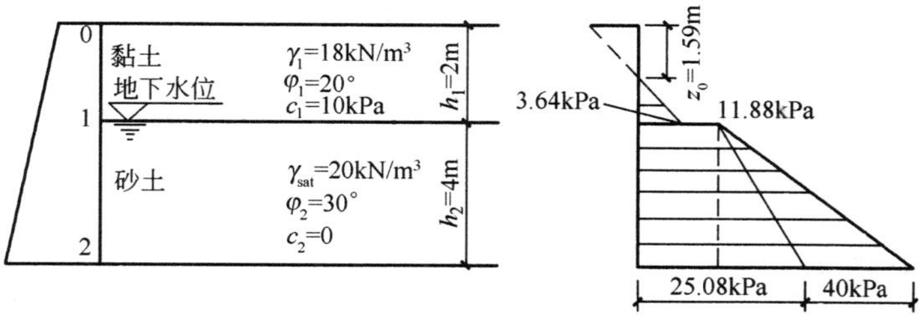

图 5-11 例题 5-3 附图

解：(1) 土压力系数：

$$K_{a1} = \tan^2\left(45° - \frac{20°}{2}\right) = 0.49$$

$$K_{a2} = \tan^2\left(45° - \frac{30°}{2}\right) = 0.33$$

(2) 土压力强度：

$$\sigma_{a0} = -2c_1\sqrt{K_{a1}} = -2 \times 10 \times \sqrt{0.49} = -14\text{kPa}$$

(3) 土压力为零的临界高度：

$$z_0 = \frac{2c_1}{\gamma\ \sqrt{K_{a1}}} = \frac{2 \times 10}{18 \times \sqrt{0.49}} = 1.59\text{m}$$

(4) 第一层土底面处土压力强度为：

$$\sigma_{a1上} = \gamma h_1 K_{a1} - 2c_1\sqrt{K_{a1}} = 18 \times 2 \times 0.49 - 2 \times 10 \times \sqrt{0.49} = 3.64\text{kPa}$$

(5) 地下水位标高处土压力强度，先将水位上土层换算成水位下土的当量土层，其等效厚度为：

$$\gamma'_2 = \gamma_{sat} - \gamma_w = 20 - 10 = 10\text{kN/m}^3$$

$$h' = \frac{\gamma_1 h_1}{\gamma'_2} = \frac{18 \times 2}{20 - 10} = 3.6\text{m}$$

$$\sigma_{a1下} = \gamma'_2 h' K_{a2} = 10 \times 3.6 \times 0.33 = 11.88\text{kPa}$$

(6) 墙踵处土压力强度和水压力强度为：

$$\sigma_{a2} = \gamma'_2(h' + h_2)K_{a2} = 10 \times (3.6 + 4) \times 0.33 = 25.08\text{kPa}$$

$$\sigma_w = \gamma_w h_2 = 10 \times 4 = 40\text{kPa}$$

(7) 主动土压力合力：

$$E_{a1}=\psi_c\frac{1}{2}\sigma_{a1上}(h_1-z_0)=1.1\times\frac{1}{2}\times(2-1.59)\times3.64=0.82\text{kN/m}$$

$$E_{a2}=\psi_c\sigma_{a1下}h_2=1.1\times11.88\times4=52.27\text{kN/m}$$

$$E_{a3}=\psi_c\frac{1}{2}(\sigma_{a2}-\sigma_{a1下})h_2=1.1\times\frac{1}{2}\times(25.08-11.88)\times4=29.04\text{kN/m}$$

$$E_a=E_{a1}+E_{a2}+E_{a3}=0.82+52.27+29.04=82.13\text{kN/m}$$

(8)墙背上的水压力：

$$E_w=\frac{1}{2}\gamma_w h_2^2=\frac{1}{2}\times10\times4^2=80\text{kN/m}$$

(9)墙背上总压力：

$$E=E_a+E_w=82.13+80=162.13\text{kN/m}$$

(10)总压力作用点距墙踵的距离：

$$y_0=\frac{E_{a1}\left(\frac{h_1-z_0}{3}+h_2\right)+E_{a2}\frac{h_2}{2}+E_{a3}\frac{h_2}{3}+E_w\frac{h_2}{3}}{E}$$

$$=\frac{0.82\times\left(\frac{2-1.59}{3}+4\right)+52.27\times2+29.04\times\frac{4}{3}+80\times\frac{4}{3}}{162.13}=1.56\text{m}$$

第四节　库仑土压力理论

库仑土压力理论是根据挡土墙后滑动土楔体上的静力平衡，提出的一种土压力计算理论。库仑土压力理论基本假定：

(1)墙后填土为无黏性土($c=0$)。

(2)滑动土楔体为刚体。

(3)滑动破坏面为通过墙踵的平面。

当挡土墙发生移动或转动而达到某种程度时，墙后一部分土体将沿某一滑动面产生整体滑动(趋势)直到达到极限平衡状态(图5-12)，根据滑动面上的刚性土楔体的静力平衡条件求解土压力。

库仑土压力理论适用于墙后填土为无黏性土、墙背倾斜、墙背粗糙(即填土与墙背之间存在摩擦力，墙背摩擦角$\delta\neq0$)、填土表面倾斜的情况。库仑土压力理论多用于工程中计算主动土压力。

一　主动土压力计算

如图5-12所示，如果挡土墙产生向前位移时，墙后无黏性填土楔体△ABC开始下滑，此时填土内滑动面AC与水平面的夹角为θ。瞬间滑动土楔体进入主动极限平衡状态，取土楔体

△ABC 为脱离体，其作用力有三个：①土楔体自重为 G；②墙背上土压力反力 E_a，其作用方向与墙背法线成 δ 角（土对墙背的摩擦角）；③AC 滑动面上的反力为 R，其作用方向与 AC 滑动面的法线成 φ 角，并位于法线的下方。由于土楔体在三力作用下处于静力平衡状态，即可绘出三力组成的闭合的力平衡三角形，如图 5-12b）所示。

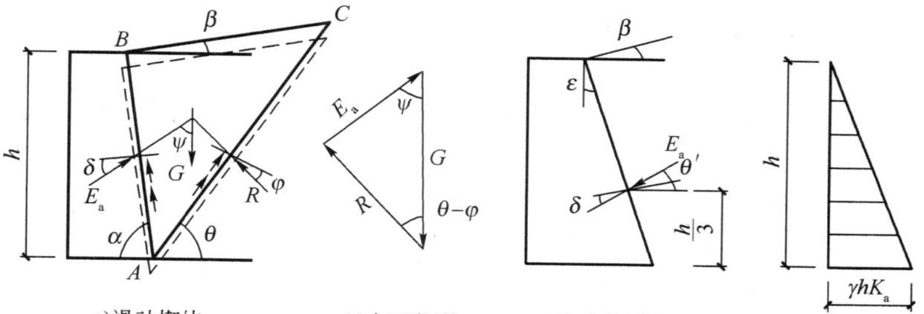

a)滑动楔体　b)力三角形　c)合力作用点　d)土压力分布

图 5-12　库仑主动土压力

由图 5-12a）可知，反力 E_a 与竖直线的夹角 $\psi=90°-\delta-\varepsilon$，$E$ 与 R 的夹角为 $[180°-(\theta-\varphi)-\psi]$，根据静力平衡条件，由力的平衡三角形正弦定理可得：

$$\frac{E}{G}=\frac{\sin(\theta-\varphi)}{\sin[180°-(\theta-\varphi)-\psi]}=\frac{\sin(\theta-\varphi)}{\sin(\theta-\varphi+\psi)}$$

$$E=\frac{G\sin(\theta-\varphi)}{\sin(\theta-\varphi+\psi)} \tag{5-16}$$

E 值是随滑动面倾角 θ 的变化而变化的。由于滑动面 AC 是任意选择的，因此它不一定是最危险的滑动面。由于 E 值越大，楔体向下滑动的可能性也越大。所以，实际上产生最大 E 值的滑动面即是最危险的滑动面。按微分求极值的方法，可由 $\frac{dE}{d\theta}=0$ 的条件求得 E 值最大时的坡角 θ，即可确定真正滑动面的位置。然后将 θ 代入式（5-16）便求得主动土压力 E_a 值的计算公式（略去推导过程），即：

$$E_a=\frac{\gamma h^2}{2}\frac{\cos^2(\varphi-\varepsilon)}{\cos^2\varepsilon\cos(\delta+\varepsilon)\left[1+\sqrt{\frac{\sin(\delta+\varphi)\sin(\varphi-\beta)}{\cos(\delta+\varepsilon)\cos(\varepsilon-\beta)}}\right]^2} \tag{5-17}$$

$$=\frac{1}{2}\gamma h^2K_a$$

式中：δ——土对挡土墙背的摩擦角，可由表 5-2 查得，（°）；

ε——墙背倾斜角（即墙背与垂线的夹角），以垂线为准，逆时针倾角 ε 为正，称为俯斜（图 5-12），顺时针倾角 ε 为负，称为仰斜，（°）；

β——墙后填土面坡角，（°）；

φ——墙后填土的内摩擦角，（°）；

K_a——主动土压力系数，它是 ε、β、φ、δ 的函数，可由表 5-3 查得。

土对挡土墙墙背的摩擦角 δ 表 5-2

挡土墙情况	摩擦角 δ(°)	挡土墙情况	摩擦角 δ(°)
墙背平滑、排水不良	$(0\sim0.33)\varphi_k$	墙背很粗糙、排水良好	$(0.5\sim0.67)\varphi_k$
墙背粗糙、排水良好	$(0.33\sim0.5)\varphi_k$	墙背与填土间不可能滑动	$(0.67\sim1.0)\varphi_k$

主动土压力系数 K_a 表 5-3

δ(°)	ε(°)	β(°)	φ(°)							
			15	20	25	30	35	40	45	50
0	0	0	0.589	0.490	0.406	0.333	0.271	0.217	0.172	0.132
		10	0.704	0.569	0.462	0.374	0.300	0.238	0.186	0.142
		15	0.933	0.639	0.505	0.402	0.319	0.251	0.194	0.147
		20		0.833	0.573	0.441	0.344	0.267	0.204	0.154
		30				0.750	0.436	0.318	0.235	0.172
	10	0	0.652	0.560	0.478	0.407	0.343	0.288	0.238	0.194
		10	0.784	0.655	0.550	0.461	0.384	0.318	0.261	0.211
		15	1.039	0.737	0.603	0.498	0.411	0.337	0.274	0.221
		20		1.015	0.685	0.548	0.444	0.360	0.291	0.231
		30				0.925	0.566	0.433	0.337	0.262
	20	0	0.736	0.648	0.569	0.498	0.434	0.375	0.322	0.274
		10	0.896	0.768	0.663	0.572	0.492	0.421	0.358	0.302
		15	1.196	0.868	0.730	0.621	0.520	0.450	0.380	0.318
		20		1.205	0.834	0.688	0.576	0.484	0.405	0.337
		30				1.169	0.740	0.586	0.474	0.385
	-10	0	0.540	0.433	0.344	0.270	0.209	0.158	0.117	0.083
		10	0.644	0.500	0.389	0.301	0.229	0.171	0.125	0.088
		15	0.860	0.562	0.425	0.322	0.243	0.180	0.130	0.090
		20		0.785	0.482	0.353	0.261	0.190	0.136	0.094
		30				0.614	0.331	0.226	0.155	0.104
	-20	0	0.497	0.380	0.287	0.212	0.153	0.106	0.070	0.043
		10	0.595	0.439	0.323	0.234	0.166	0.114	0.074	0.045
		15	0.809	0.494	0.352	0.250	0.175	0.119	0.076	0.046
		20		0.707	0.401	0.274	0.188	0.125	0.080	0.047
		30				0.498	0.239	0.147	0.090	0.051
10	0	0	0.533	0.447	0.373	0.309	0.253	0.204	0.163	0.127
		10	0.664	0.531	0.431	0.350	0.282	0.225	0.177	0.136
		15	0.947	0.609	0.476	0.379	0.301	0.238	0.185	0.141
		20		0.897	0.549	0.420	0.326	0.254	0.195	0.148
		30				0.762	0.423	0.306	0.226	0.166
	10	0	0.603	0.520	0.448	0.384	0.326	0.275	0.230	0.189
		10	0.759	0.626	0.524	0.440	0.369	0.307	0.253	0.206
		15	1.089	0.721	0.582	0.480	0.396	0.326	0.267	0.216
		20		1.064	0.671	0.534	0.432	0.351	0.284	0.227
		30				0.969	0.564	0.427	0.332	0.258

续上表

δ(°)	ε(°)	β(°)	φ(°)							
			15	20	25	30	35	40	45	50
10	20	0	0.695	0.615	0.543	0.478	0.419	0.365	0.316	0.271
		10	0.890	0.752	0.646	0.558	0.482	0.414	0.354	0.30
		15	1.298	0.872	0.723	0.613	0.522	0.444	0.377	0.317
		20		1.308	0.844	0.687	0.573	0.481	0.403	0.337
		30				1.268	0.758	0.594	0.478	0.388
	-10	0	0.477	0.385	0.309	0.245	0.191	0.146	0.109	0.078
		10	0.590	0.455	0.354	0.275	0.211	0.159	0.116	0.082
		15	0.847	0.520	0.390	0.297	0.224	0.167	0.121	0.085
		20		0.773	0.450	0.328	0.242	0.177	0.127	0.088
		30				0.605	0.313	0.212	0.146	0.098
	-20	0	0.427	0.330	0.252	0.188	0.137	0.096	0.064	0.039
		10	0.529	0.388	0.286	0.209	0.149	0.103	0.068	0.041
		15	0.772	0.445	0.315	0.225	0.158	0.108	0.070	0.042
		20		0.675	0.364	0.248	0.170	0.114	0.073	0.044
		30				0.475	0.220	0.135	0.082	0.047
15	0	0	0.518	0.434	0.363	0.301	0.248	0.201	0.160	0.125
		10	0.656	0.522	0.423	0.343	0.277	0.222	0.174	0.135
		15	0.966	0.603	0.470	0.373	0.297	0.235	0.183	0.140
		20		0.914	0.546	0.415	0.323	0.251	0.194	0.147
		30				0.777	0.422	0.305	0.225	0.165
	10	0	0.592	0.511	0.441	0.378	0.323	0.273	0.228	0.189
		10	0.760	0.623	0.520	0.437	0.366	0.305	0.252	0.206
		15	1.129	0.723	0.581	0.478	0.395	0.325	0.267	0.216
		20		1.103	0.679	0.535	0.432	0.351	0.284	0.228
		30				1.005	0.571	0.430	0.334	0.260
	20	0	0.690	0.611	0.540	0.467	0.419	0.366	0.317	0.273
		10	0.904	0.757	0.649	0.560	0.484	0.416	0.357	0.303
		15	1.372	0.889	0.731	0.618	0.526	0.448	0.380	0.321
		20		1.383	1.372	0.697	0.579	0.486	0.408	0.341
		30				1.341	0.778	0.606	0.487	0.395
	-10	0	0.458	0.371	0.298	0.237	0.186	0.142	0.106	0.076
		10	0.576	0.442	0.344	0.267	0.205	0.155	0.114	0.081
		15	0.850	0.509	0.380	0.289	0.219	0.163	0.119	0.084
		20		0.776	0.441	0.320	0.237	0.174	0.125	0.087
		30				0.607	0.308	0.209	0.143	0.097

续上表

δ(°)	ε(°)	β(°)	φ(°)							
			15	20	25	30	35	40	45	50
15	-20	0	0.405	0.314	0.240	0.180	0.132	0.093	0.062	0.038
		10	0.509	0.372	0.275	0.201	0.144	0.100	0.066	0.040
		15	0.763	0.429	0.303	0.216	0.152	0.104	0.068	0.041
		20		0.667	0.352	0.239	0.164	0.110	0.071	0.042
		30				0.470	0.214	0.131	0.080	0.046
20	0	0			0.357	0.297	0.245	0.199	0.160	0.125
		10			0.419	0.340	0.275	0.220	0.174	0.135
		15			0.467	0.371	0.295	0.234	0.183	0.140
		20			0.547	0.414	0.322	0.251	0.193	0.147
		30				0.798	0.425	0.306	0.225	0.166
	10	0			0.438	0.377	0.322	0.273	0.229	0.190
		10			0.521	0.438	0.367	0.306	0.254	0.208
		15			0.586	0.480	0.397	0.328	0.269	0.218
		20			0.690	0.540	0.436	0.354	0.286	0.230
		30				1.051	0.582	0.437	0.338	0.264
	20	0			0.543	0.479	0.422	0.370	0.321	0.277
		10			0.659	0.568	0.490	0.423	0.363	0.309
		15			0.747	0.629	0.535	0.456	0.387	0.327
		20			0.891	0.715	0.592	0.496	0.417	0.349
		30				1.434	0.807	0.624	0.501	0.406
	-10	0			0.291	0.232	0.182	0.140	0.105	0.076
		10			0.373	0.262	0.202	0.153	0.113	0.080
		15			0.374	0.284	0.215	0.161	0.117	0.083
		20			0.437	0.316	0.233	0.171	0.124	0.086
		30				0.614	0.306	0.207	0.142	0.096
	-20	0			0.231	0.174	0.128	0.090	0.061	0.038
		10			0.266	0.195	0.140	0.097	0.062	0.039
		15			0.294	0.210	0.148	0.102	0.067	0.040
		20			0.344	0.233	0.160	0.108	0.069	0.042
		30				0.468	0.210	0.129	0.079	0.045

二 主动土压力的方向和作用点

由式(5-17)可知，主动土压力沿墙高呈三角形分布，如图5-12d)所示，在墙踵处的主动土压力 $\sigma_a=\gamma hK_a$。因此，主动土压力合力 E_a 作用点的位置是在土压力图形的形心标高处，即距墙踵 $h/3$ 处。

可以看出，当遇到挡土墙墙背倾斜、粗糙，并且填土面也倾斜等较复杂情况时，库仑土压力理论就显示出优越性。而主动土压力 E_a 的作用方向主要与挡土墙墙背的倾斜程度和粗糙程度有关。如果令主动土压力 E_a 与水平面成 θ' 角度，如图 5-12c）所示，则：

（1）当墙背俯斜时，$\theta' = \delta + \varepsilon$；

（2）当墙背仰斜时，$\theta' = \delta - \varepsilon$；

（3）当墙背垂直时，$\theta' = \varepsilon$。

这里需要指出，库仑土压力计算公式如果在特定条件下，即墙背垂直（$\alpha = 90°$）、光滑（$\delta = 0$）、填土表面水平（$\beta = 0$）时，完全与朗肯土压力公式相同，即：

$$E_a = \frac{1}{2}\gamma h^2 \tan^2\left(45° - \frac{\varphi}{2}\right)$$

由于库仑土压力理论采用的滑动面为平面的假设与实际情况有出入，因而给计算结果带来一定误差。这种误差在计算主动土压力时较小，在容许范围内，但计算被动土压力误差较大，故很少应用，因此，这里不讨论被动土压力的内容。

【例题 5-4】 如图 5-13 所示，挡土墙高 $h = 4.5\text{m}$，墙背倾斜角度 $\varepsilon = 10°$，墙土表面倾斜角度 $\beta = 15°$，填土与墙背之间的摩擦角 $\delta = 20°$，墙后填土指标为：重度 $\gamma = 18\text{kN/m}^3$，黏聚力 $c = 0$，内摩擦角 $\varphi = 30°$，试计算挡土墙背垂直投影面上的主动土压力。

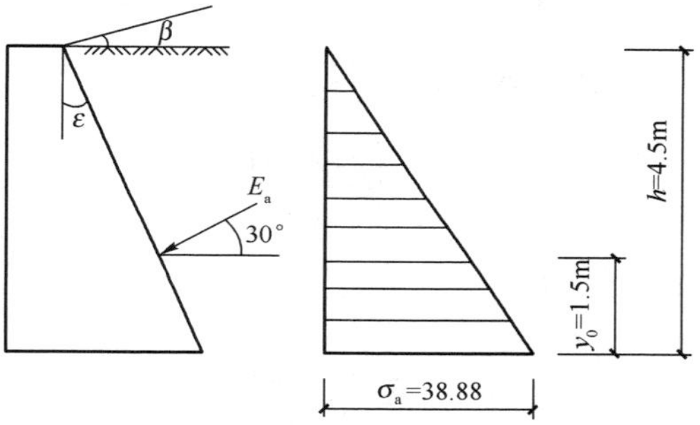

图 5-13　例题 5-4 附图

解：（1）按已知 δ、ε、β 及 φ 值，由表 5-2 查得主动土压力系数 $K_a = 0.48$。

（2）墙底处土压力强度：$\sigma_a = \gamma h K_a = 18 \times 4.5 \times 0.48 = 38.88\text{kPa}$。

（3）主动土压力：$E_a = \psi_c \frac{1}{2}\gamma h^2 K_a = 1.0 \times \frac{1}{2} \times 18 \times 4.5^2 \times 0.48 = 87.48\text{kPa}$。

（4）土压力作用点：$y_0 = \frac{h}{3} = \frac{4.5}{3} = 1.5\text{m}$。

第五节　挡土墙设计

一　挡土墙类型

挡土墙按其结构形式可分为以下几种类型。

（一）重力式挡土墙

重力式挡土墙是由块石（毛石）、砖或素混凝土砌筑而成，它主要靠自身的重力来抵抗土压力并维持其稳定，如图 5-14a）所示。因而墙身截面尺寸较大，宜用于墙高小于 6m、地层稳定、开挖土石方时不会危及相邻建筑物安全的地段。这种挡土墙结构简单、施工方便、取材容易，因此应用较为广泛。

（二）悬臂或扶壁式挡土墙

这类挡土墙用钢筋混凝土建造，它主要靠墙后底板上面土的重量来维持其稳定，如图5-14b)、c)所示。在土压力作用下，其悬臂部分的竖壁和底板中的拉应力均由钢筋来承担。因此，墙高较大($h>5$m)时墙壁和底板也可做得很薄。当墙高在6～10m时，因墙壁所承受弯矩和侧移较大，故需沿墙长每隔一定距离($h/3 \sim h/2$)设置一道扶壁，以增加其侧向抗弯能力。扶壁式挡土墙适用于土质填方边坡，其高度不宜超过10m。

（三）锚杆式挡土墙

锚杆式挡土墙是由钢筋混凝土墙板及锚固于稳定岩土中的钢锚杆组成，如图5-14d)所示。利用锚杆的受拉性能，将承受的土压力传递到岩土层内，以维持挡土墙稳定。在施工中锚杆可通过钻孔灌浆或开挖预埋及拧入等方法设置。这种挡土墙可用于深基坑开挖与边坡支护。

（四）锚定板式挡土墙

这种挡土墙是由钢筋混凝土墙板、钢拉杆及锚定板连接而成，如图5-14e)所示。作用在墙板上的土压力通过拉杆传至锚定板，再由锚定板的抗拔力来平衡。这种挡土墙可用于护岸及护坡工程。

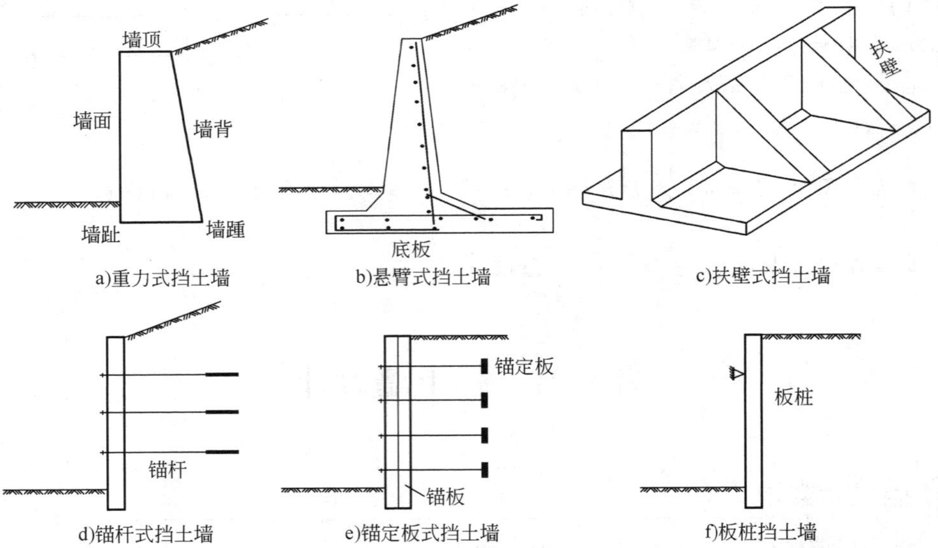

图5-14　挡土墙类型

（五）板桩挡土墙

板桩挡土墙通常由钢板桩或预制钢筋混凝土桩组成，并由打桩机械打入，如图5-14f)所示。常用于深基坑开挖时的临时性坑壁支护结构，也可在板桩前加设钢支撑，以增强板桩的抗弯及抗侧移能力。

二 重力式挡土墙设计

(一)挡土墙构造

(1)重力式挡土墙适用于高度小于6m、地层稳定、开挖土石方时不会危及相邻建筑物安全的地段。墙身材料可使用浆砌块石、条石或素混凝土。块石、条石强度等级不低于MU30,混凝土强度等级不低于C15。

(2)重力式挡土墙根据墙背倾角不同可分为仰斜式、垂直式、俯斜式三种。为施工方便,仰斜式墙背坡度不宜缓于1∶0.25,且墙面与墙背平行。垂直式墙面坡度不宜缓于1∶0.4,以减少墙身材料。为增加墙底抗滑移能力,重力式挡土墙可在基底设置逆坡。对于土质地基,基底逆坡坡度不宜大于1∶10;对于岩质地基,基底逆坡坡度不宜大于1∶5,如图5-15所示。

(3)块石挡土墙的顶宽不宜小于400mm,混凝土挡土墙顶部宽度不宜小于200mm。墙底宽约为墙高的1/3~1/2。当墙底宽度不够时,可在地面以下墙趾设置台阶,以增加墙身抗倾覆稳定性。在土质地基中,基础埋置深度不宜小于0.5m。

(4)墙后填土宜选择透水性较强的填料。当采用黏性土作为填料时,宜掺入适宜的碎石,以增大土的透水性,在季节性冻土地区,宜选用炉渣、粗砂等非冻胀性材料。

(5)挡土墙应采取有效的排水措施,以防止墙后填土长期积水而造成地基松软、冻胀、抗剪强度降低,使挡土墙开裂甚至倾倒。因此应沿墙长设置直径不宜小于100mm的泄水孔,其间距为2~3m。在墙顶和墙底宜设置黏土防水层,墙后做滤水层及必要的排水盲沟(图5-16)。

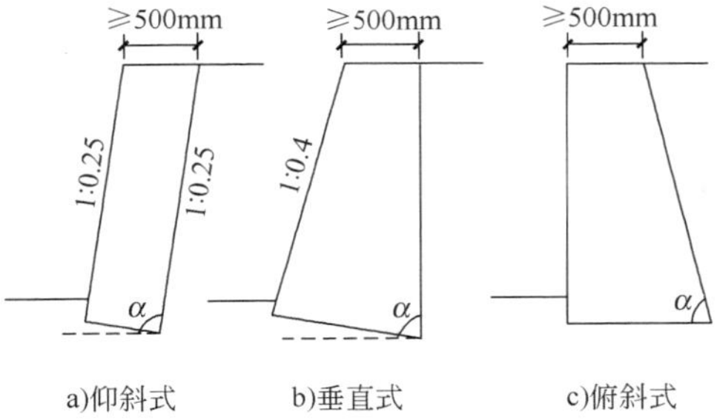

图5-15 重力式挡土墙的形式

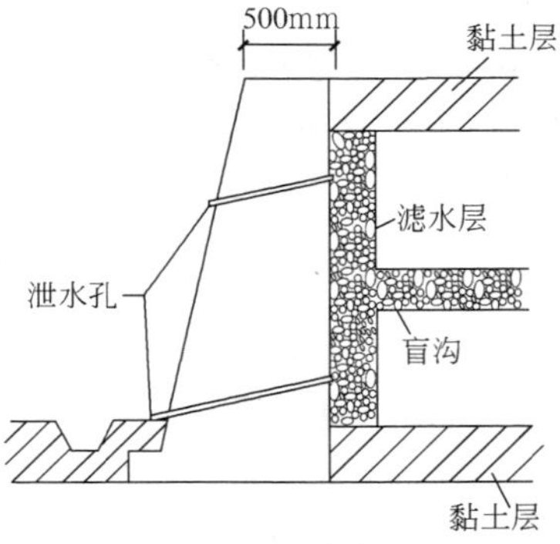

图5-16 挡土墙排水措施

(6)重力式挡土墙每隔10~20m设置一道伸缩缝,素混凝土挡土墙设置间距为10~15m。当地基性状和挡土墙高度有变化时应设沉降缝,缝宽应采用20~30mm,缝中应填塞沥青麻筋或其他有弹性的防水材料,填塞深度不应小于150mm。根据以上构造要求及经验可初步确定挡土墙类型、截面形式和尺寸;还需确定所有作用在挡土墙上的力(主要有土压力、墙身自重、基底反力),然后再进行挡土墙验算。在挡土墙拐角处应适当加强构造措施。

(二)挡土墙滑移稳定验算

如图5-17所示,在土压力水平分力E_{ax}作用下,挡土墙有可能沿基底产生水平滑移,为保证挡土墙的稳定性,应满足下列条件。

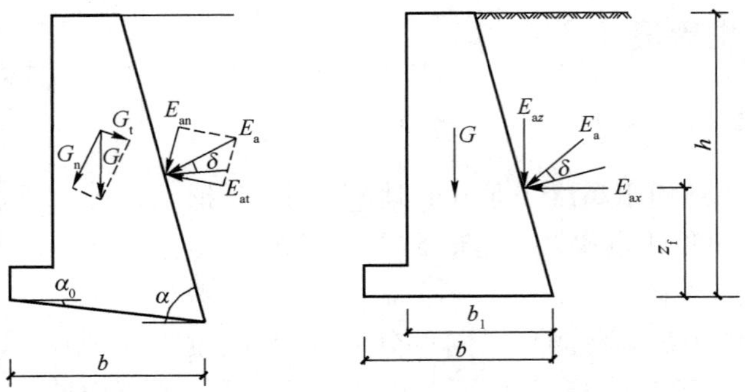

a)挡土墙底面倾斜　　b)挡土墙底面水平

图 5-17　挡土墙滑移稳定验算

1. 挡土墙底部倾斜[图 5-17a)]

$$K_h = \frac{抗滑移力}{滑移力} = \frac{(G_n + E_{an})\mu}{E_{at} - G_t} \geqslant 1.3 \tag{5-18}$$

$$G_n = G\cos\alpha_0$$

$$G_t = G\sin\alpha_0$$

$$E_{at} = E_a\sin(\alpha - \alpha_0 - \delta)$$

$$E_{an} = E_a\cos(\alpha - \alpha_0 - \delta)$$

式中：G_n、G_t——分别为墙身自重的竖向分力和水平分力，kN/m；

α_0——挡土墙底部的倾角，(°)；

α——挡土墙墙背的倾角，(°)。

2. 挡土墙底部水平[图 5-17b)]

即 $\alpha_0 = 0$，则：

$$K_h = \frac{抗滑移力}{滑移力} = \frac{(G + E_{az})\mu}{E_{ax}} \geqslant 1.3 \tag{5-19}$$

式中：K_h——抗滑移稳定安全系数；

G——挡土墙每延米自重，kN/m；

E_{az}、E_{ax}——分别为主动土压力的竖向分力和水平分力，kN/m；

μ——土对挡土墙基底摩擦系数，按表 5-4 采用。

土对挡土墙基底的摩擦系数 μ　　表 5-4

土的类别		摩擦系数 μ
黏性土	可塑	0.25 ~ 0.30
	硬塑	0.30 ~ 0.35
	坚硬	0.35 ~ 0.45
粉土		0.30 ~ 0.40
中砂、粗砂、砾砂		0.40 ~ 0.50
碎石土		0.40 ~ 0.60

续上表

土的类别	摩擦系数 μ
软质岩石	0.40 ~ 0.60
表面粗糙的硬质岩石	0.65 ~ 0.75

注:1. 对易风化的软质岩石和塑性指数 $I_p>22$ 的黏性土,基底摩擦系数应通过试验确定。
2. 对碎石土,可根据其密实度、填充物状况、风化程度等确定。

(三)挡土墙倾覆稳定验算

挡土墙在土压力作用下,有可能绕墙趾 O 点向前转动,如图 5-18 所示。验算时可将主动土压力 E_a 分解为竖向分力 E_{az} 和水平分力 E_{ax},并分别对墙趾 O 点取力矩,如果挡土墙底部水平,抗倾覆稳定性按式(5-20)验算。

$$K_q=\frac{抗倾覆力矩}{倾覆力矩}=\frac{Gx_0+E_{az}x_f}{E_{ax}z_f}\geqslant 1.6 \quad (5\text{-}20)$$

当挡土墙底部倾斜时,式中 E_{az} 和 E_{ax}、x_f 和 z_f 分别按下式计算:

$$E_{ax}=E_a\sin(\alpha-\delta)$$
$$E_{az}=E_a\cos(\alpha-\delta)$$
$$x_f=b-z\cot\alpha$$
$$z_f=z-b\tan\alpha_0$$

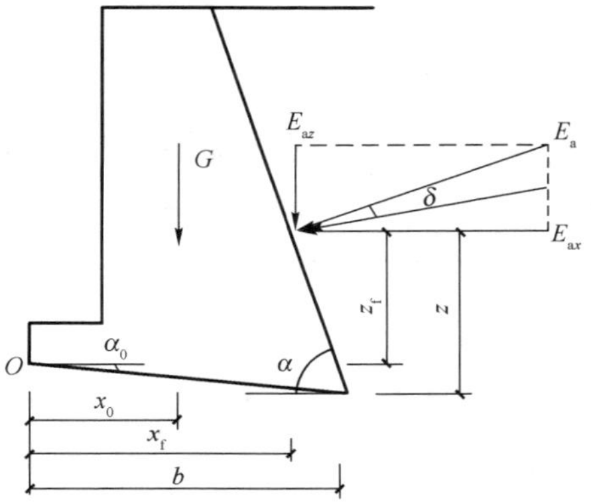

图 5-18 挡土墙抗倾覆稳定性验算示意图

式中:K_q——抗倾覆稳定安全系数;

z——土压力作用点离墙踵的距离,m;

b——基底的水平投影宽度,m;

x_0、x_f、z_f——分别为 G、E_{az}、E_{ax} 对墙趾 O 点的力臂,m。

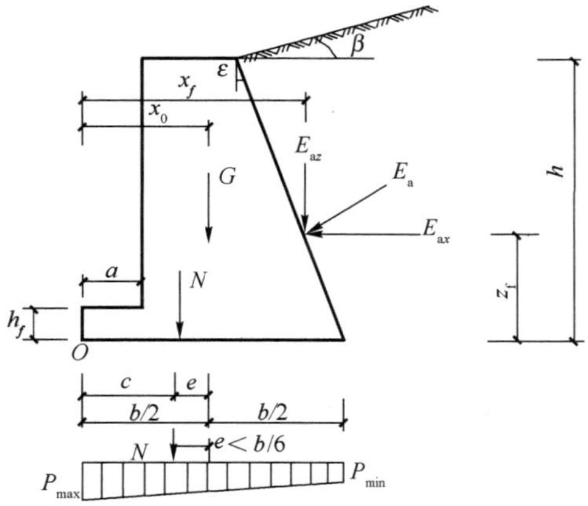

图 5-19 挡土墙基底压力示意图

(四)地基承载力验算

如图 5-19 所示,在挡土墙自重及土压力的竖向分力作用下,假定基底压力按直线分布。地基承载力验算除应满足下列条件外,基底合力的偏心距 e 不应大于 1/4 的基础宽度。

$$p=\frac{G+E_{az}}{b}\leqslant f_a \quad (5\text{-}21)$$

$$p_{\substack{max\\min}}=\frac{G+E_{az}}{b}\left(1\pm\frac{6e}{b}\right)$$

$$p_{max}\leqslant 1.2f_a$$

$$p_{min}\geqslant 0 \quad (5\text{-}22)$$

式中:$p_{\substack{max\\min}}$——分别为挡土墙基底边缘处的最大和最小压力,kPa;

p——挡土墙基底的平均压力，kPa；

G——挡土墙自重设计值，kN；

b——挡土墙底面宽度，m；

e——竖向压力合力 N 对基底中心的偏心距，m，可将各力对基底中心简化求得或按下式计算

$$e = \frac{b}{2} - \frac{Gx_0 + E_{az}x_f - E_{ax}z_f}{G + E_{az}}$$

若不满足式(5-21)、式(5-22)要求时，地基将丧失稳定而产生整体滑移。因此，当基底压力超过地基承载力特征值时，可在墙趾处设置台阶，如图5-19所示，墙趾台阶的高宽比可取2∶1，且 a 不得小于200mm。

(五)墙身强度验算

验算墙身强度时取墙身控制截面I-I，如图5-20所示。可先求出墙高为 h_1 变截面处的主动土压力 E_{a1} 及墙身自重 G_1，然后用前述方法求出合力 N 及偏心距 e，按砌体结构受压构件验算。

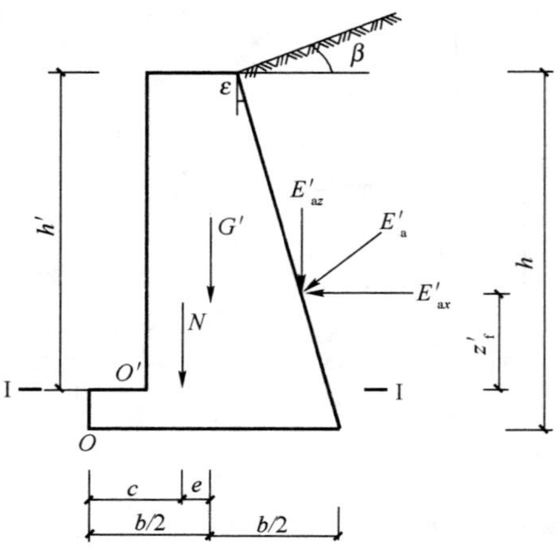

图5-20　墙身强度验算图

1. 抗压强度

$$N \leq \gamma_a \varphi A f \tag{5-23}$$

2. 抗剪强度

$$V \leq \gamma_a (f_v + 0.18\sigma_k) A \tag{5-24}$$

式中各符号的意义及具体验算详见砌体结构。

【例题5-5】 某挡土墙高5m，墙背垂直光滑，墙土面水平，地面有均布荷载 $q = 1.5\text{kN/m}^2$，填土重度 $\gamma = 18\text{kN/m}^3$，黏聚力 $c = 0$，内摩擦角 $\varphi = 30°$，已知土压力强度如图5-21所示，基底摩擦系数 $\mu = 0.5$，地基承载力设计值 $f = 220\text{kPa}$，砌体重度 $\gamma = 22\text{kN/m}^3$，试验算挡土墙的稳定性及地基承载力。

解：(1)挡土墙自重，沿墙长取1m为计算单元：

$$G_1 = 0.8 \times 5 \times 22 = 88\text{kN/m}$$

$$G_2 = \frac{1}{2} \times 2.2 \times 5 \times 22 = 121\text{kN/m}$$

$$G = G_1 + G_2 = 88 + 121 = 209\text{kN/m}$$

(2)计算主动土压力($h = 5\text{m}$，土压力增大系数 $\psi_c = 1.0$)：

$$E_{a1} = 0.5 \times 5 = 2.5\text{kN/m}$$

$$E_{a2} = \frac{1}{2} \times 29.97 \times 5 = 74.93\text{kN/m}$$

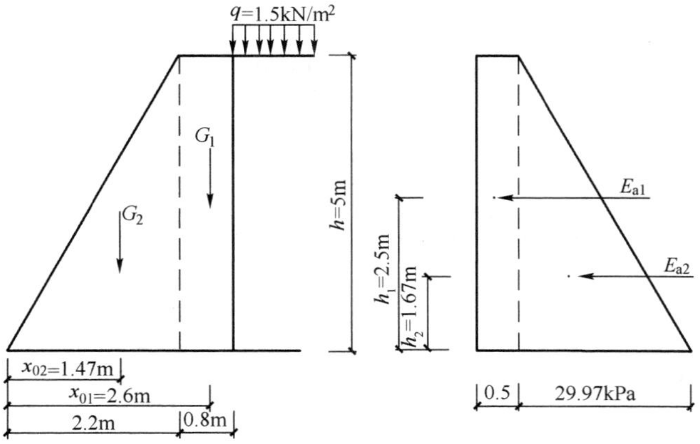

图 5-21　例题 5-5 附图

(3)挡土墙抗滑移验算：

$$K_h=\frac{抗滑力}{滑移力}=\frac{G\mu}{E_{a1}+E_{a2}}=\frac{209\times 0.5}{2.5+74.93}=1.35>1.3$$

(4)挡土墙抗倾覆验算：

$$K_q=\frac{M_{抗}}{M_{倾}}=\frac{G_1x_{01}+G_2x_{02}}{E_{a1}\dfrac{h}{2}+E_{a2}\dfrac{h}{3}}=\frac{88\times 2.6+121\times 1.47}{2.5\times 2.5+74.93\times 1.67}=3.1>1.6$$

(5)地基承载力验算,可将各力对基底中心点简化：

竖向压力之和

$$N=1.2G=1.2\times 209=250.8\text{kN/m}$$

偏心力矩之和

$$M=1.2G_2(1.5-1.47)+E_{a1}\times 2.5+E_{a2}\times 1.67-1.2G_1(2.6-1.5)$$

$$=19.58\text{kN}\cdot\text{m}$$

对基底中点偏心距

$$e=\frac{M}{N}=\frac{19.58}{250.8}=0.078\text{m}$$

或按下式计算偏心距 e：

$$e=\frac{b}{2}-\frac{1.2G_2\times 1.47+1.2G_1\times 2.6-E_{a1}\times 2.5-E_{a2}\times 1.67}{1.2G}$$

$$=1.5-1.422=0.078\text{m}$$

$$p_{\substack{\max\\ \min}}=\frac{N}{b}\left(1\pm\frac{6e}{b}\right)=\frac{250.8}{3}\times\left(1\pm\frac{6\times 0.078}{3}\right)=\begin{cases}96.64\text{kN/m}^2<1.2f_a\\ 70.56\text{kN/m}^2>0\end{cases}$$

第六节 边坡稳定性分析

在工程实践中,对天然山坡以及因平整场地或开挖基坑而形成的人工斜坡,常称为边坡。在边坡稳定性验算之前,应根据边坡水文地质、工程地质及边坡可能发生的破坏形式等进行稳定性评价和分析。

一 边坡稳定性评价

(一)对下列建筑边坡应进行稳定性评价

(1)选用建筑场地的自然斜坡。
(2)由于开挖或填筑形成的,并需要进行稳定性验算的边坡。
(3)施工期间出现不利工况的边坡。
(4)使用条件发生变化的边坡。

(二)边坡稳定性评价

边坡稳定性应在边坡工程设计并进行详细工程地质勘察,在充分查明工程地质条件的基础上,根据边坡岩土类型和结构进行综合评价。并对周围环境的危害性作出预测;对岩石边坡的结构面调查清楚,指出主要结构面的所在位置;提出供边坡设计所需要的各项参数。对于土质较软、地面荷载较大、高度较大的边坡,应按现行有关建筑标准进行地面抗隆起和抗渗流等稳定性评价。

二 简单边坡稳定性分析

对于边坡稳定性分析和验算,都是在假定滑动面形状的前提下进行的。所谓简单边坡,是指土坡的顶面和底面均为水平,并且由均质土组成。一般边坡的纵向长度远大于横向宽度,因此在分析边坡稳定性时,通常将边坡视为无限延伸,沿边坡长度方向截取单位长度,按平面问题来验算坡体的稳定性。

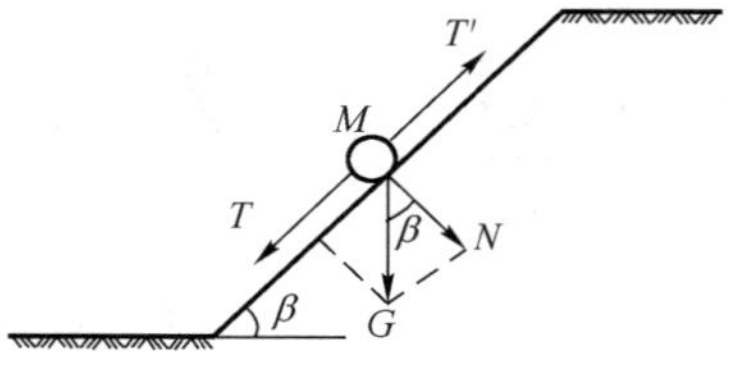

图 5-22 无黏性土边坡的稳定分析

(一)无黏性土边坡

如果无黏性土边坡的坡度角过大,坡面土粒将发生连续下滑(滑动面为平面),直至坡度角减少到某一值时,这种下滑现象才会停止。这时的坡度角,称为天然休止角。显然,当坡度角等于天然休止角时,坡面上的土粒将处于极限平衡状态。

如图 5-22 所示的砂土边坡,设坡角为 β,土的内摩擦角为 φ,取坡面上的土粒为 M,其重力为 G,可将 G 分解为垂直于坡面的正压力以及平行坡面的滑移力。

坡面正压力：

$$N = G\cos\beta$$

坡面滑移力：

$$T = G\sin\beta$$

坡面摩擦力即抗滑力：

$$T' = N\tan\varphi = G\cos\beta\tan\varphi$$

则稳定安全系数：

$$K = \frac{\text{抗滑力}}{\text{滑移力}} = \frac{T'}{T} = \frac{G\cos\beta\tan\varphi}{G\sin\beta} = \frac{\tan\varphi}{\tan\beta} \tag{5-25}$$

由此可见，当 $\beta = \varphi$ 时，$K = 1$，即边坡处于极限平衡状态；这时坡角 β 为天然休止角。当 $\beta < \varphi$ 时，$K > 1$，边坡处于稳定状态。工程中为满足边坡稳定要求，一般取安全系数 $K = 1.1 \sim 1.5$。

（二）黏性土边坡

1. *圆弧滑动面方法——条分法*

此方法的基本原理是假定其土坡滑动面为通过坡脚的圆弧曲面（图 5-23），将圆弧滑动土体分成若干竖直土条，然后分别计算各土条对圆弧圆心的抗滑力矩和滑动力矩，最后由抗滑力矩与滑动力矩之比（即稳定安全系数）来验算边坡的稳定性。

条分法步骤：

（1）选取一个通过坡脚的圆弧 AC 滑动面，并将滑动土体分成若干竖直土条。

（2）计算每个土条的自重，并在其底部滑弧面上分解为法向分力（正压力）N_i 和切向分力（剪力）T_i。

法向分力：

$$N_i = G_i\cos\beta_i \tag{5-26a}$$

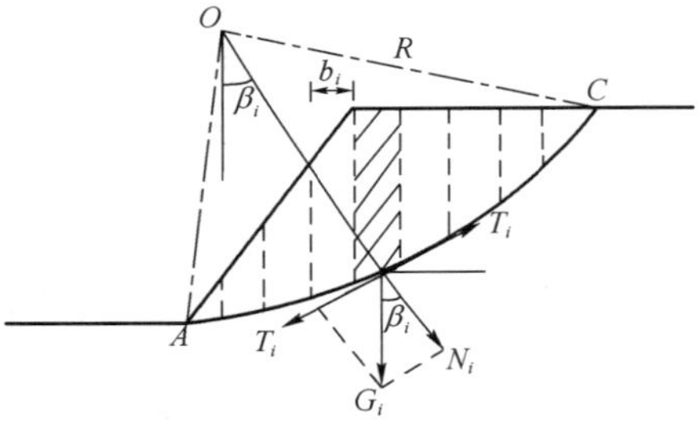

图 5-23　条分法分析黏性土边坡稳定

切向分力：

$$T_i = G_i\sin\beta_i \tag{5-26b}$$

（3）计算滑动土体上的滑动力矩 M_S（对滑动圆心 O 取矩）。

$$M_S = \sum_{i=1}^{n} T_i R = \sum_{i=1}^{n} G_i\sin\beta_i R \tag{5-27}$$

（4）计算阻止滑动土体滑动的抗滑力矩 M_R，由摩擦力（$N_i\tan\varphi$）和黏聚力（$c\Delta l_i$）两部分组成：

$$M_R = \sum_{i=1}^{n} N_i\tan\varphi R + \sum_{i=1}^{n} c\Delta l_i R \tag{5-28}$$

（5）计算边坡稳定安全系数 K。

$$K = \frac{M_R}{M_S} = \frac{\sum_{i=1}^{n} G_i\cos\beta_i\tan\varphi + \sum_{i=1}^{n} c\Delta l_i}{\sum_{i=1}^{n} G_i\sin\beta_i} \tag{5-29}$$

式中：φ——土的内摩擦角建筑标准值，(°)；

β_i——第 i 土条弧面的切线与水平线的夹角，(°)；

c——黏聚力建筑标准值，kPa；

Δl_i——第 i 土条的弧长，m；

G_i——第 i 土条重力建筑标准值，kN，$G = \gamma b_i h_i$；

b_i——第 i 土条宽度，m；

h_i——第 i 土条中心高度，m。

(6) 确定最危险滑动面，即选择若干个通过坡脚的圆弧滑动面，然后按上述方法试算求得相应的稳定安全系数，其中最小安全系数 K_{min} 所对应的滑动面为最危险滑动面，并要求最小安全系数 $K_{min} \geq 1.2$。

2. 泰勒图解法

泰勒(Taylor)图解法建立在总应力基础上，并假定黏聚力 c 不随深度变化，根据理论计算结果绘制成如图 5-24 所示的图表。因土坡稳定性与土的抗剪强度指标 c 和 φ，土的重度 γ、边坡的坡角 β、坡高 h 等因素有关，这些因素考虑了均质黏性土边坡的物理力学特性。而泰勒用图表恰好表达了其中的关系，并且为简化计算，把黏聚力 c、土的重度 γ 及坡高 h 三个参数，综合为一个新的无量纲参数 N_S，称为稳定系数。N_S 的表达式为：

$$N_S = \frac{\gamma h}{c} \tag{5-30}$$

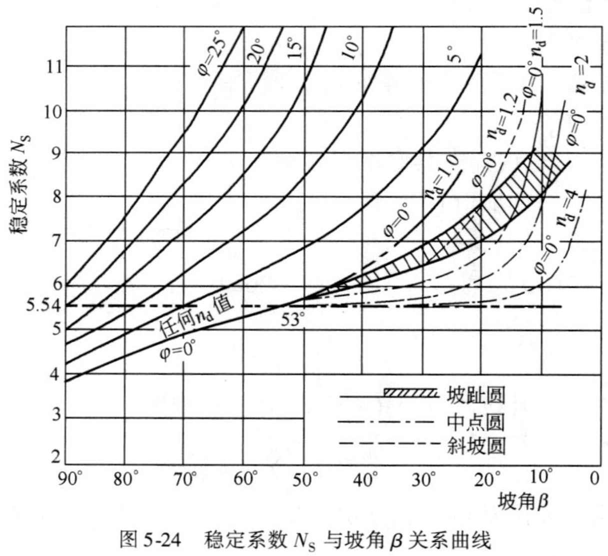

图 5-24 稳定系数 N_S 与坡角 β 关系曲线

N_S 值取决于坡角 β 和深度因数 n_d（即从坡顶至硬层的深度除以坡高），利用泰勒图表，可以解决简单边坡稳定的下列问题：

(1) 已知坡角 β 及土的 γ、c、φ，求稳定的坡高 h。

(2) 已知坡高 h 及土的 γ、c、φ，求稳定坡角 β。

(3) 已知坡高 h、坡角 β 及土的 γ、c、φ，求稳定安全系数 K。

【例题 5-6】 地基勘察资料表明，从地表至 10m 深度处为均质软黏土，内摩擦角 $\varphi=0$，其下为密实的细砂层，基坑需开挖 10m 深。由土工试验得知，土的重力密度 $\gamma=18\text{kN/m}^3$，黏聚力 $c=24\text{kPa}$，试计算对应于安全系数 $K=1.2$ 时的边坡最小坡角。

解：考虑安全系数 K 后计算中采用的黏聚力值为：

$$c'=\frac{c}{K}=\frac{24}{1.2}=20\text{kPa}$$

由 c'、γ、h 计算稳定系数：

$$N_S=\frac{\gamma h}{c'}=\frac{18\times10}{20}=9$$

深度因数：

$$n_d=\frac{10}{10}=1.0$$

由图 5-26 查得边坡最小坡角 $\beta=22°$。

三 土质边坡坡度允许值

在山坡整体稳定的条件下，对深度 10m 以内的基坑，土质边坡的开挖应符合下列规定。

(1) 边坡的坡度允许值，应根据当地经验，参照同类土层的稳定坡度确定。当土质良好且均匀、无不良地质现象、地下水不丰富时，可按表 5-5 确定。

土质边坡坡度允许值 表 5-5

土的类别	密实度或状态	坡度允许值(高宽比)	
		坡高在 5m 以内	坡高在 5～10m
碎石土	密实	1:0.35～1:0.50	1:0.50～1:0.75
	中密	1:0.50～1:0.75	1:0.75～1:1.00
	稍密	1:0.75～1:1.00	1:1.00～1:1.25
黏性土	坚硬	1:0.75～1:1.00	1:1.00～1:1.25
	硬塑	1:1.00～1:1.25	1:1.25～1:1.50

注：1. 表中碎石土的充填物为坚硬或硬塑状态的黏性土。
2. 对于砂土或充填物为砂土的碎石土，其边坡坡度允许值均按自然休止角确定。

(2) 土质边坡开挖时，应采取排水措施，边坡顶部应设置截水沟。在任何情况下不允许在坡脚及坡面上积水。

(3) 边坡开挖时，应由上往下开挖，依次进行。弃土应分散处理，不得将弃土堆置在坡顶及坡面上。当必须在坡顶或坡面上设置弃土转运站时，应进行坡体稳定验算，严格控制堆栈的土方量。

(4) 边坡开挖后，应立即对边坡进行防护处理。

当有条件时，基坑应采用局部或全部放坡开挖，放坡坡度应满足其稳定性要求。

第七节　基坑支护结构*

随着城市建设的快速发展,高层建筑日益增多,随之而来的建筑基坑支护成为基坑工程中的突出问题。建筑基坑是指为进行建筑物(构筑物)基础与地下室的施工所开挖的地面以下空间。基坑支护是指为保证地下结构施工及基坑周边环境的安全,对基坑侧壁及周边环境采用的支挡、加固与保护措施,如板桩、排桩、水泥土墙、地下连续墙、土层锚杆等支护结构。它们虽然是施工期间的临时性支挡结构,但其选型、设计与计算及施工是否正确、合理,对施工的工期、安全和经济效益均有极大影响。

一　基坑开挖与支护

(一)基坑开挖

基坑开挖时,如果条件允许,可放坡开挖,与用支护结构支挡后垂直开挖比较,在许多情况下,往往放坡开挖比较经济。放坡开挖深度通常为3~6m,若超过这个深度,必须分段开挖,分段间应设置平台,其平台宽度为2~3m。放坡开挖要正确确定土方边坡,而土方边坡的大小与土质、基坑开挖深度、开挖方法、基坑开挖后留置时间的长短、附近有无堆土及排水情况等因素有关。如果采用挡土支护开挖,其开挖的顺序和方法应遵循“开槽支撑、先撑后挖、分层开挖、严禁超挖”的原则。

基坑开挖是大面积的卸荷过程,易引起基坑周边土体应力场变化及地面沉陷。降雨或施工用水渗入土体会降低土体的强度,增加侧压力,黏性土随着基坑暴露时间延长,基坑土强度逐渐降低,从而降低支护结构的安全度。基底暴露后应及时铺筑混凝土垫层,这对保护坑底土不受施工扰动、延缓应力松弛具有重要作用,特别是雨季施工时其作用更明显。基坑开挖后,如果边坡土体中剪应力大于土的抗剪强度,则边坡会滑动失稳。而基坑支护结构是稳定基坑的一种施工临时性支挡结构,它主要承受基坑土方开挖卸荷时所产生的土压力、水压力和附加荷载产生的侧压力,起到止水挡土的作用。

基坑周边荷载会增加墙后土压力,增加滑动力矩,降低支护体系的安全度。施工过程中不得随意在基坑周围堆土,避免形成超过设计要求的地面荷载。

土方开挖完成后应立即对基坑进行封闭,防止水浸和暴露,并应及时进行地下结构施工。基坑土方开挖应严格按设计要求进行,不得超挖。基坑周边堆载,不得超过设计荷载限制条件。

(二)基坑支护设计资料

(1)岩土工程勘察报告。

(2)建筑总平面图、地下管线图、地下结构平面图和剖面图。

(3)邻近建筑物和地下设施的类型、分布情况和结构质量的检测评价。

（三）基坑支护设计原则

1. 基坑支护结构应满足下列功能要求

（1）保证基坑周边建（构）筑物、地下管线、道路的安全和正常使用。

（2）保证主体地下结构的施工空间。

2. 支护结构两种极限状态

（1）承载力极限状态：对应于支护结构达到最大承载能力、土体失稳或过大变形，导致支护结构或基坑周边环境破坏。

（2）正常使用极限状态：对应于支护结构的变形已影响主体地下结构施工或影响基坑周边环境的正常使用功能。

3. 基坑侧壁安全等级

基坑支护结构设计，应综合考虑基坑周边环境和地质条件的复杂程度、基坑深度等因素，按表 5-6 选用相应的侧壁安全等级及重要性系数。

基坑侧壁安全等级及重要性系数 表 5-6

安全等级	破坏后果	γ_0
一级	支护结构破坏、土体失稳或过大变形对基坑周边环境及地下结构施工影响很严重	1.10
二级	支护结构破坏、土体失稳或过大变形对基坑周边环境及地下结构施工影响一般	1.00
三级	支护结构破坏、土体失稳或过大变形对基坑周边环境及地下结构施工影响不严重	0.90

支护结构设计应考虑其结构水平位移及地下水位的变化对周边环境的水平与竖向变形影响，对安全等级为一级和对周边环境变形有限定要求的二级建筑基坑侧壁，应根据周边环境的重要性、对变形的适应能力及土的性质等因素确定支护结构的水平位移、基坑周边建筑物和地面沉降的限值。

（四）支护结构上的荷载

（1）土压力。

（2）静水压力、渗流压力、承压水压力。临水支护结构尚应考虑波浪作用和水流退落时的渗透力。

（3）基坑开挖范围以内建（构）筑物荷载、地面堆载施工荷载及临近场地施工的作用影响。

（4）温度变化（包括冻胀）对支护结构的影响。

（5）作为永久结构使用时尚应按有关规范考虑相关荷载作用。

作用于支护结构的土压力和水压力，对砂性土宜按水土分算的原则计算，对黏性土宜按水土合算的原则计算，也可按地区经验确定。主动土压力、被动土压力可采用库仑或朗肯土压力理论计算。当对支护结构水平位移有严格限制时，应采用静止土压力计算。当按变形控制原则设计支护结构时，计算作用在结构上的土压力可按支护结构与土体的相互作用原理确定，也可按地区经验确定。

（五）支护设计内容

（1）支护结构体系方案和技术经济比较。

（2）支护结构的承载力、稳定和变形计算以及基坑内外土体的稳定性验算。

(3)基坑降水或止水帷幕设计以及围护墙的抗渗设计；基坑开挖与地下水变化引起的基坑内外土体的变形及其对基础桩、邻近建筑物和周边环境的影响。

(4)基坑土方开挖施工方案以及基坑施工过程中的监测要求。

二 支护结构的类型

(一)支护结构的原理和特点

1. 双排桩

悬臂式单排混凝土桩在黏土、砂土地区，基坑 10m 深以内用得较多，但桩顶水平位移较大，基坑深大于 10m 的就需做支撑或锚杆，施工复杂且工期延长，因此考虑用双排悬臂桩(施工简单，无须延长工期)。将单排桩每隔一根桩，推出一根桩往后排成梅花桩或每间隔一根桩抽出一根桩将其排列在后排，这样桩距增加一倍，但桩数相同，如图 5-25 所示。

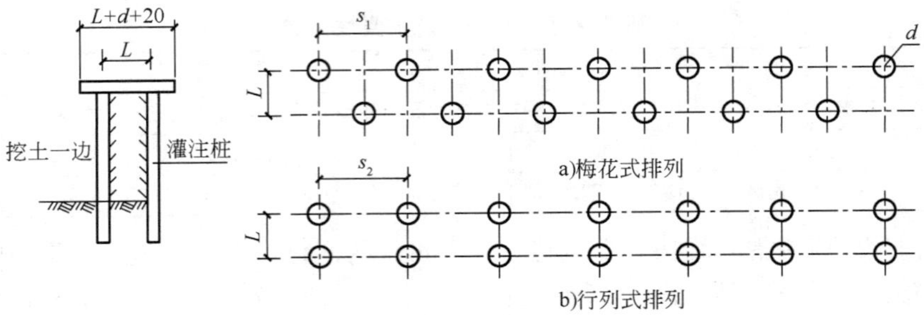

图 5-25　双排桩挡土及排列形式

双排桩支护结构由沿基坑侧壁排列设置的钢筋混凝土前、后两排支护桩和梁及冠梁组成。常用直径为 400 ~ 600mm 的灌注桩，排桩中心距离 L 不宜大于桩径的 2 倍。排桩顶部用梁连接为整体，与入土嵌固的桩脚形成刚架，桩间土不动，使得前后排桩同时受力。

双排桩的特点：双排桩支护深度比单排悬臂式结构支护深度大，变形相对较小。在水平荷载作用下，刚度大、位移小，施工简便，而且节省锚杆材料及施工工期。适用于黏土、砂土以及地下水位较低的地区。

2. 地下连续墙

地下连续墙是在基坑四周浇筑不小于 600mm 厚的钢筋混凝土封闭墙体，它可以作为建筑物基础外墙结构，也可以是基坑的临时维护墙。开挖前先在地面按建筑平面筑导墙，以防止表面泥土坍落，利用挖槽或钻抓机械在泥浆护壁情况下开挖单元槽段(一般长为 5 ~ 8m)到设计深度，并清除泥渣，然后吊装钢筋笼置于槽段的墙内，采用水下浇筑混凝土至设计标高后，拔出节点导管，准备下一单元槽段施工。

地下连续墙特点：挡水性好、刚度大；施工时噪声、振动较小；能承受较大的竖向荷载及土压力、水压力等水平荷载；具有挡土、抗渗的性能，可以浇筑成任意形状以满足设计要求，是一种多功能的深基坑支护结构；墙体深度容易控制，能建造刚度很大的墙体，如用作建筑物的地下室外墙，具有承重作用，对相邻建筑物影响甚小；对泥浆配置要求高，需建泥浆回收重复使用系统；需使用的机械设备较多，造价较高。地下连续墙基本适用于各类土质，尤其适用于软土以及距相邻建筑物较近的工程。

3. 土钉支护

用土钉支护需基坑逐层开挖,并逐层在基坑边坡用机械打入土钉,土钉钢筋宜采用Ⅱ、Ⅲ级,直径宜为16~32mm,钻孔直径宜为70~120mm;土钉长度宜为开挖深度的0.5~1.2倍,间距宜为1~2m,与水平面夹角宜为5°~20°。即成孔放入钢筋,并注浆,注浆材料宜采用强度等级不宜低于M10的水泥或水泥砂浆,强化受力土体。喷射混凝土面层宜配置钢筋网,钢筋直径宜为6~10mm,间距宜为150~300mm;分层喷射不宜小于80mm且不超过120mm厚的混凝土(C20)面层,使土体、钢筋与喷射的混凝土面板牢固结合。由于土钉本身的刚度和强度对土体变形起约束作用,最终形成深基坑土钉支护(图5-28)。

土钉支护的特点:提高边坡整体稳定性及承受坡顶超载的能力,增强土体破坏延性;土钉墙体位移较小(约20mm),故对相邻建筑影响较小;如能与土方开挖实施平行流水作业,可缩短工期;土钉支护结构经济效益好,设备简单,易于推广;由于分段分层施工,易产生施工阶段的不稳定性,须进行土钉墙体位移监测;土钉支护可采用先锚后喷工艺[图5-26a)]或先喷后锚工艺[图5-26b)];适用于地下水位较低地区及杂填土、黏土及锤击数 $N>5$ 的砂土。需要指出:水是导致土坡失稳的主要原因之一,采用土锚钉或护坡桩时必须不受各种水(如地下水、雨水等)的干扰,要彻底清除水可能的侵蚀影响。

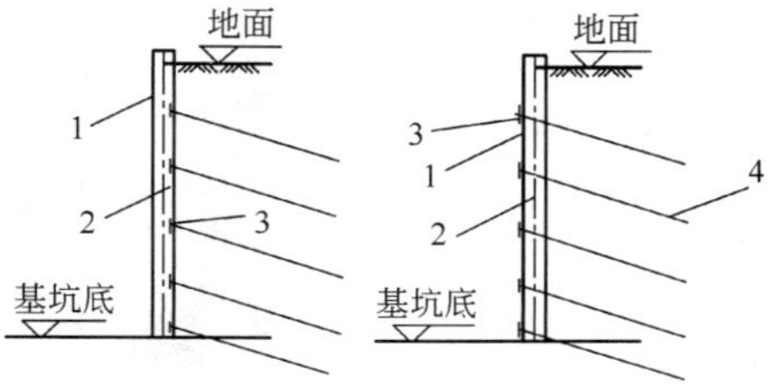

图5-26 土钉支护工艺

1-喷射混凝土;2-钢筋网;3-土钉锚头;4-土钉

4. 深层搅拌水泥挡土墙

水泥挡土墙多用于饱和软土地基的加固,其原理是以水泥作为固化剂,在地基深处将软土和水泥强制搅拌,利用水泥和软土之间所产生的物理反应、化学反应,使软土硬结成具有一定强度和整体性的墙或桩。

深层搅拌水泥挡土墙的特点:减小基础沉降量,提高边坡稳定性,防止地下水渗透;水泥用量小,节省费用;常用于桩侧或桩背后的软土加固,可提高土的侧向承载力。水泥挡土墙可以作为防渗墙,防止地下水的渗流,如图5-27所示。

在深基坑四周浇筑深层搅拌水泥挡土墙作为基坑支护结构,其深度不得超过6m,厚度在3m左右,一般防渗效果较好。

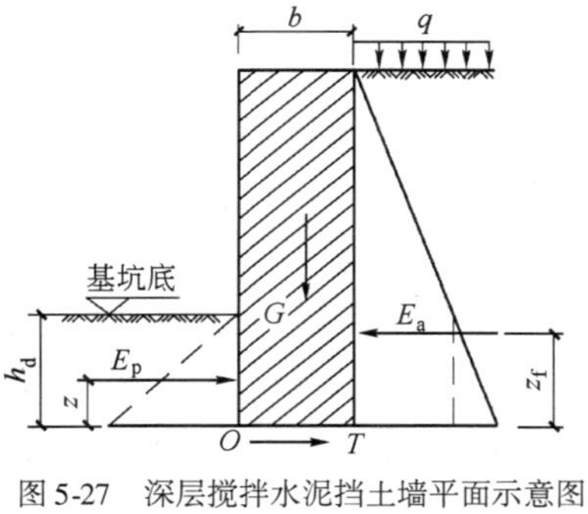

图5-27 深层搅拌水泥挡土墙平面示意图

水泥挡土墙的计算可参考重力式挡土墙计算方法,主要包括抗滑移、抗倾覆稳定验算(绕墙趾 O 点的抗倾覆)及墙身强度验算。

5. 钢板桩

钢板桩常见的有U型板桩和H型板桩,如图5-28所示。带锁口的U型钢正反扣搭接组成，可用于 5 ~ 10m 基坑。其原理是将钢板桩锤击打入土层，使桩在基坑四周闭合，并保证水平、垂直和抗渗质量。由于其抗弯能力较弱，顶部需设拉锚或在坑内设支撑。

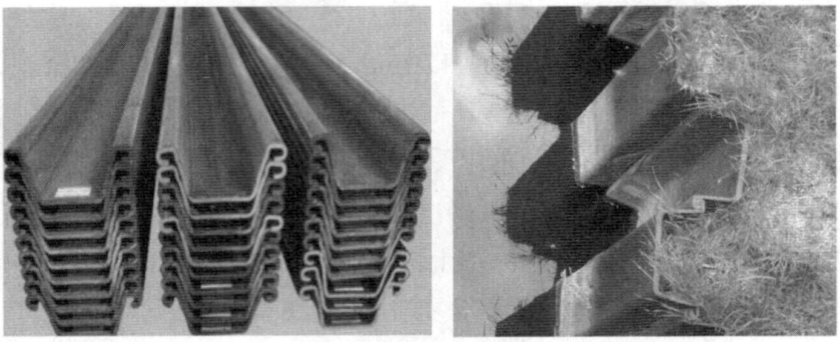

a）U型锁口钢板桩

b）H型钢板桩

图 5-28　钢板桩支护示意图

钢板桩的特点：在软土地基中钢板桩打设方便，并有一定挡水作用，施工迅速，打设后可立即开挖，但一次性投资较大；钢板桩可以拔出重复使用，节省费用，若不拔则会造成浪费；其缺点为钢板桩刚度较小，打桩时易倾斜，锤击打桩时有噪声。

钢板桩适用于软土、淤泥质土及地下水位较高地区。值得注意的是，如果钢板间咬合不好，易出现涌水、涌砂现象。

6. 悬臂式支护

悬臂式支护指借助于挡土墙、灌注桩、H 型钢板桩等的自身刚度及埋深来承受土压力、水压力及上部荷载，以保持平衡与稳定，而不需设支撑、拉锚的支护结构。悬臂式（自立）支护结构依靠基坑底下的插入深度，以被动土压力来平衡基坑底面以上所受的主动土压力及地面荷载等，如图 5-29 所示。

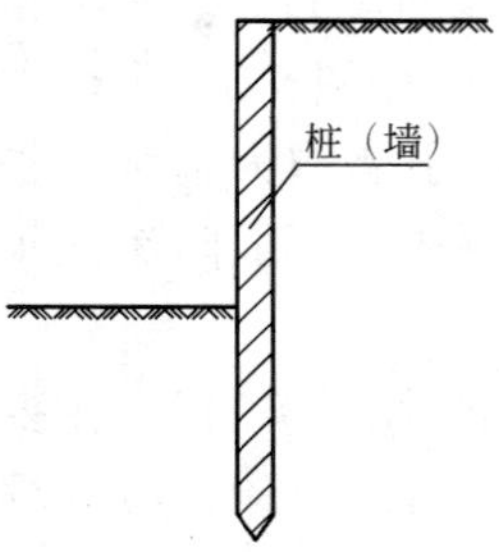

图 5-29　悬臂式支护结构

悬臂式支护的特点：不需设坑内支撑及桩顶拉锚或锚杆，挖土方便；但灌注桩须等桩顶联结圈梁做完后方可挖土；悬臂部分不能太深，悬臂桩最大弯矩要计算；如果基坑过深，须设支撑、拉锚等措施。悬臂式（自立）支护结构适用于各类土质。

7. 土层锚杆

土层锚杆是一种新型受拉杆件，其中一端与挡土桩或连续墙联结，另一端锚固在地基土层中，利用地层的锚固力维持桩或墙的稳定，承受挡土桩或连续墙所承受的侧向压力。

如图5-30所示，锚杆将拉力通过非锚固段钢筋传至锚固段，最后传给土层。锚固段钢筋与水泥浆通过握裹力，在水泥与土层之间产生剪力，锚杆通过两者间剪力起作用。由锚固长度及抗剪强度产生锚杆的抗拔力。只要抗拔力大于桩或墙侧压力所产生的锚杆轴向力，支护结构就能保持稳定。

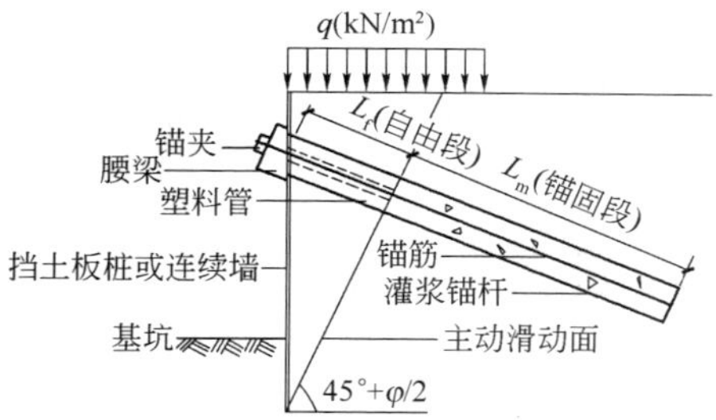

图5-30　土层锚杆的锚固与构造

土层锚杆特点：锚杆拉结较坑内支撑挖土方便，锚杆应有一定锚固长度和抗拔力。锚杆在土层中锚固段长度不宜小于6m；自由段长度不宜小于5m且应穿过潜在滑动面进入稳定土层不小于1.5m。锚杆倾角宜为15°～25°，且不应大于45°。锚杆成孔直径为100～150mm，采用水泥浆或水泥砂浆注浆，锚杆锚固体强度不宜低于20MPa，其锚固段上覆土层厚度不宜小于4m。锚杆水平间距不宜小于1.5m；对多层锚杆其竖向间距不宜小于2.0m。锚杆极限抗拔承载力应通过试验确定。

土层锚杆在一般黏土、砂土地区均可应用，而在软土、淤泥质土中抗拔力较低，须试验后应用。对灌注桩、H型钢板桩、地下连续墙等挡土结构，也可利用锚杆拉结支护。

（二）支护结构的选型

（1）支护结构可根据基坑周边环境、开挖深度、工程地质与水文地质、施工作业设备和施工季节等条件，按表5-7选用。

支护结构选型　　表5-7

结构型式	适用条件
双排桩或地下连续墙	1. 用于基坑支护安全等级一、二、三级 2. 当锚拉式、支撑式和悬臂式支护结构不适用时，可考虑采用双排桩；排桩适用于可采用降水或截水帷幕的基坑 3. 当地下水位高于基坑底面时，宜采用降水、排桩加截水帷幕或地下连续墙，地下连续墙宜同时用作主体地下结构外墙且同时用于截水
锚杆	1. 用于基坑支护安全等级一、二、三级 2. 锚杆不宜用在软土层和高水位的碎石土、砂土层中 3. 当临近基坑有建筑物地下室、地下构筑物等，锚杆有效锚固长度不足时不应采用
支护结构与主体结构结合的逆作法	1. 用于基坑支护安全等级一、二、三级 2. 适用于基坑周边环境条件很复杂的深基坑，基坑深度不宜大于12m 3. 适用于支护结构水平位移有严格限制的基坑工程
单一土钉墙	1. 用于基坑支护安全等级二、三级 2. 适用于地下水位以上或降水的非软土基坑，且基坑深度不宜大于12m 3. 当基坑潜在滑动面内有建筑物、重要地下管线时，不宜采用土钉墙

续上表

结构型式	适用条件
预应力锚杆复合土钉墙	1. 用于基坑支护安全等级二、三级 2. 适用于地下水位以上或降水的非软土基坑，且基坑深度不宜大于15m
水泥土桩复合土钉墙	1. 用于基坑支护安全等级二、三级 2. 用于非软土基坑时，基坑深度不宜大于12m；用于淤泥质土基坑时，基坑深度不宜大于6m，不宜用在高水位的碎石土和砂土中
重力式水泥土墙	1. 用于基坑支护安全等级二、三级 2. 适用于淤泥质土、淤泥基坑，且基坑深度不宜大于7m
放坡	1. 用于基坑支护安全等级三级 2. 施工场地满足放坡条件，放坡与上述支护结构形式结合使用

(2)软土场地可采用深层搅拌、注浆、间隔或全部加固等措施对局部或整个基坑底土进行加固或采用降水措施提高基坑内侧被动抗力。

(3)支护结构选型应考虑结构的空间效应和受力特点，采用有利于支护结构材料受力性状的形式。

综上所述，基坑工程是一项系统工程，它主要包括基坑的土方开挖、支护体系的设计及施工。其不仅涉及典型的土力学中强度、稳定、变形问题，还涉及岩土工程、水文地质、环境的勘察、支护结构设计、施工与检测技术等多门学科，具有较强的综合性和区域性，也存在一定的风险性。因此，施工中应备有应急措施，并对基坑工程施工全过程进行检测和质量监控。当有条件时，基坑应采用局部或全部放坡开挖，放坡坡度应满足其稳定性要求。

对于基坑支护结构设计，一般由施工单位考虑，工程实践中的应用可参照《建筑边坡工程技术规范》(GB 50330—2013)、《建筑基坑支护技术规程》(JGJ 120—2012)和相关文献资料等。

本章小结

(一)土压力

土压力是指填土对挡土结构所产生的侧向压力。土压力计算类型主要取决于挡土墙的位移情况(位移方向、位移量)。

三种类型：
- 静止土压力 E_0：挡土墙无任何位移或转动，墙后填土受墙的侧限而处于弹性平衡状态。
- 主动土压力 E_a：挡土墙向前位移或转动，墙后填土下滑，土压力逐渐减小。
- 被动土压力 E_p：挡土墙向后位移或转动，墙后填土被挤压，土压力逐渐增加。

三种土压力的数值大小：$E_a < E_0 < E_p$，土压力合力等于土压力强度分布图形的面积。

(二)挡土墙设计要点

(1)根据挡土墙的位移情况(位移方向)计算作用在墙背上的土压力。

(2)挡土墙稳定性验算：①抗滑移稳定验算；②抗倾覆稳定验算。

(3)地基承载力验算：重力式挡土墙基础多为偏心受压，故应满足偏压基础强度条件。

(4)墙身强度验算:①抗压强度;②抗剪强度。

(三)基坑支护工程特点及设计要求

1.基坑工程主要特点

(1)基坑支护体系一般属于临时性结构,安全储备较小,具有较大的风险性。因此,基坑工程施工过程中应进行监测,并备有应急措施。

(2)基坑工程具有环境效应,基坑开挖会引起周围地基地下水位变化和应力改变,从而引起周围地基土变形,对相邻建筑物、地下管线产生影响。

(3)基坑工程具有较强的时空效应,基坑的深度和平面形状对基坑支护体系的变形和稳定影响较大。作用在支护结构上的土压力随时间有所增加,土体蠕变会使土的强度降低,边坡的稳定性减小。

(4)基坑工程具有较强的区域性,各地的工程地质和水文地质条件差别较大,必须因地制宜地进行设计和施工。

2.基坑支护设计要求

根据承载能力和正常使用两种极限状态的设计要求,基坑支护结构设计应从稳定、强度和变形三方面满足设计要求。

(1)稳定:基坑周围土体的稳定性,即不发生土体滑动破坏及渗流造成的流沙、流土、管涌,以及支护结构、支撑系统的失稳。

(2)强度:支护结构,包括支撑系统或锚杆结构的强度应满足构件强度设计的要求。

(3)变形:因基坑开挖造成的地层移动及地下水变化引起的地面变形,不得超过基坑周围建筑物、地下设施的允许变形值,不得影响基坑工程基桩的安全或地下结构的施工。

小知识

地下连续墙

地下连续墙工艺是近年来在地下工程、基础工程中广泛应用的一项技术,它在基坑工程中既能挡土又防水抗渗;如果将地下连续墙作为建筑物的地下室外墙则具有承重作用。如上海金茂大厦,地上88层、地下3层,地下连续墙深达36m,厚为1m,总长度为568m,单元槽段100个。

图5-31为地下连续墙的主要施工工艺流程。作为地下连续墙的整个施工工艺过程,包括施工前的准备、修筑导墙、泥浆制备与处理、深槽挖掘、钢筋笼制备与吊装、浇筑混凝土(随着混凝土浇筑,泥浆被置换出来)。在土方开挖前,先在地面按建筑平面修筑导墙,你知道导墙起什么作用吗?

导墙的作用:

(1)挡土作用,在挖地下连续墙施沟槽时,由于接近地表土松软且受地面堆载影响,容易塌陷,因此在单元槽段挖完之前,导墙起挡土墙作用。

(2)测量基准作用,导墙规定了沟槽位置和走向,划分单元沟槽的地段,是挖槽标高、垂直度和精度的基准。

(3)存蓄泥浆作用,维持稳定槽内泥浆液面。可稳定槽壁,泥浆液面保持在导墙面以下20cm,并高出地下水位1m。

(4)支承(承重物)作用,导墙既是机械轨道的支承,又是钢筋笼接头管搁置的支点,有时还承受其他施工设备的荷载。

(5)防止泥浆漏失,阻止雨水、地面水渗入槽内;若连续墙距现有建筑物很近时,导墙还在施工中起一定补强作用。

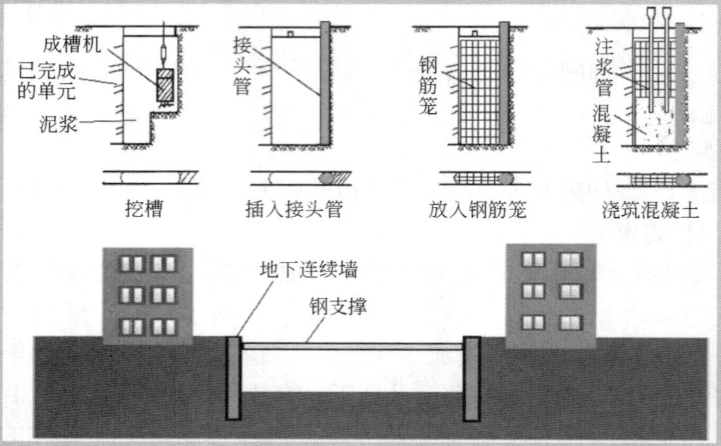

图5-31　地下连续墙的施工工艺流程图

思　考　题

1. 土压力有哪几种？如何确定土压力类型,并比较其数值大小？
2. 朗肯土压力理论及库仑土压力理论的适用范围？二者在计算方法上有何异同点？
3. 挡土结构有哪些类型？通常应用在什么情况？
4. 重力式挡土墙的设计要点有哪些？
5. 砂土及黏性土如何进行稳定性分析？具体验算方法？
6. 基坑边坡稳定性与哪些因素有关？
7. 支护结构常用哪些类型？简述土层锚杆的设计要点。

综合练习题

一、填空题

1. 作用在挡土墙背上的土压力计算类型,主要取决于挡土墙＿＿＿＿＿＿。

2. 重力式挡土墙主要依靠＿＿＿＿＿维持墙体稳定。
3. 土压力合力等于土压力强度分布图形的＿＿＿＿＿。
4. 若挡土墙后土中含有地下水,则作用墙背上的总压力由＿＿＿＿＿构成。
5. 挡土墙的稳定性验算包括＿＿＿＿＿验算和＿＿＿＿＿验算。

二、单项选择题

1. 比较下列三种土压力,(　　)数值最大。
   A. 静止土压力　　B. 主动土压力　　C. 被动土压力
2. 作用于挡土结构上的土压力计算类型,主要取决于挡土墙的(　　)。
   A. 位移量　　B. 位移方向　　C. 位移方向和位移量
3. 重力式挡土墙根据墙背倾角不同可分三种外形,其中 $\alpha < 90°$ 的属于(　　)。
   A. 垂直式　　B. 仰斜式　　C. 俯斜式
4. 重力式挡土墙顶部宽度宜大于或等于(　　)。
   A. 400mm　　B. 500mm　　C. 600mm
5. 根据土坡的成因,由人类活动的挖、填、筑而形成的土坡,称为(　　)。
   A. 人工土坡　　B. 天然土坡　　C. 简单土坡

三、判断题

1. 挡土墙后土中含有地下水时,墙背不考虑水压力影响。(　　)
2. 为增强挡土墙的稳定性,可将基底做成逆坡。(　　)
3. 无黏性土坡的稳定性与土坡坡角 β 关系不大。(　　)
4. 地下连续墙是在基坑四周浇筑不小于600mm厚的钢筋混凝土封闭墙体。(　　)
5. 钢板桩在软土地基中打设方便,打后可立即开挖,但一次性投资较大。(　　)

四、计算题

1. 某挡土墙高5m,墙背垂直光滑,墙后填土情况如图5-32所示。试求主动土压力 E_a 及其作用点。(答案:81.68kN/m,1.7m)

2. 已知某挡土墙高 $h = 5$m,墙后填土为中砂,重度 $\gamma = 19$kN/m^3,地下水位以下重度 $\gamma_{sat} = 20$kN/m^3,水的重度 $\gamma_w = 9.8$kN/m^3,$\varphi = 30°$,墙背垂直光滑,填土表面水平,地下水位标高位于地表下2m处(图5-33)。试求主动土压力 E_a、水压力 E_w、总压力 E,并绘出墙后压力分布图形。(答案:71.84kN/m,44.1kN/m,115.94kN/m)

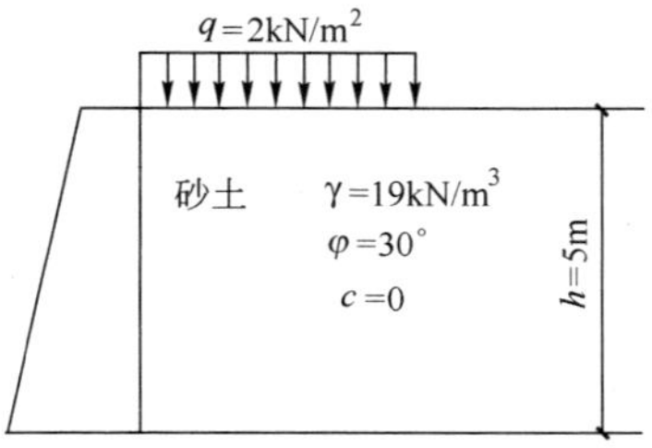

图5-32　计算题1附图

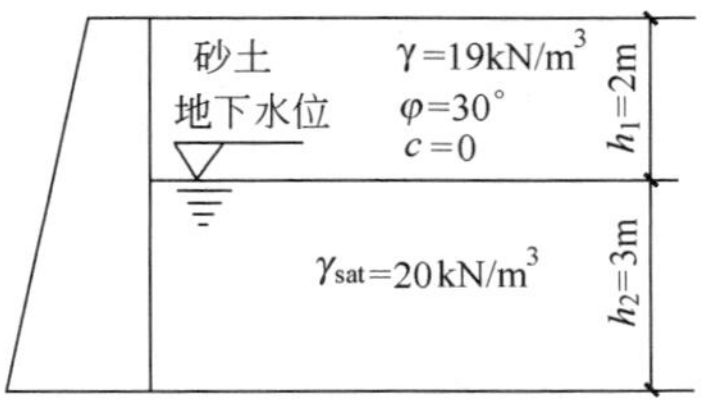

图5-33　计算题2附图

3. 有一挡土墙高 $h=5\text{m}$，墙背垂直光滑，墙后填土重度 $\gamma=18\text{kN/m}^3$，内摩擦角 $\varphi=20°$，黏聚力 $c=10\text{kPa}$，如果在填土表面作用均布荷载 $q=5\text{kN/m}^2$（图5-34），试求主动土压力 E_a 及其作用点，并画出土压力分布图形。（答案：66kN/m，1.23m）

4. 某挡土墙高 $h=6\text{m}$，墙背垂直，填土与墙背摩擦角 $\delta=20°$，墙背倾斜角 $\varepsilon=10°$，填土表面倾斜角 $\beta=10°$，填土重度 $\gamma=18.5\text{kN/m}^3$，$\varphi=30°$，试求主动土压力 E_a。（答案：160.4）

5. 如图5-35所示，已知某挡土墙高 $h=5\text{m}$，墙身自重 $G_1=130\text{kN/m}$，$G_2=110\text{kN/m}$，墙背垂直光滑，填土面水平，内摩擦角 $\varphi=30°$，黏聚力 $c=0$，填土重度 $\gamma=19\text{kN/m}^3$，基底间的摩擦系数 $\mu=0.5$，试求主动土压力 E_a 并验算挡土墙抗滑移和抗倾覆稳定。（答案：86.2kN/m，$K_h=1.39$，$K_q=3.25$）

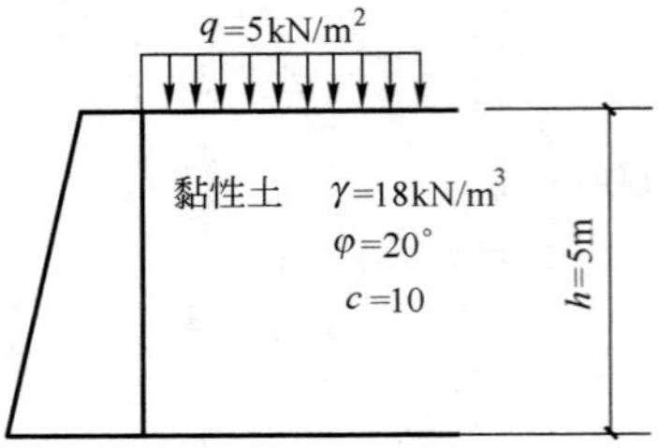

图5-34 计算题3附图

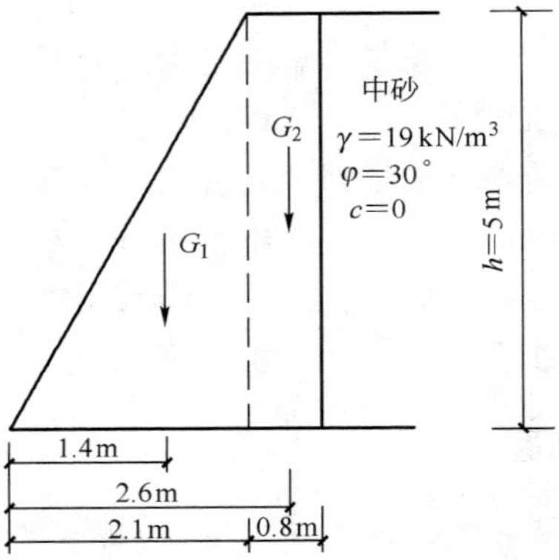

图5-35 计算题5附图

第六章
建筑场地的岩土工程勘察

【职业能力目标】

熟练地解读岩土工程勘察报告，正确地选择地基持力层，掌握天然地基的基槽(坑)检验方法。

【知识目标】

结合第一章内容，识别天然地层的岩土名称，理解土的物理及力学指标的实用意义，判定土的工程性质；正确解读和使用岩土工程勘察报告。

第一节　岩土工程勘察简介

土木工程设计、施工与监理的技术人员，应对岩土工程勘察的任务、内容和方法有所掌握，以便向勘察单位正确提出勘察任务的技术要求，并且能够熟练阅读和理解、全面分析和正确应用岩土工程勘察资料；结合工程实践经验，使建筑地基基础设计方案、施工组织设计和监理规划建立在科学的基础之上。

一　岩土工程勘察

(一)工程勘察的目的和任务

岩土工程勘察的目的，除了为规划、设计、施工提供可靠的工程地质资料外，尚应结合工程设计、施工条件对建筑场地的工程地质、水文地质条件、地质灾害进行技术论证和分析评价，提出解决岩土工程、地基基础工程中实际问题的建议，服务于工程建设的全过程。

《岩土工程勘察规范》(GB 50021—2001)(2009年版)规定：各项工程建设在设计和施工之前，必须按基本建设程序进行岩土工程勘察。我国的工程建设程序划分为：项目建议书、可行性研究、工程设计、建设准备、施工安装和竣工验收六个阶段，并且必须严格遵守基本建设程序和建设法规，坚持先勘察、后设计、再施工的原则，不宜搞边勘察、边设计、边施工的“三边工程”,否则易造成工程事故。

所有建筑物均以地基作为载体,地基土的工程性质直接影响建筑物的安全和正常使用。因此,建筑场地的工程地质勘察十分重要。岩土工程勘察的任务包括:

(1)查明建筑场地及其附近地段的工程地质和水文地质条件,对建筑场地的稳定性作出评价,为建筑工程选址定位和建设项目总平面布置提供建筑场地的地质条件。

(2)查明建筑地基的土层分布、密度、压缩性和地下水情况等,为建筑地基基础的设计与施工,从地基强度和变形两个方面提供可靠的计算参数。

(3)对地基作出岩土工程评价,并对基础方案、地基处理、基坑支护、工程降水、不良地质作用的防治等提出解决建议,以保证工程安全,提高经济效益。

(二)建筑工程勘察阶段

岩土工程勘察有明确的工程针对性,要求项目建设单位,在勘察委托书中提供项目的建设程序阶段项目的功能特点、结构类型、建筑物层数和使用要求、是否设有地下室以及地基变形限制等方面的资料。据此确定勘察阶段勘察工作的内容和深度、岩土工程设计参数,提出建筑地基基础设计与施工方案的建议。与工程建设程序相对应,岩土工程勘察划分为相应的阶段,见表6-1。

岩土工程勘察阶段　　表6-1

工程建设阶段		岩土工程勘察阶段	勘察基本要求
可行性研究		可行性研究勘察(选址勘察)	符合选择场址方案的要求,对拟建场地的稳定性和适宜性做出评价
设计	初步设计	初步勘察	符合初步设计的要求,对场地内拟建建筑地段的稳定性做出评价
	施工图设计	详细勘察(地基勘察)	符合施工图设计的要求;对单体建筑或建筑群提出详细的岩土工程资料和设计、施工所需的岩土参数,对建筑地基做出岩土工程评价,并对地基类型、基础形式、地基处理、基坑支护、工程降水和不良地质作用的防治等提出建议
施工安装		施工勘察	对场地条件复杂或有特殊要求的工程,做出工程安全性评价和处理措施及建议

在城市居住区和工业园区,城市开发和旧城改造的工程,建筑场地和建筑平面布置已经确定,并且已积累了大量岩土勘察资料时,可根据实际情况直接进行详细勘察。对单项工程或项目扩建工程,勘察工作一开始便应按详细勘察进行;但是,对于高层建筑和其他重要工程,在短时间不易查明复杂的岩土工程条件并作出明确评价时,仍宜分阶段进行勘察。

二 岩土工程勘探方法

岩土工程勘探是指钻探、槽探、井探、洞探以及物探、触探等工程勘察手段,是在工程地质测绘和调查所取得的各项定性资料的基础上,进一步对场地的工程地质条件进行定量评价。

勘探的直接目的是为了查明岩土的性质和分布，采取岩土试样或进行原位测试。勘探方法的选取依据勘察目的和岩土的特性确定。

(一)钻探

钻探是用钻探机具以机械动力或人工方法成孔并采取土样，进行勘探的一种方法。场地内布置的钻孔分为鉴别孔和技术孔两类。仅用以采取扰动土样，鉴别土层类别、厚度、状态和分布的钻孔，称为鉴别孔；在钻进中按不同深度和土层采取原状土样的钻孔，称为技术孔。

(二)井探

《岩土工程勘察规范》(GB 50021—2001)(2009 年版)规定：当钻探方法难以准确查明地下情况时，可采用探井、探槽进行勘探。井探适用于地质条件复杂的场地，当场地的土层中含有块石、漂石，钻探困难时可考虑采用井探。井探也称坑探或掘探，是指在场地有代表性的地段，以人工或机械挖掘井坑，取得原状土样和直观资料的一种勘探方法。探井(坑)深度为 3 ~ 4m，有时可达 5 ~ 6m，井探完成后，应分层回填与夯实。

三 岩土工程原位测试

原位测试是指在岩土体所处的位置，基本保持岩土原来的结构、湿度和应力状态，对岩土体进行的测试。原位测试包括标准贯入试验、圆锥动力触探试验、静力触探试验、载荷试验、十字板剪切试验、旁压试验等。原位测试方法应根据岩土条件、设计对参数的要求、地区经验和测试方法的适用性等因素选用，其中地区经验的成熟程度最为重要。

(一)标准贯入试验

1. 标准贯入试验设备

试验设备主要由贯入器(外径 51mm、内径 35mm、长度大于 500mm)、钻杆(外径 42mm)和穿心落锤(质量 63.5kg、落距 760mm)三部分组成。

首先用钻具钻至试验土层以上约 150mm，然后用套在钻杆上的穿心锤以 760mm 的落距将钻杆下端连接的贯入器自钻孔底部打入 150mm 深度，再记录打入试验土层 300mm 的锤击数，根据已有的经验关系，判定试验土层的力学特性。当钻杆长度大于 3m 时，锤击数应乘以杆长修正系数。最后拔出贯入器取其土样鉴别。标准贯入试验适用于砂土、粉土和一般黏性土。

2. 标准贯入试验主要应用

(1)以贯入器采取扰动土样，鉴别和描述土类，按颗粒分析成果确定土类名称。

(2)根据标准贯入试验击数和地区经验，判别黏性土的物理状态，评定砂土的密实度和相对密度；提供土的强度参数、变形参数和地基承载力；判定沉桩的可能性和估算单桩竖向承载力；判定地震作用饱和砂土、粉土液化的可能性及液化等级。

(二)圆锥动力触探试验

(1)圆锥动力触探试验是用一定质量的重锤，一定高度的落距，将标准规格的圆锥形探头贯入土中,根据打入土中一定深度的锤击数,判定土的力学特性,其具有勘探和测试双重功能。圆锥动力触探试验的类型及适用土类见表6-2。

圆锥动力触探类型表 表6-2

类型		轻型	重型	超重型
落锤	质量(kg)	10	63.5	120
	落距(mm)	500	760	1000
探头	直径(mm)	40	74	74
	锥角(°)	60	60	60
探杆直径(mm)		25	42	50~60
指标		贯入300mm的读数N_{10}	贯入100mm的读数$N_{63.5}$	贯入100mm的读数N_{120}
主要适用岩土		浅部的填土、砂土、粉土、黏性土	砂土、中密以下的碎石土、极软岩	密实和很密的碎石土、软岩、极软岩

(2)根据圆锥动力触探试验指标和地区经验,可以进行划分地层,评定土的均匀性和物理性质(稠度状态、密实程度)、土的强度、变形参数、地基承载力、单桩承载力,查明土洞、潜在滑移面、软硬土层界面,检验地基处理效果等。

(三)静力触探试验

1.静力触探试验的设备

设备由加压系统、反力平衡系统和量测系统三部分组成。静力触探试验的原理是通过液压装置或机械装置,将一个贴有电阻应变片标准规格的圆锥形金属触探头以匀速垂直地压入土中,土层对探头的阻力利用电阻应变仪来量测微应变数值,并换算成探头所受到的贯入阻力,利用贯入阻力与土的物理力学指标或载荷试验指标的相关关系,间接测定土的力学特性,其具有勘探和测试双重功能。静力触探试验适用于软土、一般黏性土、粉土、砂土和含少量碎石的土。

2.地质条件评价

在各地区积累了大量静力触探试验资料以后,根据现场静力触探试验量测探头压入土中所受的阻力。绘制的试验曲线特征或数值变化幅度,可用于评价地质条件。

(1)划分地层并确定其土类名称,了解地层的均匀性。

(2)估算土的物理性质指标参数:稠度状态、密实程度。

(3)评定土的力学性质指标参数:土的强度、压缩性、地基承载力以及压缩模量。

(4)判定沉桩可能性、选择桩端持力层、估算单桩竖向极限承载力。

(5)判别地震作用饱和砂土、粉土的液化。

(6)估算土的固结系数和渗透系数。

(四)载荷试验

1.浅层平板载荷试验

浅层平板载荷试验的设备主要由四部分组成,如图6-1所示。

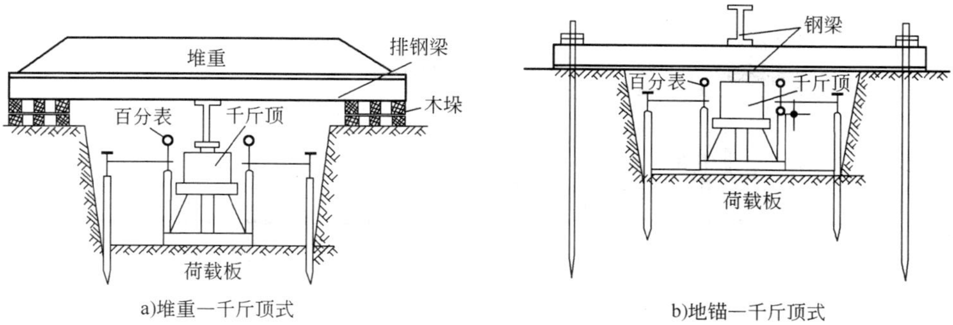

图 6-1　浅层平板载荷试验

(1)承压板:要求有足够的刚度,宜采用圆形,根据土的软硬或岩体裂隙密度选用合适的尺寸,面积不应小于 $0.25m^2$,对软土和粒径较大的填土不应小于 $0.5m^2$。

(2)加荷系统:油压千斤顶及稳压系统。

(3)反力系统:堆载或地锚。

(4)观测系统:百分表及固定支架。

《岩土工程勘察规范》(GB 50021—2001)(2009 年版)和《建筑地基基础设计规范》(GB 50007—2011)给出了浅层平板载荷试验和确定浅部地基承载力特征值的规定。

(1)试验准备:试坑(或试井)的宽度(或直径)不应小于承压板宽度 b(或直径 d)的 3 倍;保持试验土层的原状结构和天然湿度,并在承压板下铺设不超过 20mm 厚的粗砂或中砂找平层,尽快安装试验设备。

(2)加载方式:采用分级加载、维持荷载沉降相对稳定法,加载分级不应小于 8 级,最大加载量不应小于设计要求的 2 倍,每级加载后分别间隔 10min、10min、10min、15min、15min,以后每间隔 30min 测读一次沉降,当连续 2h 内沉降速率小于 0.1mm/h 时则视为沉降达到相对稳定,可施加下一级荷载。

(3)终止试验标准:当出现下列情况之一即可终止试验,其前一级荷载为极限荷载:

①承压板周围的土明显地被侧向挤出;

②本级荷载沉降量大于前一级荷载沉降量的 5 倍,即荷载与沉降(p-s)曲线出现陡降段;

③某级荷载下,24h 内沉降速率不能达到相对稳定标准;

④总沉降量与承压板宽度(或直径)之比大于或等于 0.06。

(4)每个试验点试验实测值 f_{aki} 的确定标准:

①当 p-s 曲线有比例界限荷载时,取该比例界限所对应的荷载值;

②当极限荷载小于比例界限所对应的荷载值的 2 倍时,取极限荷载值的一半;

③当不能按上述两条确定时,取 s/b(或 s/d) $=0.010 \sim 0.015$ 所对应的荷载,但其值不应大于最大加载量的一半。

(5)试验土层的地基承载力特征值 f_{ak} 的确定标准:同一土层参加统计的试验点不应少于 3 点,当试验实测值的极差不超过其平均值的 30% 时,取此平均值作为该土层的地基承载力特征值 f_{ak}。

2. 单桩竖向静载荷试验

单桩竖向静载荷试验的设备主要由四部分组成,如图 6-2 所示。

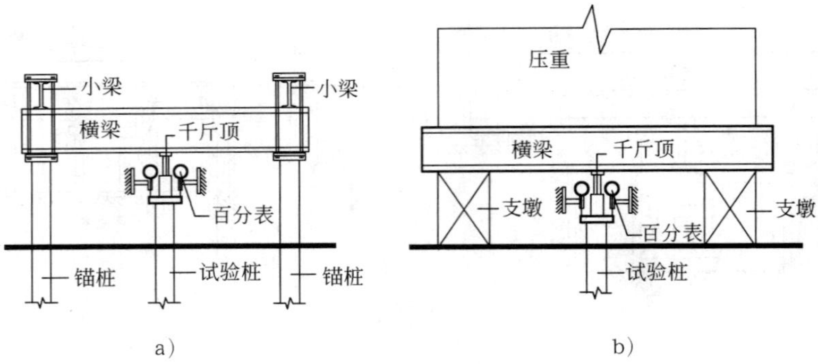

图 6-2　单桩竖向静载荷试验

(1)试桩：要求与工程中的桩同材料、同几何尺寸、同施工方法、同地基条件。

(2)加荷系统：油压千斤顶及稳压系统。

(3)反力系统：加载反力装置宜采用锚桩，也可采用堆载压重平台反力装置。

(4)观测系统：百分表及固定支架。

《建筑地基基础设计规范》(GB 50007—2011)给出单桩竖向静载荷试验确定单桩竖向承载力特征值的规定。

(1)试验准备：试桩施工完成后开始试验的时间规定，见表 6-3。

试桩开始试验的时间　　表 6-3

桩的施工类别	预制桩			灌注桩
地基土类别	砂土	黏性土	饱和软黏土	各类土
开始试验时间(d)	7	15	25	桩身混凝土达设计强度

试桩、锚桩和基桩之间的中心距离规定，见表 6-4。

试桩、锚桩和基准桩之间的中心距离　　表 6-4

反力系统	试桩与锚桩(或与压重平台的支座墩边)	试桩与基准桩	基准桩与锚桩(或与压重平台支座墩边)
锚桩横梁反力装置	大于或等于 $4d$ 并且大于 2.0m		
压重平台反力装置			

注：d 为试桩或锚桩的设计直径，取其较大者，如试桩或锚桩为扩底桩，试桩与锚桩的中心距离尚不应小于 2 倍扩大端直径。

(2)加载方式：按慢速维持荷载法，即分级加载、维持荷载沉降相对稳定法，加荷分级不应小于 8 级，每级加载量宜为预估极限荷载的 1/10 ~ 1/8；每级加载后，每间隔 5min、10min、15min、15min、15min，以后每间隔 30min 测读一次沉降，当连续两次沉降速率小于 0.1mm/h 时则视为沉降达相对稳定，方可施加下一级荷载。

(3)终止试验标准：当出现下列情况之一，即可终止试验：

①当荷载—沉降(Q-s)曲线上有可判定为极限承载力的陡降段，并且桩顶总沉降量超过 40mm；

②$\Delta s_{n+1}/\Delta s_n \geqslant 2$，并且 24h 尚未达稳定；

③25m 以上的非嵌岩桩，Q-s 曲线呈缓变形时，桩顶总沉降量大于 60～80mm；

④在特殊条件下可根据具体要求，加载至桩顶总沉降量大于 100mm；

⑤桩端支承在坚硬岩(土)层上，桩的沉降量很小时，最大加载量不应小于设计荷载的 2 倍。

(4)每根试桩极限承载力 R_{ui} 的确定标准：

①荷载—沉降(Q-s)曲线陡降段明显时，取相应于陡降段起点的荷载值；

②当出现终止加载第二款情况时，取前一级荷载；

③荷载—沉降(Q-s)曲线呈缓变形，取桩顶总沉降量 $s=40$mm 所对应的荷载值；

④对桩基沉降有特殊要求的，根据具体情况选取。

(5)单桩竖向极限承载力 R_u 的确定标准：

①参加统计的试桩，当其极差不超过平均值的 30% 时，取其平均值；

②当柱下承台桩数小于或等于 3 根时，取最小值。

(6)单桩竖向承载力特征值 R_a 的确定标准：单桩竖向极限承载力除以安全系数 $K=2$，即为单桩竖向承载力特征值，$R_a=\dfrac{R_u}{K}$。

第二节　岩土工程勘察报告及其应用

一 岩土工程勘察报告的内容

从安全和经济的目的出发，各项工程建设在设计和施工之前，必须进行建筑场地的岩土工程勘察。查明场地的工程地质和水文地质条件，经过工程地质测绘和调查、勘探和取样、原位测试和室内土工试验，获取建筑场地的大量信息资料。在原始资料的基础上进行整理、归纳、统计、分析、评价，提出工程建议，形成系统的为工程建设服务的勘察技术文件，即岩土工程勘察是以报告。报告由图表和文字阐述两部分组成，其中的图表部分给出场地的地层分布、岩土原位测试和室内试验的数据；文字阐述部分给出分析、评价和建议。

岩土工程勘察报告是给设计和施工单位提供可靠依据，其内容应满足设计与施工的要求。根据任务要求、勘察阶段、工程特点和地质条件等具体情况编写下列内容。

1. 文字阐述部分

(1)勘察的目的、任务要求和依据的技术标准。

(2)拟建工程概况。

(3)勘察方法和勘察工作布置。

(4)建筑场地地形、地貌、地层结构及其均匀性，以及岩土层的物理力学性质。

(5)提供与设计要求相对应的地基变形计算参数、地基承载力，并对设计与施工应注意的问题提出建议；对可供采用的地基基础设计方案进行改正分析，提出经济合理的设计方案建议。

(6)地下水埋藏情况、类型、水位以及变化幅度，对建筑材料的腐蚀性。

(7)在抗震设防区应划分场地土类型，并对饱和砂土及粉土进行液化判别。

(8)对建筑场地适宜性、有无影响工程稳定性的不良地质条件及其对工程危害程度做出评价。

2. 图表部分

(1)勘探点平面布置图：在建筑场地的平面图上，先画出拟建工程的位置，再将钻孔、试坑、原位测试点等各类勘探点的位置用不同的图例标出，给以编号，注明各类勘探点的地面标高和探深，并且标明勘探剖面图的剖切位置。

(2)工程地质柱状图：根据现场钻探或井探记录、原位测试和室内试验结果整理出来，用一定比例尺、图例和符号绘制的某一勘探点地层的竖向分布图；图中自上而下对地层编号，标出各地层的土类名称、地质年代、成因类型、层面及层底深度、地下水位、取样位置。柱状图上可附有土的主要物理力学性质指标及某些试验曲线。

(3)工程地质剖面图：根据勘察结果，用一定比例尺（水平方向和竖直方向可采用不同的比例尺）、图例和符号绘制的某一勘探线的地层竖向剖面图，勘探线的布置应与主要地貌单元或地质构造相垂直或与拟建工程轴线一致。

(4)原位测试成果图表：由原位测试成果汇总列表，绘制原位测试曲线，例如载荷试验曲线、静力触探试验曲线等。

(5)室内试验成果图表：各类工程均应将室内试验测定土的分类和物理力学性质指标，汇总列表，并绘制试验曲线，如土的压缩试验曲线、土的抗剪强度试验曲线。

二 岩土工程勘察报告实例

岩土工程勘察报告书

工程名称：东风街住宅　　　　工程编号：2005-20

委托单位：黑龙江省电力局　　　　勘察单位：哈尔滨市勘察测绘院

(一)勘察目的、任务要求和依据的技术标准

(1)勘察目的：为黑龙江省电力局东风街住宅工程的施工图设计和施工，提供建筑场地及地基的工程地质和水文地质条件。

(2)任务要求：按工程建设详细勘察阶段的要求，精心勘察，提供资料完整、评价正确的岩土工程勘察报告书。

(3)依据的技术规范：《岩土工程勘察规范》(GB 50021—2001)(2009 年版)，《建筑地基基础设计规范》(GB 50007—2011)，《建筑抗震设计规范》(GB 50011—2010)，《建筑地基基础工程施工质量验收规范》(GB 50202—2002)。

(二)工程概况

建筑物性质：住宅楼。结构类型：砖混结构。层数：地上 7 层、地下 1 层。建筑面积：$1930m^2$。

(三)勘察日期、方法和工作量

勘察日期:2005 年 5 月 5—8 日。勘察方法以 SH30-2 型钻机现场钻探。钻孔 2 个,总进尺 26m,取样 14 筒,进行室内土工试验。

(四)场地的地形、地貌、地质条件

勘察地段地形平坦,钻孔地表高差仅为 0.30m。地貌单元为松花江漫滩;地层沉积成因除表层杂填土外,其余均为第四纪冲击土,土层由上至下分述如下:

第一层为杂填土,含有碎砖、炉渣等,厚度 1.20 ~ 1.50m,$\gamma = 17kN/m^3$。第二层为粉质黏土,黑褐色 ~ 黄褐色,埋深 1.20 ~ 1.50m,厚度 1.60 ~ 2.20m;物理及力学指标为:$\gamma = 18.1kN/m^3$;$w = 28.60\%$,$e = 0.806$,$I_L = 0.554$,$E_{s1\text{-}2} = 14.8MPa$,$f_{ak} = 130kPa$。第三层为粉质黏土与粉砂交互层,灰黄色,以粉质黏土为主,含有粉砂薄层;埋深 3.10 ~ 3.40m,厚度 2.80 ~ 3.00m;粉质黏土的物理及力学指标为:$\gamma = 19.1kN/m^3$,$w = 24.10\%$,$e = 0.700$,$I_L = 0.408$,$E_{s1\text{-}2} = 15.8MPa$,$f_{ak} = 150kPa$。第四层为细砂,灰色,埋深 6.10 ~ 6.20m,厚度 6.00 ~ 6.10m;稍密饱和状态;$E_{s1\text{-}2} = 25.1MPa$,$f_{ak} = 165kPa$。第五层为中砂,灰色,埋深 12.00 ~ 12.10m;中密饱和状态;$E_{s1\text{-}2} = 35.0MPa$,$f_{ak} = 250kPa$。勘探期间见有地下水,地下水位距地表 6.20m(海拔 93.90m),埋藏类型为潜水,无侵蚀性。

(五)结论与建议

(1)本场地的抗震设防烈度为 6 度,地段划分为一般场地,第四层细砂为非液化。

(2)无影响场地稳定的不良地质现象。

(3)本拟建工程两侧近邻存在原有建筑,设计及施工应考虑对周边原有建筑及街路的影响。

(4)本拟建工程设有地下室,建议采用天然地基上的筏形基础。

(六)勘察成果图件

(1)勘探点平面布置图(图 6-3)。

(2)钻孔柱状图(图 6-4)。

(3)工程地质剖面图(图 6-4)。

(4)室内土工试验成果表(略)。

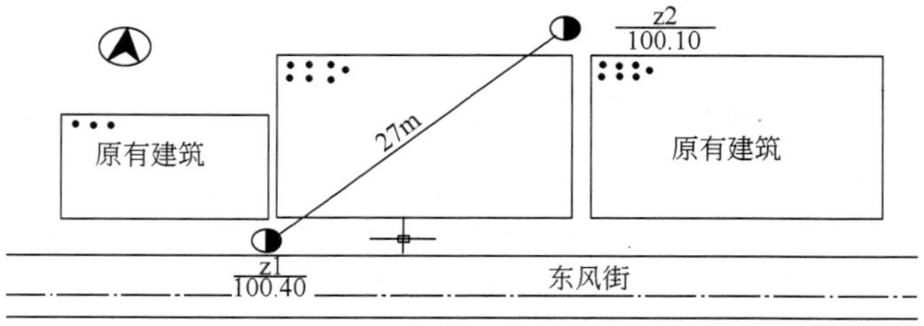

图 6-3 勘探点平面布置图

工程编号：2005-20　　　　勘察日期：2005 年 5 月 5 日 ~8 日

工程名称：东风街住宅　　　　比　例　尺：1∶100

工程编号			2005–20		钻孔柱状图				孔口		100.40 m
工程名称			东风街住宅						钻孔日期		2005年5月6日
钻孔编号			z1								
地质年代	地质编号	地质资料	地质名称	地层剖面	土层厚度(m)	层底深度(m)	各层标高(m)	地下水位(m)	稠度和密度	湿度	地层描述
第四纪(Q_4)	1	冲击土	杂填土		1.50	1.50	98.90				碎砖、炉渣等
	2		粉质黏土		1.60	3.10	97.30		可塑	稍湿	黄褐色、含氧化铁
	3		粉质黏土与粉砂		3.00	6.10	94.30		可塑软塑稍密	稍湿	灰黄色、粉质黏土含氧化铁质
	4		细砂		6.00	12.10	88.30	−6.10/94.30	稍密	饱和	灰色
	5		中砂		1.30	13.40	87.00		中密	饱和	灰色

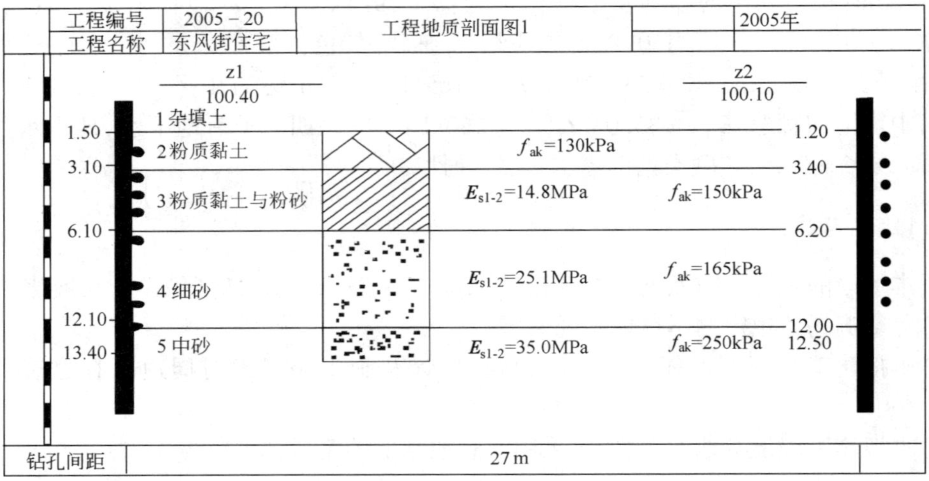

图 6-4　钻孔柱状图和工程地质剖面图

三　岩土工程勘察报告的阅读和应用

(一)勘察报告的阅读

首先要细致地通读报告全文，读懂、读透，对建筑场地的工程地质和水文地质条件要有一个全面的认识，切忌只注重土的承载力等个别数据和结论的做法。

(1)根据工程设计阶段和工程特点，分析勘察工作量及深度、勘探点布局、钻孔数量、钻深、取样、原位测试和室内试验是否符合《岩土工程勘察规范》(GB 50021—2001)(2009 年版)的规定；所提供的计算参数是否满足设计和施工的要求；勘察结论与建议是否对拟建工程具有针对性和关键性；有质疑或发现问题可与勘察单位沟通，必要时向建设单位(或业主)申请补充勘察。

(2)注意场地内及附近地区有无潜在的不良地质现象，如地震、滑坡、泥石流、岩溶等。

(3)注意场地的地形变化,如高低起伏、局部凹陷、地面坡度等。

(4)相邻钻孔之间的土层分界是根据钻孔中采取的土样性状推测出来的,当土层分布比较复杂,钻孔间距又较大时,可能与实际不符,设计与施工的技术人员对此应有足够的估计。注意土层厚度是否比较均匀,每一土层的物理及力学指标差异是否悬殊,尖灭层的坡度,有无透镜体夹层等。

(5)注意地下水的埋藏条件、水位、水质及其是否与附近的地表水有联系,同时要注意勘察时间是在丰水季节还是枯水季节、水位有无升降的可能及升降的幅度。

(6)注意报告中的结论和建议对拟建工程是否适用及正确程度。从地基的强度和变形两个方面,对持力层的选择、基础类型及与上部结构共同工作进行综合考虑。

(二)勘察报告的分析与应用

建筑设计是以充分阅读和分析建筑场地的岩土工程勘察报告为前提的。建筑施工要实现建筑设计,一方面要深刻地理解设计意图;另一方面也必须充分阅读和分析勘察报告,正确地应用勘察报告,针对工程项目的施工图纸,制定切实可行的建筑地基基础施工组织设计,对施工期间可能发生的岩土工程问题进行预测,提出监控、防范和解决问题的施工技术措施。

(1)场地的稳定性评价。首先是根据勘察报告所提供的场地所在区域的地震烈度、场地按震害影响的类别、建筑地段按震害影响的类别,对饱和砂土和粉土地基的液化等级进行分析和评价;其次是根据勘察报告所提供的场地有无不良地质作用,例如岩溶、滑坡、危岩崩塌、泥石流等潜在的地质灾害进行分析评价;对地震设防区域的建筑,必须按《建筑抗震设计规范》(GB 50011—2010)进行抗震设计,在施工中按施工图施工,保证工程质量;在不良地质现象发育,对场地稳定性有直接或潜在危害的,必须在设计与施工中采取可靠措施,防患于未然。

(2)地基地层的均匀性评价。施工的难与易、地基承载力高低和压缩性大小对建筑地基基础设计的影响,远不及地基土层均匀性的影响;从工程实践分析,造成上部结构梁柱节点开裂、墙体裂缝的原因,主要是由于地基的不均匀变形所致。而地基不均匀变形的原因,就地基条件而言即是地基土层的不均匀性,因此当地基中存在杂填土、软弱夹层及尖灭层或各天然土层的厚度在平面分布上差异较大时,在地基基础设计与施工中,必须注意不均匀沉降的问题。

(3)地基中地下水的评价。当地基中存在地下水,且基础埋深低于地下水位时,对地基基础的设计与施工十分不利。地下水位以下的土方开挖及浅基础施工要求干作业施工条件,为此要考虑人工降低水位。采用明排水要考虑是否产生流沙;大幅度降水会导致周边原有建筑附加沉降和地表沉陷,为此要考虑是否设置挡水帷幕或回灌等技术措施。同时,基础设计要考虑地下水是否有腐蚀性,整体性空腹基础要考虑防水和抗浮等设计与施工技术措施。

(4)地基持力层的选择。建筑地基持力层选择的主要影响因素,首先是建筑设计是否有地下室,然后是地基土层的承载力和压缩性。在保证建筑安全稳定和满足建筑使用功能的前提下,天然地基上的浅基础设计,尤其是当地基中存在软弱下卧层的情况,持力层的选择宜使基础尽量浅埋。深基础持力层的选择主要是坚实的土层,不要过分在意该土层的深度,桩尖或地下连续墙底部以下应有5倍以上桩径或地下连续墙厚度的坚实土层;地基变形特征由设计计算控制,同时辅以加强基础及上部结构刚度。

(5)地基基础施工的环境效应影响。工程建设中大挖大填、卸载加载、排水蓄水等施工活动，在不同程度上干扰了建筑场地原有的平衡状态，如果控制不利，对工程及其周边建筑将产生危害；建筑地基基础施工直接或间接地要对周边环境产生影响。因此在分析、研究建筑场地的岩土工程勘察报告和施工方案时，要论证、评价建筑地基基础施工方案的环境效应影响。

第三节　天然地基的施工勘察

一　施工勘察规定

在天然地基浅基础施工中，基槽开挖后应由建设单位组织监理、勘察、设计、施工等诸单位，同时报告工程质量监督部门，共同参与基槽检验工作，验槽时应以观察、拍击、钎探为主，必要时采用轻型动力触探等方法，重点对地基持力层和浅部下卧层进行认真的检查验收，将验槽成果与勘察报告提供的地质资料核对，鉴别是否存在较大偏差，以决定是否有必要进行施工勘察。《岩土工程勘察规范》（GB 50021—2001）（2009 年版）规定：基坑或基槽开挖后，岩土条件与勘察资料不符或发现必须查明的异常情况时，应进行施工勘察。

二　施工勘察报告的内容

（一）工程概况

说明委托单位、勘察单位、项目名称、地点、结构类型、层数、建筑面积、以往的勘察工作及资料等。

（二）目的要求

施工勘察的目的是查明、分析和评价建筑场地的工程地质条件，配合设计单位和施工单位，解决地基与基础施工有关的工程地质和水文地质问题。

施工勘察要求是针对需要解决的岩土工程问题提出勘察方法，可根据具体情况选用钻探、触探、标准贯入、载荷试验等原位测试，提供地基岩土的工程特征指标。

（三）原因分析

施工勘察的原因即《建筑地基基础工程施工质量验收规范》（GB 50202—2002）的相关规定：

（1）工程地质条件复杂，详勘阶段难以查清时；

（2）开挖基槽发现土质、土层结构与勘察资料不符时；

（3）施工中边坡失稳，需查明原因，进行勘察处理时；

（4）施工中地基土受扰动，需查明其性状及工程性质时；

（5）为地基处理，需进一步提供勘察资料时；

（6）建（构）筑物有特殊要求或在施工时出现新的岩土工程地质问题时。

(四)工程安全性评价

工程安全性评价主要通过施工勘察成果与勘察资料的比较,对场地及其地基条件所涉及的工程安全影响程度作出评价,或对工程地质条件复杂、详勘阶段难以查清、在施工中出现边坡失稳等新的岩土工程问题时,根据施工勘察结果,对场地及地基条件所涉及的工程安全做出评价。

(五)处理措施及建议

处理措施及建议是对施工勘察中发现或重新查明的工程地质和水文地质条件而提出的。地基基础的技术处理方案或设计变更,应由原设计单位根据施工勘察报告出具,施工单位按施工图实施。

工程实践证明,在建设过程中视工程地质条件的复杂程度进行施工勘察是非常必要的,勘察方法可根据具体情况选用钻探取样和原位测试等方法。

本章小结

本章讲述了建筑场地岩土工程勘察的任务与勘察阶段的划分、岩土工程勘探和原位测试。其中的地基承载力特征值用于浅基础设计,单桩承载力特征值用于桩基础设计。本章的重点为岩土工程勘察报告的阅读、分析与应用。

小知识

地球物理探测

地球物理探测是运用物理学的方法,利用专门仪器测定地层的某些物理特性(如:地电阻、地震波等),并借助于已知的地质资料来间接推测地层变化或地层的某些特性的一种勘探方法。由于不同的岩石和土层其地质构造的密度、湿度、导电性、磁性、放射性等物理性质存在着客观差异,利用专门的物探仪器量测可以得到相应不同的信号,就此区别和推断有关的地质问题。

地球物理探测只在弄清某些地质问题时才采用,岩土工程勘察中除了作为原位测试手段以外,可在下列情况采用:

(1)作为钻探的先行手段,了解隐蔽的地质界线、界面或异常点。

(2)在钻孔之间增加地球物理勘察探点,为钻探成果的内插、外推提供依据。

思考题

1. 岩土工程勘察的任务是什么?

2. 岩土工程原位测试有哪几种方法?

3. 岩土工程勘察报告的内容是什么？

综合练习题

某建设项目采用桩基础，总桩数为258根。进行了3根桩的静载荷试验，根据试验数据结果绘制的$p\sim s$曲线确定单桩的极限承载力分别为：650kN、705kN、680kN。试确定单桩竖向地基承载力特征值。（答案：$R_a=339\text{kN}$）

第七章
天然地基浅基础设计

【职业能力目标】

能根据建筑物场地的工程地质条件和周围环境正确确定基础埋深;能够应用所学的知识正确进行一般基础设计和施工。

【知识目标】

通过本章的学习,理解基础设计的一般原则,熟练掌握无筋扩展基础、墙下条形基础和柱下独立基础的设计方法和有关构造要求,了解柱下条基、筏板基础、箱形基础的设计要点,熟悉有关规范和标准图集的使用。

第一节 概　　述

从建筑物的安全和正常使用方面来说,地基基础设计是整个建筑物设计的重要组成部分。在设计过程中不仅需要考虑建筑物的上部结构条件,如上部结构的形式、规模、用途、荷载大小和性质、结构的整体刚度等,还需要充分考虑建筑场地条件和地基岩土性状,结合施工方法以及工期、造价等各方面因素,确定合理的地基基础方案,使基础工程安全可靠、经济合理、技术先进和便于施工。

由于天然地基上的浅基础具有技术简单、工程量小、施工方便、造价较低的优点,而人工地基及深基础往往造价较高,施工也较复杂,因此在保证建筑物的安全和正常使用的前提下,应优先选用天然地基上的浅基础。

一 地基基础设计一般规定

为了保证建筑物的安全与正常使用,在地基基础设计过程中要充分考虑上部结构、地基和基础共同工作的关系,才能使设计的地基基础方案安全、合理。根据建筑物地基基础设计等级及长期荷载作用下地基变形对上部结构的影响程度,地基基础设计应符合下列规定。

(1)所有建筑物的地基计算均应满足承载力计算的有关规定。

轴心受压基础:

$$p_k \leqslant f_a \tag{7-1}$$

式中：p_k——相应于荷载效应标准组合时，基础底面处的平均压力值，kPa；

f_a——修正后的地基承载力特征值，kPa。

偏心受压基础：

$$\left.\begin{aligned} p_{kmax} &\leqslant 1.2f_a \\ p_{kmin} &\geqslant 0 \\ \bar{p}_k &= \frac{p_{kmax}+p_{kmin}}{2} \leqslant f_a \end{aligned}\right\} \tag{7-2}$$

式中：p_{kmax}、p_{kmin}——相应于荷载效应标准组合时基础底面边缘处的最大、最小压力值，kPa。

（2）设计等级为甲级、乙级的建筑物，均应按地基变形设计。

$$s \leqslant [s] \tag{7-3}$$

式中：s——地基变形计算值，mm；

$[s]$——地基变形允许值，查表 3-11 可得。

（3）表 7-1 所列范围内设计等级为丙级的建筑物可不做变形验算，如有下列情况之一时，仍应做变形验算：

①地基承载力特征值小于 130kPa，且体型复杂的建筑物；

②在基础上及其附近有地面堆载或相邻基础荷载差异较大，可能引起地基产生过大的不均匀沉降时；

③软弱地基上的建筑物存在偏心荷载时；

④相邻建筑距离过近，可能发生倾斜时；

⑤地基内有厚度较大或厚薄不均的填土，其自重固结未完成时。

（4）对经常受水平荷载作用的高层建筑、高耸建筑或挡土墙等，以及建造在斜坡上或边坡附近的建筑物和构筑物，尚应验算其稳定性。

（5）基坑工程应进行稳定性验算。

（6）地下水埋藏较浅，建筑场地地下室或地下构筑物存在上浮问题时，尚应进行抗浮验算。

可不做地基变形验算设计等级为丙级的建筑物范围　　表 7-1

地基主要受力层情况	地基承载力特征值 f_{ak}(kPa)			$80 \leqslant f_{ak} < 100$	$100 \leqslant f_{ak} < 130$	$130 \leqslant f_{ak} < 160$	$160 \leqslant f_{ak} < 200$	$200 \leqslant f_{ak} < 300$
	各土层坡度(%)			≤5	≤10	≤10	≤10	≤10
建筑物类型	砌体承重结构、框架结构(层数)			≤5	≤5	≤6	≤6	≤7
	单层排架结构(6m柱距)	单跨	吊车额定起重量(t)	10～15	15～20	20～30	30～50	50～100
			厂房跨度(m)	≤18	≤24	≤30	≤30	≤30
		多跨	吊车额定起重量(t)	5～10	10～15	15～20	20～30	30～75
			厂房跨度(m)	≤18	≤24	≤30	≤30	≤30

续上表

地基主要受力层情况	地基承载力特征值 f_{ak}(kPa)		$80 \leqslant f_{ak} < 100$	$100 \leqslant f_{ak} < 130$	$130 \leqslant f_{ak} < 160$	$160 \leqslant f_{ak} < 200$	$200 \leqslant f_{ak} < 300$
	各土层坡度(%)		≤5	≤10	≤10	≤10	≤10
构筑物类型	烟囱	高度(m)	≤40	≤50	≤75		≤100
	水塔	高度(m)	≤20	≤30	≤30		≤30
		容积(m^3)	50~100	100~200	200~300	300~500	500~1000

注:1. 地基主要受力层指条形基础底面下深度为 $3b$(b 为基础底面宽度),独立基础下为 $1.5b$,且厚度均不小于5m的范围(二层以下一般的民用建筑除外)。

2. 地基主要受力层中如有承载力特征值小于130kPa的土层时,表中砌体承重结构的设计,应符合《建筑地基基础设计规范》(GB 50007—2011)第七章的有关要求。

3. 表中砌体承重结构和框架结构均指民用建筑,对于工业建筑可按厂房高度、荷载情况折合成与其相当的民用建筑层数。

4. 表中吊车额定起重量、烟囱高度和水塔容积的数值指最大值。

二 地基基础设计步骤

(1)根据建筑物传来的荷载大小及地基条件初步设计基础的材料、结构形式及平面布置。

(2)确定基础的埋置深度 d。

(3)确定地基承载力特征值 f_{ak} 及修正值 f_a。

(4)确定基础底面尺寸,必要时进行软弱下卧层验算。

(5)对设计等级为甲级、乙级的建筑物及部分丙级建筑物应进行地基变形验算。

(6)对经常承受水平荷载的高层建筑和高耸结构,以及建造在斜坡上的建筑物和构筑物应验算其稳定性。

(7)确定基础的剖面尺寸,进行基础结构计算。

(8)绘制基础施工图。

第二节 基础埋置深度的确定

基础埋置深度是指从基础底面到室外设计地面的距离。基础埋深的选择实际上是确定基础的持力层。基础埋置深度的确定对建筑工程造价、施工技术、施工工期等都有很大的影响。基础埋得越深,施工技术越复杂,建筑物的工程造价就越高,施工工期也就越长。因此,在地基基础设计中,合理确定基础埋置深度是一个十分重要的问题。在确定基础埋置深度时,应综合考虑以下因素。

一 工程地质条件和水文地质条件的影响

工程地质条件往往对基础设计方案起着决定性的作用。一般来说,若地基土层分布较均匀,应在满足地基承载力和变形要求的前提下,尽量浅埋。当地基上层土软弱而下层土的承载力较高时,应根据软弱土层的厚度,决定基础埋深;若软弱土层较薄(小于2m),应将软土层挖除，将基础埋置于下面较好的土层上；若软弱土层很厚（超过5m），除建筑物设置地下室应挖除软弱土外，通常还采用桩基，具体采用哪种方案，要从结构安全可靠度、施工条件和工程造价等因素比较确定。

对于有地下水的场地，宜将基础置于地下水位以上，以免施工排水引起麻烦或因降水不当引起地基的不均匀沉降。如必须放在地下水位以下，应根据是否会产生流沙、浮托等现象采取必要措施保护地基土不受扰动，并应在施工时采取降水或排水措施。对有侵蚀性的地下水，应对基础采取保护措施，防止基础受到侵蚀。

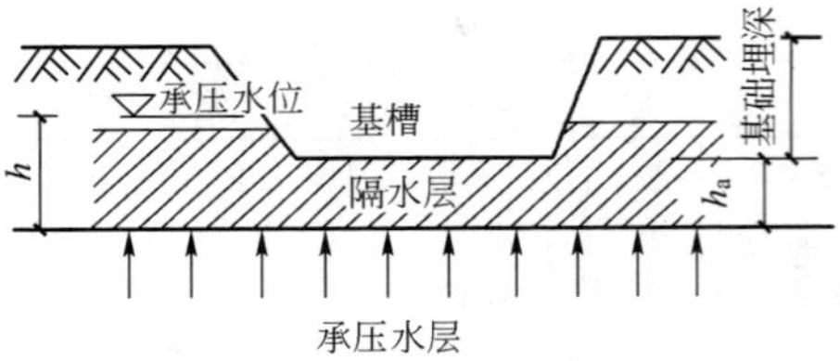

图7-1　有承压水的槽底安全厚度

当基坑下存在承压水层时，为防止基坑突涌现象的发生，应注意开挖基槽时保留槽底一定的安全厚度h_a（图7-1）。

$$h_a > \frac{\gamma_w}{\gamma}h \tag{7-4}$$

式中：γ——隔水层土的重度，kN/m^3；

γ_w——水的重度，取$10kN/m^3$；

h——承压水的上升高度（从隔水层底面起算），m；

h_a——隔水层安全厚度（槽底安全厚度），m。

二 建筑物的用途及有无地下室对基础构造的影响

如果建筑物需要设置地下室或人防设施时，其基础埋深必须结合建筑物地下部分的设计高度来选定，基础埋深宜大于或等于3m。

对高层建筑筏形和箱形基础埋深必须满足地基承载力、变形和稳定性的要求，以减少建筑的整体倾斜，防止倾覆及滑移。在抗震设防区，除岩石地基外，天然地基上的箱形和筏形基础其埋置深度不宜小于建筑高度的1/15，采用桩箱和桩筏基础的埋置深度（不计桩长）不宜小于建筑高度的1/18。位于岩石地基上的高层建筑，其基础埋深应满足抗滑要求。抗震设防烈度为6度或非抗震设计的建筑，基础埋深可适当减小。

当有地下室、地下管道或设备基础时，基础的顶板原则上应低于这些设施的底面。常需将建筑物基础局部加深做成台阶形，台阶的高宽比一般为1∶2，每阶台阶高度不超过500mm，如图7-2所示。

由于靠近地表的土层容易受到自然条件的影响，使其性质不稳定，所以基础埋深一般不宜小于0.5m。此外，基础露出地面也易受到各种侵蚀的影响，因此基础顶面应低于室外设计地面至少0.1m（图7-3）。

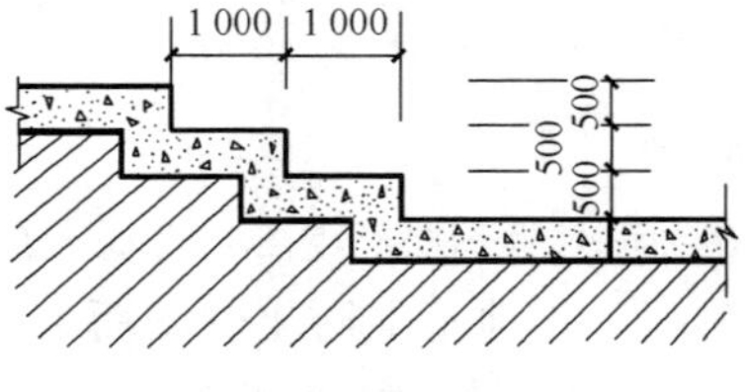

图7-2　基础局部加深

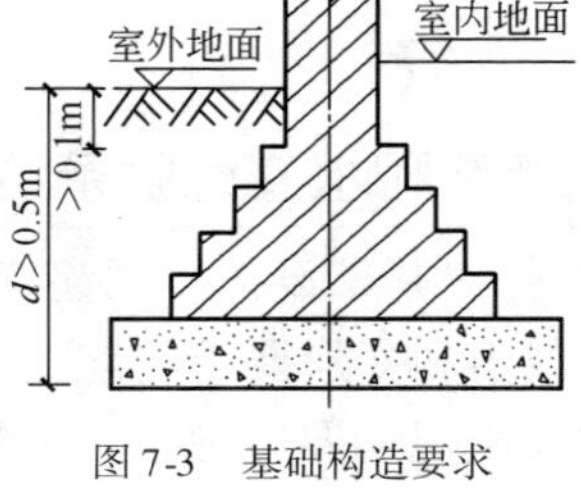

图7-3　基础构造要求

三 荷载大小和性质的影响

对荷载较大的基础需要选择承载力较大并具有足够厚度的土层作持力层。同时，建筑物荷载的性质也影响基础埋深的选择。承受轴向压力为主的基础，其埋深只需要满足地基的强度和变形要求；对于承受水平荷载的基础，还需要有足够的埋深以满足稳定性要求；对于承受动荷载的设备基础和承受上拔力的基础(如输电塔基础)，要求有较大的埋深以确保其有足够的稳定性和抗拔阻力。

四 相邻建筑物的影响

如果新建建筑物邻近有其他建筑物或构筑物时，为保证原有建筑物的安全和正常使用，新建的建筑物基础埋深不宜大于原有建筑物或构筑物的基础埋深。如果新建的建筑物基础埋深必须大于原有建筑物基础时，应使两基础之间的净距不少于基底高差的 1～2 倍，即 $L \geq (1 \sim 2)\Delta H$。如图 7-4 所示。如不能满足这一要求时，施工期间应采取措施，如分段开挖、设置临时加固支撑、钉板桩或地下连续墙等施工措施，或加固原有建筑物的地基。

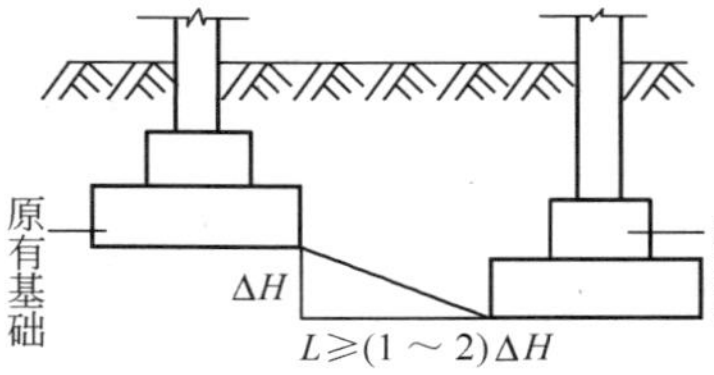

图 7-4　相邻建筑物基础

五 地基土冻胀和融陷的影响

(一)冻胀和融陷的概念及其对建筑物的影响

当温度低于 0℃时，土中水冻结，使土体积增大的现象称为土的冻胀，冻土融化后，产生的沉陷称为融陷。季节性冻土是指一年内冻融交替出现的土层。季节性冻土在冻融过程中，反复地产生冻胀和融陷使土的强度降低，压缩性增大。当基础埋深浅于冻深时，除了基础侧面上的切向冻胀力 T 外，还有作用在基底上的法向冻胀力 P(图 7-5)。如果上部荷载加基础自重小于冻胀力，基础将被抬起，融化时冻胀力消失而使基础下陷，因而造成墙体开裂，严重时会使建筑物破坏。

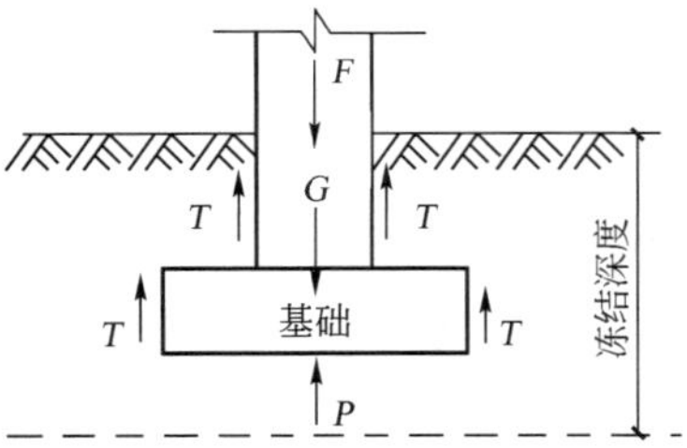

图 7-5　冻胀力示意图

季节性冻土在我国分布很广，东北、华北、西北地区季节性冻土厚度在 0.5m 以上，最大的达 3m 左右。

(二)地基土冻胀性分类

地基土的类别、冻前含水量、地下水位不同，其冻胀性不同，对建筑物的危害程度也各不相同。地基土的冻胀性根据冻土层的平均冻胀率 η 的大小不同分为不冻胀土、弱冻胀土、冻胀土、强冻胀土、特强冻胀土五类，具体划分方法见表 7-2。

地基土冻胀性分类 表 7-2

土的名称	冻前天然含水量 w（%）	冻结期间地下水位距冻结面的最小距离（m）	平均冻胀率 η	冻胀等级	冻胀类别
碎（卵）石，砾砂，粗砂，中砂（粒径小于 0.075mm 颗粒含量大于 15%），细砂（粒径小于 0.075mm 颗粒含量大于 10%）	$w<12$	>1.0	$\eta<1$	Ⅰ	不冻胀
		≤1.0	$1<\eta\leq3.5$	Ⅱ	弱冻胀
	$12<w\leq18$	>1.0			
		≤1.0	$3.5<\eta\leq6$	Ⅲ	冻胀
	$w>18$	>0.5			
		≤0.5	$6<\eta\leq12$	Ⅳ	强冻胀
粉砂	$w\leq14$	>1.0	$\eta\leq1$	Ⅰ	不冻胀
		≤1.0	$1<\eta\leq3.5$	Ⅱ	弱冻胀
	$14<w\leq19$	>1.0			
		≤1.0	$35<\eta\leq6$	Ⅲ	冻胀
	$19<w\leq23$	>1.0			
		≤1.0	$6<\eta\leq12$	Ⅳ	强冻胀
	$w>23$	不考虑	$\eta>12$	Ⅴ	特强冻胀
粉土	$w\leq19$	>1.5	$\eta\leq1$	Ⅰ	不冻胀
		≤1.5	$1<\eta\leq3.5$	Ⅱ	弱冻胀
	$19<w\leq22$	>1.5			
		≤1.5	$3.5<\eta\leq6$	Ⅲ	冻胀
	$22<w\leq26$	>1.5			
		≤1.5	$6<\eta\leq12$	Ⅳ	强冻胀
	$26<w\leq30$	>1.5			
		≤1.5	$\eta>12$	Ⅴ	特强冻胀
	$w>30$	不考虑			
黏性土	$w\leq w_p+2$	>2.0	$\eta\leq1$	Ⅰ	不冻胀
		≤2.0	$1<\eta\leq3.5$	Ⅱ	弱冻胀
	$w_p+2<w\leq w_p+5$	>2.0			
		≤2.0	$3.5<\eta\leq6$	Ⅲ	冻胀
	$w_p+5<w\leq w_p+9$	>2.0			
		≤2.0	$6<\eta\leq12$	Ⅳ	强冻胀
	$w_p+9<w\leq w_p+15$	>2.0			
		≤2.0	$\eta>12$	Ⅴ	特强冻胀
	$w>w_p+15$	不考虑			

注：1. w_p 为塑限含水量，%；w 为冻前天然含水量在冻层内的平均值。
2. 盐渍化冻土不在表列。
3. 塑性指数大于 22 时，冻土性降低一级。
4. 粒径小于 0.005mm 的颗粒含量大于 60% 时，为不冻胀土。
5. 碎石类土当充填物大于全部质量的 40% 时，其冻胀性按充填物土的类别判断。
6. 碎石土、砾砂、粗砂、中砂（粒径小于 0.075 的颗粒含量不大于 15%）、细砂（粒径小于 0.075mm 颗粒含量不大于 10%）均按不冻胀考虑。

(三)基础的最小埋置深度

为使建筑物免受冻害,对于埋置在冻土中的基础,应保证基础有相应的最小埋置深度以消除基底的冻胀力。基础最小埋深按式(7-5)确定。

$$d_{\min} = z_d - h_{\max} \tag{7-5}$$

式中:$h_{\max}$——基础底面允许残留冻土层厚度,按表 7-3 查取。当有充分依据时,基底下允许残留冻土层厚度也可根据当地经验确定;

z_d——场地冻结深度。若当地有多年实测资料时,按 $z_d = h' - \Delta z$ 计算,h'和 Δz 分别为最大冻深出现时场地最大冻土层厚度和地表冻胀量,当无实测资料时按式(7-6)计算:

$$z_d = z_0 \psi_{zs} \psi_{zw} \psi_{ze} \tag{7-6}$$

z_0——标准冻深。系采用在地表平坦、裸露、城市之外的空旷场地中不少于 10 年实测最大冻深的平均值。当无实测资料时,按《建筑地基基础设计规范》(GB 50007—2011)附录 G 采用;

ψ_{zs}——土的岩性对冻深的影响系数,按表 7-4 查得;

ψ_{zw}——土的冻胀性对冻深的影响系数,按表 7-5 查得;

ψ_{ze}——环境对冻深的影响系数,按表 7-6 查得。

建筑物基础底面下允许冻土层厚度 $h_{\max}$(m) 表 7-3

名称			基底压力(kPa)					
			110	130	150	170	190	210
弱冻胀土	方形基础	采暖	0.90	0.95	1.00	1.10	1.15	1.20
		不采暖	0.70	0.80	0.95	1.00	1.05	1.10
	条形基础	采暖	>2.50	>2.50	>2.50	>2.50	>2.50	>2.50
		不采暖	2.20	2.50	>2.50	>2.50	>2.50	>2.50
冻胀土	方形基础	采暖	0.65	0.70	0.75	0.80	0.85	—
		不采暖	0.55	0.60	0.65	0.70	0.75	—
	条形基础	采暖	1.55	1.80	2.00	2.20	2.50	—
		不采暖	1.15	1.35	1.55	1.75	1.95	—

注:1. 本表只计算法向冻胀力,如果基侧存在切向冻胀力,应采取预防切向力的措施。
2. 本表不适用于宽度小于 0.6m 的基础,矩形基础可取短边尺寸按方形基础计算。
3. 表中数据不适用于淤泥、淤泥质土和欠固结土。
4. 计算基底平均压力时取永久作用的标准组合值乘以 0.9,可以内插。

土的岩性对冻深的影响系数 表 7-4

土的类别	影响系数 ψ_{zs}	土的类别	影响系数 ψ_{zs}
黏性土	1.00	中砂、粗砂、砾砂	1.30
细砂、粉砂、粉土	1.20	碎石土	1.40

土的冻胀性对冻深的影响系数　　表 7-5

冻 胀 性	影响系数 ψ_{zw}	冻 胀 性	影响系数 ψ_{zw}
不冻胀	1.00	强冻胀	0.85
弱冻胀	0.95	特强冻胀	0.80
冻胀	0.90		

环境对冻深的影响系数　　表 7-6

周围环境	影响系数 ψ_{ze}	周围环境	影响系数 ψ_{ze}
村、镇、旷野	1.00	城市市区	0.90
城市近郊	0.95		

注：环境影响系数一项，当城市市区人口为 20 万～50 万时，按城市近郊取值；当城市市区人口大于 50 万、小于或等于 100 万时，只计入市区影响；当城市市区人口超过 100 万时，除计入市区影响外，尚应考虑 5km 以内的郊区近郊影响系数。

（四）防止冻害的措施

在冻胀、强冻胀、特强冻胀地基上，应采用下列防冻害措施：

(1) 对在地下水位以上的基础，基础侧面应回填非冻胀性的中砂或粗砂，其厚度不应小于 20cm。对在地下水位以下的基础，可采用桩基础、保温基础、自锚式基础（冻土层下有扩大板或扩底短桩），也可将独立基础或条形基础做成正梯形的斜面基础。

(2) 宜选择地势高、地下水位低、地表排水良好的建筑场地。对低洼场地，宜在建筑四周向外一倍冻深距离范围内，使室外地坪至少高出自然地面 300～500mm。

(3) 防止雨水、地表水、生产废水、生活污水浸入建筑地基，应设置排水设施。在山区应设截水沟或在建筑物下设置暗沟，以排走地表水和潜水流。

(4) 在强冻胀性和特强冻胀性地基上，其基础结构应设置钢筋混凝土圈梁和基础梁，并控制上部建筑的长高比，增强房屋的整体刚度。

(5) 当独立基础联系梁下或桩基础承台下有冻土时，应在梁或承台下留有相当于该土层冻胀量的空隙，以防止因土的冻胀将梁或承台拱裂。

(6) 外门斗、室外台阶和散水坡等部位宜与主体结构断开，散水坡分段不宜超过 1.5m，坡度不宜小于 3%，其下宜填入非冻胀性材料。

(7) 对跨年度施工的建筑，入冬前应对地基采取相应的防护措施；按采暖设计的建筑物，当冬季不能正常采暖时，也应对地基采取保温措施。

第三节　基础底面尺寸的确定

根据地基持力层承载力特征值、基础埋置深度以及作用在基础上的荷载大小，就可以计算出基础的底面积的大小。

一 作用在基础上的荷载

作用在基础底面的荷载，包括上部结构传到基础顶面上的竖向荷载值、基础自重、回填土重量、水平荷载（土压力、水压力与风压力等）以及作用在基础底面上的力矩值。按照《建筑地基基础设计规范》（GB 50007—2011）规定，确定基础底面积时，传至基础底面上的荷载效应按照正常使用极限状态下荷载效应的标准组合取值。

计算上部结构传到基础顶面上的竖向荷载值时应从屋面开始计算，按照荷载传递途径，自上而下，累计至设计地面，在计算时需要注意以下两点。

1. 设计地面的选取

外墙和外柱（边柱），由于存在室内外高差，荷载应算至室内设计地面与室外设计地面平均标高处［图 7-6a)］；内墙和内柱算至室内设计地面标高处［图 7-6b)］。

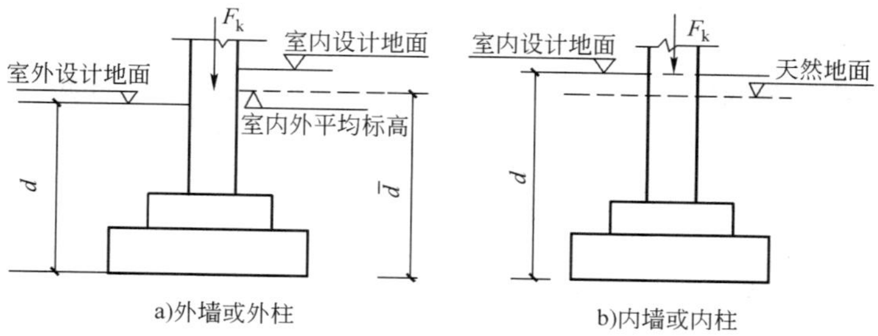

图 7-6　基础上的荷载计算

2. 计算单元的选取

对于无门窗的墙体，可取 1m 宽度计算；有门窗的墙体，可取一个开间为计算单元［通常为相邻窗（门）洞中心线间的距离］。

二 基础底面尺寸的确定

（一）轴心受压基础

在轴心荷载作用下，基底压力按直线分布简化计算，相应于荷载效应标准组合时，基础底面平均压力标准值应小于或等于修正后的地基承载力特征值，即：

$$p_k = \frac{F_k + G_k}{A} \leqslant f_a$$

由此得基础底面积为：

$$A \geqslant \frac{F_k}{f_a - \gamma_G \bar{d}} \tag{7-7}$$

矩形基础，其基础底面积 $A = bl$，一般取基础长短边之比 $1.5 \leqslant l/b \leqslant 2$；条形基础（基础长度 $l \geqslant 10b$），沿基础纵向取 1m 宽为计算单元，即长边 $l = 1\text{m}$，则：

$$b \geqslant \frac{F_k}{f_a - \gamma_G \bar{d}} \tag{7-8}$$

式中：F_k——相应于荷载效应标准组合时，沿长度方向 1m 范围内上部结构传来的竖向荷载值，kN/m。

（二）偏心受压基础

工业厂房和框架结构的柱下基础一般为偏心受压基础。在偏心荷载作用下，基础底面受力不均匀，因此需加大基础底面积。一般情况下可采用试算方法确定，计算步骤为：

（1）先不考虑偏心影响，按轴心受力根据公式（7-7）或式（7-8），初算基础面积 A_0。

（2）考虑到偏心荷载作用的影响，将初步计算的基础底面积 A_0 扩大 10% ~40%，即 $A=(1.1\sim1.4)A_0$，然后按长短边之比 $l/b=1.5\sim2.0$ 确定基底尺寸。

（3）计算基底边缘最大与最小压力，并按式（7-2）验算承载力条件是否满足。如果不满足，则重新调整 A，直至满足要求为止。

在确定基底边长时，应注意荷载对基础的偏心距不宜过大，以保证基础不发生过大的倾斜。

【例题 7-1】 已知某教学楼外墙厚为 240mm，传至地表的竖向外荷载的标准组合值 F_k 为 300kN/m，室内外高差为 0.60m，基础埋深为 1.5m，地基为粉质黏土，重度 $\gamma=17.5\text{kN/m}^3$，孔隙比 $e=0.75$，液性指数 $I_L=0.80$，地基承载力特征值 $f_{ak}=135\text{kPa}$，试计算墙下钢筋混凝土条形基础的宽度。

解：（1）求修正后的地基承载力特征值。

由 $e=0.75$，$I_L=0.80$，查表得 $\eta_d=1.6$，假设 $b<3\text{m}$，则：

$$f_a=f_{ak}+\eta_d\gamma_m(d-0.5)$$
$$=135+1.6\times17.5\times(1.5-0.5)=163\text{kPa}$$

（2）求基础底面宽度。

$$b\geq\frac{F_k}{f_a-\gamma_G d}=\frac{300}{163-20\times\left(1.5+\frac{0.6}{2}\right)}=2.36\text{m}$$

故取基础宽度 $b=2400\text{mm}$

【例题 7-2】 某厂房柱下独立基础，作用在基础上的荷载效应标准组合值为 $F_1=200\text{kN}$，$F_2=1810\text{kN}$，$M_0=950\text{kN·m}$，$F_H=180\text{kN}$，基础埋深 $d=1.8\text{m}$，持力层为粉质黏土，重度 $\gamma=18\text{kN/m}^3$，孔隙比 $e=0.85$，承载力特征值 $f_{ak}=188.5\text{kPa}$，荷载作用位置如图 7-7 所示（设基础偏心方向在长边），试确定基础底面尺寸。

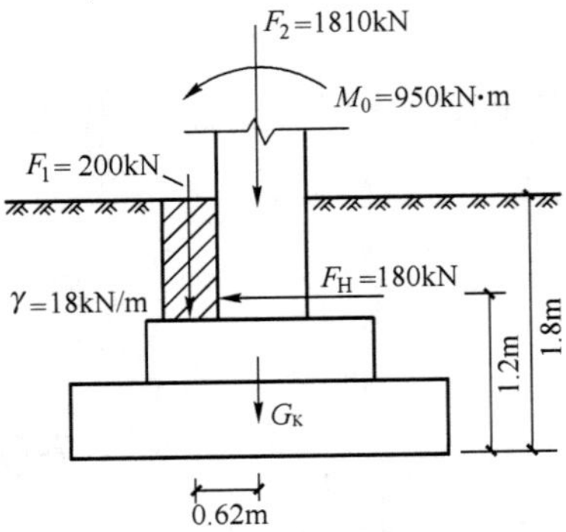

图 7-7　例题 7-2 附图

解：（1）求修正后的地基承载力特征值。

持力层为粉质黏土，由 $e=0.85$ 查表得 $\eta_d=1.0$，假设 $b<3\text{m}$，则：

$$f_a=f_{ak}+\eta_d\gamma(d-0.5)$$
$$=188.5+1.0\times18\times(1.8-0.5)=211.9\text{kPa}$$

(2)初步确定基础底面积及底面尺寸。

$$A_0 \geqslant \frac{F_k}{f_a - \gamma_G d} = \frac{F_1 + F_2}{f_a - 20d} = \frac{200 + 1810}{211.9 - 20 \times 1.8} = 11.43\text{m}^2$$

考虑基础偏心,将初算底面积扩大20%,即 $A = 1.2A_0 = 1.2 \times 11.43 = 13.72\text{m}^2$

取基础长短边之比 $\frac{l}{b} = 1.5$,故 $A_0 = lb = 1.5b^2 = 13.5$,所以 $b = 3\text{m}, l = 4.5\text{m}$

(3)验算地基承载力。

基底处的总竖向压力为:

$$F_k + G_k = F_1 + F_2 + G_k = 1810 + 200 + 20 \times 3 \times 4.5 \times 1.8 = 2496\text{kN}$$

基底处总的力矩为:

$$M_k = 950 + 180 \times 1.2 + 200 \times 0.62 = 1290\text{kN}\cdot\text{m}$$

偏心距:

$$e_0 = \frac{M_k}{F_k + G_k} = \frac{1290}{2496} = 0.517\text{m} < \frac{l}{6} = \frac{4.5}{6} = 0.75\text{m}$$

符合要求。

$$p_{kmax} = \frac{F_k + G_k}{A}\left(1 + \frac{6e_0}{l}\right) = \frac{2497.1}{3 \times 4.5} \times \left(1 + \frac{6 \times 0.517}{4.5}\right) = 312.3\text{kPa} > 1.2f_a = 254.28\text{kPa}$$

地基承载力验算不满足。

(4)调整基底尺寸。

取 $b = 2.8\text{m}, l = 5.6\text{m}$,则:

$$F_k + G_k = F_1 + F_2 + G_k = 1810 + 200 + 20 \times 2.8 \times 5.6 \times 1.8 = 2574.48\text{kN}$$

$$M_k = 950 + 180 \times 1.2 + 200 \times 0.62 = 1290\text{kN}\cdot\text{m}$$

偏心距:

$$e_0 = \frac{M_k}{F_k + G_k} = \frac{1290}{2574.48} = 0.501\text{m} < \frac{l}{6} = \frac{5.6}{6} = 0.933\text{m}$$,符合要求。

$$p_{kmax} = \frac{F_k + G_k}{A}\left(1 + \frac{6e_0}{l}\right) = \frac{2574.48}{2.8 \times 5.6} \times \left(1 + \frac{6 \times 0.501}{5.6}\right)$$

$$= 252.3\text{kPa} < 1.2f_a = 254.28\text{kPa}$$

$$\bar{p}_k = \frac{p_{kmax} + p_{kmin}}{2} = 164.2\text{kPa} < f_a$$

满足承载力要求。因此基底尺寸为 $b = 2.8\text{m}, l = 5.6\text{m}$。

三 软弱下卧层承载力验算

按照地基持力层的承载力条件计算出基底面积后,还应考虑如果地基的主要受力层内存在软弱下卧层,尚需验算下卧层顶面的地基强度,要求作用在下卧层顶面的全部压力不应超过下卧层土的承载力(图7-8),即:

$$p_z + p_{cz} \leqslant f_{az} \tag{7-9}$$

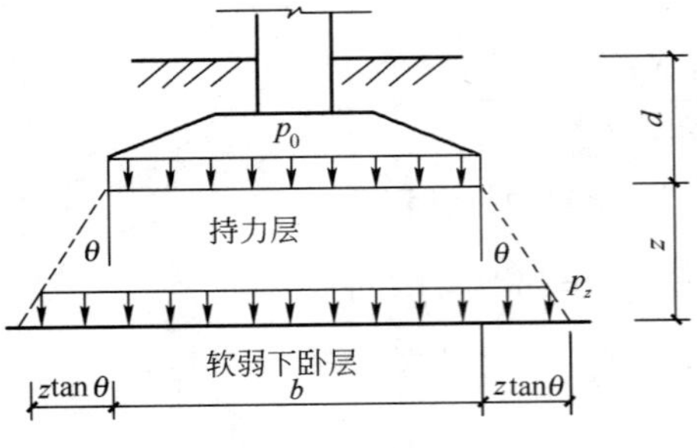

图 7-8　软弱下卧层验算示意图

式中：p_z——软弱下卧层顶面处的附加应力标准值；

p_{cz}——软弱下卧层顶面处土的自重压力标准值；

f_{az}——软弱下卧层顶面处经深度修正后的地基承载力特征值。

对于软弱下卧层承载力特征值 f_{az}，可将压力扩散至下卧层顶面的面积（或宽度），看作假想深基础的底面，取深度（$d+z$）进行地基承载力特征值修正，即：

$$f_{az}=f_{ak}+\eta_d\gamma_m(d+z-0.5) \tag{7-10}$$

对于矩形基础和条形基础，当上层土与软弱下卧层土的压缩模量比值大于或等于 3 时，可采用压力扩散的方法求软土层顶面处的附加应力。假设基底处附加压力 p_0 按 θ 角度向下扩散，并按任意深度同一水平面上的附加压力均匀分布考虑（图 7-8）。根据扩散前后各底面积上的总压力相等的条件，可得：

矩形基础：

$$p_z=\frac{blp_0}{(b+2z\tan\theta)(l+2z\tan\theta)} \tag{7-11}$$

条形基础沿基础纵向取 1m 宽为计算单元，仅考虑向宽度方向扩散，则：

$$p_z=\frac{bp_0}{b+2z\tan\theta} \tag{7-12}$$

式中：p_0——基底附加压力，kPa；

l——矩形基础底面的长边，m；

b——矩形基础底面的短边，对条形基础指基础宽度，m；

z——基础底面至软弱下卧层顶面的距离，m；

θ——地基压力扩散线与垂直线的夹角，可按表 7-7 采用。

地基压力扩散角 θ　　表 7-7

E_{s1}/E_{s2}	z/b	
	0.25	0.50
3	6°	23°
5	10°	25°
10	20°	30°

注：1. E_{s1} 为上层土压缩模量，E_{s2} 为下层土压缩模量。

2. $z/b<0.25$ 时，$\theta=0°$，必要时宜由试验确定；$z/b>0.5$ 时，θ 值不变。

如果验算软弱下卧层承载力不满足要求，需要重新调整基础尺寸，增大基底面积以减小基底压力，从而使传至下卧层顶面的附加压力降低，以满足地基承载力要求；如果承载力仍然不能满足要求，且基础底面积增加受到限制时，可采用深基础（如桩基）将基础置于软弱下卧层以下的较坚实的土层上或进行地基处理提高软弱下卧层的承载力。

【例题 7-3】　某柱下钢筋混凝土独立基础，上部结构传到基础顶面的轴心压力为 $F_k=$

1300kN，基础底面尺寸为 3.0m×5.1m，基础埋深 $d=1.5$m，持力层为粉质黏土，承载力特征值 $f_{ak}=140$kPa，土层分布如图 7-9 所示，试验算基础底面尺寸是否合适。

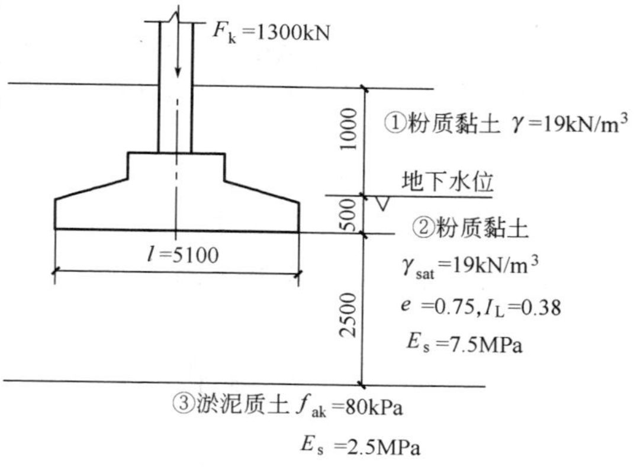

图 7-9　例题 7-3 附图(尺寸单位:mm)

解：(1)求修正后的地基承载力特征值

持力层为粉质黏土，由 $e=0.75$，$I_L=0.38$，查表得 $\eta_b=0.3$，$\eta_d=1.6$，$b=3$m，则基底以上土的加权平均重度为：

$$\gamma_m=\frac{1.0\times19+0.5\times(19-10)}{1.0+0.5}=15.67\text{kN/m}^3$$

$$f_a=f_{ak}+\eta_d\gamma_m(d-0.5)$$
$$=140+1.6\times15.67\times(1.5-0.5)=165.07\text{kPa}$$

(2)持力层承载力验算

基础自重及回填土重量为：

$$G_k=3.0\times5.1\times[1.0\times20+0.5\times(20-10)]=382.5\text{kN}$$

基底压力 p_k 为：

$$p_k=\frac{F_k+G_k}{A}=\frac{1300+382.5}{3.0\times5.1}=110\text{kPa}<f_a=165.07\text{kPa}$$

地基持力层承载力满足设计要求。

(3)软弱下卧层承载力验算

由软弱下卧层为淤泥质土，查表 $\eta_b=0$，$\eta_d=1.0$。

软弱下卧层顶面以上土的加权平均重度为：

$$\gamma_m=\frac{1.0\times19+3.0\times(19-10)}{1.0+3.0}=11.50\text{kN/m}^3$$

故软弱下卧层修正后的地基承载力特征值为：

$$f_{az}=f_{ak}+\eta_d\gamma_m(d+z-0.5)$$
$$=80+1.0\times11.50\times(1.5+2.5-0.5)=120.25\text{kPa}$$

基底附加压力 p_0 为：

$$p_0=p_k-\gamma_m d=\frac{F_k+G_k}{A}-\gamma_m d=110-(19\times1.0+9\times0.5)=86.5\text{kPa}$$

地基压力扩散角 θ 为：

$$\frac{E_{s1}}{E_{s2}}=\frac{7.5}{2.5}=3;\quad \frac{z}{b}=\frac{2.5}{3}=0.83>0.5$$

查表 7-8，得 $\theta=23°$。

软弱下卧层顶面处的附加应力为：

$$p_z=\frac{blp_0}{(b+2z\tan\theta)(l+2z\tan\theta)}$$

$$= \frac{3 \times 5.1 \times 86.5}{(3 + 2 \times 2.5 \times \tan 23°)(5.1 + 2 \times 2.5 \tan 23°)} = 35.8\text{kPa}$$

下卧层顶面处的自重应力 p_{cz} 为：

$$p_{cz} = 19.0 \times 1 + 9 \times 3.0 = 46\text{kPa}$$

$$p_z + p_{cz} = 35.8 + 46 = 81.8\text{kPa} < f_{az} = 120.25\text{kPa}$$

经验算软弱下卧层承载力满足，因此基础底面尺寸 3.0m×5.1m 合适。

第四节　无筋扩展基础设计

一　基础构造类型及适用范围

无筋扩展基础是指由砖、三合土、灰土、毛石、混凝土或毛石混凝土等材料组成的墙下条形基础或柱下独立基础。这类基础的材料抗压强度较高，但抗拉和抗弯能力较低。为避免无筋扩展基础被拉裂，在设计时要求基础的外伸宽度和基础高度的比值即台阶宽高比应限制在一定范围内。常用的无筋扩展基础有以下四种类型。

（一）砖基础

砖基础如图 7-10 所示。砖基础的剖面一般都做成阶梯形，通常称为大放角。大放角从垫层上开始砌筑，为保证基础刚度应做成两皮一收的等高式或一皮一收、两皮一收相间的间隔式，但基底处必须先做两皮。一皮厚的标志尺寸为 60mm，每砌一步两边各收进 1/4 砖长（图 7-11）。砖基底面一般做垫层，垫层材料可用灰土、三合土或素混凝土，垫层混凝土强度等级不宜低于 C10，垫层厚度不小于 70mm，每边伸出基础边缘宽度不宜小于 50mm，且应满足相应的台阶宽高比要求。

图 7-10　砖基础

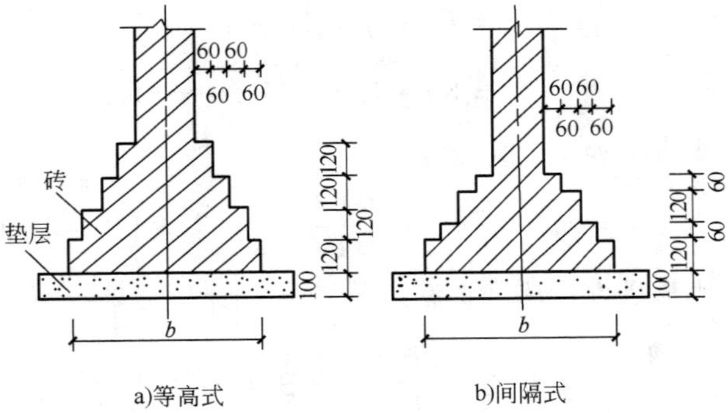

图 7-11　砖基础剖面（尺寸单位：mm）

为保证砖基础具有足够的强度和耐久性，砖的强度等级不低于 MU10，砌筑砂浆的强度等级不低于 M5，地下水位以下或地基土潮湿时宜采用水泥砂浆。

由于砖基础具有取材方便、价格便宜、施工简便等特点，在干燥而温暖的地区多用于墙体承重的小型厂房、车库和仓库等。

（二）毛石基础

毛石指未经加工整平的石料。毛石基础是指用强度不低于 MU20 的毛石和不低于 M5 的砂浆砌筑而成的基础。毛石基础一般做成阶梯形［图 7-12a）］，每阶台阶高度和基础墙厚不宜小于 400mm，台阶宽度不宜大于 200mm，基础顶面要比墙或柱每边宽出 100mm［图 7-12b）］。当基础底面宽度小于 700mm 时，应做成矩形截面。石块应竖砌、错缝，缝内砂浆饱满。毛石基础抗冻性能好，北方地区可用于 6 层以下的建筑物基础。

（三）灰土基础及三合土基础

灰土基础是用熟化的石灰和黏土按体积比为 3∶7 或 2∶8，拌和均匀后控制湿度，均匀铺入基槽，分层夯实。三合土基础是用石灰、砂和碎石或碎砖按体积比为 1∶2∶4～1∶3∶6，加入适量水拌和而成，也均匀铺入基槽，分层夯实。灰土基础及三合土基础一般每层约虚铺 220mm，夯至 150mm 为一步，通常基础厚度均为 150mm 的倍数，即厚度为 300～450mm（图7-13）。

灰土基础宜在比较干燥的土层中使用，多用于我国华北、西北地区 5 层及 5 层以下的民用建筑。三合土基础在南方地区常用，一般用于地下水位较低的 4 层及 4 层以下的民用建筑。当地下水位较高时不宜采用。

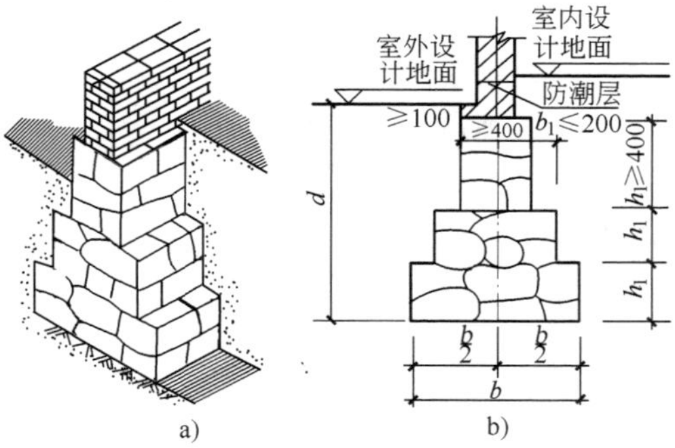

图 7-12　毛石基础（尺寸单位：mm）

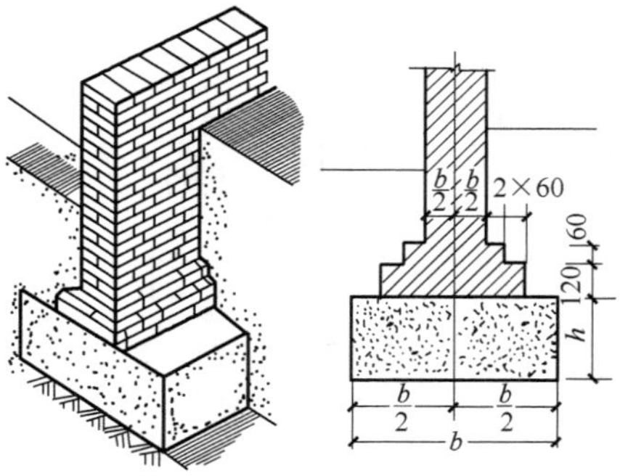

图 7-13　灰土、三合土基础（尺寸单位：mm）

（四）混凝土基础和毛石混凝土基础

混凝土基础是用水泥、砂、石子按一定比例加水拌和浇筑而成。当荷载较大、地基均匀性较差或基础位于地下水位以下时使用。混凝土基础的断面可以做成矩形、阶梯形和锥形（图 7-14）。当基础宽度小于 350mm 时，一般做成矩形，大于 350mm 时，做成阶梯形，大于 2000mm，做成锥形。台阶高度一般为 300～500mm。

由于混凝土基础水泥用量较大，与其他刚性基础相比造价高。当基础体积较大时，可掺入体积为 25%～30% 的毛石，称为毛石混凝土基础（图 7-15），毛石尺寸不宜超过 300mm，使用前用水冲洗干净，所用的混凝土的强度等级不宜低于 C15。

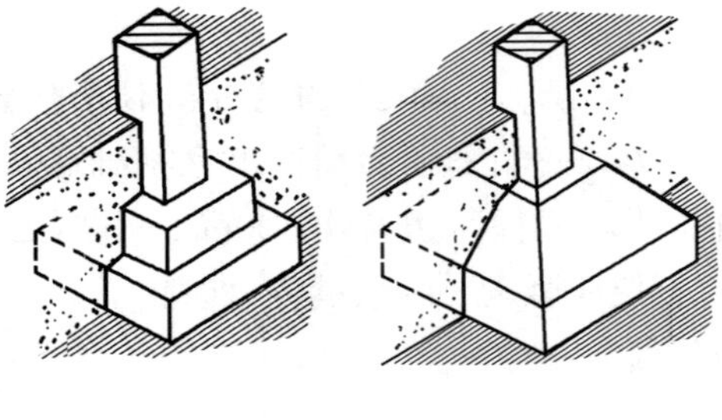

图 7-14　混凝土基础

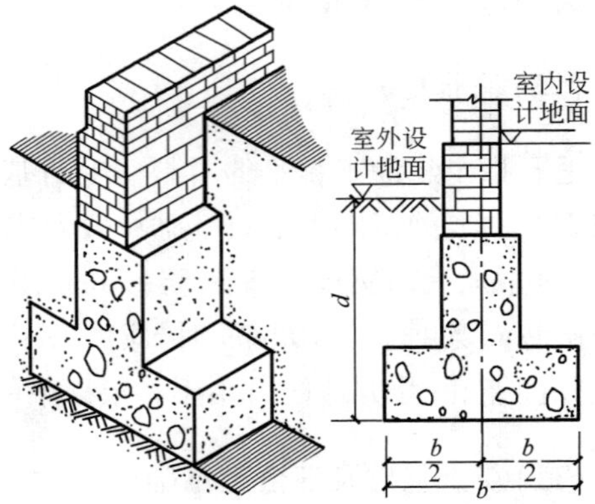

图 7-15　毛石混凝土基础

二 台阶宽高比允许值

为保证无筋扩展基础不发生受弯、受拉破坏，在进行基础设计时，无筋扩展基础除了要满足表 7-8 所示的材料质量要求外，基础的外伸宽度 b_2 与基础高度 H_0 的比值必须满足台阶宽高比允许值的要求（图 7-16），即：

$$\frac{b_2}{H_0} \leqslant \left[\frac{b_2}{H_0}\right] = \tan\alpha \qquad (7\text{-}13)$$

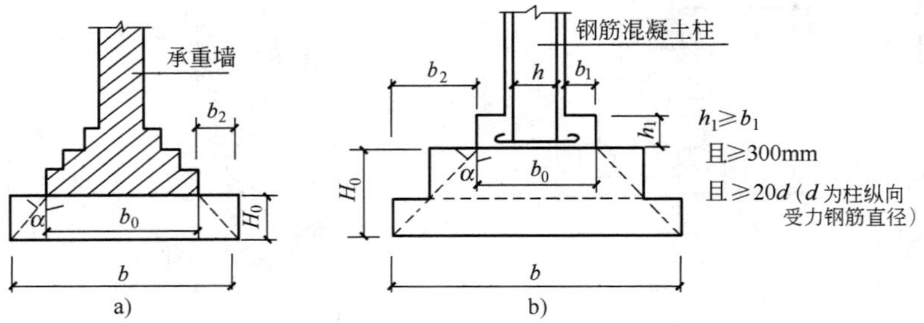

图 7-16　无筋扩展基础构造示意图

则基础高度可写成：

$$H_0 \geqslant \frac{b - b_0}{2\tan\alpha} \qquad (7\text{-}14)$$

式中：b_2——无筋扩展基础台阶的总宽度，mm，$b_2 = \frac{b - b_0}{2}$；

H_0——基础高度，mm；

$\tan\alpha$——台阶宽高比允许值$\left[\frac{b_2}{H_0}\right]$，按表 7-8 选取用。

无筋扩展基础台阶宽高比的允许值　　表 7-8

基础材料	质量要求	台阶宽高比的允许值		
		$p_k \leqslant 100$	$100 < p_k \leqslant 200$	$200 < p_k \leqslant 300$
混凝土基础	C15 混凝土	1:1.00	1:1.00	1:1.25
毛石混凝土基础	C15 混凝土	1:1.00	1:1.25	1:1.50
砖基础	砖不低于 MU10、砂浆不低于 M5	1:1.50	1:1.50	1:1.50
毛石基础	砂浆不低于 M5	1:1.25	1:1.50	—
灰土基础	体积比为 3:7 或 2:8 的灰土，其最小干密度： 粉土 1550kg/m³ 粉质黏土 1550kg/m³ 黏土 1450kg/m³	1:1.25	1:1.50	—
三合土基础	体积比 1:2:4 ~ 1:3:6 （石灰：砂：骨料） 每层约虚铺 220mm，夯至 150mm	1:1.50	1:2.00	—

注：1. p_k 为荷载效应标准组合时基础底面处的平均压力值，kPa。
2. 阶梯形毛石基础的每阶伸出宽度不宜大于 200mm。
3. 当基础由不同材料叠合组成时，应对接触部分作抗压验算。
4. 混凝土基础单侧扩展范围内基础底面处的平均压力值超过 300kPa 时，尚应进行该侧抗剪验算；验算公式如下：

$$V_s \leqslant 0.366 f_t A$$

式中：V_s——相应于荷载效应基本组合时基础平均净反力产生的沿墙（柱）边缘或变阶处单位长度的剪力设计值；
A——沿墙（柱）边缘或变阶处混凝土基础单位长度面积；
f_t——混凝土抗拉强度设计值。

当上部结构与基础材料不一致时，需将墙脚或柱脚放大，其构造要求如图 7-16 所示。其中，d 为柱中纵向钢筋直径，当柱纵向钢筋在柱脚内的竖向锚固长度不满足锚固要求时，可沿水平方向弯折，弯折后的水平锚固长度不应小于 $10d$，也不应大于 $20d$。

【例题 7-4】 某住宅楼墙下条形基础，基础墙厚为 240mm，上部结构传至基础顶面的竖向荷载标准组合值为 $F_k = 260\text{kN/m}$。地基土为黏性土，重度 $\gamma = 17.5\text{kN/m}^3$，孔隙比 $e = 0.75$，液性指数 $I_L = 0.80$，地基承载力特征值为 $f_{ak} = 219\text{kPa}$，室内外高差 0.45m，基础埋深 1.60m，试设计该墙下条形基础。

解：(1) 求修正后的地基承载力特征值

由 $e = 0.75$，$I_L = 0.8$ 查表得 $\eta_b = 3.0$，$\eta_d = 1.6$，假设 $b < 3\text{m}$，则：

$$f_a = f_{ak} + \eta_d \gamma_m (d - 0.5)$$

$$= 219 + 1.6 \times 17.5 \times (1.6 - 0.5) = 249.8\text{kPa}$$

(2) 条形基础底面宽度

$$b \geqslant \frac{F_k}{f_a - \gamma_G \bar{d}} = \frac{260}{249.8 - 20 \times \left(1.6 + \frac{0.45}{2}\right)} = 1.21\text{m}$$

取基础底面宽度 $b=1.3\text{m}=1300\text{mm}$。

(3)基础材料

基础底部采用400mm厚C15的混凝土,其上采用“间隔式”砖墙大放脚。砖的强度等级为MU10,砂浆采用M5。

(4)台阶宽高比验算

①混凝土基础的基底压力:

$$p_k=\frac{F_k+G_k}{A}=\frac{260+20\times1.3\times1\times\left(1.6+\frac{0.45}{2}\right)}{1.3}$$

$$=236.5\text{kPa}>200\text{kPa}$$

查表7-8得,混凝土基础台阶宽高比允许值 $\tan\alpha=1:1.25$,则混凝土基础台阶宽度应满足 $b_2\leqslant H_0\tan\alpha=400\times\frac{1}{1.25}=320\text{mm}$。

结合混凝土基础构造要求,取混凝土基础台阶宽度为300mm。

②砖墙大放脚:可使用表7-8中砖基础台阶宽高比允许值,查得 $\tan\alpha=1:1.50$。

砖墙大放角所需台阶数为:

$$n\geqslant\frac{1300-240-2\times300}{120}=3.83\text{ 阶},\text{台阶数为 4 阶}$$

砖墙大放角底部实际宽度为:

$$b_0=240+2\times4\times60=720\text{mm}$$

砖墙大放角实际高度为:

$$H_0=120+60+120+60=360\text{mm}$$

根据式(7-18)得出砖墙大放角底面允许宽度为:

$$b'_0\leqslant240+2H'_0\tan\alpha=240+2\times360\times\frac{1}{1.5}$$

$$=720\text{mm}=b_0$$

设计宽度满足要求。

③墙下条形基础的实际宽度计算:砖墙大放角底部实际宽度为 $b'_0=720\text{mm}$,墙下条形基础基底的实际宽度为:

$$b=720+2\times300=1320\text{mm}$$

(5)绘制基础剖面图

如图7-17所示。

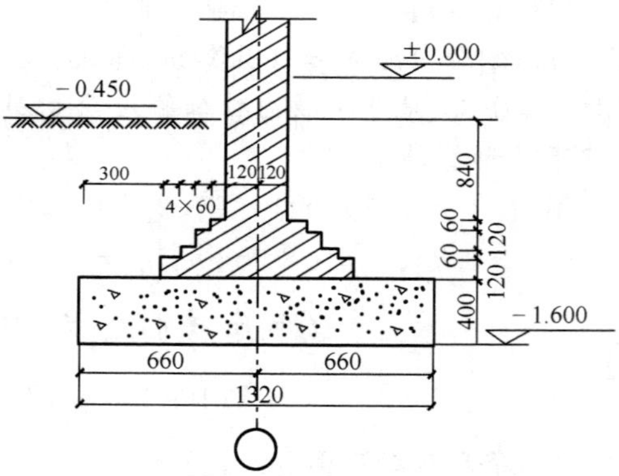

图7-17 基础剖面图(尺寸单位:mm)

第五节　扩展基础设计

一　扩展基础类型

扩展基础是指柱下钢筋混凝土独立基础和墙下钢筋混凝土条形基础。这种基础需配置足够的钢筋来承受拉力或弯矩，具有较大的抗弯、抗剪能力。扩展基础适用于上部结构荷载较大、土质软弱的情况。

1. 柱下钢筋混凝土独立基础

钢筋混凝土独立基础主要用于柱下，也用于一般的高耸构筑物，如水塔、烟筒等。其构造形式通常有现浇阶梯形基础、现浇锥形基础和预制柱杯口基础，如图 7-18 所示。

2. 墙下钢筋混凝土条形基础

墙下钢筋混凝土条形基础的横截面根据受力条件分为板式和梁板式两种，构造如图 7-19 所示。

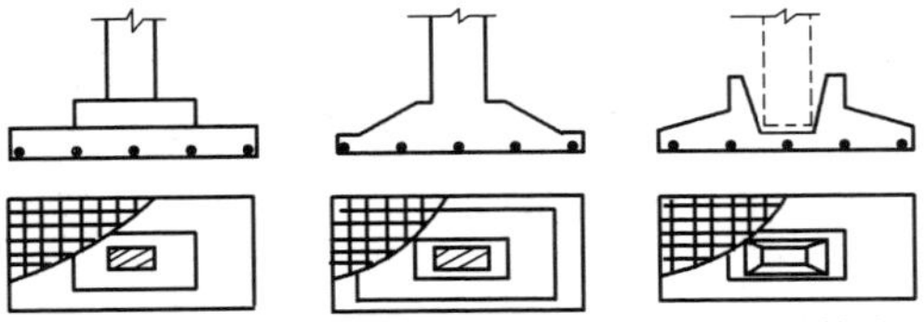

a)阶梯形基础　b)锥形基础　c)单杯口基础

图 7-18　钢筋混凝土独立基础类型

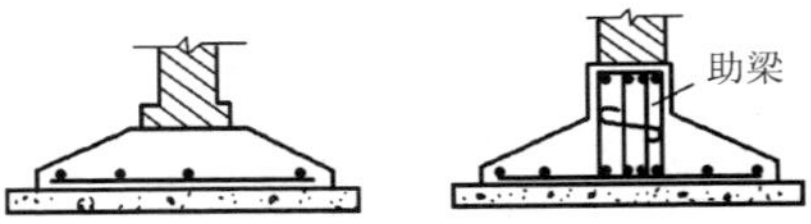

a)板式　b)梁板式

图 7-19　墙下钢筋混凝土条形基础

二　柱下钢筋混凝土独立基础

(一)柱下独立基础构造要求

1. 一般构造要求

(1)锥形基础

工程中常见的锥形基础的形式如图 7-20 所示，锥形基础的边缘高度不宜小于 200mm；坡高比小于或等于 1∶3，顶部做成平台，每边从柱边缘放出不少于 50mm，以便于柱支模。

(2)阶梯形基础

阶梯形基础的每阶高度宜为 300～500mm(图 7-21)，当基础高度 $h \leq 500$mm 时，宜用一阶；当基础高度为 $500\text{mm} < h \leq 900$mm 时，宜用两阶；当 $h > 900$mm 时，宜用三阶；阶梯形基础尺寸一般采用 50mm 的倍数。由于阶梯形基础的施工质量容易保证，宜优先考虑采用。

(3)钢筋配置

扩展基础底板受力钢筋的最小直径不宜小于 10mm，间距不宜大于 200mm，也不宜小于 100mm。

(4)垫层要求

基础垫层的厚度不宜小于 70mm，通常做 100mm 厚度并从基础边缘伸出 100mm；垫层混凝土强度等级不宜低于 C10。当有垫层时钢筋保护层的厚度不小于 40mm，无垫层时不小于 70mm。

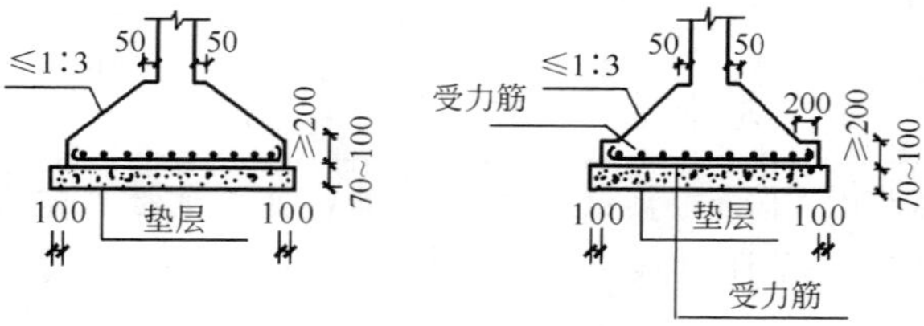

图 7-20　锥形基础构造（尺寸单位：mm）

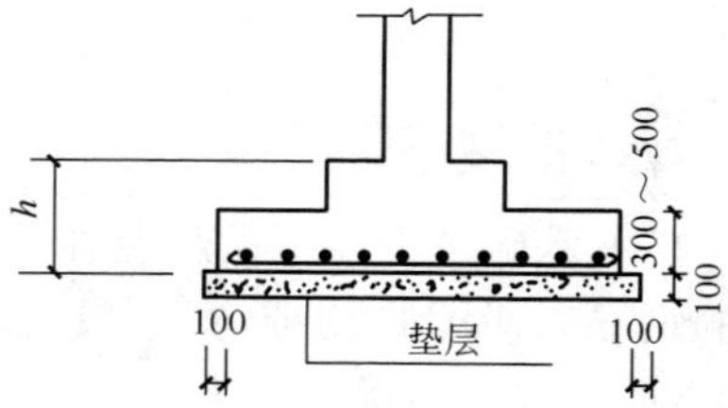

图 7-21　阶梯形基础构造（双向均为受力钢筋）（尺寸单位：mm）

（5）混凝土强度

基础的混凝土强度等级不应低于 C20。

2. 现浇柱基础构造要求

（1）当柱下钢筋混凝土独立基础的边长大于或等于 2. 5m 时，底板受力钢筋的长度可取边长或宽度的 9/10，并宜交错布置［图 7-22a）］。

（2）钢筋混凝土条形基础底板在 T 形及十字形交接处，底板横向受力钢筋仅沿一个主要受力方向通长布置，另一方向的横向受力钢筋可布置到主要受力方向底板宽度1/4 处［图 7-22b）］。在拐角处底板横向受力钢筋应沿两个方向布置［（图 7-22c）］。

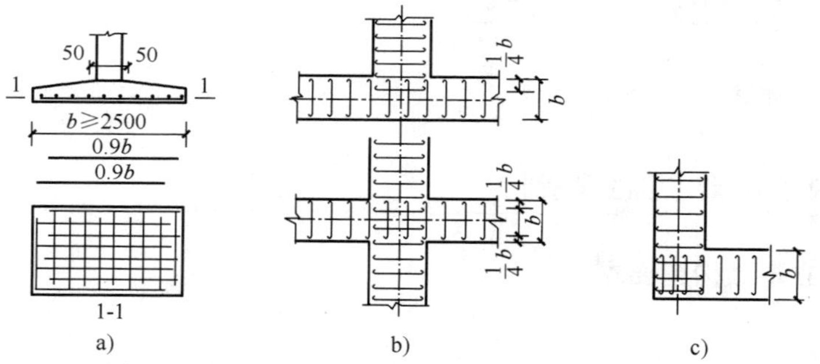

图 7-22　扩展基础底板受力钢筋示意图（尺寸单位：mm）

（3）钢筋混凝土柱纵向受力钢筋在基础内的锚固长度应根据钢筋在基础内的最小保护层厚度按现行混凝土结构设计规范有关规定确定。

有抗震设防要求时纵向受力钢筋的最小锚固长度应按下列要求计算：

一、二级抗震等级 $l_{aE}=1.15l_a$；三级抗震等级 $l_{aE}=1.05l_a$；四级抗震等级 $l_{aE}=l_a$。式中 l_a 为纵向受拉钢筋的锚固长度。

（4）现浇柱基础，其插筋的数量、直径以及钢筋种类应与柱内纵向受力钢筋相同。插筋的锚固长度应满足第（3）条的要求，插筋与柱的纵向受力钢筋的连接方法，应符合现行《混凝土结构设计规范》（GB 50010—2010）的规定。插筋的下端宜做成直钩放在基础底板钢筋网上。当符合下列条件之一时，可仅将四角的插筋伸至底板钢筋网上，其余插筋锚固在基础顶面下 l_a 或 l_{aE}（有抗震设防要求时）处（图 7-23）。

①柱为轴心受压或小偏心受压，基础高度大于或等于 1200mm。

②柱为大偏心受压，基础高度大于或等于 1400mm。

3. 预制柱基础构造

预制钢筋混凝土柱与杯口基础的连接应符合下列要求（图 7-24）。

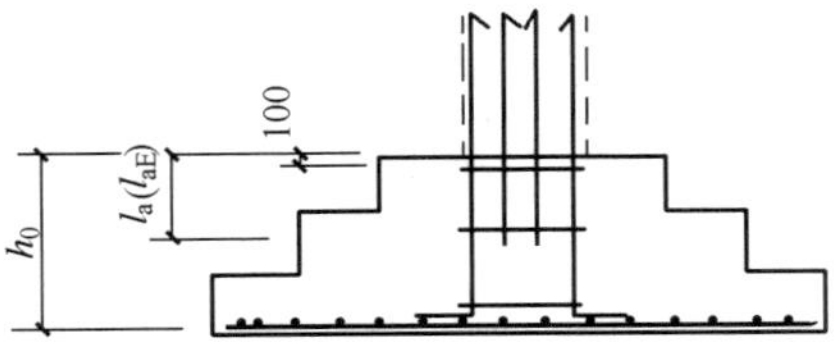

图 7-23　现浇柱的基础中插筋构造示意图

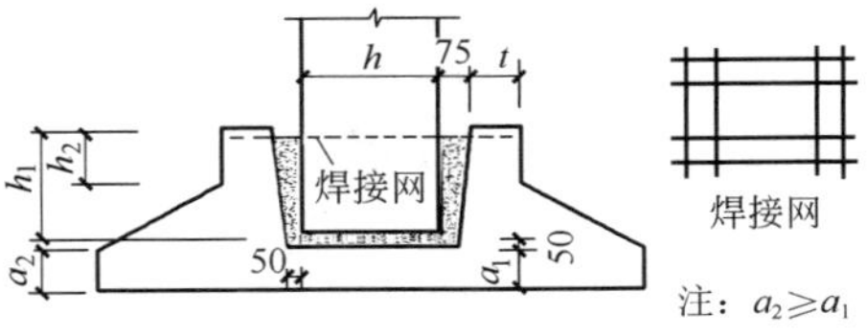

图 7-24　预制钢筋混凝土柱独立基础示意图

（1）柱插入深度可按表 7-9 选用，并应满足钢筋锚固长度要求及吊装时柱的稳定性要求。

柱的插入深度 h_1（单位：mm）　　表 7-9

矩形或工字形柱				双　肢　柱
$h<500$	$500 \leqslant h<800$	$800 \leqslant h<1000$	$h \geqslant 1000$	
$h \sim 1.2h$	h	$0.9h$ $\geqslant 800$	$0.8h$ $\geqslant 1000$	$(1/3 \sim 2/3)h_a$ $(1.5 \sim 1.8)h_b$

注：1. h 为柱截面长边尺寸；h_a 为双肢柱全截面长边尺寸；h_b 为双肢柱全截面短边尺寸。
2. 柱轴心受压或小偏心受压时，h_1 可适当减小，偏心距大于 $2h$ 时，h_1 应适当加大。

（2）基础的杯底厚度和杯壁厚度可按表 7-10 选用。

基础杯底厚度和杯壁厚度　　表 7-10

柱截面长边尺寸 h(mm)	杯底厚度 a_1(mm)	杯壁厚度 t(mm)
$h<500$	$\geqslant 150$	150 ~ 200
$500 \leqslant h<800$	$\geqslant 200$	$\geqslant 200$
$800 \leqslant h<1000$	$\geqslant 200$	$\geqslant 300$
$1000 \leqslant h<1500$	$\geqslant 250$	$\geqslant 350$
$1500 \leqslant h<2000$	$\geqslant 300$	$\geqslant 400$

注：1. 双肢柱的杯底厚度值，可适当加大。
2. 当有基础梁时，基础梁下的杯壁厚度，应满足其支撑宽度的要求。
3. 柱子插入杯口部分的表面应凿毛，柱子与杯口之间的空隙，应用比基础混凝土强度等级高一级的细石混凝土填充密实，当达到材料设计强度的 70% 以上时，方能进行上部吊装。

（3）当柱为轴心受压或小偏心受压且 $t/h_2 \geqslant 0.65$ 时，或大偏心受压且 $t/h_2 \geqslant 0.75$ 时，杯壁可不配筋；当柱为轴心受压或小偏心受压且 $0.5 \leqslant t/h_2 < 0.65$ 时，杯壁可按表 7-11 构造配筋；其他情况下，应按计算配筋。

杯 壁 构 造 配 筋　　表 7-11

柱截面长边尺寸 h(mm)	$h<1000$	$1000 \leqslant h<1500$	$1500 \leqslant h<2000$
钢筋直径(mm)	8 ~ 10	10 ~ 12	12 ~ 16

注：表中钢筋置于杯口顶部，每边两根（图 7-24）。

（4）双杯口基础（图 7-25）用于厂房伸缩缝处的双柱下或者考虑厂房扩建而设置的预留杯口情况。当中间杯壁的宽度小于 400mm 时，宜在杯壁内配筋。

（二）柱下独立基础高度

钢筋混凝土柱下独立基础高度（即底板厚度）主要由抗冲切强度确定。在中心荷载作用下，如果基础高度不够，将会沿柱周边发生冲切破坏，形成45°斜裂面冲切角锥体（图7-26），为防止基础发生冲切破坏，必须进行抗冲切验算以保证基础具有足够的高度，使冲切角锥体以外的地基净反力引起的冲切力 F_l 不大于基础冲切面处混凝土的抗冲切能力。

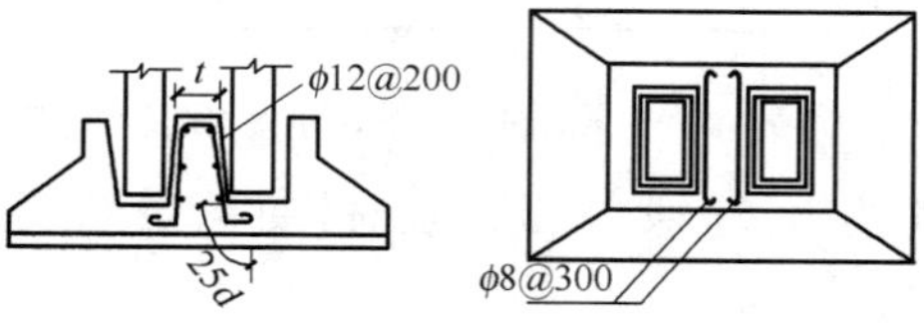

图7-25 双杯口基础中间杯壁的构造配筋示意图

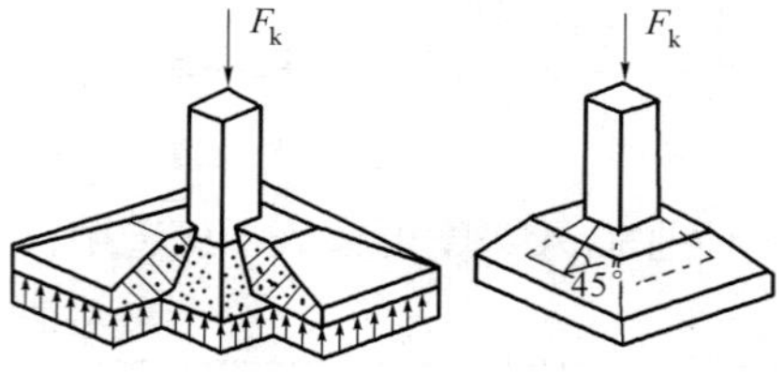

图7-26 基础冲切破坏

对于矩形基础，应验算柱与基础交接处以及基础变阶处的受冲切承载力，应按下列公式验算：

$$F_l \leqslant 0.7\beta_{hp} f_t a_m h_0 \tag{7-15}$$

$$a_m = \frac{a_t + a_b}{2} \tag{7-16}$$

$$F_l = p_j A_l \tag{7-17}$$

式中：β_{hp}——受冲切承载力截面高度影响系数，当 h 不大于800mm时，β_{hp} 取1.0，当 h 大于或等于2000mm时，β_{hp} 取0.9，其间按线性内插法取用；

f_t——混凝土轴心抗拉强度设计值，N/mm^2；

h_0——基础冲切破坏锥体的有效高度，m；

a_m——冲切破坏锥体最不利一侧计算长度，m；

a_t——冲切破坏锥体最不利一侧斜截面的上边长，m；当计算柱与基础交接处的受冲切承载力时，取柱宽，当计算基础变阶处的受冲切承载力时，取上阶宽；

a_b——冲切破坏锥体最不利一侧斜截面在基础底面积范围内的下边长，m，当冲切破坏锥体的底面落在基础底面以内（图7-27），计算柱与基础交接处的受冲切承载力时，取柱宽加两倍基础有效高度，当计算基础变阶处的受冲切承载力时，取上阶宽加2倍该处的基础有效高度；

p_j——扣除基础自重及其上土重后相应于荷载效应基本组合时的地基土单位面积净反力，kPa，轴压基础，$p_j = F/A$，对偏心受压基础可取基础边缘处最大地基土单位面积净反力；

F_l——相应于荷载效应基本组合时作用在 A_l 上的地基土净反力设计值，kN；

F——相应于荷载效应基本组合时作用在基础顶面的竖向荷载值，kN；

A——基础底面面积，m^2；

A_l——冲切验算时取用的部分基底面积（图7-27）中的阴影面积 $ABCDEF$，m^2。

设 a_t、b_t 分别为基础长边 l 方向和短边 b 方向对应的柱边长（变阶处为上阶对应的台阶尺寸），当 $l > a_t + 2h_0$ 时［图 7-27a）和图 7-27b）］，冲切破坏角锥体的底面积部分落在基底面积以内：

$$A_l = \left(\frac{b}{2} - \frac{b_t}{2} - h_0\right)l - \left(\frac{l}{2} - \frac{a_t}{2} - h_0\right)^2 \tag{7-18}$$

当基础底面边缘在冲切破坏的 45°开裂线以内时，可以不进行基础高度的抗冲切验算。

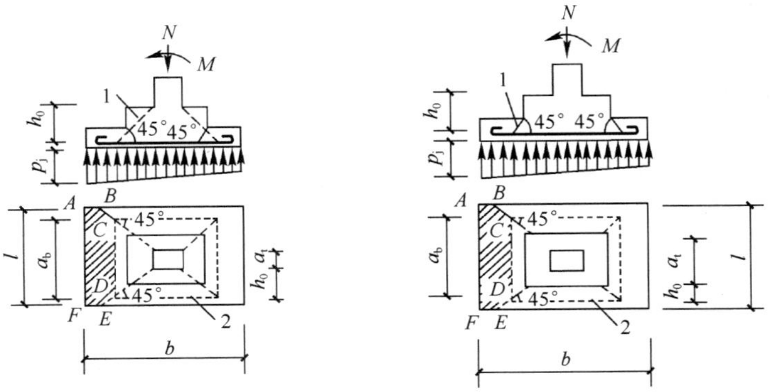

a)柱与基础交接处

b)基础变阶处

图 7-27　计算阶梯形基础的受冲切承载力截面位置

1-冲切破坏锥体最不利一侧的斜截面；2-冲切破坏锥体的底面线

（三）基础底板配筋计算

独立基础在地基净反力作用下，纵横两个方向都要产生弯矩，基础沿柱边的周边向上弯曲，发生弯曲破坏。因此，独立基础底板的配筋应按受弯承载力确定，一般柱下独立基础的长短边尺寸较为接近，需考虑基础双向受弯，应分别在底板纵横两个方向配置受力钢筋。

1. 轴心受压基础

计算底板弯矩时，将基础底板视为四块嵌固在柱子周边的梯形悬臂板（图 7-28），最大弯矩发生在柱边截面处，因此计算截面取柱边或变阶处（阶梯形基础）。则矩形基础沿长短边两个方向的弯矩分别等于梯形面积（图中阴影部分面积）上地基净反力的合力对柱边及基础变阶处截面的力矩。轴压基础，当基础台阶宽高比小于或等于 2.5 时，柱边截面的弯矩按下式简化计算：

Ⅰ-Ⅰ截面

$$M_{\mathrm{I}} = \frac{p_j}{24}(b - b')^2(2l + a') \tag{7-19}$$

Ⅱ-Ⅱ截面

$$M_{\mathrm{II}} = \frac{p_j}{24}(l - a')^2(2b + b') \tag{7-20}$$

式中：M_{I}、M_{II}——任意截面Ⅰ-Ⅰ、Ⅱ-Ⅱ处相应于荷载效应基本组合值时的弯矩设计值，

kN · m。

至于式(7-19)、式(7-20)中的 a' 和 b' 如图 7-28 所示：当计算柱边截面弯矩时，可将 a' 和 b' 换为柱子截面边长 a_t 和 b_t；当计算阶梯形基础变阶处截面的弯矩时，可将 a'、b' 分别换为相应方向的基础变阶处截面边长即可。图中 a_I 为任意截面 I-I 至基底边缘的距离，m。

2. 偏心受压基础

在单向偏心荷载作用下，当基础台阶宽高比小于或等于 2.5 和偏心距小于或等于 1/6 基础宽度时，地基反力为梯形分布。如图 7-29 所示，基础底板两个方向的弯矩按照《建筑地基基础设计规范》(GB 50007—2011)可以表示为：

$$M_I = \frac{1}{12}a_1^2\left[(2l + a')\left(p_{max} + p_I - \frac{2G}{A}\right) + (p_{max} - p)l\right] \tag{7-21}$$

$$M_{II} = \frac{1}{48}(l - a')^2(2b + b')\left(p_{max} + p_{min} - \frac{2G}{A}\right) \tag{7-22}$$

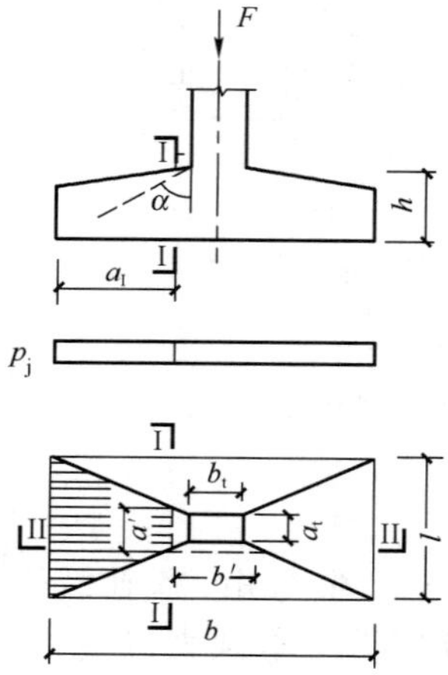

图 7-28　轴心受压基础底板弯矩计算示意图

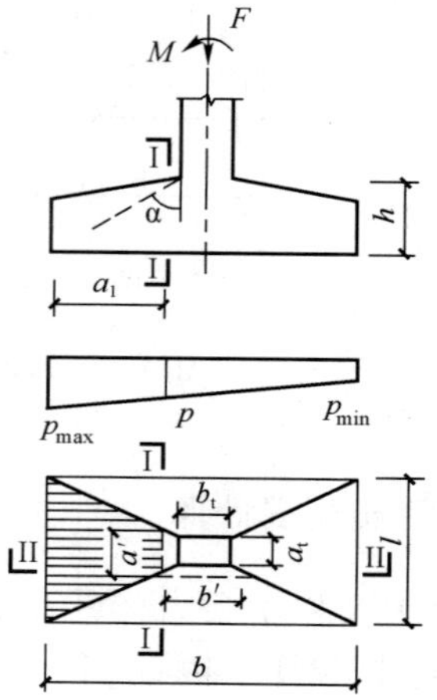

图 7-29　变阶处弯矩示意图

如果以地基净反力表示，直接计算柱边截面弯矩时，式(7-21)、式(7-22)可写成：

$$M_I = \frac{p_{jmax} + p_{jI}}{48}(b - b_t)^2(2l + a_t) \tag{7-23}$$

$$M_{II} = \frac{p_{jmax} + p_{jmin}}{48}(l - a_t)^2(2b + b_t) \tag{7-24}$$

$$p_{jI} = p_{jmin} + (p_{jmax} - p_{jmin})\frac{b + b_t}{2b} \tag{7-25}$$

以上五式中：p_{max}、p_{min}——相应于荷载效应基本组合时的基础底面边缘最大和最小地基反力设计值；

p、p_{jI}——相应于荷载效应基本组合时在任意截面 I-I 处基础底面地基反力、地基净反力设计值；

p_{jmax}、p_{jmin}——相应于荷载效应基本组合时的基础底面边缘最大和最小地基净反力设计值；

G——考虑荷载分项系数的基础自重及其上的土重；当组合值由永久荷载控制时，$G=1.35G_k$，G_k 为基础及其上土的标准自重；

a_t、b_t——分别为与基础长边和短边相对应的柱子边长；

l、b——基础底面的边长；

a_1——任意截面 I-I 至基底边缘最大反力处的距离，m。

3. 配筋计算

当求得计算截面弯矩后，可用下式分别计算基础底板纵横两个方向的钢筋面积：

$$A_s = \frac{M}{0.9f_y h_0} \tag{7-26}$$

对于阶梯形基础，变阶处也是受弯的危险截面，因此尚需计算变阶处的弯矩及其配筋（图7-30），此时只要用台阶平面尺寸代替柱截面尺寸即可，按式（7-23）、式（7-24）分别计算上阶底边Ⅲ-Ⅲ和Ⅳ-Ⅳ截面的弯矩 $M_{Ⅲ}$、$M_{Ⅳ}$（式中的 a' 和 b' 换成长边 l_1 和短边 b_1），然后按式（7-26）计算钢筋面积，最后取同方向钢筋面积的最大值配筋。

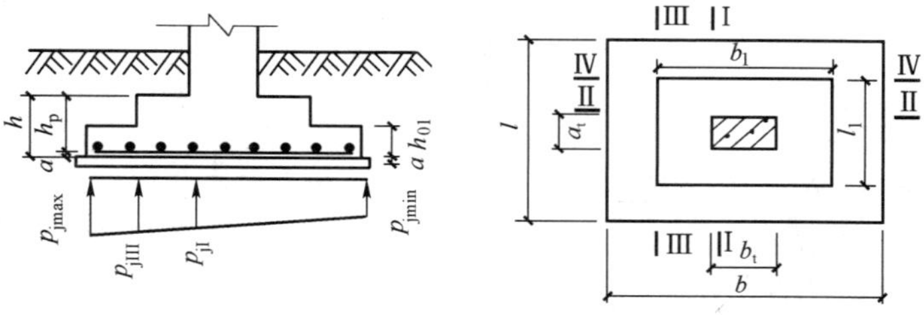

图7-30　矩形基础底板配筋计算示意图

需要说明的是，若基础在长边方向偏心，将本节公式中的长短边进行互换即可。

【工程案例】　已知某高层住宅建筑设地下 **1** 层，地上 18 层，地下室作为设备用房和防空地下室，建筑物地上高度为 64m，框架—剪力墙结构，建筑物东西长 30m，南北宽 25m，总建筑面积 1436m²，结构为柱下独立基础，基础底标高为 −7.800m。该工程属深基坑开挖工程，基坑支护采用喷锚网支护。土层分布情况见表7-12。现选用 FO/23B 塔式起重机作为其中的运输设备，起重机基础为整体式钢筋混凝土基础（方块状独立基础）。试设计该塔式起重机的基础。

土 层 分 布 情 况　　　　表7-12

层　号	层　名	深度 z(m)	γ(kN/m³)	E_s(MPa)	f_{ak}(kPa)
1	素填土	2.2	18.5	4.6	
2	粉质黏土	4.1	19.1	14.6	130
3	全风化含粉砂泥岩	1.5	20.5	38.0	175
4	微风化含粉砂泥岩	12	25	—	210

解：(1)基础的选型

根据《FO/23B 塔式起重机使用说明书》和《甲花园某栋高层住宅岩土工程勘察报告》，本工程塔吊基础采用整体式混凝土基础（方块状独立基础），长×宽×高尺寸为 5400mm×5400mm×1400mm，考虑到地下室以及土层分布情况，基础埋深 $d=7.8\text{m}$，选用微风化含粉砂泥岩作为基础持力层。塔吊基础布置图如图 7-31 所示。

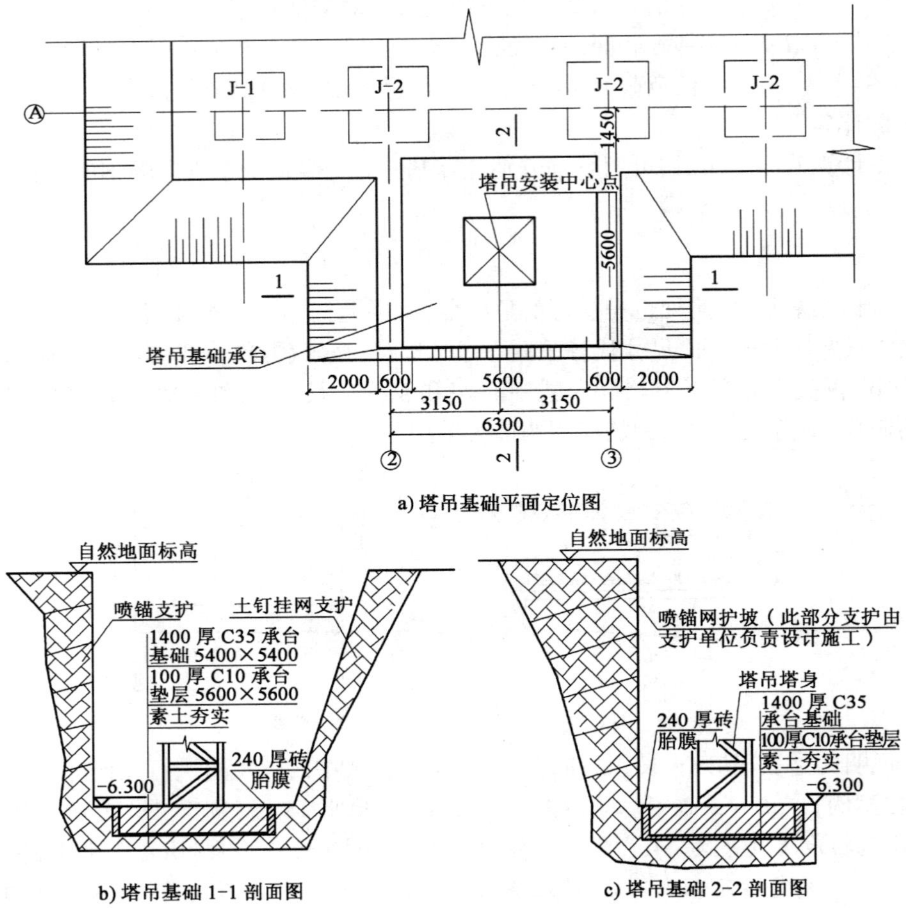

a) 塔吊基础平面定位图

b) 塔吊基础 1-1 剖面图

c) 塔吊基础 2-2 剖面图

图 7-31　塔吊基础布置图（尺寸单位：mm）

（2）塔吊参数信息（参照塔吊使用说明书）

根据塔吊正常运转以及工程实际需要，考虑塔吊的安装高度为 78m，共需要标准节 26 节，每个标准节高 3m，塔吊的配重为 11.174t，按塔吊使用说明书计算：

塔吊自重为：67.242t = 672.46kN

基础自重为：$5.4\times5.4\times1.40\times24=980\text{kN}$

活荷载最大起吊重量：10t = 100kN

倾覆力矩：1450kN·m

塔身宽度：1.6m

（3）荷载计算

①正常使用极限状态下，荷载效应的标准组合值为：

作用于基础顶面的竖向荷载标准组合值为：

$$F_k = 塔吊自重 + 活荷载最大起吊重量 = 672.4 + 100 = 772.46\text{kN}$$

作用于基础底面的基础及基础上回填土的竖向荷载标准组合值为：

$$G_k = 基础自重 + 基础上回填土重量$$
$$= 980 + 20 \times 5.4 \times 5.4 \times (7.8 - 1.4) = 4712.48\text{kN}$$

作用于基础底面的弯矩的标准组合值为：

$$M_k = 倾覆力矩 = 1450\text{kN} \cdot \text{m}$$

②承载能力极限状态下，荷载效应的基本组合设计值为（按照可变荷载效应控制为主，竖向力分项系数为1.2，倾覆力矩及扭矩分项系数为1.4）：

作用于基础顶面的竖向荷载基本组合设计值为：

$$F = 1.2 \times (塔吊自重 + 活荷载最大起吊重量)$$
$$= 1.2 \times (672.4 + 100) = 926.95\text{kN}$$

作用于基础底面的基础及基础上回填土的竖向荷载基本组合设计值为：

$$G = 1.2 \times (基础自重 + 基础上回填土重量)$$
$$= 1.2 \times (980 + 20 \times 5.4 \times 5.4 \times 6.4) = 5655.0\text{kN}$$

作用于基础底面的弯矩的基本组合设计值为：

$$M = 1.4 \times 倾覆力矩 = 1.4 \times 1450 = 2030\text{kN} \cdot \text{m}$$

（4）地基承载力验算

①修正后的持力层土的承载力特征值。

根据工程地质资料，持力层为微风化含粉砂泥岩，查表得 $\eta_b = 2.0$，$\eta_d = 3.0$。

基础底面以上土的加权重度为：

$$\gamma_m = \frac{\sum \gamma_i h_i}{\sum h_i} = \frac{18.5 \times 2.2 + 19.1 \times 4.1 + 20.5 \times 1.5}{7.8} = 19.2\text{kN/m}^3$$

$$f_a = f_{ak} + \eta_b \gamma (b - 3) + \eta_d \gamma_m (d - 0.5)$$
$$= 210 + 2 \times 25 \times (5.4 - 3) + 3.0 \times 19.2 \times 7.8(1.8 - 0.5) = 750\text{kPa}$$

②偏心距计算。

$$e = \frac{M_k}{F_k + G_k} = \frac{1450}{772.46 + 4712.48} = 0.26\text{m} < \frac{b}{6} = 0.9\text{m}，且\ e < \frac{b}{3} = 1.8\text{m}$$

满足基础整体倾覆验算。

③基底压力验算：

$$p_{kmax} = \frac{F_k + G_k}{bl} + \frac{M_k}{W} = \frac{772.46 + 4712.48}{5.4 \times 5.4} + \frac{1450}{5.4^3/6}$$

$$= 243.34\text{kPa} < 1.2 f_a = 1.2 \times 750 = 900\text{kPa}$$

$$p_{kmin} = \frac{F_k + G_k}{bl} - \frac{M_k}{W} = \frac{772.46 + 4712.48}{5.4 \times 5.4} - \frac{1450}{5.4^3/6} = 132.8\text{kPa} > 0$$

$$p_k = \frac{p_{kmax} + p_{kmin}}{2} = \frac{243.34 + 132.8}{2} = 188.05\text{kPa} < f_a = 750\text{kPa}$$

地基承载力满足要求。

(5)确定基础高度

根据构造要求，基础混凝土等级为C35，查表得混凝土抗拉强度设计值为$f_t=1.57\text{N/mm}^2$，钢筋选用HRB335级，钢筋抗拉强度设计值$f_y=300\text{N/mm}^2$，其下用100mm厚素混凝层，保护层厚度为40mm。选择基础高度$h=1400\text{mm}$，$h_0=1400-40=1360\text{mm}$，由题得，$l=b=5.4\text{m}$，$a_t=b_t=1.6\text{m}$。

①基底净反力计算。

$$p_{\text{jmax}}=\frac{F}{bl}+\frac{M}{W}=\frac{926.95}{5.4\times5.4}+\frac{2030}{5.4^3/6}=109.13\text{kPa}$$

$$p_{\text{jmin}}=\frac{F}{bl}-\frac{M}{W}=\frac{926.95}{5.4\times5.4}-\frac{2030}{5.4^3/6}=-51.75\text{kPa}<0$$

基底出现拉力时：

$$a=\frac{b}{2}-e=\frac{5.4}{2}-\frac{M}{F}=2.7-\frac{2030}{926.95}=0.51\text{m}$$

$$p_{\text{jmax}}=\frac{2F}{3al}=\frac{2\times926.95}{3\times0.51\times5.4}=224.39\text{kPa}$$

最后：

$$p_{\text{jmax}}=224.39\text{kPa}$$

②基础抗冲切承载力验算。

$$a_t+2h_0=1.6+2\times1.36=4.32\text{m}<5.4\text{m}$$

则

$$A_l=\left(\frac{b}{2}-\frac{b_t}{2}-h_0\right)l-\left(\frac{l}{2}-\frac{a_t}{2}-h_0\right)^2$$

$$=\left(\frac{5.4}{2}-\frac{1.6}{2}-1.36\right)\times5.4-\left(\frac{5.4}{2}-\frac{1.6}{2}-1.36\right)^2=2.6244\text{m}^2$$

$$a_m h_0=(a_t+h_0)h_0=(1.6+1.36)\times1.36=4.0256\text{m}^2$$

冲切力设计值：

$$F_l=p_{\text{jmax}}A_l=224.39\times2.6244=588.89\text{kN}$$

抗冲切力值：当$h=1400\text{mm}$时，按内插法得：

$$\beta_{hp}=1.0-(1400-800)\times\frac{1.0-0.9}{2000-800}=0.95$$

$$0.7\beta_{hp}f_t a_m h_0=0.7\times0.95\times1.57\times4.0256=4202.93\text{kN}>F_l=588.89\text{kN}$$

基础高度$h=1400\text{mm}$满足抗冲切承载力要求。

(6)基础配筋计算

①按荷载效应的基本组合计算的基底压力。

$$p_{\max}=\frac{F+G}{A}+\frac{M}{W}=\frac{926.95+5655}{5.4\times5.4}+\frac{2030}{5.4^3/6}=303\text{kPa}$$

$$p_{\min}=\frac{F+G}{A}-\frac{M}{W}=\frac{926.95+5655}{5.4\times5.4}-\frac{2030}{5.4^3/6}=1418.4\text{kPa}$$

计算 I-I 截面的基底压力为：

$$p_{\mathrm{I}} = p_{\min} + \frac{b + b_{\mathrm{t}}}{2b}(p_{\max} - p_{\min})$$

$$= 148.4 + \frac{5.4 + 1.6}{2 \times 5.4} \times (303 - 148.4) = 248.4\mathrm{kPa}$$

②计算 I-I 截面和 II-II 截面处弯矩及其配筋。

取塔身边缘为计算截面，则：

$$a_1 = \frac{5.4 - 1.6}{2} = 1.9\mathrm{m}, a' = b' = 1.6\mathrm{m}$$

$$M_{\mathrm{I}} = \frac{1}{12}a_1^{\ 2}(2l + a')\left(p_{\max} + p_{\mathrm{I}} - \frac{2G}{A}\right) + (p_{\max} - p_{\mathrm{I}})l$$

$$= \frac{1}{12} \times 1.9^2 \times (2 \times 5.4 + 1.6)\left(303 + 248.4 - \frac{2 \times 5655}{5.4^2}\right) +$$

$$(303 - 248.4) \times 5.4 = 861.2\mathrm{kN \cdot m}$$

$$A_{\mathrm{sI}} = \frac{M_{\mathrm{I}}}{0.9f_{\mathrm{y}}h_0} = \frac{861.2 \times 10^6}{0.9 \times 300 \times 1360} = 2345\mathrm{mm}^2$$

$$M_{\mathrm{II}} = \frac{1}{48}(l - a')^2(2b + b')\left(p_{\max} + p_{\min} - \frac{2G}{A}\right)$$

$$= \frac{1}{48} \times (5.4 - 1.6)^2 \times (2 \times 5.4 + 1.6) \times \left(2303 + 148.4 - \frac{2 \times 5655}{5.4^2}\right)$$

$$= 237\mathrm{kN \cdot m}$$

$$A_{\mathrm{sII}} = \frac{M_{\mathrm{II}}}{0.9f_{\mathrm{y}}h_0} = \frac{237 \times 10^6}{0.9 \times 300 \times 1360} = 645.4\mathrm{mm}^2$$

③塔吊基础配筋图。

查钢筋面积表并结合构造选钢筋为双层双向 ϕ12@200，拉筋为 ϕ10@200，基础配筋图如图 7-32 所示。

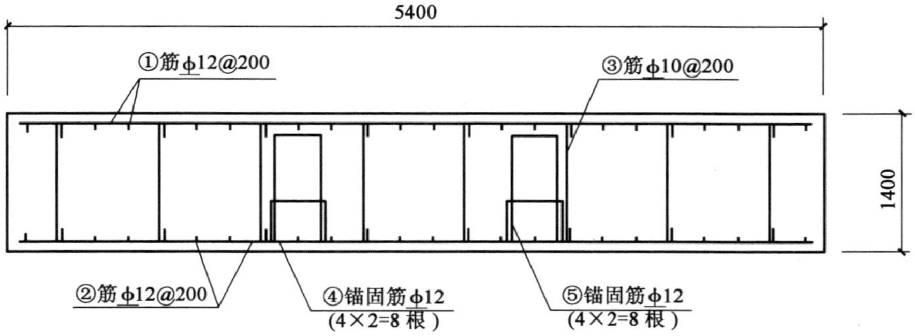

图 7-32　塔吊基础配筋图(尺寸单位：mm)

注：1. 钢筋保护层厚度为 40mm；

2. ③钢筋为箍筋呈梅花形布置；

3. ④、⑤钢筋绑扎时配合塔吊支腿安装绑扎到位；

4. 马凳筋采用 ϕ12@1000×1000 布置。

三 墙下钢筋混凝土条形基础

(一)墙下钢筋混凝土条形基础的构造

(1)墙下钢筋混凝土条形基础的一般构造同柱下独立基础。

(2)墙下钢筋混凝土条形基础的构造如图7-33所示。当基础高度大于250mm时,截面采用锥形,其边缘高度不宜小于200mm;当基础高度h小于或等于250mm时,宜采用平板式;当地基较软弱时,为了增加基础抗弯刚度,减少基础不均匀沉降的影响,基础剖面也可采用带肋式条形基础[图7-19b)],肋的纵向钢筋和箍筋一般按经验确定。

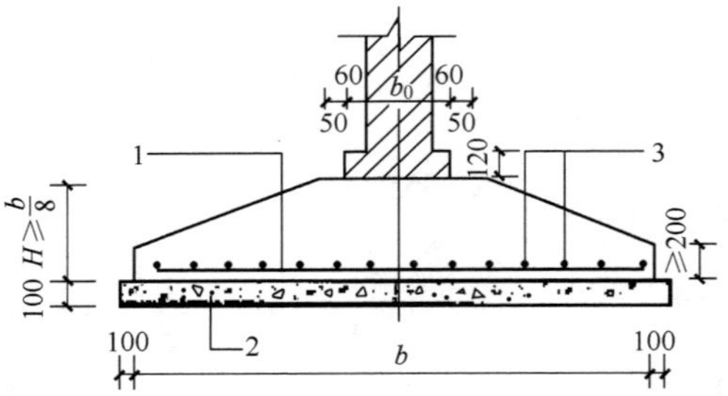

图7-33 墙下钢筋混凝土条形基础构造(尺寸单位:mm)
1-受力钢筋;2-C10混凝土垫层;3-构造钢筋

(3)墙下钢筋混凝土条形基础纵向分布钢筋的直径不小于8mm,间距不大于300mm,每延米分布钢筋的面积应不小于受力钢筋面积的1/10;基础有垫层时,钢筋保护层不小于40mm,无垫层时不小于70mm。

(4)墙下钢筋混凝土条形基础的宽度大于或等于2.5m时,底板受力钢筋的长度可取宽度的9/10,并且交错布置[图7-22a)]。

(二)墙下钢筋混凝土条形基础设计

1.轴心受压基础

墙下钢筋混凝土条形基础底板厚度主要由抗剪强度(受剪承载力条件)确定,基础底板如同倒置的悬臂板,计算基础内力时,通常沿条形基础长度方向取单位长度(即$l=1$m)进行计算。在地基净反力作用下,基础的最大内力实际发生在悬臂板的根部(墙外边缘垂直截面处)。

(1)地基净反力计算

墙下钢筋混凝土条形基础的地基净反力计算公式为:

$$p_j = \frac{F}{b} \tag{7-27}$$

式中:F——相应于荷载效应基本组合时作用在基础顶面上的荷载值,kN/m;

b——基础宽度,m。

(2)内力设计值的计算

基础任意截面Ⅰ-Ⅰ处(图7-34)的弯矩M和剪力V为:

$$M = \frac{1}{2}p_j a_1^2 \tag{7-28}$$

$$V = p_j a_1 \tag{7-29}$$

当墙体材料为混凝土时,式(7-28)、式(7-29)中取$a_1 = b_1$。

当墙体为砖墙且大放角不大于1/4砖长时,最大内力设计值应位于墙边截面(图7-35),截面的内力值按下列公式计算:

$$V=\frac{1}{2}p_j(b-a) \quad (7\text{-}30)$$

$$M=\frac{1}{8}p_j(b-a)^2 \quad (7\text{-}31)$$

式中：V——基础底板支座的剪力设计值，kN/m；

M——基础底板支座的弯矩设计值，kN·m；

a——砖墙厚度，mm。

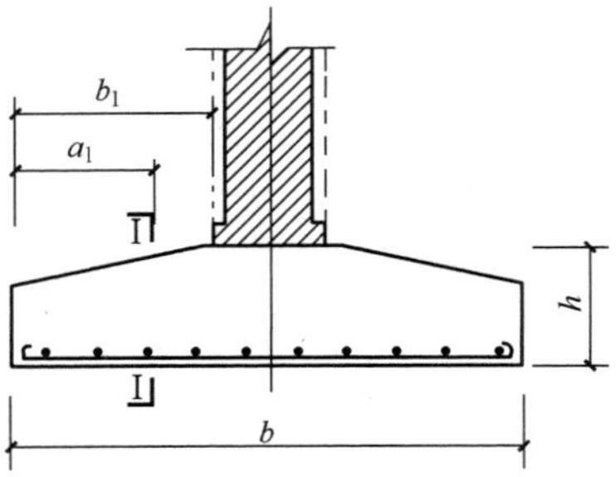

图 7-34　墙下条形基础计算示意图

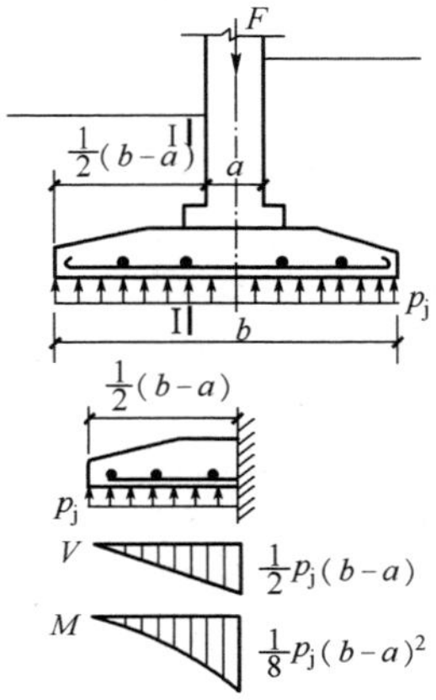

图 7-35　墙边截面计算内力示意图

(3)基础底板厚度

为了防止因剪力作用而使基础底板发生剪切破坏，基础底板应有足够的厚度，基础底板厚度的确定可采用以下两种方法计算。

①根据经验一般取基础底板厚度 $h\geqslant\frac{b}{8}$（b 为基础宽度），然后进行抗剪验算，即：

$$V\leqslant 0.7\beta_{hs}f_t l h_0 \quad (7\text{-}32)$$

②根据式(7-30)算出的最大剪力，再按受剪承载力条件式(7-32)，求得条形基础的截面有效高度 h_0，即：

$$h_0\geqslant\frac{V}{0.7\beta_{hs}f_t l} \quad (7\text{-}33)$$

基础底板厚度：

当设垫层时

$$h=h_0+40+\frac{d}{2}$$

当无垫层时

$$h=h_0+70+\frac{d}{2}$$

式中：l——条形基础沿基础长边方向长度，通常取 1m；

f_t——混凝土轴心抗拉强度设计值，N/mm²；

β_{hs}——受剪切承载力截面高度影响系数，$\beta_{hs}=\left(\frac{800}{h_0}\right)^{\frac{1}{4}}$，当 h_0 小于 800mm 时，取 800mm，当

h_0 大于 2000mm 时，取 2000mm；

d——受力钢筋直径，mm。

基础底板厚度的最后取值，应以 50mm 为模数确定。

（4）基础底板配筋

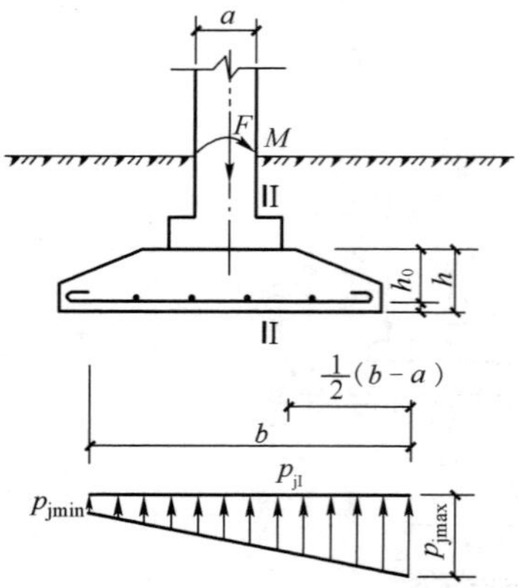

图 7-36 偏心荷载作用下条形基础

基础底板受力钢筋按下式计算：

$$A_s = \frac{M}{0.9f_y h_0} \tag{7-34}$$

式中：A_s——条形基础每延米长基础底板受力钢筋截面面积，mm^2/m；

f_y——钢筋抗拉强度设计值，N/mm^2。

2. 偏心受压基础

基础在偏心荷载作用下，基底净反力一般呈梯形分布，如图 7-36 所示。偏心受压基础的底板厚度及底板配筋计算方法和轴心受压基础相同。不同点在于进行内力计算时，偏心受压基础的地基净反力应取计算截面地基净反力 p_{jI} 与基底最大净反力 p_{jmax} 的平均值。

【例题 7-5】 已知某教学楼外墙厚为 370mm，传至基础顶面的竖向荷载的标准组合值 F_k 为 300kN/m，基本组合值 $F=350$kN/m，室内外高差为 0.90m，基础埋深为 1.3m，修正后的地基承载力特征值为 $f_a=142$kPa，试设计该墙下钢筋混凝土条形基础。

解：（1）求基础底面宽度

$$b \geqslant \frac{F_k}{f_a - \gamma \bar{d}} = \frac{300}{142 - 20 \times \left(1.3 + \frac{0.9}{2}\right)} = 2.8\text{m}$$

故取基础宽度 $b=2800$mm。

（2）确定基础底板厚度

初步选择基础混凝土强度等级为 C20，其下采用 C10 素混凝土垫层 100mm 厚，钢筋保护层厚度为 40mm，$f_t=1.1\text{N/mm}^2$。

方法一：按 $\frac{b}{8}=\frac{2800}{8}=350$mm 初选基础高度 $h=350$mm，根据墙下钢筋混凝土基础构造要求，初步确定基础剖面尺寸如图 7-37 所示。

地基净反力设计值：

$$p_j = \frac{F}{b} = \frac{350}{2.8} = 125\text{kPa}$$

Ⅰ-Ⅰ截面的剪力设计值：

$$V_{\text{I}} = \frac{1}{2}p_j(b-a) = \frac{1}{2} \times 125 \times (2.8 - 0.37) = 151.9\text{kN/m}$$

验算受剪承载力：

$$\begin{aligned} 0.7\beta_{hs} f_t l h_0 &= 0.7 \times 1.0 \times 1.1 \times 10^3 \times 1 \times (350-40) \\ &= 238.7\text{kN/m} > V_{\text{I}} = 151.9\text{kN/m} \end{aligned}$$

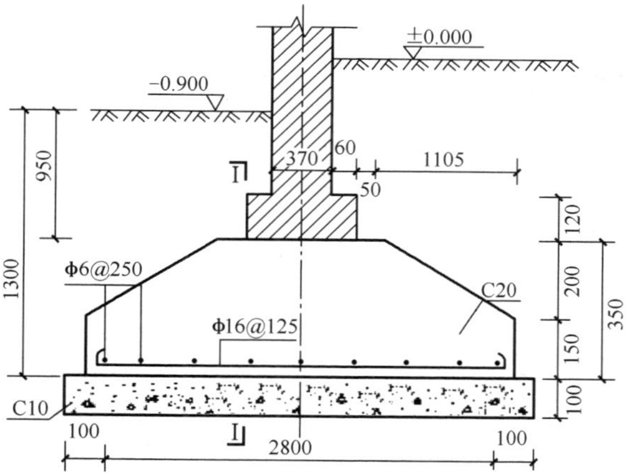

图 7-37　基础配筋图(尺寸单位:mm)

满足抗剪要求,则基础高度为 350mm。

方法二:由受剪承载力条件求基础有效高度:

$$h_0 \geqslant \frac{V_{\rm I}}{0.7\beta_{\rm hs} f_{\rm t} l} = \frac{151.9 \times 10^3}{0.7 \times 1 \times 1.1 \times 10^3 \times 1000} = 197.3\text{mm}$$

实际基础有效高度:$h_0 = h - a_s = 350 - 40 = 310\text{mm} > 197.3\text{mm}$,满足要求。

(3)底板配筋计算

Ⅰ-Ⅰ截面处弯矩:

$$M_{\rm I} = \frac{1}{8} p_{\rm j} (b - a)^2 = \frac{1}{8} \times 125 \times (2.8 - 0.37)^2 = 92.3\text{kN·m}$$

计算每米长度条形基础底板受力钢筋面积,选用 HPB300 级钢筋,$f_y = 270\text{N/mm}^2$,则沿基础宽度方向受力钢筋的面积为:

$$A_{s\rm I} = \frac{M_{\rm I}}{0.9 f_y h_0} = \frac{92.3 \times 10^6}{0.9 \times 310 \times 270} = 1225\text{mm}^2$$

实配选用 ϕ14@120(实配 $A_s = 1283\text{mm}^2 > 1225\text{mm}^2$),分布钢筋选用 ϕ6@250。基础配筋图如图 7-37 所示。

第六节　钢筋混凝土梁板式基础*

一　柱下钢筋混凝土条形基础简介

(一)基础类型及使用范围

柱下钢筋混凝土条形基础是指单向(一般沿纵向)或双向(十字交叉基础)布置的钢筋混

凝土条状基础。

当地基软弱而荷载又较大时，如果采用柱下独立基础，底面积必然很大以至相距接近，甚至互相连接，这时可将同一排的柱下基础连通做成钢筋混凝土条形基础。柱下条形基础可增强房屋的纵向基础刚度[图 7-38a)]。

如果上部荷载较大、土质较弱，采用条形基础不能满足地基承载力要求或需要增强基础的整体刚度、减少不均匀沉降，可在柱下纵横两方向设置钢筋混凝土条形基础，形成如图 7-38b)所示的十字交叉基础。

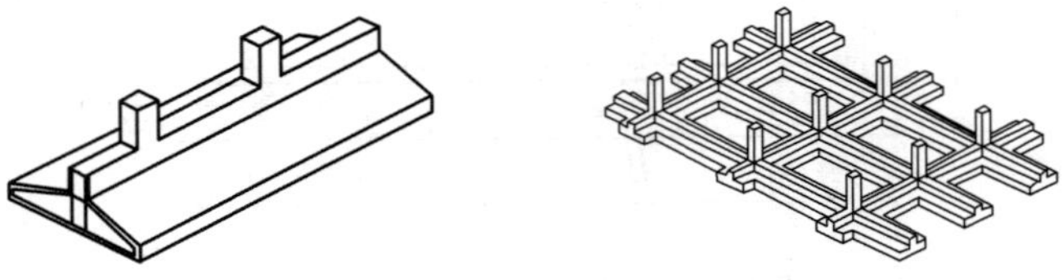

a)单向条形基础　　b)十字交叉基础

图 7-38　柱下钢筋混凝土条形基础

（二）构造要求

（1）柱下钢筋混凝土条形基础由肋梁及横向伸出的翼板组成，断面呈倒 T 形，如图 7-39a)和图 7-39d)所示。柱下条形基础肋梁的高度 h 宜为柱距的 1/8 ~ 1/4，翼板厚度不应小于 200mm。当翼板厚度大于 250mm 时，宜采用变厚度翼板，其坡度宜小于或等于 1∶3；当柱荷载较大时可在柱位处加腋。

（2）柱下条形基础的端部宜向外伸出，其伸出长度宜为第一跨跨距的 1/4。

（3）现浇柱与条形基础梁的交接处，其平面尺寸不应小于图 7-39e)的规定。

（4）条形基础梁顶部和底部的纵向受力钢筋除应满足计算要求外，顶部钢筋按计算配筋并且全部贯通，底部通长钢筋不应少于底部受力钢筋截面总面积的 1/3。

（5）柱下条形基础的混凝土强度等级不应低于 C20。

（三）设计要点

《建筑地基基础设计规范》（GB 50007—2011）规定，若地基比较均匀，上部结构刚度较好，荷载分布较均匀，且条形基础梁的高度大于 1/6 柱距时，地基反力可按直线分布，条形基础梁的内力可按连续梁计算。即采用倒梁法计算基础梁的内力。如不满足以上条件，宜按弹性地基梁方法计算内力。本节仅简单介绍利用倒梁法计算柱下条形基础的设计思路。

1. 基础底面尺寸的确定

柱下条形基础可看作狭长的矩形基础进行计算，其长度 l 根据构造要求确定，同时应尽可能使荷载合力的作用点与基础形心重合，宽度 b 根据承载力要求确定。

如图 7-40 所示，作用在基础上的荷载向基础梁中心点简化，由柱、墙体、基础及上覆土传来的总竖向力合力为 $\sum F_k + G_k + G_{lk}$，总弯矩为 $\sum M_k$，则有：

$$b \geq \frac{\sum F_k + G_k + G_{lk}}{(f_a - \gamma_G \bar{d})l}$$

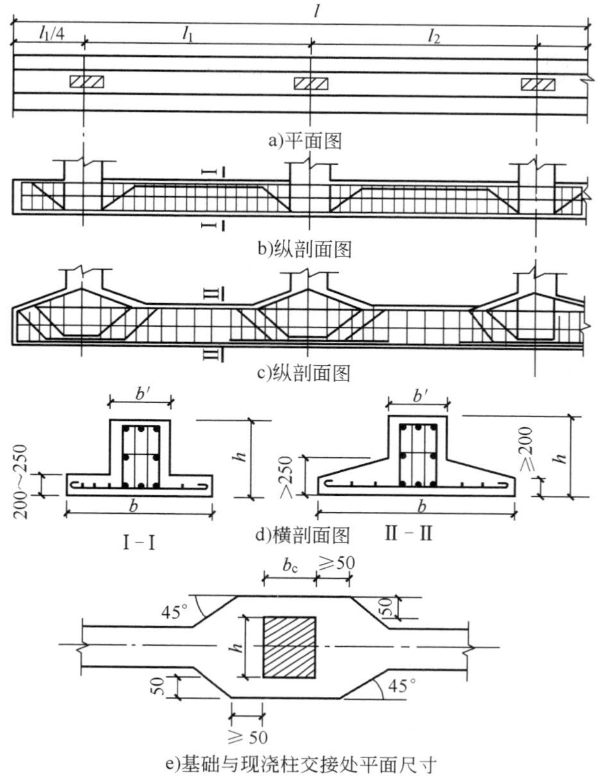

图 7-39　柱下条形基础构造

考虑荷载偏心作用，再将基础宽度 b 增加 10% ~40%，考虑柱横向传来的弯矩 $\sum M'_k$ 影响，近似按双向偏压公式计算基底压力，并进行如下验算：

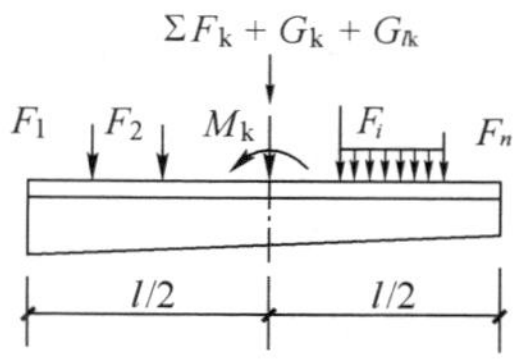

图 7-40　基底反力按照直线分布计算

$$\left.\begin{aligned} p_{\mathrm{kmin}}^{\mathrm{kmax}} &= \frac{\sum F_k + G_k + G_{lk}}{bl} \pm \frac{\sum M_k}{W} \pm \frac{\sum M'_k}{W'} \begin{matrix} \leqslant 1.2f_a \\ >0 \end{matrix} \\ \frac{p_{\mathrm{kmax}} + p_{\mathrm{kmin}}}{2} &\leqslant f_a \end{aligned}\right\} \tag{7-35}$$

式中：p_{kmax}、p_{kmin}——分别为相应于荷载效应标准组合时基础梁边缘的最大和最小地基净反力，kPa；

$\sum M_k$——相应于荷载效应标准组合时各荷载对基础梁中点的力矩代数和，kN · m；

$\sum M'_k$——相应于荷载效应标准组合时各柱横向传来的力矩代数和，kN · m；

$\sum F_k$——相应于荷载效应标准组合时各柱传来的竖向荷载值，kN；

G_k——基础及上覆土重量，kN；

G_{lk}——作用在基础梁上的墙体自重，kN；

b、l——分别为基础底面宽度和基础梁的长度，m；

W、W'——分别为基础截面对横轴和纵轴的抵抗矩，m^3。

2. 基底翼板的计算

基底翼板可简化为倒置的悬臂板，按悬臂结构计算内力及配筋。首先计算出作用在基底翼板上相应于荷载效应基本组合，由柱、墙体传来的荷载引起的地基净反力（不包括基础自重及上覆土重量），地基净反力沿基础纵向呈均匀变化。然后，沿基础纵向地基净反力取每柱距内的最大值 p_j 计算最大剪力和弯矩（图7-41），最后按照抗剪和抗弯计算翼板的高度及翼板的配筋。具体计算方法与墙下条形基础相同。

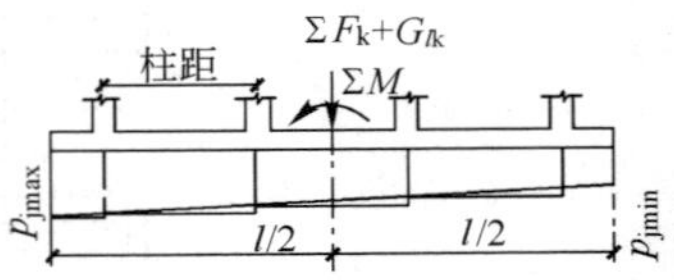

图 7-41　基础翼板上的地基净反力计算

3. 基础梁的计算

进行基础梁计算时，首先计算出作用在基础梁上的相应于荷载效应基本组合时由柱传来的荷载引起的地基净反力（不包括基础自重及上覆土重量以及梁上墙体重量），然后以柱作为基础梁的不动铰支座（图 7-42），利用力矩分配法计算在地基净反力作用下倒置的普通连续梁的内力。但按此法求得的梁支座反力，往往与柱传来的轴力不相等。此时可将不平衡力折算为均布荷载布置在支座两侧各 1/3 跨度内，再按连续梁计算内力，与原算得的内力叠加，经调整后不平衡力将明显减少，一般调整 1 ~2 次即可。

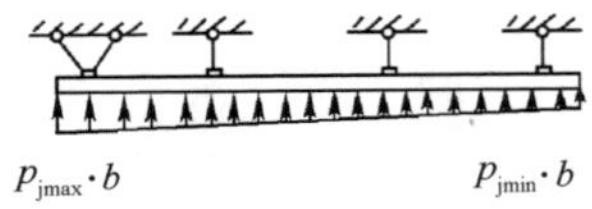

图 7-42　倒置连续梁计算简图

由于倒梁法是近似计算方法，在设计时应结合工程实践做必要的修正。《建筑地基基础设计规范》（GB 50007—2011）规定：当条形基础梁的内力计算按连续梁计算时，边跨跨中弯矩及第一内支座的弯矩值宜乘以 1. 2 的系数。

基础梁的内力算出后，可按照现行《混凝土结构设计规范》（GB 50010—2010）有关梁的计算方法进行正截面和斜截面配筋计算。这里需要注意，梁内支座纵向受力钢筋布置在支座下部，跨中受力纵筋布置在跨中上部。梁下部受力钢筋的搭接位置宜在跨中，梁上部受力纵筋的搭接位置宜在支座处，且满足搭接长度要求。

对于十字交叉基础，交点上的柱荷载可按交叉梁的刚度或变形协调要求进行分配，内力的计算方法同单向柱下条形基础。

二 筏形基础

（一）筏形基础的类型和特点

当上部荷载较大、地基特别软弱或有地下室时可采用整体现浇的钢筋混凝土筏形基础。在地基反力作用下，筏形基础相当于一倒置的钢筋混凝土楼盖。筏形基础能承受很大的荷载，整体刚度大，能较好地适应上部结构荷载的变化、调整地基的不均匀沉降。因此在多层和高层建筑中应用广泛。

筏形基础按构造不同分为平板式和梁板式两类。平板式是柱子直接支承在钢筋混凝土底板上，形成倒置的无梁楼盖。适用于柱荷载不大，柱距较小且等间距的情况。梁板式筏形基础一般用于柱荷载很大且不均匀，柱距又较大的情况。梁板式筏形基础按梁板的位置不同又可分为上翻梁式和下翻梁式，其中下翻梁式底板表面平整，可作建筑物底层地面，梁板式基础板的厚度比平板式小得多，但刚度较大，故能承受更大的弯矩(图 7-43)。

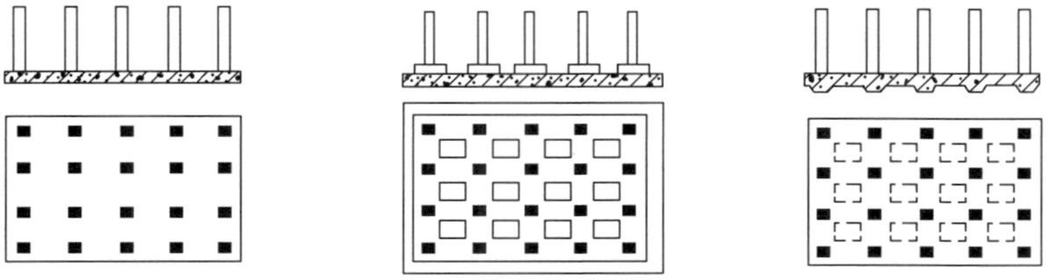

a)平板式　　b)上翻梁式　　c)下翻梁式

图 7-43　筏形基础

(二)构造要求

(1)平板式筏基的板厚可根据受冲切承载力计算确定，板厚不应小于 400mm。进行抗冲切验算时，应考虑作用在冲切临界截面重心上的不平衡弯矩所产生的附加剪力。当个别柱的冲切力较大而不能满足板的冲切承载力要求时，可将该柱下的筏板局部加厚或配置抗冲切钢筋。对 12 层以上建筑的梁板式筏基，其底板厚度与最大双向板格的短边净跨之比不应小于 1/14，且板厚不应小于 400mm。

(2)筏形基础的混凝土强度等级不应低于 C30。对于地下水位以下地下室筏形基础，必须考虑混凝土的抗渗等级，并进行抗裂验算。

(3)筏形基础的钢筋间距不应小于 150mm，宜为 200 ~ 300mm，受力钢筋直径不宜小于 12mm。采用双向钢筋网片配置在板的顶面和底面。平板式的筏板，当筏板的厚度大于 2000mm 时，宜在板厚中间部位设置直径不小于 12mm、间距不大于 300mm 的双向钢筋网。

(4)梁板式筏基的肋梁宽度不宜过大，在满足设计剪力 $V \leqslant 0.25\beta_c f_c b h_0$ 的条件下，当梁宽小于柱宽时，可将肋梁在柱边加腋以满足构造要求。墙柱的纵向钢筋要贯通基础梁而插入筏板中，并且应从梁上皮算起满足锚固长度的要求。

(5)梁板式筏基的梁高取值应包括底板厚度在内，梁高不宜小于平均柱距的1/6。应综合考虑荷载大小、柱距、地质条件等因素，经计算满足承载力的要求。

(6)当满足地基承载力时，筏形基础的周边向外不宜有较大的伸挑长度。当需要外挑时，有肋梁的筏基宜将梁一同挑出。周边有墙体的筏基，筏板可不外伸。

(7)地下室底层柱或剪力墙与梁板式筏基的基础梁连接的构造：

①柱、墙的边缘至基础梁边缘的距离不应小于 50mm(图 7-44)。

②当交叉基础梁的宽度小于柱截面的边长时，交叉基础梁连接处应设置八字角，柱角与八字角之间的净距不宜小于 50mm[图 7-44a)]。

③单向基础梁与柱的连接，可按图 7-44b)、c)采用。

④基础梁与剪力墙的连接可按图 7-44d)采用。

(8)高层建筑筏形基础与裙房基础之间的构造：

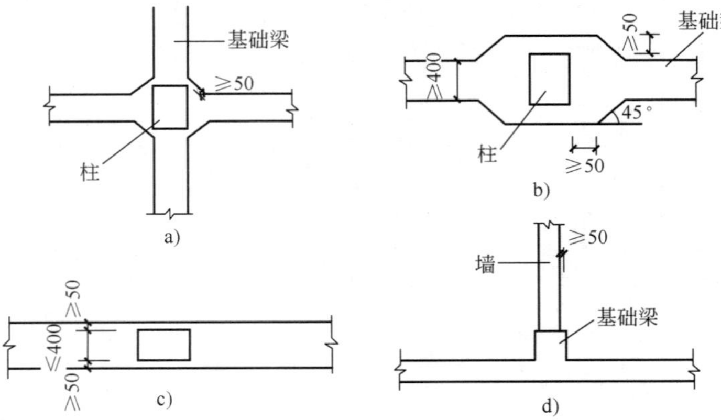

图 7-44　地下室底层柱或剪力墙与基础梁连接的构造要求（尺寸单位：mm）

①当高层建筑与相连的裙房之间设置沉降缝时，高层建筑的基础埋深应大于裙房基础的埋深至少 2m，当不满足要求时必须采取有效措施，地面以下沉降缝处应用粗砂填实［图7-45a）］。

②当高层建筑与相连的裙房之间不设置沉降缝时，宜在裙房一侧设置用于控制沉降差的后浇带。当高层建筑基础底面积满足地基承载力和变形要求时，后浇带宜设在与高层建筑相邻裙房的第一跨内。当需要满足高层建筑地基承载力、降低沉降量，减小高层与裙房之间沉降差而增大高层建筑基础面积时，后浇带可设在距主楼边柱的第二跨内。此时应满足三个条件：一是地基土质较均匀；二是裙房结构刚度较好且基础以上的地下室和裙房结构层数不少于两层；三是后浇带一侧与主楼连接的裙房基础底板厚度与高层建筑的基础底板厚度相同［图7-45b）］。

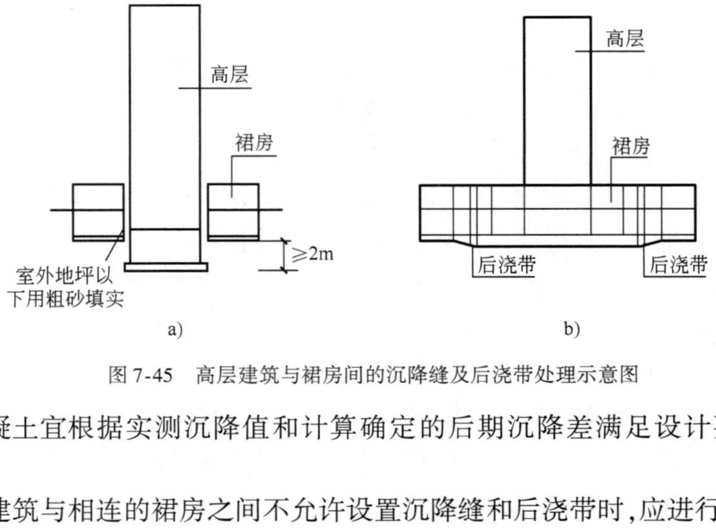

图 7-45　高层建筑与裙房间的沉降缝及后浇带处理示意图

后浇带混凝土宜根据实测沉降值和计算确定的后期沉降差满足设计要求后，方可进行浇筑。

③当高层建筑与相连的裙房之间不允许设置沉降缝和后浇带时，应进行地基变形验算，验算时需考虑地基与结构变形的相互影响并采取相应的有效措施。

(9)筏形基础地下室施工完毕后应及时进行基坑回填工作。回填基坑时，应先清除基坑中的杂物，并应在相对的两侧或四周同时回填并分层夯实，回填土的压实系数不应小于0.94。

(三)筏形基础的设计

1. 筏形基础的平面尺寸

筏形基础的平面尺寸应根据地基土的承载力、上部结构的布置及荷载分布等因素确定。对单幢建筑物在地基土比较均匀的条件下,基底平面形心宜与结构竖向永久荷载重心重合。当不能重合时,在荷载效应准永久组合下,偏心距 e 宜符合下式要求:

$$e \leqslant 0.1W/A \tag{7-36}$$

式中:W——与偏心距方向一致的基础底面边缘抵抗矩,m^3;

A——基础底面积,m^2。

2. 筏形基础内力及配筋计算

(1)当地基土比较均匀、上部结构刚度较好、梁板式筏基梁的高跨比或平板式筏基板的厚跨比不小于1/6,且相邻柱荷载及柱间距的变化不超过20%时,筏形基础可仅考虑局部弯曲作用。筏形基础的内力,可按基底反力直线分布进行计算,计算时基底反力应扣除底板自重及其上填土的自重。当不满足上述要求时,筏基内力应按弹性地基梁板方法进行分析计算。

对有抗震设防要求的结构,嵌固端处的框架结构底层柱根截面组合的弯矩设计值应按现行《建筑抗震设计规范》(GB 50011—2010)的规定乘以与其抗震等级相对应的增大系数,此时,嵌固端以下结构构件承载力设计值应除以与其受力状态相应的承载力抗震调整系数。

(2)按基底反力直线分布计算的梁板式筏基,其基础梁的内力可按连续梁分析,边跨跨中弯矩以及第一内支座的弯矩值宜乘以1.2的系数。梁板式筏基的底板和基础梁的配筋除满足计算要求外,纵横方向的底部钢筋尚应有不少于1/3贯通全跨,且其配筋率不应小于0.15%,顶部钢筋按计算配筋全部连通。

(3)按基底反力直线分布计算的平板式筏基,可按柱下板带和跨中板带分别进行内力分析。柱下板带中,柱宽及其两侧各0.5倍板厚且不大于1/4板跨的有效宽度范围内,其钢筋配置量不应小于柱下板带钢筋数量的一半,且应能承受部分不平衡弯矩的作用。同样,考虑到整体弯曲的影响,平板式筏基柱下板带和跨中板带的底部钢筋应有不少于1/3贯通全跨,且配筋率不应小于0.15%。顶部钢筋应按计算配筋全部连通。

对有抗震设防要求、平板式筏基的顶面作为上部结构的嵌固端、计算柱下板带截面抗弯、抗剪承载力时,柱根内力应考虑地震作用不利组合及相应的增大系数。

3. 筏形基础的承载力计算

(1)梁板式筏基底板应计算正截面抗弯承载力,其厚度尚应满足抗冲切承载力、抗剪承载力的要求。

(2)平板式筏基的板厚应满足柱下抗冲切承载力的要求,计算时应考虑作用在冲切临界面重心上的不平衡弯矩产生的附加剪力。对基础的边柱和角柱的冲切验算,其冲切力应分别乘以1.1和1.2的增大系数。

(3)平板式筏板除满足抗冲切承载力外,尚应验算距柱边缘 h_0 处筏板的抗剪承载力,当筏板改变厚度时,尚应验算改变厚度处筏板的抗剪承载力。

(4)梁板式筏基的基础梁除满足正截面抗弯及斜截面抗剪承载力外,尚应按现行《混凝土结构设计规范》（GB 50010—2010）有关规定验算底层柱下基础梁顶面的局部抗压承载力。

三 箱形基础

（一）箱形基础的特点

箱形基础是由钢筋混凝土底板、顶板和若干钢筋混凝土纵横墙构成的箱形基础（图7-46）。这种基础整体抗弯刚度相当大，基础的空心部分可做地下室，而且由于埋深较大和基础空腹，可卸除基底处原有的地基自重应力，因而大大减少了基础底面的附加压力，所以箱形基础又称为补偿基础，在高层建筑及重要的构筑物中常被采用。

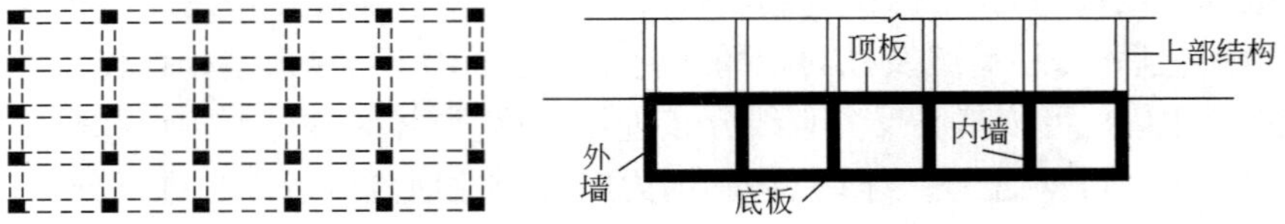

图 7-46　箱形基础

（二）箱形基础构造要求及设计

（1）箱形基础的混凝土强度等级应不低于 C20。其平面尺寸应根据地基土承载力和上部结构布置以及荷载大小等因素确定。在地基土比较均匀的条件下，箱形基础的基础平面形心宜与上部结构竖向永久荷载重心重合。当不能重合时，偏心距 e 宜符合式（7-36）的要求。

（2）箱形基础的外墙宜沿建筑物周边布置，内墙沿上部结构的柱网或剪力墙位置纵横向均匀布置，墙体水平截面总面积不宜小于箱形基础外墙外包尺寸的水平投影面积的 1/10。对基础平面长宽比大于 4 的箱形基础，其纵墙水平截面面积不应小于箱基外墙外包尺寸水平投影面积的 1/8。

（3）箱形基础的高度应满足结构的承载力和刚度要求，并根据建筑使用要求确定。一般不宜小于箱基长度的 1/20，且不宜小于 3m，此处箱基长度不计墙外悬挑板部分。

（4）箱形基础的顶板、底板及墙体的厚度，应根据基础的受力情况、整体刚度和防水要求确定。无人防设计要求的箱基，基础底板应不小于 300mm，外墙厚度应不小于 250mm，内墙的厚度应不小于 200mm，顶板厚度应不小于 200mm，可用合理的简化方法计算箱形基础的承载力。

（5）与高层主楼相连的裙房基础若采用外挑箱基墙或外挑基础梁的方法，则外挑部分的基底应采取有效措施，使其具有适应不均匀沉降变形的能力。

（6）墙体的门洞宜设在柱间居中部位，洞口上下过梁应进行承载力计算。

（7）当地基压缩层深度范围内的土层在竖向和水平方向都比较均匀，且上部结构为平立面布置较规则的框架、剪力墙、框架-剪力墙结构时，箱形基础的顶板、底板可仅考虑局部弯曲计算。计算时底板反力应扣除板的自重及其上面层和填土的自重，顶板荷载按实际考虑。整体弯曲的影响可在构造上加以考虑。箱形基础的顶板和底板钢筋配置除符合计算要求外，纵横方向支座钢筋尚应有1/3～1/2 的钢筋连通，且连通钢筋的配筋率分别不小于 0.15%（纵向）和 0.10%（横向），跨中钢筋按实际需要的配筋全部连通。钢筋接头宜采用机械连接，采用搭接接头时，搭接长度应按受拉钢筋考虑。

（8）箱形基础的顶板、底板及墙体均应采用双层双向配筋。墙体的竖向和水平钢筋直径均不应小于 10mm，间距均不应大于 200mm。除上部为剪力墙外，内墙、外墙的墙顶处宜配置两根直径不小于 20mm 的通长构造钢筋。

（9）上部结构底层柱纵向钢筋伸入箱形基础墙体的长度：

①柱下三面或四面有箱形基础墙的内柱，除柱四角纵向钢筋直通到基底外，其余钢筋可伸入顶板底面以下 40 倍纵向钢筋直径处；

②外柱、与剪力墙相连的柱及其他内柱的纵向钢筋应直通到基底。

第七节　减少建筑物不均匀沉降的措施

建筑物总会产生一定的均匀沉降或不均匀沉降。均匀的沉降对建筑物影响较小，而过大的不均匀沉降，不但会影响建筑物的正常使用，甚至会造成上部结构的开裂、破坏。因此，在建筑、结构设计及施工中应采取合理的相应措施，以减少建筑物的不均匀沉降。

一　建筑措施

1. 建筑物的体型力求简单

建筑物的体型是指其平面形状和立面高差。由于使用功能要求和建筑物风格要求，往往使建筑物体型比较复杂，这样在平面转折较多及立面高差较大处会因基础交叉而产生应力集中，从而引起较大沉降。因此在满足使用要求的前提下，建筑体型应力求简单。

2. 设置沉降缝

在建筑物的平面转折和高差较大部位，设置沉降缝可以减少由于地基不均匀沉降对建筑物造成的危害。沉降缝宜设置的部位：

（1）建筑平面的转折部位。

（2）高度差异或荷载差异较大处。

（3）长高比过大的砌体承重结构或钢筋混凝土框架结构的适当部位。

（4）地基土的压缩性有显著差异处。

（5）建筑结构或基础类型不同处。

（6）分期建造房屋的交界处。

沉降缝应从基础至屋面将房屋垂直断开，并留有足够的宽度（表 7-13），以防沉降缝两侧内倾而相互碰撞挤压损坏。沉降缝内一般不能填塞材料，构造做法通常有悬挑式、跨越式、平行式三种形式，如图 7-47 所示。

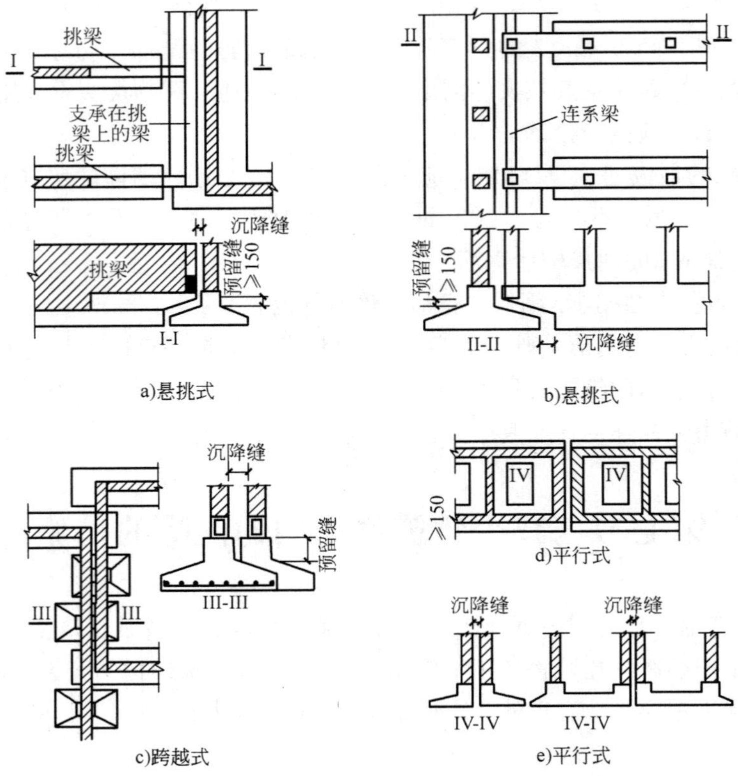

图 7-47　基础沉降缝做法

房屋沉降缝的宽度　　表 7-13

房屋层数	沉降缝宽度（mm）
2～3	50～80
4～5	80～120
5 层以上	不小于 120

注：当沉降缝两侧单元层数不同时，缝宽按高层者取用。

3. 相邻建筑物基础间保持一定的净距

相邻建筑物距离过近，因地基附加应力扩散的影响而引起相邻建筑物产生附加沉降。所以相邻建筑物基础之间必须保持一定的净距，这个距离应根据“影响建筑物”的荷载大小、受荷面积和“被影响建筑物”的刚度以及地基的压缩性等条件而定（表 3-8）。一般情况下，高、重房屋会对相邻低、轻房屋产生影响。

4. 控制建筑物标高

（1）室内地坪和地下设施的标高，应根据预估沉降量适当提高。建筑物各部分（或设备之间）有联系时，可将沉降较大者标高提高。

（2）建筑物与设备之间，应留有足够的净空。当建筑物有管道穿过时，应预留足够尺寸的孔洞，并采用柔性的管道接头。

二 结构措施

1. 减轻建筑物的结构自重

在建筑物的基底压力中建筑物的结构自重所占比例很大，工业建筑约为 40% ~50%，民用建筑约为 60% ~75%。因此，减轻结构自重可有效地减轻基底压力，从而减小基础的沉降。具体措施可采用轻型结构，如预应力混凝土结构、轻钢结构以及各种轻型空间结构，用架空地板代替室内厚填土，对砖石承重结构可采用轻质墙体材料，如采用轻质混凝土墙板、空心砌块或空心砖等。

2. 减小或调整基底附加压力

设置地下室或半地下室利用挖除的土重减小基底附加压力，减小基础沉降。在建筑物的重、高部位可设局部地下室，可减少与轻、低部分的沉降差。箱形基础以及筏形基础是很好的减小基底附加压力的基础形式。

3. 增强上部结构的刚度

上部结构的整体刚度大，可以较好地改善和抵抗基础的不均匀沉降。对于砌体承重结构房屋，宜采用下列措施增强上部结构的整体刚度。

(1)控制建筑物的长高比。对于三层和三层以上的房屋，其长高比 l/H_f 宜小于或等于 2.5；当房屋的长高比为 $2.5 < l/H_f \leqslant 3.0$ 时，宜合理布置纵横墙，做到纵墙不转折或少转折，并控制横墙间距。当房屋的预估最大沉降量小于或等于 120mm 时，其长高比可不受限制。总之，建筑物长高比越大，房屋整体刚度越差。

(2)设置圈梁。墙体内宜设置钢筋混凝土圈梁或钢筋砖圈梁。在多层房屋的基础和顶层处宜各设置一道圈梁，其他各层可隔层设置，必要时也可层层设置。圈梁应设置在外墙、内纵墙和主要内横墙上，并宜在平面内连成封闭系统。当圈梁遇到洞口不能在同一标高连通时，宜增设加强圈梁或在墙角处增设钢筋混凝土小柱予以连接(图 7-48)。

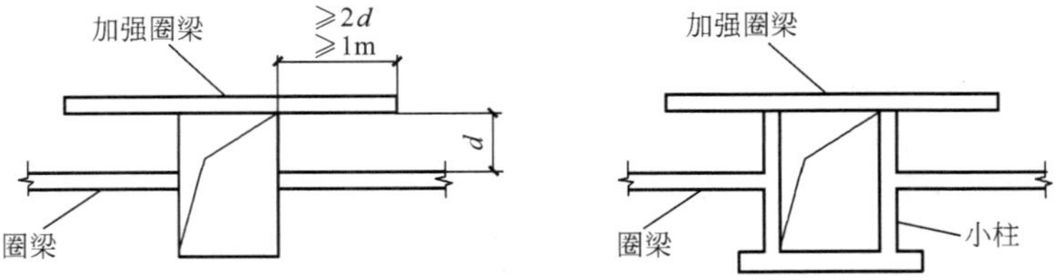

图 7-48　圈梁搭接

钢筋混凝土圈梁的宽度宜与墙厚相同，当墙厚 $h \geqslant 240$mm 时，其宽度不宜小于 $2h/3$。圈梁高度不宜小于 120mm。纵向钢筋不应少于 4ϕ10，箍筋间距不应大于 300mm，圈梁兼作过梁时，过梁部分的钢筋应按计算用量另行增设配置。

(3)在墙体转角及适当部位，设置现浇钢筋混凝土构造柱，并用钢筋与墙体拉结，可有效地增强房屋的整体刚度和抗震能力。

4. 加强基础刚度

基础刚度大，能较好地调整地基不均匀沉降。对于建筑物体型复杂、荷载差异较大的框架结构，在工程实际中，较多地采用桩基、筏基等，以达到加强基础整体刚度，减少不均匀沉降的目的。

三 施工措施

(1)合理安排施工顺序。当建筑物各部分存在荷载差异时，可以合理地安排施工顺序，也能减少或调整一部分沉降差。即先施工重、高部分，后建轻、低部分；先施工主体建筑，后施工附属建筑。

(2)在基坑开挖时，尽量减少对基底原状土的扰动，可暂不挖到基底标高，一般在坑底保留约200～300mm厚的土层，待垫层施工时再挖除。如发现基底土已被扰动，可将已扰动的土挖去，再用砂、碎石回填夯实至基底标高。

本 章 小 结

(一)常见的浅基础类型

(1)无筋扩展基础是指由砖、三合土或灰土、毛石、混凝土或毛石混凝土材料组成的墙下条形基础或柱下独立基础，它的抗压强度较高，而抗拉、抗剪能力较差。

(2)扩展基础是指由钢筋混凝土建造的柱下钢筋混凝土独立基础和墙下钢筋混凝土条形基础。它的抗拉、抗压和抗弯性能都很好，所以应用较为广泛。

(二)浅基础设计要点

(1)选择基础类型、综合考虑建筑场地的土质及其他因素确定基础埋深和地基持力层的下卧层的承载力，然后按持力层承载力特征值计算基础底面积，再验算地基承载力。

①轴心受压基础：

$$A \geqslant \frac{F_k}{f_a - \gamma_G \overline{d}}$$

②偏心受压基础：

$$A = (1.1 \sim 1.4)\frac{F_k}{f_a - \gamma_G \overline{d}}$$

(2)基础高度及基础底板配筋计算与基础类型有关。

①无筋扩展基础除满足构造要求外，其基础高度应主要满足台阶宽高比允许值要求。

②柱下钢筋混凝土独立基础由抗冲切强度来确定基础高度，通过在底板配置一定数量的双向受力钢筋，来抵抗基础发生受弯破坏。

③墙下钢筋混凝土条形基础由抗剪强度确定基础高度，并在底板配置一定数量的钢筋(短向为受力筋，长向为分布筋)以保基础不发生受弯破坏。

④柱下条形基础通过抗剪验算来保证翼板厚度满足要求，并进行正截面和斜截面验算以保基础梁不发生受弯和受剪破坏。

⑤筏形基础，梁板式筏基底板除计算正截面受弯承载力外，其厚度尚应满足冲切承载力、剪切承载力的要求；平板式筏板除满足受冲切承载力外，尚应验算距柱边缘 h_0 处筏板的受剪承载力，当筏板改变厚度时，尚应验算改变厚度处筏板的受剪承载力。梁板式筏基的基础梁除满足正截面受弯及斜截面受剪承载力外，尚应按现行《混凝土结构设计规范》(GB 50010—

2010）有关规定验算底层柱下基础梁顶面的局部受压承载力。

小知识

你知道基础施工会对相邻建筑物有什么影响吗？

在城市建设或改扩建工程中，距邻近原有建筑物距离过近时，会给基础施工带来很大难度，同时，在基础施工时对相邻建筑物也带来一定的影响。如基坑开挖对地面建筑物的影响；降低地下水位引起沉降或相邻建筑物下失水后土层塌陷；施工中的振动引起附近地面及建筑物下沉或墙体开裂；打桩引起附近地面上抬或侧移；灌浆引起地面隆起等。

施工振动引起地面沉降。施工中的振动源主要是打桩、强夯、爆破及某些大型机械的运行等。在地基土受到振动时，会产生一定数值的体积缩小，体积缩小所产生的竖向变形是不可恢复的永久变形，其缩小值与土的种类有关。砂、砾石等无黏性土比黏性土容易被振密；而对于黏性土，振动的影响很小。对于地下水位以上的稍潮湿的砂土，由于存在"假黏聚力"，振动不易引起土的变形；但对于砂及地下水位以下的砂土，振动会使其密实而产生较大的变形和沉降；对于地下水位以下较松的细粉砂土与粉土，还可能因振动而发生液化，出现喷水冒砂现象，造成地表下沉，引起建筑物沉降或倾斜。

工程中打桩引起的地面位移：在松砂中沉桩会引起地面下沉，但在其他土层（软弱土、黏性土等）中，沉桩则会使地基向上隆起或侧移，其地面隆起或侧移的总体积等于或稍小于桩身入土部分的体积。桩距很密的预制桩沉桩时，可能引起附近建筑物上抬或水平变位。打桩引起的侧向位移，会使一些横向变形能力较差的建筑物遭到破坏。因此，在打桩前应根据地质资料分析，制定合理的施工方案和施工步骤，以减少打桩所引起的位移对邻近建筑物的危害。

思考题

1. 地基基础设计有哪些要求和基本规定？
2. 什么是基础埋置深度？确定基础埋深时应考虑哪些因素？
3. 当基础埋深较浅而基础和底面积很大时宜采用哪种基础？
4. 当有软弱下卧层时如何确定基础底面积？
5. 在工程中减轻不均匀沉降的措施有哪些？

综合练习题

一、填空题

1. 扩展基础底板钢筋保护层厚度，当基础设垫层时不宜小于________mm。

2. 墙下钢筋混凝土条形基础底板厚度主要应满足__________强度要求。

3. 无筋扩展基础必须满足__________允许值的要求。

4. 为减少地基不均匀沉降，应在房屋高差或荷载差异较大处设置__________。

5. 墙下钢筋混凝土条形基础底板主要配置两种钢筋__________和__________。

二、单项选择题

1. 基础最小埋置深度不应小于(　　)。

A. 500mm　　B. 600mm　　C. 800mm　　D. 1000mm

2. 阶梯形毛石基础每一阶两边伸出的宽度不宜大于(　　)。

A. 100mm　　B. 150mm　　C. 200mm　　D. 300mm

3. 钢筋混凝土柱下独立基础的高度，主要根据(　　)确定。

A. 抗弯强度　　B. 抗剪强度　　C. 抗压强度　　D. 抗冲切强度

4. 扩展基础混凝土强度等级不应低于(　　)。

A. C15　　B. C20　　C. C25　　D. C30

5. 柱下矩形独立基础底板受力钢筋，应沿基础底板(　　)设置。

A. 短边方向　　B. 长边方向　　C. 双向

三、判断题

1. 建筑物长高比越小，建筑物整体刚度越差。(　　)

2. 计算有门窗洞口的外墙基础时，应沿墙长取一个开间为荷载计算单元。(　　)

3. 土的冻胀性与地下水位高低有关。(　　)

4. 基础刚度大能较好地调整地基不均匀沉降。(　　)

5. 为减少地基不均匀沉降，在地基土的压缩性差异处应设置沉降缝。(　　)

四、计算题

1. 表 7-14 所列四种类型建筑物的有关条件，试判断是否有必要对其进行地基变形验算。(答案：1、3、4 建筑物需进行地基变形验算)

建筑物有关条件　　　　表 7-14

建筑物	1	2	3	4
	28 层高层建筑	5 层框架结构	单层排架一般厂房	大型炼油厂
地基承载力特征值(kPa)	250	100	150	100
土层坡度		5%	15%	
跨度			21	
吊车			15t	

2. 某六层建筑物柱截面尺寸为 400mm×400mm，已知上部结构传至柱顶的荷载效应标准组合值为 $F_k=640$kN，$M_k=80$kN·m，基础埋深 $d=1.2$m，持力层为粉质黏土，重度 $\gamma=18$ kN/m^3，孔隙比 $e=0.85$，承载力特征值 $f_{ak}=160$kPa，试确定基础底面尺寸。(提示：本题取基础扩大面积

10%，长短边之比为1.5:1）

3. 已知某五层砖混结构宿舍楼的外墙厚370mm，上部结构传至基础顶面的竖向荷载标准组合值为178kPa，基础埋深为1.8m，室内外高差为0.3m，已知土层分布为：第一层，杂填土，厚0.4m，$\gamma=16.8\text{kN/m}^3$；第二层土，粉质黏土，厚3.4m，$\gamma=19.1\ \text{kN/m}^3$，承载力特征值$f_a=129\text{kPa}$；第三层，淤泥质粉质黏土，厚1.7m，$\gamma=17.6\text{kN/m}^3$；第四层土，淤泥，厚2.1m，$\gamma=16.6\text{kN/m}^3$，承载力特征值$f_{az}=50\text{kPa}$；地下水位位于地面下1.3m处，试确定基础底面尺寸。（答案：$b=2\text{m}$）

4. 某住宅楼砖墙承重，底层墙厚240mm，相应与荷载效应基本组合时作用在基础顶面上的荷载为235kPa，基础埋深1.0m，基础材料C20混凝土，$f_t=1.1\text{MPa}$，HPB300钢筋，$f_y=270\text{MPa}$，试设计该墙下钢筋混凝土条形基础。（答案：基础底板最大剪力$V=103.4\text{kN}$，最大弯矩$M=45.5\text{kN·m}$）

5. 某柱下锥形基础柱子截面为尺寸为450mm×450mm，基础底面尺寸为2500mm×3500mm，基础高度为500mm，上部结构传到基础顶面的相应与荷载效应基本组合的竖向荷载值为$F=775\text{kN}$，$M=135\text{kN·m}$基础采用混凝土强度等级为C20（$f_t=1.1\text{MPa}$），HPB300钢筋（$f_t=270\text{MPa}$），基础埋深为1.5m，试设计柱下钢筋混凝土独立基础。（答案：基础高度验算满足，基础短边方向弯矩为115.54kN·m，长边方向弯矩为219.96kN·m）

第八章
桩 基 础

【职业能力目标】

根据建筑场地的岩土工程勘察报告、上部结构类型、环境约束和施工设备条件，科学、合理地选择建筑桩基础的类型和施工工艺。能够根据实际建设工程项目校核和评价建筑桩基础的安全性、经济性和可行性。

【知识目标】

了解桩的类型、适用条件和施工工艺，重点掌握单桩承载力的确定方法，掌握桩基础的设计要点和构造要求。

第一节 概 述

桩基础是一种古老的基础形式，我国一些古建筑中就多有应用。它成功地解决了软土及复杂地基条件的建筑地基基础设计与施工问题。当天然地基软弱土层较厚、荷载较大，采用浅基础不能满足强度、变形及稳定性要求时常采用桩基础。

桩基础是由设置于岩土中的桩和连接于桩顶的承台组成，按桩基础承台的位置不同可分为两种（图8-1）。低承台桩基础是指承台埋设于室外设计地坪以下的桩基础［图8-1a）］，工业

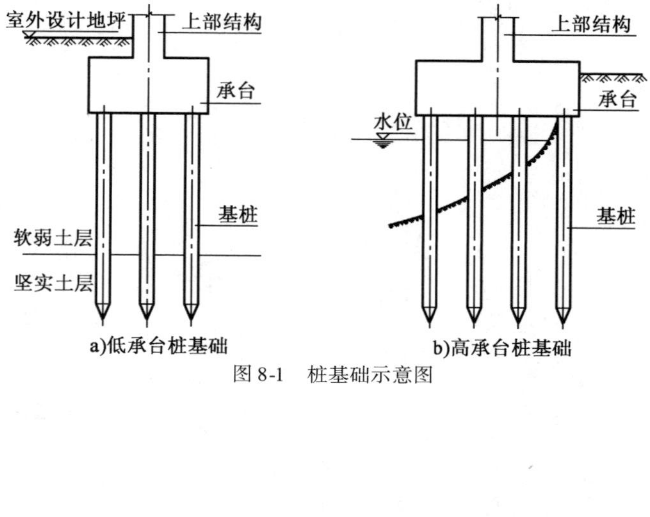

图8-1 桩基础示意图

与民用建筑中的桩基础几乎均为低承台桩基础。高承台桩基础是指承台埋设于室外设计地坪以上的桩基础[图 8-1b)],高桩承台基础一般仅在江河湖海中的水工建筑或者岸边的港工建筑中采用。

一 桩基础的特点及适用范围

1. 桩基础的特点

桩基础承台直接承受上部结构的各种作用,并且利用其刚度将上部结构的作用传至下部的一根或者多根桩以及承台底面下的土体。桩在使用期间的受力状态属于受压。桩基础的主要功能是将荷载传至地下较深处的密实土层,以满足承载力和沉降要求。因而桩基础具有承载力高、沉降速率慢、沉降量较小且均匀等特点,能承受较大的竖向荷载、水平荷载、上拔力以及动力作用。在建筑结构荷载的传递过程中,上部结构、桩基础和地基土体之间相互作用,共同工作。此外,桩基础施工的土石方工程量较小、施工机械化和工厂化程度较高,综合造价较低。

根据基础埋深和施工方法不同,建筑物基础分为浅基础和深基础,桩基础是一种深基础。桩基础与浅基础在设计、施工方法方面的主要区别见表 8-1。

桩基础与浅基础的主要区别 表 8-1

区别项目 \ 基础类型		浅 基 础	桩 基 础
设计方法	地基设计	地基竖向承载力计算考虑基础底面下持力层、下卧层承载力;按持力层承载力确定基础底面积;地基变形验算考虑基础底面以下压缩层范围内地基土的压缩变形	地基竖向承载力计算既考虑桩端土层的支承力,又考虑桩侧土的摩擦阻力,据此确定桩径(边长)、桩长和桩数;地基变形验算考虑桩端底面以下深层地基土体的压缩变形
	基础设计	无筋扩展基础按照构造要求确定材料及其强度等级,按照允许台阶高宽比要求确定台阶尺寸和基础高度;扩展基础按平面形式不同进行截面抗剪、抗冲切承载力验算并确定基础高度;按抗弯承载力计算基础底板配筋,根据构造要求确定其材料强度等级、截面尺寸和配筋	灌注桩一般按照构造要求对桩身配筋;预制桩按照运输吊装、打桩时吊立产生的弯矩进行抗弯承载力计算,确定桩身材料的强度等级和配筋;按照打桩时产生的拉应力进行抗拉强度和抗裂验算配筋。桩身混凝土按照轴心抗压强度进行承载力验算;承台进行抗剪、抗冲切和抗弯承载力计算,确定承台材料的强度等级、截面尺寸和配筋
施工方法		先用土方施工机械敞坑开挖基坑(槽),验槽,做垫层;再在坑(槽)内进行灰土或者三合土夯筑、块材砌筑、混凝土或者钢筋混凝土浇筑	先用桩机施工机械和施工工艺在岩土中成桩,再在桩顶浇筑钢筋混凝土承台

桩基础的施工需要开挖承台埋深以内的基坑(槽),施工要先用桩机施工机械和相应施工工艺在岩土中成桩,再在桩顶浇筑钢筋混凝土承台。承台的刚度较大,在沉降过程中可以有效

地协调群桩中桩与桩之间的荷载分配，因此桩基础的沉降均匀。在桩基础的地基承载力计算以及地基变形验算中，不仅要考虑承台底面以下浅层地基土层的工程性质，而且还应该考虑桩侧以及桩端以下深层地基土层的承载力和工程性质。

2. 桩基础适用范围

(1)建筑场地的浅层土软弱并且深厚，以天然地基上的浅基础或者人工地基不能满足地基设计且不经济；当地基浅层土软弱，深层土坚实时最适宜采用桩基础。例如：江河漫滩的建筑场地，尤其是牛轭湖地段，一般地基浅层均有深厚的软土。

(2)作用在软土地基上的使用荷载不便于控制加荷速度的构筑物，如筒仓、油罐、水池、水塔等。由于软土地基的土体含水量很大，土颗粒微小细密，倘若突加很大的荷载，则软土中的孔隙水压力突增，但是消散得非常缓慢，地基将会发生整体剪切破坏。

(3)建筑场地土层厚度分布不均或者软硬不均匀，浅基础无法满足地基强度、变形的要求。天然土体的沉积经历了漫长的地质年代，不同地质条件沉积的地层在成因、土的类别、软硬或者密实程度、堆积厚度等有很大的差异。尤其是地基存在局部坚实土层或者软弱尖灭层的情况，使地基土层的强度和压缩性在平面分布上存在很大反差，采用天然地基上的浅基础将会产生较大的不均匀沉降。

(4)建筑场地的地下水位高时，尤其是江河湖海的漫滩或者岸边，施工降水困难，而且不能满足地基强度和变形要求。

(5)对沉降有较高要求的建筑或者设备基础。例如：对不均匀沉降敏感的框架结构、二铰拱结构以及精密设备的基础等。过大的不均匀沉降将会影响上部建筑的使用功能，严重的将会造成上部结构破坏。例如排架结构相邻柱子基础之间过大的不均匀沉降，严重者将会造成桥式吊车卡轨而无法运行；框架结构相邻柱子基础之间过大的不均匀沉降，严重的将造成上部梁柱节点开裂。

(6)高层建筑或者高耸构筑物，其受力特点除竖向荷载较大以外，水平荷载对建筑结构的内力和稳定影响也很大。若采用桩基础，则土体作用于桩基础的被动土压力对于抵抗结构所承受的水平荷载能力很强；桩的抗拔承载力和作用于承台的被动土压力可以有效地抵抗水平荷载产生的倾覆力矩。

(7)重级工作制的工业厂房，吊车起重量大、使用运行频繁、设备基础密集，加之地面堆载，将会造成地基变形过大。

(8)地震或者机械振动对建筑结构影响甚大的饱和粉细砂地基。强烈连续振动使饱和的细粉砂地基产生积蓄很大的孔隙水压力，这种超静水压力将会部分、甚至全部抵消细粉砂土颗粒之间的有效重力，使之处于悬浮状态，使地基顷刻丧失承载力，称为砂土液化。1976 年唐山大地震造成了重大的人身伤亡和财产损失，有一部分原因是唐山市的地质条件为饱和细粉砂地基。

二 桩的分类

为全面认识桩基础，按照不同的标准对建筑基桩进行分类，以便在桩基础设计与施工中根据不同的条件和要求，选择不同的桩型和成桩工艺。

(一)按桩的承载性状分类

1. 摩擦型桩

摩擦型桩是指桩顶竖向荷载主要或者全部由桩侧摩阻力承受的桩，其中桩顶竖向荷载全部由桩侧摩阻力承受的桩称为(纯)摩擦桩。工程中多为摩擦型桩，此类桩的长径比 l/d 不大，桩端持力层为较坚实的土层，例如：较坚硬的黏性土或者粉土、较密实的砂土；当桩的长径比 l/d 很大或者桩端持力层为软弱的土层，例如淤泥、淤泥质土、流塑状态的黏性土，桩端阻力很小则忽略不计，即为(纯)摩擦桩。

2. 端承型桩

端承型桩是指桩顶竖向荷载主要或者全部由桩端阻力承受的桩，其中桩顶竖向荷载全部由桩端阻力承受的桩称为(纯)端承桩。端承型桩的桩端持力层为坚实的土层，例如：中密以上的砂土、碎石土、微风化的岩层；当桩的长径比 l/d 较小($l/d < 10$)，桩身穿越软弱土层，桩端持力层为坚实的土层，桩侧摩阻力很小则忽略不计，即为(纯)端承桩。

(二)按桩的使用功能分类

根据桩的抗力性能不同，可分为抗压桩、抗拔桩、抗水平荷载桩和抗复合荷载桩。

1. 抗压桩

抗压桩为主要承受竖向压力荷载的桩。工程中多为抗压桩，设计应该进行桩基础的竖向地基承载力计算，必要时需要进行桩基础沉降验算。

2. 抗拔桩

抗拔桩为主要承受竖向上拔荷载的桩。工程中多用于高层建筑在水平荷载作用下抵抗倾覆而设置于桩群外缘的桩，设计中应该进行桩基础抗拔承载力计算和桩身强度以及抗裂度验算。

3. 抗水平荷载桩

抗水平荷载桩为主要承受水平荷载的桩。工程中多用于高层建筑在水平荷载作用下抵抗水平滑移而设置的桩，设计中应该进行桩基础的水平地基承载力计算和位移验算，桩身的抗剪和抗弯承载力计算以及抗裂度验算。

4. 抗复合荷载桩

抗复合荷载桩为承受竖向荷载和水平荷载均较大的桩。对高层建筑和工业厂房排架结构的桩基础的设计，要根据荷载组合不同进行抗竖向荷载作用、抗水平荷载作用的计算和验算。

(三)按桩身材料分类

1. 混凝土桩

混凝土桩为工程中应用最多的桩，可以分为普通混凝土桩和预应力混凝土桩。普通混凝土桩的抗压、抗弯和抗剪强度均较高，对桩身根据施工阶段和使用阶段的受力特点进行配筋计算。预应力混凝土桩的最大特点是可以增强桩身强度抵抗施工阶段和使用阶段的抗裂性能，同时充分地利用了高强钢筋的强度，减少了配筋，节约钢筋。

2. 钢桩

钢桩主要是以钢管、宽翼工字钢为桩材，钢轨也有少量应用。钢桩的强度高，施工进度快；但是抗锈蚀性差，成本高，目前仅应用于重点工程。例如宝钢工程项目即应用了60m长的钢管桩。

3. 组合材料桩

组合材料桩是用两种材料组合的桩，采用钢管中浇灌混凝土或者下部为混凝土上部为钢管等组合形式，目前工程中采用不多。

（四）按成桩工艺分类

根据桩孔是否挤土，划分为挤土桩、非挤土桩和部分挤土桩。成桩挤土效应对成桩质量、桩的地基承载力和环境影响很大，因此，正确地选择施工方法和成桩工艺十分重要。

1. 挤土桩

挤土桩是指施工成桩过程中桩周土体被挤开而产生挤土效应。如打入、振入或者静压预制桩、沉管灌注桩皆为挤土桩。在非饱和的松散土层中采用挤土桩，沉桩挤土使桩侧土体在水平方向挤密，起到了加固地基的作用，其桩侧摩阻力明显地高于非挤土桩。在饱和的软土层中采用挤土桩，软土的灵敏度高，施工成桩过程的振动将破坏土的天然结构，施工成桩以后还可能因为饱和软土中的孔隙水压力消散使土层产生再固结，对桩产生负摩阻力作用，从而降低了桩的地基承载力，增大了桩基的沉降。沉管灌注桩施工若沉管顺序不当，挤土效应可能导致相邻已经施工的灌注桩断裂。成桩挤土效应可能使相邻已经施工完成的桩上涌，导致桩侧产生负摩阻力和平面位移。成桩挤土效应有时还会损坏邻近的原有建筑。

2. 非挤土桩

施工成桩过程中自桩孔内向外排土，桩身处土体排除的桩。灌注桩多为非挤土桩。在软土中干作业排土成孔要注意可能产生缩径，在疏松的砂土中干作业排土成孔要注意可能产生的塌孔，干作业排土扩底桩要注意保证扩底尺寸和清底；采用湿作业排土成孔要注意清孔，孔底沉渣厚度不得大于设计要求。

3. 部分挤土桩

施工成桩过程中自桩孔内向外部分排土，桩身处土体部分挤向周边的桩。部分挤土桩一般是由于地层中存在较坚实的夹层，采用预制桩难于贯入，施工中为了达到沉桩设计深度所采取的打入式敞口桩和预钻孔排土再沉桩至设计深度的桩。

（五）按桩身直径分类

桩可分为小直径桩、中等直径桩和大直径桩。桩的直径大小直接影响桩的承载力、施工成桩方法和工艺。

1. 小直径桩

小直径桩是指桩径 $d \leq 250$mm 的桩。小直径桩多用于基础加固（树根桩、锚杆托换桩）和复合桩基础。小直径桩的施工机械、施工方法较为简单。

2. 中等直径桩

中等直径桩是指 250mm < 桩径 d < 800mm 的桩。中等直径桩在建筑桩基础中使用量最

大，成桩方法和工艺较多。

3. 大直径桩

大直径桩是指桩径 $d \geqslant 800\text{mm}$ 的桩。随着桩基础设计与施工技术的进步，近年来大直径桩发展很快，在高重型建筑中的应用日益增多。大直径桩的特点是单桩承载力高，可以实现柱下单桩的基础形式；大直径桩的施工成孔根据地质条件不同可以采用钻孔、冲孔和挖孔，混凝土浇筑尚可以考虑采用大直径空心灌注桩。需要注意的是：采用柱下单桩基础形式的建筑结构，一旦其中一根桩失效，便可能危及整幢建筑的安全，由此决定了大直径桩的勘察、设计和施工质量的重要性。在桩基础的工程地质详细勘察中，对于复杂的地质条件宜每桩设一勘探点；泥浆护壁转（冲）孔施工成桩要保证桩底沉渣清孔质量；挖孔扩底桩要保证扩底尺寸，并且孔底不得残留沉渣虚土，灌注混凝土之前要对照地质资料查验孔底土质；灌注混凝土应该每根桩预留 1 组试块，并且每浇筑台班不得少于 1 组试块。

（六）按桩的施工方法分类

按桩的施工方法不同可分为预制桩和灌注桩两种。

1. 预制桩

预制桩是指在工厂（或者现场）预制成桩以后再运到施工现场，在设计桩位处以沉桩机械沉至地基土中设计深度的桩。根据建筑场地的地质情况、桩的类型和施工环境等条件，施工可采用锤击沉桩法、振动沉桩法或者静压沉桩法。预制桩的截面为实心方桩或者空心管桩，限于沉桩机械的功率，预制桩的截面边长 b（或者直径 d）为 250 ~ 550mm；桩长 l 一般不小于 3m，限于城市道路运输每段的预制长度不宜超过 12m，限于沉桩机械桩架的高度每段的预制长度不超过 25 ~ 30m，若设计桩长大于每段的预制长度，沉桩施工中采取逐段接桩方法，在前一段桩沉入地基土中以后再以硫黄胶泥插筋锚接、钢板角钢焊接或者法兰盘螺栓连接。

2. 灌注桩

灌注桩是指在现场设计桩位处的地基岩土层中以机械或者人工成孔至设计深度，再吊放钢筋骨架、浇捣混凝土的施工方法而制成的桩。灌注桩按照成孔以及排土是否需要泥浆划分为干作业成孔和湿作业成孔；按照成孔工艺不同又可以划分为钻（冲）孔排土成孔、沉管挤土成孔和人工挖孔成孔。

①长螺旋钻孔灌注桩的桩径 d 为 300 ~ 600mm，桩长 l 一般不超过 12m，适用于地下水位以上的黏性土、粉土、中等密实以上的砂土和风化岩层。

②沉管挤孔灌注桩的桩径 d 为 300 ~ 500mm ，桩长 l 一般不超过 25m，适用于地下水位以上或者以下的黏性土、粉土、淤泥质土、砂土以及填土。在厚度较大、灵敏度较高的淤泥和流塑状态的黏性土等软弱土层中采用时，应该有可靠的质量保证措施。

③人工挖孔灌注桩的桩径（不含护壁）d 不小于 800mm，桩长 l 一般不超过 40m，适用于地下水位以上的黏性土、粉土、中等密实以上的砂土和风化岩层。人工挖孔施工应该有可靠的保护孔壁、谨防落物、强制送风等措施，尤其注意在地下水位较高，含有承压水的砂土层、滞水层、厚度较大的淤泥或者淤泥质土层中施工时，必须有可靠的安全和技术措施。

④泥浆护壁钻孔灌注桩的桩径 d 不小于 500mm，根据成孔工艺不同桩长 l 可以达到 20 ~ 50m，适用于地下水位以上或者以下的各类岩土层，尤其适用于地下水位以下的大直径灌

注桩。

桩基础设计应该考虑确定桩的施工方法，因此，要掌握预制桩和灌注桩两者的相对特点，见表8-2和表8-3。

预制桩相对于灌注桩的优点 表8-2

序号	预制桩	灌注桩
1	在地面上预制混凝土成桩；桩身质量可靠；动力沉桩的数据是地基承载力的动测指标	在土中成孔现浇混凝土成桩，桩身质量不易控制： （1）软土和疏松的砂土中成孔易产生缩径、塌孔，孔底虚土处理不易保证；机械扩底质量不易保证。 （2）混凝土的均匀性、密实充盈性等浇筑质量不易控制，尤其是软土地基和地下水位以下浇筑混凝土，桩身易吊脚、缩径、夹泥、断桩
2	挤土沉桩不排土，土方工程量小	除了沉管成孔工艺，其他成孔工艺皆为排土成孔；湿作业泥浆循环排土施工环境效益差
3	非饱和的土层中沉桩挤土，桩侧摩阻力增大	排土沉桩，桩侧摩阻力减小

灌注桩相对于预制桩的优点 表8-3

序号	灌注桩	预制桩
1	适宜各类地质条件，针对不同的地质条件可以选择相应的成孔工艺	无法穿越碎石土和岩层
2	可以设计大直径桩，桩端可以设置扩大头，单桩承载力高	无法沉入较大直径的桩，桩端不能设置扩大头
3	混凝土强度等级较低，按照桩基础的工作受力状态配置钢筋，经济合理	混凝土强度等级较高，按照吊装直立产生的内力配置钢筋，对于桩基础的工作受力状态不经济
4	桩身无须预制、无须吊运和沉桩，综合造价较经济	桩身需要预制，吊运和沉桩需要机械作业，综合造价较高
5	施工无须接桩	施工接桩要耗费钢材
6	施工振动小、噪声小，施工环境效益较好	锤击沉桩的振动大、噪声大，施工环境效益差

（七）预应力混凝土管桩

1.管桩的分类

（1）管桩按外径划分为8种规格：300mm、350mm、400mm、450mm、500mm、550mm、600mm及800mm。

（2）管桩按管体混凝土的有效预压应力（或抗裂弯矩）划分为4种型号：A型，有效预压应力4.0MPa；AB型，有效预压应力6.0MPa；B型，有效预压应力8.0MPa；C型，有效预压应力

10.0MPa。

(3)管桩按混凝土强度等级划分为两种类型:混凝土管桩,混凝土强度等级不小于C50,代号PC;高强混凝土管桩,混凝土强度等级不小于C80,代号PHC。

当管桩的几何尺寸、抗弯等级相同时,PC桩和PHC桩的承载力大小不同。预应力管桩的混凝土强度等级高,加之施加了预应力,因此桩身的抗裂性强,沉桩穿透力强。

(4)管桩按桩尖的构造不同划分为两种类型:闭口十字形桩尖,用a表示;开口形桩尖,用b表示。

(5)按成桩方法分类,开口形管桩为部分挤土桩,闭口形管桩为挤土桩。管桩设计要充分考虑沉桩挤土效应,在饱和软土中采用挤土桩,倘若设计和施工不当就会产生明显的挤土效应,致使在沉桩施工过程中管桩位移、上涌和地表隆起,从而降低桩的承载力,还有可能损坏相邻既有建筑。桩基施工后,沉桩在饱和软土中产生的孔隙水压力逐渐消散,土层产生再固结沉降,对桩身产生负摩阻力,降低桩基承载力,增大桩基沉降。在非饱和的松散土中采用挤土桩,若设计和施工得当,挤土效应可使桩间土密实,从而增加对桩身的摩阻力,其承载力明显地高于非挤土桩。因此,正确地选择成桩方法和工艺,在桩基设计和施工中可以收到良好的技术经济效果。

2. 预应力管桩的优点

(1)预应力管桩体现了当代混凝土技术进步与混凝土制品高新技术水平的一种混凝土预制桩,生产制作工厂化,桩身质量可靠,生产周期短。管桩由圆筒形桩身、钢套箍和端头板等组成,采用先张法工艺生产,以避免管桩起吊和沉桩时桩身产生横向裂缝,且充分利用和发挥高强钢筋和高强混凝土的强度。首先张拉预应力钢筋(丝),然后浇注混凝土,再以旋转胎膜离心成形制成空心圆筒体。PC桩一般采用常压蒸汽养护,脱模后移入水池再浸水养护,混凝土的养护龄期为28d。采用常压养护,如有其它有效措施和实验数据表明混凝土的抗压强度能够达到与标准养护28d龄期的强度时,可不受龄期的限制,但采用锤击法沉桩时,管桩混凝土的养护龄期仍不得小于14d。

(2)单桩的地基承载力高、沉降小且均、抗震性好。

(3)预应力管桩不仅适用于浅层土软弱且深厚的地基条件,沉桩质量不受深厚饱和软土地层和地下水的影响,尚可穿透较厚的砂夹层,沉入较为密实的砂层及强风化岩层。在施工中根据设计文件、建设场地的岩土工程勘察报告、施工场地的周边环境选择选用锤击法或者静压法沉桩。锤击法沉桩用于PHC桩,静压法沉桩可用于PC桩和PHC桩。锤击沉桩和静压沉桩的特点见表8-4。

锤击沉桩与静压沉桩的特点 表8-4

沉桩方法 特点	锤击沉桩	静压沉桩
沉桩机械	打桩机体积较大	压桩机体积较为庞大,大吨位压桩机要求场地地面承载力较高,压桩部位在整机的中央
沉桩动力	用桩锤下落的冲击力将桩打入岩土层中	用静压桩机的液压将桩压入岩土层中

续上表

沉桩方法 / 特点	锤击沉桩	静压沉桩
施工特点	锤击沉桩对桩顶和桩身产生较大的冲击应力，桩顶和桩身容易损坏；打入边桩要求约0.8m的空间；沉桩施工中可测定沉入每米的锤击数和贯入度，预估桩的承载力；静力试桩确定承载力时需锚桩或配重提供压桩反力	静压沉桩对桩顶和桩身产生的施工应力小，桩顶和桩身不易损坏；沉桩精度较高、不易产生偏心；沉作业距临近建筑需要3～4m的空间，适宜较大面积施工；可装有电脑分析装置，沉桩施工中记录压桩时的贯入阻力，微机处理工程技术数据，自动打印压桩全过程的深度-阻力曲线，预估桩的承载力；静力试桩确定承载力时以机身自重提供压桩反力
环境影响	沉桩施工振动大、噪声大，柴油打桩机对空气污染；对邻近既有建筑的影响大	沉桩施工无振动、无噪声、无空气污染；对土中的应力状态扰动小，对邻近既有建筑的影响小；开口形管桩的挤土效应较小

(4)预应力管桩单桩施工不排土、无泥浆排放污染、不受冬季施工季节冻土的影响、无现场混凝土湿作业，具有良好的施工环境保护性能。

(5)预应力管桩相对于灌注桩的单位造价较高，但由于其承载力亦相对较高，因此单位承载力造价相对较低，环境与经济综合效益好。尤其是在淤泥土或淤泥质土地层中采用预应力混凝土管桩基础，与沉管灌注桩相比较，不会发生缩径、夹泥、断桩、吊脚等施工质量问题，与钻(冲)孔灌注桩相比较，亦无桩端处的沉渣问题。因此，预应力管桩的工程质量稳定、地基承载力可靠。

第二节 桩基础构造与设计规定

地基基础设计必须坚持因地制宜、就地取材、保护环境和节约资源的原则，根据岩土工程勘查资料，综合考虑结构类型、材料情况与施工条件等因素，精心设计。

一 基础的构造要求

构造要求是为了满足建筑桩基础的地基基础设计，即单桩达到设计承载力、群桩受力合理和耐久性要求，以及考虑施工能够实现设计，对桩和承台的材料、配筋、几何尺寸、平面布置、桩与承台之间的连接等方面的基本规定。

(一)桩的构造要求

(1)桩身混凝土强度应满足桩的承载力设计要求，其强度等级应符合表8-5的要求。

(2)桩身配筋率应符合表8-6的要求。

桩身混凝土强度等级　表 8-5

序号	桩　型	混凝土强度等级
1	灌注桩	≥C25
2	预制桩	≥C30
3	预应力桩	≥C40

桩身主筋配筋率　表 8-6

序号	桩　型	配　筋　率
1	灌注桩	≥0.2% ~0.65%(小直径桩取高值)
2	打入式预制桩	≥0.8%
3	静压式预制桩	≥0.6%
4	预应力桩	≥0.5%

(3)桩身的构造配筋、纵向主筋应该沿桩身周边均匀布置,其净距不应该小于 60mm,并且尽量减少钢筋接头。

①一级建筑桩基,即重要的工业与民用建筑物和对桩基变形有特殊要求的工业建筑物,采用 6 ~ 10 根直径 12 ~ 14mm 主筋。

②二级建筑桩基,即一般的工业与民用建筑物,根据桩径大小配置 4 ~ 8 根直径 10 ~ 12mm 主筋。

③受水平荷载的桩不宜小于 8 根直径 10mm 主筋。

④抗压桩和抗拔桩不应小于 6 根直径 10mm 主筋。

⑤预制桩的不宜采用直径小于 14mm 主筋。

(4)桩的配筋长度应该符合表 8-7 的要求。

桩 的 配 筋 长 度　表 8-7

序　号	场地以及地基条件、桩型以及受力特点	配 筋 长 度
1	坡地岸边	应该通长
2	大于或等于 8 度地震区	应该通长(计算确定配筋)
3	淤泥、淤泥质土、液化土	应该穿过淤泥、淤泥质土、液化土
4	$d>600$mm 的钻孔灌注桩	不宜小于 2/3 桩长
5	抗拔桩、承受负摩阻力的桩	通长(计算确定配筋)
6	受水平荷载较大和弯矩较大的桩	计算确定
7	端承桩	宜通长
8	嵌岩端承桩	通长(计算确定配筋)

(5)桩身主筋的混凝土保护层厚度应该符合表 8-8 的要求。

(6)一般应该选择较硬土层作为桩端持力层,当桩端持力层以下存在软弱下卧层时,桩端以下持力层厚度不宜小于 $4d$。桩底进入持力层的深度宜为 1 ~3 倍桩径,详见表 8-9。

桩身主筋混凝土保护层厚度　表 8-8

序号	桩　型		主筋的混凝土保护层厚度(mm)
1	预制桩		不应小于 45
2	灌注桩		不应小于 50
3	灌注桩	非腐蚀环境	不应小于 50
		腐蚀环境	不应小于 55
4	预应力管桩		不应小于 35

桩底进入持力层的深度　表 8-9

序号	土　类	桩底进入持力层深度
1	黏性土	不宜小于 $2.0d$
2	粉土	不宜小于 $2.0d$
3	砂土	不宜小于 $1.5d$
4	碎石土	不宜小于 $1.0d$
5	完整和较完整未风化、微风化、中风化的硬质岩体	不宜小于 0.5m

注:表中 d 为桩身直径。

(7)灌注桩的桩身主筋直径不应小于12mm，腐蚀环境中的灌注桩主筋直径不宜小于16mm。箍筋直径不宜小于6mm，间距200～300mm，宜采用螺旋式箍筋；当钢筋笼长度超过4m时，应该每间隔2m左右焊接一道直径12～18mm的加劲箍；受水平荷载较大的桩基和抗震桩基，桩顶3～5倍桩径长度范围内箍筋应该适当加密；预制桩采用打入法沉桩时，桩顶3～5倍桩截面边长长度范围内箍筋应该加密，并且设置钢筋网片。

(8)当桩端持力层地基承载力低于桩身混凝土抗压承载力时，可以采用扩底灌注桩。扩底端的直径 D 不应该大于桩身直径 d 的3倍。扩底端侧面的斜率应该根据成孔以及支护条件确定，一般取1/3～1/2，砂土取1/3，粉土和黏性土取1/2。扩底端底面一般呈锅底形，矢高取(0.10～0.15) D。

(9)混凝土预制桩的截面边长 b 不应小于200mm，预应力混凝土预制桩的截面边长 b 不宜小于350mm，预应力混凝土离心管桩的外径 d 不宜小于300mm。

(10)预制桩的分节长度应该根据施工条件和运输条件确定，接头数量不宜超过2个，预应力混凝土管桩的接头数量不宜超过4个。

(11)预制桩的桩尖将主筋合拢焊接在桩尖辅助钢筋上，在密实的砂土和碎石土中桩尖处包钢板桩靴以加强桩尖。

(12)桩的最小中心距 s_a 应该符合表8-10的要求。

桩的最小中心距 s_a 表8-10

序号	成桩工艺与土类		排数不少于3排并且桩数不少于9根的摩擦型桩	其他情况
1	打入式开口管桩和H形钢桩		3.5d	3.0d
2	挤土预制桩		3.5d	3.0d
3	挤土灌注桩	穿越非饱和土	3.5d	3.0d
4		穿越饱和软土	4.0d	3.5d
5	非挤土和部分挤土灌注桩		3.0d	2.5d
6	扩底灌注桩		不宜小于1.5D，并且当 D>2.0m时，不宜小于1.0D+1.0m	
7	沉管夯扩灌注桩		2.0D	
8	各类桩		4～6d	以控制沉降为目的

注：表中 d 为桩身的直径，D 为扩底端的直径。

(13)布置桩位时宜使群桩承载力合力作用点与竖向永久荷载合力作用点重合，并且使桩基受水平力和力矩较大方向有较大的截面模量。

(14)大直径桩基础宜采用一柱一桩；墙下条形承台桩基础不宜将桩布置于底层门洞口下；带肋梁的桩筏基础宜将桩布置于肋梁下；桩箱基础宜将桩布置于墙下。

(15)同一结构单元宜避免采用不同类型的桩。

(二)承台的构造要求

(1)承台的混凝土强度等级不应低于C20，纵向钢筋的混凝土保护层厚度不应小于70mm，当有混凝土垫层时不应小于40mm，垫层的混凝土强度等级宜为C10，垫层的厚度宜为100mm。

(2)承台的最小厚度不应小于300mm，承台的宽度不应小于500mm，边桩中心至承台边缘的距离不宜小于桩的直径或者边长，并且桩的外边缘至承台边缘的距离不小于 150mm；条形承台梁桩的外边缘至承台梁边缘的距离不小于 75mm 。

（3）承台的配筋：矩形承台的钢筋应该双向均匀通长布置，钢筋直径不宜小于 10mm，间距不宜大于 200mm ；承台梁的主筋直径不宜小于 12mm ，架立筋直径不宜小于 10mm ，箍筋直径不宜小于 6mm（图 8-2）。

（4）承台的埋深应该不小于 600mm，在季节性冻土以及膨胀土地区应该考虑防冻胀或者防膨胀的措施。

（5）承台埋深内的回填土施工应该满足填土密实性要求。

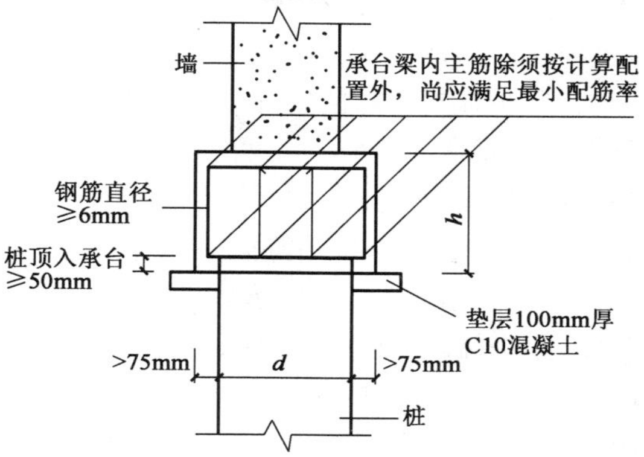

图 8-2　承台配筋

（三）桩与承台连接构造

（1）桩顶嵌入承台的长度不宜小于 50mm，大直径桩的桩顶嵌入承台的长度不宜小于 100mm，桩身主筋伸入承台的长度应该符合表 8-11 的要求。预应力混凝土桩采用桩头钢板与钢筋焊接的连接方法。

桩身主筋伸入承台的长度　　表 8-11

序　　号	桩身主筋级别、桩的受力特点、桩型	桩身主筋伸入承台长度
1	HPB300 级钢筋	不宜小于 $30d$
2	HRB335 和 HRB400 级钢筋	不宜小于 $35d$
3	抗拔桩基	$40d$
4	一柱一大径桩	柱子纵筋插入桩身大于或等于锚固长度

注：表中 d 为桩身主筋直径。

（2）承台之间的连接应该符合下列要求：

①柱下单桩宜在桩顶两个互相垂直的方向上设置连系梁，当桩柱截面直径之比较大（一般大于 2），并且柱底剪力和弯矩较小时可以不设连系梁。

②两桩桩基的承台宜在其短向设置连系梁，当短向的柱底剪力和弯矩较小时可以不设连系梁。

③有抗震要求的柱下独立桩基承台，纵横方向宜设置连系梁。

④连系梁的顶面宜与承台顶面位于同一标高，连系梁的宽度不宜小于200mm，高度取承台中心距的 1/15 ~ 1/10。连系梁的配筋不宜小于 4 根直径 12mm。

二　预应力混凝土管桩基础的构造要求

（一）管桩基础的构造要求

（1）管桩的平面布置：主要考虑桩的中心距和桩端进入持力层的深度。为避免平面布桩过近，对群桩效应桩基承载力和沉桩挤土效应对邻桩沉桩的不利影响，管桩的中心距应符合下列规定：当桩排数不小于 3 排且桩数不小于 9 根的摩擦型桩基时，桩的最小中心距为 $3.5d$，其他情况桩的最小中心距为 $3.0d$；对于大面积桩群，尤其是闭口形管桩，桩的最小中心距宜按以上数值适当加大。

(2)桩端持力层的选择和桩端进入持力层的最小深度，应考虑在各类持力土层中成桩的可能性和提高桩端承载力两方面因素。为了发挥桩的承载力，应选择较硬土层作为桩端持力层。桩端全断面进入持力层的深度，对于黏性土、粉土不宜小于 $2d$，砂土不宜小于 $1.5d$，碎石类土不宜小于 d；当桩端持力层下有软弱下卧层时，桩端以下较硬土层的厚度不宜小于 $4d$。当硬持力层较厚且施工条件允许时，桩端全断面进入持力层深度宜达到持力层桩端阻力的临界深度(指桩端阻力随桩端进入持力层深度超过该深度后，桩端阻力即不再显著增加的深度)，以利于充分发挥桩的承载力。黏性土、粉土的临界深度为 $(2\sim6)d$，随土的孔隙比和液性指数减小而增大；砂土与碎石土的临界深度为 $(3\sim10)d$，随土的密实度提高而增大。

抗震设防区的桩基，桩端全断面进入液化层以下稳定土层中的长度应按计算确定；对于碎石土、砾、粗、中砂，密实粉土，坚硬黏性土不应小于 500mm，对其他非岩类土不应小于 1.5m。

(3)管桩的长径比：当管桩为摩擦型桩时，管桩的长径比不宜大于 100；当管桩为端承型桩时，管桩的长径比不宜大于 80。

(4)工程中尽量减少接桩，单桩的接头数量不宜大于 4 个；应避免桩尖接近硬持力层或桩尖处于硬土力层时接桩。

(二)管桩与承台连接的构造要求

(1)桩与承台的连接不仅应满足传递轴向压力，还应满足传递偏心压力产生的弯矩和水平力产生的剪力。管桩顶部嵌入承台的长度一般不宜小于 50mm，对于不小于 800mm 的大直径管桩不宜小于 100mm；当桩顶主要承受水平力时，桩顶嵌入承台的长度不小于 100mm 。倘若管桩顶部嵌入承台过深则减小承台的有效高度，对承台的抗弯、抗冲切和抗剪承载力均为不利。

(2)管桩与承台的连接，当不需截桩时，采用管芯内插入构造钢筋填芯灌注混凝土，焊接于端头板的锚固钢筋伸入承台整体现浇；当需截桩时，采用管芯内插入钢筋笼填芯灌注混凝土，钢筋笼锚固钢筋伸入承台整体现浇。构造钢筋或钢筋笼插入管桩内腔的深度不宜小于 2 倍管桩直径，且不得小于 1.0m(不含桩顶嵌入承台的深度)；锚固钢筋伸入承台的锚固长度 l_a 不宜小于钢筋(Ⅱ级钢和Ⅲ级钢)直径的 35 倍。这种连接构造使管桩与承台形成介于铰接与刚接之间连间接方式，既可传递剪力保证水平承载力，也有利于降低固端弯矩，又传递部分弯矩。倘若桩顶钢筋锚固于承台过长，则对施工和造价均为不利。管桩桩顶与承台连接的配筋见表 8-12。

管桩桩顶与承台连接的配筋 表 8-12

管桩直径(mm)	300	350～400	450～500	550	600	800
构造钢筋(HPB300)	4φ10	4φ10	4φ10	4φ10	4φ10	4φ10
钢筋笼主筋(HRB335)	4Φ16	4Φ20	6Φ18	6Φ18	6Φ20	6Φ20
钢筋笼箍筋(HPB300)	φ6@200	φ6@200	φ8@200	φ8@200	φ8@200	φ8@150

管桩顶部填芯混凝土应灌注饱满,混凝土强度等级不得小于 C30。

(3)对于抗拔桩,桩身的全部纵向预应力钢筋应锚入承台,锚固长度不得小于 50 倍钢筋直径,且不得小于 500mm。

(4)同一承台的桩数不宜小于 2 根;当小于或等于 2 根时,应加强承台之间的拉结。

三 建筑桩基础的设计规定

根据《建筑地基基础设计规范》(GB 50007—2011)、《建筑桩基技术规范》(JGJ 94—2008)的规定,按照建筑物地基基础设计等级以及承载能力极限状态和正常使用极限状态设计的要求,建筑桩基础设计要进行以下计算和验算。

(一)建筑桩基础地基设计规定

(1)建筑桩基础地基承载力计算中,所有建筑桩基础地基设计均应满足承载力计算以及验算规定:

①应满足竖向荷载作用下持力层地基承载力要求;

②当桩端平面以下存在软弱下卧层时,还应该验算桩基础软弱下卧层的地基承载力;

③应满足水平荷载作用地基承载力。

(2)建筑桩基础的地基变形验算。对以下建筑物的桩基础应该进行沉降验算:

①地基基础设计等级为甲级的建筑物;

②体形复杂、荷载不均或者桩端以下存在软弱土层且设计等级为乙级的建筑物桩基;

③摩擦型桩基础。

(3)建筑桩基础地基稳定性验算:对经常受水平荷载作用的高层建筑、高耸结构以及建造在坡地岸边或者边坡附近的建筑桩基础,应该验算地基的整体稳定性。

(4)抗震设防地区建筑桩基,按现行《建筑抗震设计规范》(GB 50011—2010)的有关规定进行地基抗震验算。

(二)单桩设计规定

(1)单桩桩身承载力验算应该满足承载力设计要求。

(2)对于桩身露出地面或者桩侧为可液化土、极限承载力小于 50kPa(或者不排水抗剪强度小于 10kPa)土层中的细长桩应该进行桩身压屈的设计验算。

(3)混凝土预制桩应该进行运输、吊装和锤击等过程中的强度和抗裂验算。

(三)桩基础承台设计规定

1. 柱下独立承台

(1)承台抗冲切承载力验算。

(2)承台抗剪承载力验算。

(3)承台抗弯承载力计算。

2. 墙下梁式承台

(1)抗剪承载力计算。

(2)抗弯承载力计算。

3. 柱下或墙下满堂(筏形或箱形)承台板

(1)柱下满堂承台板抗冲切承载力验算。

(2)柱下或墙下满堂承台板抗弯承载力计算。

限于本章篇幅,以下仅讨论:竖向荷载作用桩基础持力层地基承载力的计算;桩基础沉降验算;桩身承载力计算;混凝土预制桩吊立过程抗弯承载力计算;柱下独立承台承载力的设计与验算。

第三节　桩基础设计

一 设计资料

建筑桩基设计应该具备以下基本资料:

(1)岩土工程勘察资料。

(2)建筑场地与环境条件的有关资料。

(3)建筑物的有关资料。

(4)施工条件的有关资料。

(5)供设计比较用的各种桩型以及实施的可能性。

二 建筑桩基础设计要点

(一)选择桩型、桩的截面尺寸及桩长

1. 桩型

根据上部结构荷载大小及性质、工程地质条件、施工条件等综合因素确定。

2. 桩的截面尺寸

混凝土预制桩常为方形截面,边长一般为250~550mm。混凝土灌注桩截面均为圆形,其直径随成桩工艺不同而有所变化。沉管灌注桩直径一般为300~500mm;钻孔灌注桩直径为500~1200mm;钻孔扩底注桩扩底直径一般为桩身直径的1.5~2.0倍。

3. 桩长

桩长主要在于桩端持力层的确定,当然也与桩的材料和施工工艺等因素有关。一般选择较坚硬的土层作为桩端持力层,当有软弱下卧层时,桩端下硬持力层厚度不宜小于4倍桩径。桩端全面进入持力层的深度,见表8-9。摩擦桩的桩长确定与桩基承载力和沉降量有关,桩端下坚硬土层的厚度一般不宜小于5倍桩径。

(二)单桩竖向承载力特征值的确定

单桩竖向承载力特征值的确定应符合下列规定:

(1)单桩竖向承载力特征值应通过单桩竖向静载荷试验确定。在同一条件下的试桩数量不

宜少于总桩数的1%，且不应少于3根。单桩静载荷试验见第六章。

当桩端持力层为密实砂卵石或者其他承载力类似的土层时，对单桩承载力很高的大直径端承型桩，可以采用深层平板载荷试验确定桩端土的承载力特征值。

(2)地基基础设计等级为丙级的建筑桩基，可以采用静力触探以及标贯试验参数确定 R_a 值。

根据桩周与桩底土层的分布情况，可利用现行《建筑地基基础设计规范》(GB 50007—2010)经验方法和经验公式以及静力触探资料初步估算。

(3)初步设计时单桩竖向承载力特征值可按下式估算：

$$R_a = q_{pa}A_p + u_p\sum q_{sia}l_i \tag{8-1}$$

式中：q_{pa}、q_{sia}——桩端端阻力、桩侧阻力特征值，由当地静载荷试验结果统计分析算得；

A_p——桩底端横截面的面积；

u_p——桩身横截面的周边长度；

l_i——桩身穿过第 i 层岩土的厚度。

当桩端嵌入完整或较完整的硬质岩石中时，可按下式估算：

$$R_a = q_{pa}A_p \tag{8-2}$$

式中：q_{pa}——桩端岩石承载力特征值。

(4)当桩承受上拔力时，应对桩基进行抗拔验算及桩身抗裂验算。

(三)桩数及桩的平面布置

1. 桩数

轴心受压桩基础：

$$n \geqslant \frac{F_k + G_k}{R_a} \tag{8-3}$$

偏心受压桩基础：

$$n \geqslant \psi_s \frac{F_k + G_k}{R_a} \tag{8-4}$$

式中：F_k——相应荷载效应标准组合时，作用于桩基承台顶面的竖向力；

G_k——桩基承台自重及承台上土自重标准值；

R_a——单桩竖向承载力特征值；

n——桩基中的桩数；

ψ_s——考虑合力偏心影响对桩数的增大系数，一般取 $\psi_s = 1.0 \sim 1.2$。

2. 桩的平面布置

(1)桩距：通常按桩的中心距(3~4倍桩径)布桩，为防止挤土效应造成的影响，布置较多的群桩时，其桩距在满足最小中心距(表8-10)要求的基础上应适当加大。但桩距不宜过大，否则尺寸太大造成不经济。

(2)桩的平面布置：除了要选择合适的桩距外，尽量使永久荷载的合力重心与桩群截面形心接近。平面布桩时还要考虑边桩外边缘至承台边缘距离的构造要求，以便估算承台的平面尺寸，并且使群桩截面积在受力矩较大的方向有较大的截面抵抗矩，同时，尽量对结构有利。如对墙体落地的结构沿墙下布桩，一般不在无墙的门洞位置布桩。对带肋的筏形基础沿梁位布桩。

(四)建筑桩基础承载力验算

1. 群桩竖向承载力

由于上部结构作用于承台的荷载一般均大于单桩承载力,因此,一般承台下均布置多根基桩,组成群桩共同承受上部结构荷载。建筑桩基础群桩的竖向地基承载力是通过建立与单桩的竖向地基承载力之间的关系来确定的。

(1)对于端承桩群桩基础,其各根基桩桩顶承受的荷载通过桩身直接传至桩端以下持力层中,各根基桩在桩端下持力层中的附加应力相互叠加很小,可以忽略不计。因此,群桩中的各根基桩的工作性状与单桩的工作性状是相同的。设计时取群桩中的各基桩平均竖向承载力等于单桩竖向承载力,并且群桩的沉降亦与单桩的沉降相等。

(2)对于考虑桩侧摩阻力的群桩基础,桩距越小、桩数越多、桩长越长,其各根基桩桩顶承受的荷载通过桩侧传至桩侧土层中,由于附加应力的扩散在桩端下持力层的附加应力相互叠加而增大。因此,群桩中各根基桩的工作性状与单桩工作性状是不同的。若仅以群桩沉降量与单桩沉降量相等作为衡量桩基竖向承载力的标准,则群桩中的基桩平均竖向承载力则小于单桩竖向承载力。

2. 单桩竖向承载力

《建筑地基基础设计规范》(GB 50007—2011)对群桩中的单桩竖向力和单桩竖向承载力特征值给出了规定,即群桩中单桩桩顶竖向力按下式计算,如图8-3所示。

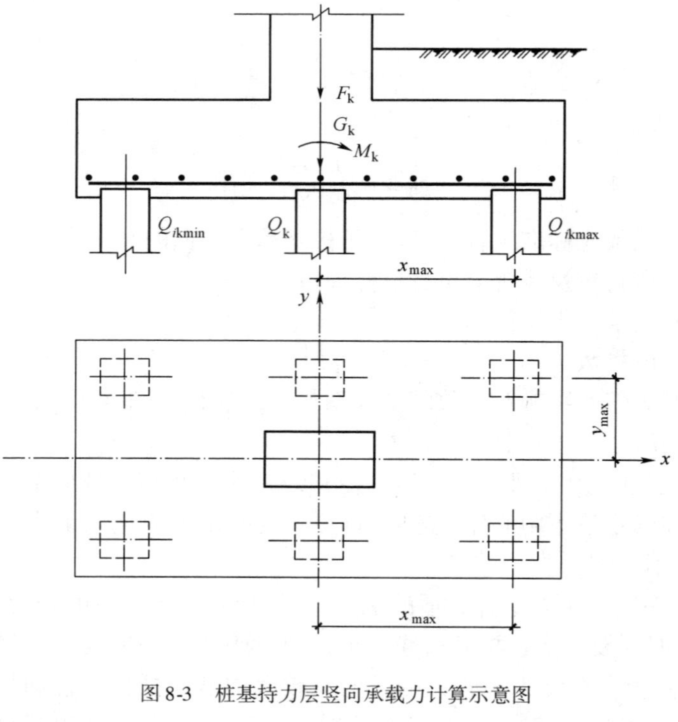

图8-3 桩基持力层竖向承载力计算示意图

轴心竖向力作用下：

$$Q_k = \frac{F_k + G_k}{n} \tag{8-5}$$

并规定单桩桩顶竖向力应符合单桩竖向承载力特征值的要求，即：

$$Q_k \leqslant R_a \tag{8-6}$$

偏心竖向力作用下：

$$Q_{ik} = \frac{F_k + G_k}{n} \pm \frac{M_{xk} y_i}{\sum y_i^2} \pm \frac{M_{yk} x_i}{\sum x_i^2} \tag{8-7}$$

并规定单桩最大桩顶竖向力应符合单桩竖向承载力特征值的要求，即：

$$Q_{ikmax} \leqslant 1.2R_a \tag{8-8}$$

式中：Q_k——相应于荷载效应标准组合轴心竖向力作用下任一单桩的竖向力；

Q_{ik}——相应于荷载效应标准组合偏心力作用下第 i 根桩的竖向力；

Q_{ikmax}——相应于荷载效应标准组合偏心力作用下单桩的最大竖向力；

M_{xk}、M_{yk}——相应于荷载效应标准组合作用于承台底面通过桩群形心的 x、y 轴的力矩；

x_i、y_i——桩 i 至桩群形心的 x、y 轴线的距离。

3. 软弱下卧层承载力验算

当桩端平面以下持力层下存在软弱下卧层时，应进行软弱下卧层承载力验算。

已知建筑桩基设计应该具备的基本资料：上部结构对承台的作用力，建筑桩基础持力层竖向地基承载力，承台埋深和平面尺寸，承台下的桩数和平面布置，建筑桩基础的剖面如图 8-4 所示。

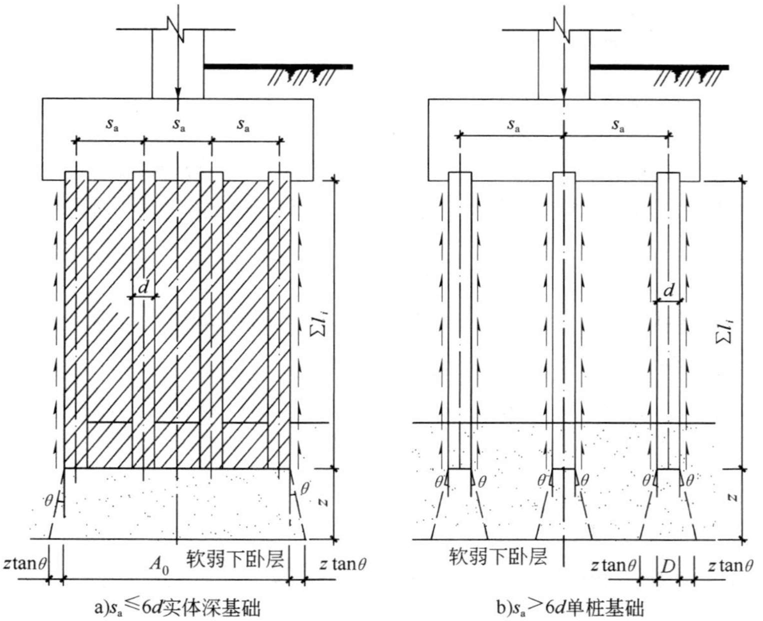

图 8-4　软弱下卧层承载力验算示意图

根据现行《建筑桩基技术规范》(JGJ 94—2008)关于群桩软弱下卧层竖向地基承载力验算的规定，桩基础软弱下卧层的竖向地基承载力验算方法，按桩的中心距 s_a 不同划分为两类。

(1)如图 8-4a)所示，对于 $s_a \leqslant 6d$ 的群桩基础，群桩将桩间土夹紧形成实体深基础，按实体深基础验算软弱下卧层顶面承载力。

(2)如图 8-4b)所示，对于单桩基础和 $s_a > 6d$ 并且桩端以下硬持力层的厚度 $z < (s_a - D)\cot\theta/2$ 的群桩基础，各根基桩的地基压力扩散线在硬持力层中不相交，按照单桩基础验算软弱下卧层顶面的竖向地基承载力，其验算公式详见现行《建筑桩基技术规范》(JGJ 94—2008)。图 8-4 中符号的意义：

s_a——桩的中心距离；

d——桩身直径；

$\sum l_i$——承台下桩身的长度；

l_i——承台下桩身穿过第 i 层土的厚度；

z——桩端至软弱下卧层顶面的距离；

A_0——群桩外边缘的长度；

θ——桩端持力层压力扩散角，按表 8-13 采用。

地基压力扩散角 θ 表 8-13

E_{s1}/E_{s2} \ Z/B_0	<0.25	0.25	≥0.5
3	0° (必要时由试验确定)	6°	23°
5		10°	25°
10		20°	30°

注：E_{s1} 为桩端硬持力层的压缩模量；E_{s2} 为软弱下卧层的压缩模量；B_0 为群桩外边缘的宽度。

(五)建筑桩基沉降验算

计算桩基沉降时，传至基础底面上的荷载效应按正常使用极限状态下荷载效应的准永久组合，不计入风荷载和地震作用，建筑桩基础的最终沉降不得超过建筑物的沉降允许值，即：

$$s \leqslant [s] \tag{8-9}$$

式中：s——相应于荷载效应准永久组合建筑物地基变形特征的计算值；

$[s]$——建筑物地基变形特征的允许值，见表 3-11。

当 $s_a \leqslant 6d$ 时，按照扩散角实体深基础或者实体深基础计算桩基础的最终沉降量，如图 8-5 所示。

图 8-5 中符号的意义如下：

α——承台下地基压力扩散角，取 $\alpha = \varphi_0/4$；

φ_0——桩长范围各土层的摩擦角 φ_i 的加权平均值，$\varphi_0 = \sum \varphi_i l_i / \sum l_i$；

A_0、B_0——群桩外缘的长度、宽度。

与浅基础最终沉降的计算方法相同，桩基础地基的最终变形量可以按下式计算：

$$s = \psi_p s' = \psi_p \sum \frac{p_0}{E_{s_i}}(z_i\bar{\alpha}_i - z_{i-1}\bar{\alpha}_{i-1}) \tag{8-10}$$

式中：s——实体深基础的地基最终变形量；

ψ_p——实体深基础计算桩基础沉降的经验系数，应该根据地区桩基础沉降观测资料以及经验统计确定，在不具备条件时可以按表 8-14 选用；

s'——按分层总和法计算出的地基变形量；

p_0——相应于荷载效应准永久组合时，桩底平面处的附加压力；

E_{s_i}——深基础底面以下第 i 层土的压缩模量；

$\bar{\alpha}_i$、$\bar{\alpha}_{i-1}$——深基础底面计算点至第 i 层土、第 $i-1$ 层土底面范围内平均附加应力系数；

z_i、z_{i-1}——深基础底面至第 i 层土、第 $i-1$ 层土底面的距离。

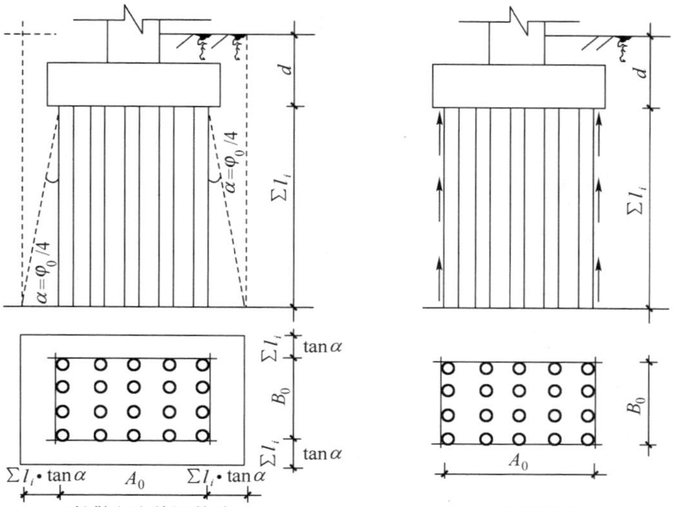

图 8-5　桩基础地基变形验算示意图

实体深基础计算桩基础沉降的经验系数 Ψ_p　　表 8-14

E_s(MPa)	$E_s<15$	$15\leqslant E_s<30$	$30\leqslant E_s<40$
Ψ_p	0.5	0.4	0.3

《建筑地基基础设计规范》(GB 50007—2011)规定对以下建筑物的桩基应进行沉降验算：

(1)地基基础设计等级为甲级的建筑物桩基。

(2)体形复杂、荷载不均匀或桩端以下存在软弱土层的设计等级为乙级的建筑物。

(3)摩擦型桩基。

三 建筑桩基础的单桩设计

对于桩基础的单桩设计，在计算桩基础的内力、验算材料强度和确定其配筋时，上部结构通过承台作用于桩顶的荷载效应和相应的地基反力，按承载能力极限状态下荷载效应的基本组合计算。

(一)单桩桩身强度

桩身混凝土的强度应该满足桩的承载力设计要求。计算中应按桩的类型和成桩工艺的不同,将混凝土的轴心抗压强度设计值乘以工作条件系数 φ_c,桩身强度应该符合下式要求:

当桩身轴心受压时:

$$Q \leqslant \varphi_c f_c A_p \tag{8-11}$$

式中:Q——相应于荷载效应基本组合的单桩竖向力设计值;

φ_c——工作条件系数,预制桩取 $\varphi_c=0.75$,预应力桩取 $\varphi_c=0.55\sim0.65$,灌注桩取 $\varphi_c=0.6\sim0.8$(水下灌注桩或者长桩或混凝土强度等级高于 C30 时取低值);

f_c——桩身的混凝土轴心抗压强度设计值;

A_P——桩身的横截面积。

高层建筑以及重要性建筑的桩基础,对于单桩的竖向承载力要求很高,因此超长桩、嵌岩桩和大直径扩底桩的应用较多,建筑桩基础的单桩设计往往由桩身混凝土的强度控制。

(二)预制桩吊立抗弯承载力计算

钢筋混凝土预制桩在沉桩施工开始时,需要将平卧于地面的桩身吊立,再对准桩位插入土中。在这一施工过程中桩身将有两方面变化:

(1)桩身由静态变为动态。

(2)桩身由全部与地面接触变为仅桩尖与地面接触。

吊装时由于桩身重力而产生内力,必须对吊立施工进行抗弯承载力验算,如图 8-6 所示。桩身吊起的瞬间,桩身的受力计算简图为简支伸臂梁,桩身自重的惯性力在桩身内产生弯矩。为了吊装施工方便无须翻动桩身并且使桩身配筋经济,起吊的吊点位置确定原则为:桩身正负弯矩的峰值绝对值相等。理论上可以证明:当一点起吊的吊点位置距离桩顶为接近 3/10 桩长 l 时,桩身内正负弯矩最大值的绝对值相等,据此按钢筋混凝土结构进行配筋计算。

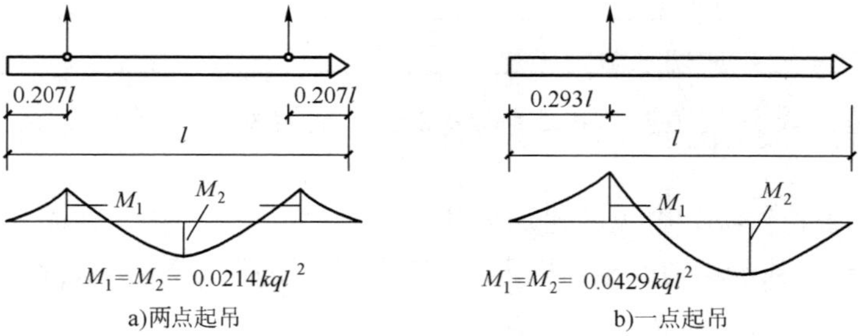

图 8-6 预制桩吊装抗弯承载力计算示意图

$$M_{max} = 0.0429kql^2 \tag{8-12}$$

式中:M_{max}——一点起吊桩身弯矩最大值的设计值;

k——吊装动力系数,取 $k=1.3\sim1.5$;

q——桩身自重线荷载的设计值；

l——桩身的长度。

四 桩基承台设计

(一)承台分类

(1)独立(墩式)承台,平面多为矩形,也有正多边形或者三角形,一般设置于柱子下面,根据地基承载力设计承台下布设一根或者多根桩。

(2)条形承台(梁)亦称带形承台(梁),一般设置于墙体下面,根据地基承载力设计承台(梁)下布设单排或者双排多根桩。

(3)满堂承台板,即桩筏基础或者桩箱基础的底板,整体性好,刚度较大,对于协调承台下面基桩之间的不均匀沉降,实现上部结构、桩基础和地基土体共同工作更为有利。

(二)柱下矩形独立承台承载力验算

承台承载力验算是在初步确定了承台尺寸之后进行。在确定承台高度、计算承台内力、确定配筋和验算材料强度时,上部结构柱子传至承台顶面的荷载效应组合和相应的桩顶反力按承载能力极限状态下荷载效应的基本组合考虑。

一般情况下,以柱子根部对承台的作用力和桩顶对承台的净反力求解承台内力的外力。桩的净反力是指扣除承台及其上回填土自重之后桩对于承台的反作用力,即上部结构荷载通过承台对于桩顶的作用力。这是因为考虑承台及其上回填土自重由承台底部浅层土体承担,以充分合理地利用承台底部土体的承载力。但是当工程中可能发生地基土体与承台底部脱空现象时,则设计时不考虑承台效应。脱空主要针对承台底面以下存在下述几类特殊性质土层和动力作用的情况:一是承台底部存在新填土、湿陷性黄土、欠固结土、液化土、高灵敏度软土或者由于震陷、降水使地基土与承台脱空;二是由于饱和软土中沉入密集的群桩,产生高孔隙水压力和土体上涌,随着时间的推移桩间土逐渐固结下沉与承台脱空;三是承受经常出现的动力作用或者反复加卸荷载的情况。

(三)矩形独立承台抗冲切承载力验算

柱下独立承台一般情况下有多根基桩,因此柱子对承台顶面的作用力与基桩对承台底面的反作用力不在同一条直线上。柱子对承台的压力在承台内的压力扩散角 θ 和角桩对承台底面的反作用力在承台内的压力扩散角 θ_1,均不超过 45°。在基桩净反力所产生的冲切力作用下,承台可能发生柱对承台的冲切和边角桩对承台的冲切两种冲切破坏。因此,必须对承台进行抵抗冲切承载力验算。

1. 柱对承台的冲切

承台混凝土抵抗柱子冲切的承载力验算控制截面,应该取柱边或者承台变阶处至桩顶内边缘连线所成的锥体,如图 8-7 所示,锥台与承台底面的夹角不小于 45°,计算时可取 45°。

柱下桩基独立承台抗冲切承载力验算，应符合下列规定：

$$F_l \leqslant 2\beta_{hp} f_t h_0 [\alpha_{ox}(b_c + a_{oy}) + \alpha_{oy}(h_c + a_{ox})] \quad (8\text{-}13)$$

$$F_l = F - \sum N_i \quad (8\text{-}14)$$

$$\alpha_{ox} = 0.84/(\lambda_{ox} + 0.2) \quad (8\text{-}15)$$

$$\alpha_{oy} = 0.84/(\lambda_{oy} + 0.2) \quad (8\text{-}16)$$

$$\lambda_{ox} = a_{ox}/h_0 \quad (8\text{-}17)$$

$$\lambda_{oy} = a_{oy}/h_0 \quad (8\text{-}18)$$

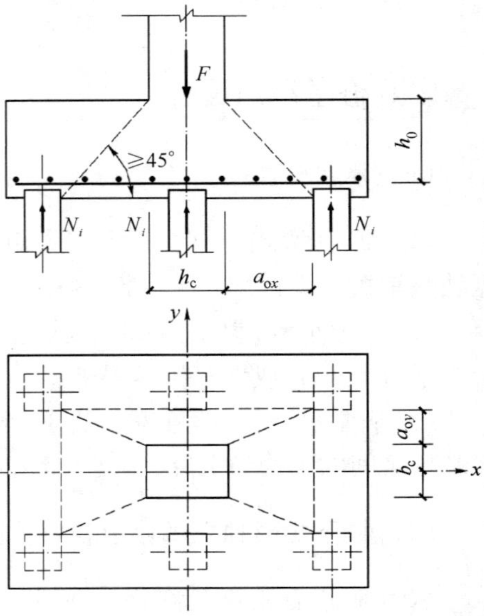

图 8-7　矩形承台柱对承台冲切承载力验算示意图

式中：F_l——扣除承台及其上填土自重，作用在冲切破坏锥体上相应于荷载效应基本组合作用的冲切力设计值，冲切破坏锥体应采用自柱边或承台变阶处至相应桩顶边缘连线构成的锥体，锥体与承台底面的夹角不小于45°；

F——柱根部轴向力设计值；

h_0——冲切破坏锥体的有效高度；

$\sum N_i$——冲切破坏锥体范围内各桩的净反力设计值之和，对中压缩性土上的承台，当承台与地基土之间没有脱空现象时，可根据地区经验适当减小柱下桩基础独立承台受冲切承载力计算的承台厚度；

β_{hp}——受冲切承载力截面高度影响系数，当$h \leqslant 800$mm 时取$\beta_{hp} = 1.0$，当$h \geqslant 2000$mm 时取$\beta_{hp} = 0.9$，其间值按线性内插法取用；

α_{ox}、α_{oy}——相应于 x、y 轴方向的冲切系数；

λ_{ox}、λ_{oy}——相应于 x、y 轴方向的冲跨比，当 $\lambda_{ox}(\lambda_{oy}) < 0.2$ 时取 $\lambda_{ox}(\lambda_{oy}) = 0.2$，当 $\lambda_{ox}(\lambda_{oy}) > 1.0$ 时取 $\lambda_{ox}(\lambda_{oy}) = 1.0$；

a_{ox}、a_{oy}——柱边或者变阶处至桩边的水平距离。

关于柱下桩基矩形独立承台抵抗柱子冲切承载力验算的说明：

(1)计算式(8-13)中的冲切系数即冲切锥体的冲切锥面上抗拉设计强度的影响系数，冲切系数中进一步考虑了冲跨比的影响。冲跨比是指桩边至柱边或者承台变阶处的水平距离与承台冲切破坏锥体的有效高度之比。

(2)计算式(8-13)中柱子压力或者承台变阶处压力在承台内的压力扩散角 θ 是按 45°角推导的，但适用于压力扩散角 θ 不大于45°的抗冲切承载力计算。

(3)当采用圆柱或者圆桩时，根据截面周长相等的原则将圆形截面折算为方形截面，即将圆截面的直径乘以 0.8 作为柱或者桩的折算截面宽度。

(4)若按照式(8-13)计算不满足时，一般可以通过适当增加承台高度重新试算，直至满足为止。建筑桩基柱下独立承台抵抗柱子冲切承载力验算目的是为了确定承台高度。

2. 角桩对承台的冲切

多桩矩形承台下角桩对承台底面的反作用力在承台内的扩散角 θ_1 不超过 45°，角桩的净反力对自角桩内边缘向承台内作压力扩散线至承台顶面或者承台变阶处顶面所形成的锥体表面产生冲切内力。柱下桩基混凝土矩形独立承台抵抗柱子冲切承载力设计验算的控制截面，应该取自角桩内缘至承台顶面或者承台变阶处顶面连线所成的半个锥体，锥体与承台底面的夹角不小于 45°，如图 8-8 所示。

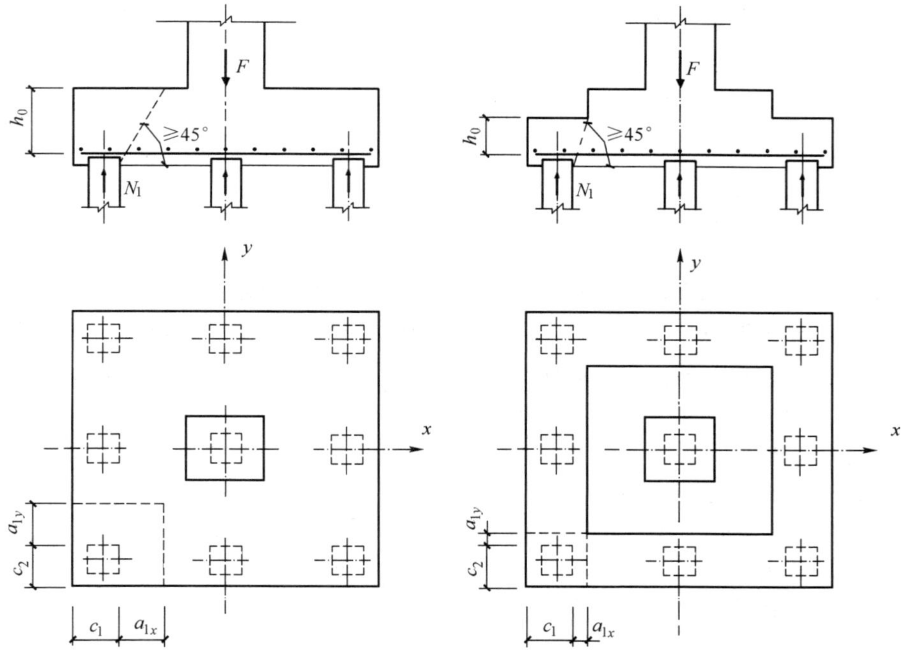

图 8-8　矩形承台角桩冲切承载力验算示意图

多桩矩形承台受角桩冲切的承载力应按下列公式计算：

$$N_l \leqslant \beta_{hp} f_t h_0 [\alpha_{1x}(c_2 + a_{1y}/2) + \alpha_{1y}(c_1 + a_{1x}/2)] \tag{8-19}$$

$$\alpha_{1x} = 0.56/(\lambda_{1x} + 0.2) \tag{8-20}$$

$$\alpha_{1y} = 0.56/(\lambda_{1y} + 0.2) \tag{8-21}$$

$$\lambda_{1x} = a_{1x}/h_0 \tag{8-22}$$

$$\lambda_{1y} = a_{1y}/h_0 \tag{8-23}$$

式中：N_l——扣除承台和填土自重后的角桩桩顶相应于荷载效应基本组合时的竖向力设计值；

h_0——承台外边缘的有效高度；

α_{1x}、α_{1y}——相应于 x、y 轴方向的角桩冲切系数；

λ_{1x}、λ_{1y}——相应于 x、y 轴方向的角桩冲跨比，其值满足 0.2～1.0；

c_1、c_2——从角桩内边缘至承台外边缘的距离；

a_{1x}、a_{1y}——从承台底角桩内边缘引 45°冲切线与承台顶面或者承台变阶处相交点至角桩内边缘的水平距离，当柱位于该 45°线以内时则取柱边与柱内边缘连线为冲切锥体的锥线。

对圆柱圆桩，计算时可将圆形截面换算成正方形截面。

(四) 矩形独立承台斜截面抗剪承载力验算

柱下桩基独立承台抗剪承载力验算时，应该分别对柱子的纵横（x-x，y-y）两个方向的柱边和桩边、变阶处以及桩边连线形成的斜截面进行抗剪承载力验算（图 8-9）。当柱边外有多排桩形成多个剪切斜截面时，应该对每一个斜截面都进行受剪承载力设计验算。斜截面受剪承载力按下列公式计算：

$$V \leqslant \beta_{hs} \beta f_t b_0 h_0 \tag{8-24}$$

$$V = \sum N_i \tag{8-25}$$

$$\beta = \frac{1.75}{\lambda + 1.0} \tag{8-26}$$

$$\lambda_x = \frac{a_x}{h_0} \tag{8-27}$$

$$\lambda_y = \frac{a_y}{h_0} \tag{8-28}$$

式中：V——扣除承台和填土自重后相应于荷载效应基本组合时斜截面上的最大剪力设计值；

$\sum N_i$——剪切破坏斜截面以外相应于荷载效应基本组合时各桩的净反力设计值之和；

β_{hs}——受剪切承载力截面高度影响系数，按式 $\beta_{hs} = (800/h_0)^{1/4}$ 计算，当 $h_0 \leqslant 800$mm 时取 $h_0 = 800$mm，当 $h_0 \geqslant 2000$mm 时取 $h_0 = 2000$mm；

β——剪切系数；

λ——计算截面的剪跨比，当 $\lambda < 0.3$ 时取 $\lambda = 0.3$，当 $\lambda > 3$ 时取 $\lambda = 3$；

λ_x、λ_y——相应于 x、y 轴方向计算截面的剪跨比；

a_x、a_y——柱边或者承台变阶处至 x、y 轴方向计算一排桩的桩边的水平距离；

b_0——承台计算截面处的计算宽度；

h_0——计算宽度处的承台有效高度。

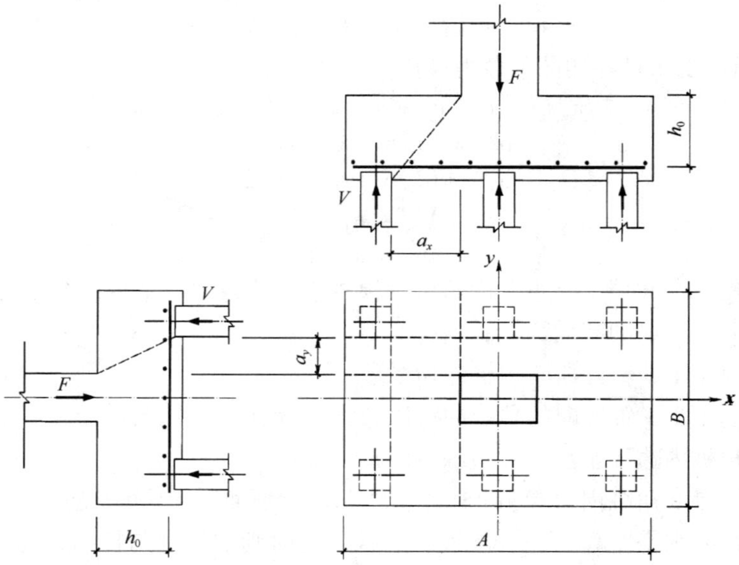

图 8-9　柱下桩基矩形承台受剪承载力验算示意图

(五)矩形独立承台正截面抗弯承载力计算

一般柱下独立承台下有多根基桩,基桩的净反力便对承台内的正面产生弯曲内力,必须对承台进行抗弯承载力计算。如图 8-10 所示,其计算控制截面应该分别取柱子的纵横(x-x,y-y)两个方向的柱边和承台高度变化处(杯口外侧或者台阶边缘)进行正截面抗弯承载力计算。

两个方向的正截面弯矩表达式分别为:

$$\begin{cases} M_x = \sum N_i y_i & (8\text{-}29) \\ M_y = \sum N_i x_i & (8\text{-}30) \end{cases}$$

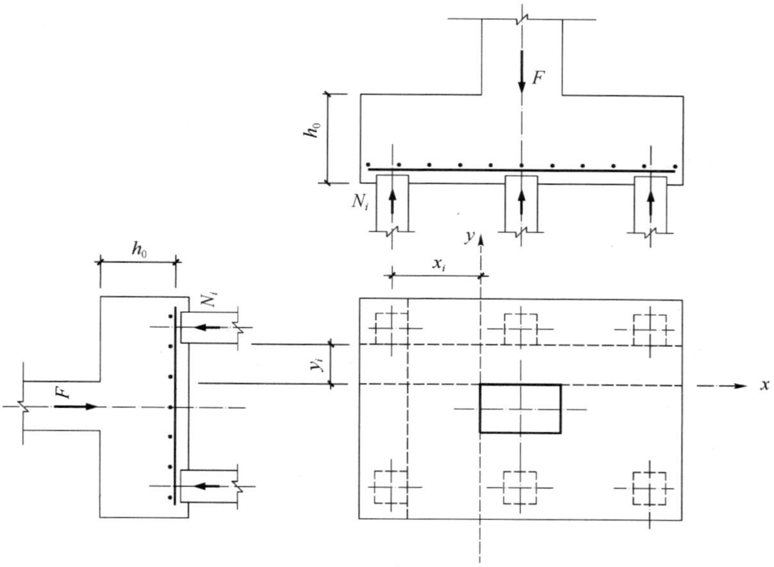

图 8-10 柱下桩基矩形承台抗弯承载力计算示意图

对柱下桩基矩形独立承台进行正截面抗弯承载力计算的目的是为了求得承台的配筋,两个方向的钢筋面积按下式计算:

$$A_{sx} \geqslant \frac{M_x}{f_y \gamma_s (h_0 - d)} \tag{8-31}$$

$$A_{sy} \geqslant \frac{M_y}{f_y \gamma_s h_0} \tag{8-32}$$

以上四式中:M_x、M_y——分别为垂直 y 轴、x 轴方向计算截面处的弯矩设计值;

N_i——相应于荷载效应基本组合第 i 根桩的净反力设计值;

x_i、y_i——垂直 y 轴、x 轴方向自桩轴线至柱边或承台高度变化处所形成的弯曲破坏正截面的距离;

A_{sx}、A_{sy}——垂直 y 轴、x 轴方向的钢筋截面积;

γ_s——内力臂系数,一般取 $\gamma_s = 0.9$;

h_0——柱边或者承台高度变化处的有效高度;

d——X 轴方向(承台长向)配筋的钢筋直径。

第四节　桩基础设计实例

工程概况

某开发新区的工程建设项目，岩土工程勘察报告对建筑场地的表述为：建筑场地所处地貌为江河漫滩，岩土为第四纪冲击土，地势较为平坦，无不良地质现象。根据土工试验成果和地方设计标准给出桩基础设计指标，绘制的建筑场地剖面如图 8-11a）所示。

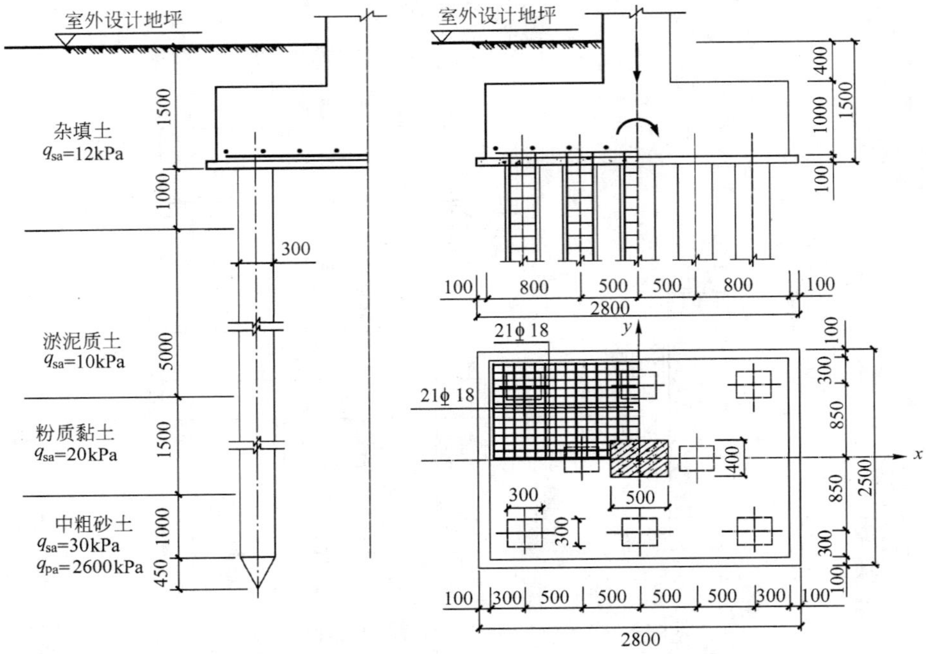

a)建筑场地剖面图　　b)某根柱下桩基础剖面图

图 8-11　建筑场地剖面与桩基础初步设计图（尺寸单位：mm）

该建设项目为框架结构，采用预制桩基础，给出的某柱下桩基础剖面初步设计如图8-11b）所示。

（1）柱子截面长边 $h_c = 500$mm，短边 $b_c = 400$mm。

（2）预制桩的混凝土强度等级 C30（f_c = 14.3N/mm^2），钢筋 HPB300 级（Ⅰ级、f_y = 270 N/mm^2），桩身通长配筋 4ϕ16（A_s = 804mm^2），钢筋保护层厚度 a_s = 35mm。

（3）承台埋深 1500mm，承台高度 h = 1000mm，桩顶嵌入承台 50mm，承台长边 A = 2600mm，短边 B = 2300mm；承台的混凝土强度等级 C20（f_t = 1.1N/mm^2），钢筋 HPB300 级（Ⅰ级、f_y = 270N/mm^2），双向配筋各 21ϕ18（A_s = 5344mm^2），钢筋的混凝土保护层厚度 a_s = 40mm；承台下垫层的混凝土强度等级 C15、垫层厚度 100mm。

结构计算给出底层柱子根部作用于承台顶面的荷载为：

①荷载效应标准组合的竖向力 F_k = 2500kN；沿承台长边方向的水平力 H_k = 40kN；沿承台长边方向的力矩 M_k = 260kN·m。

②荷载效应基本组合的竖向力 $F = 3380\text{kN}$,沿承台长边方向的水平力 $H = 55\text{kN}$,沿承台长边方向的力矩 $M = 350\text{kN}\cdot\text{m}$。

该建设项目的监理单位受建设单位的委托对建设全过程监理,试在施工之前对桩基础初步设计进行设计监理评价。

一 桩基础适用条件及类型评价

该建设项目的建筑场地地貌为江河漫滩,地基土为浅层土软弱、深层土坚实的双层地质构造,地基条件适宜采用桩基础。

在开发新区的建设项目采用预制桩基础,施工环境条件基本不受限制。预制桩质量相对可靠,施工进度快,桩型和施工方法的选择适宜。

二 桩基础地基承载力复核

(一)单桩竖向地基承载力特征值复核

桩端持力层的选择、桩底进入持力层的深度、桩的最小中心距及平面布桩均符合现行《建筑桩基技术规范》(JGJ 94—2008)规定的构造要求。

对于桩基础单桩竖向承载力特征值的校核,应该同时符合下列要求:

$$\begin{aligned} Q_k &= (F_k + G_k)/n \\ &= (F_k + \gamma_G l'b'd)/n \\ &= (2500 + 20 \times 2.6 \times 2.3 \times 1.5)/8 = 334.925\text{kN} \end{aligned}$$

初步估算单桩竖向承载力特征值 R_a 为:

$$\begin{aligned} R_a &= q_{pa}A_p + u_p \sum q_{sia} l_i \\ &= 2600 \times 0.3^2 + (0.3 \times 4)(12 \times 1 + 10 \times 5 + 20 \times 1.5 + 30 \times 1) \\ &= 380.4\text{kN} > Q_k = 334.925\text{kN} \end{aligned}$$

符合要求。

$$\begin{aligned} Q_{ihmax} &= (F_k + G_k)/n + (M_{xk}/\sum y_j^2)y_{max} + (M_{yk}/\sum x_j^2)x_{max} \\ &= 334.925 + [(260 + 40 \times 1.0)/(4 \times 1.0^2 + 2 \times 0.5^2)] \times 1.0 \\ &= 401.592\text{kN} \end{aligned}$$

$$1.2R_a = 1.2 \times 380.4 = 456.48\text{kN}$$

$$Q_{ikmax} < 1.2R_a$$

符合要求。

关于施工图设计尚需进一步对桩基础单桩竖向承载力特征值作竖向静载荷试桩校验。

该建设项目的地基桩端平面以下受力层范围内不存在软弱下卧层,无须验算软弱下卧层的地基承载力。

(二)桩基础地基变形的复核

本设计桩的竖向地基承载力构成,其中桩端阻力占桩的竖向地基承载力的比例为:

$$q_{pa}A_p/R_a = 2600 \times 0.3^2/380.4 = 61.5\%$$

由于该建设项目建筑场地的地质条件不复杂，结构荷载均匀，对沉降无特殊要求。并且本设计中桩端持力层为较密实的中粗砂土层，桩承受竖向荷载的性状为端承型桩，所以可以不进行沉降验算。

三 单桩承载力复核

(一)施工阶段预制桩吊立抗弯承载力复核

在打桩架对预制桩吊装直立时只能采用一点起吊，吊点距离桩顶约为 3/10 的桩长 l。

施工阶段钢筋混凝土预制桩吊立抗弯承载力设计应该符合下式要求：

$$M_{max} \leqslant f_y A_s \gamma_s h_0$$

本设计桩身主筋伸入承台 100mm(不小于 5 倍主筋直径，以备双面焊接伸入承台的连接钢筋)，桩顶嵌入承台 50mm，桩尖长度 450mm[桩尖长度$(1.3 \sim 1.5)b$]。

$$\begin{aligned} M_{max} &= 0.0429kql^2 \\ &= 0.0429 \times 1.3 \times (1.2 \times 25 \times 0.3^2) \times (0.10 + 0.05 + 1.00 + 5.00 + \\ &\quad 1.50 + 1.00 + 0.45)^2 \\ &= 12.469\text{kN}\cdot\text{m} \end{aligned}$$

因为桩的主筋布于桩截面的四角，所以受拉钢筋与受压钢筋之间的距离为$b-2a_s$。

$$\begin{aligned} f_y A_s \gamma_s h_0 &= f_y A_s (b - 2a_s) \\ &= 270 \times 804/2 \times (300 - 2 \times 35) \\ &= 24964200\text{N}\cdot\text{mm} = 24.964\text{kN}\cdot\text{m} > M_{max} \end{aligned}$$

符合施工阶段预制桩吊立抗弯承载力设计要求。

(二)使用阶段单桩桩身承载力校核

使用阶段单桩的桩身承载力设计应该符合下式要求：

$$Q \leqslant \varphi(\varphi_a f_c A_p + f_y A_s)$$

$$\begin{aligned} Q &= 1.0 \times 1.35 Q_{ikmax} \\ &= 1.0 \times 1.35 \times 401.592 = 542.149\text{kN} \end{aligned}$$

$$\begin{aligned} \varphi(\varphi_a f_c A_p + f_y A_s) &= 1.0 \times (0.75 \times 14.3 \times 300^2 + 270 \times 804) \\ &= 1182330\text{N} = 1182.330\text{kN} > Q \end{aligned}$$

符合使用阶段单桩的桩身承载力设计要求。

四 矩形独立承台承载力复核

柱下桩基础混凝土矩形独立承台的承载力设计，以柱子根部对承台的作用力和桩顶对承台的净反力作为求解承台内力的外力。桩顶的净反力设计值为：

$$N_i = F/n + (M_x/\sum y_i^2)y_i + (M_y/\sum x_i^2)x_i$$

a 桩：

$$N_a = 3380/8 + [(350 + 55 \times 1.0)/(4 \times 1.0^2 + 2 \times 0.5^2)] \times 1.0 = 512.5\text{kN}$$

b 桩：

$$N_b = 3380/8 + [(350 + 55 \times 1.0)/(4 \times 1.0^2 + 2 \times 0.5^2)] \times 0.5 = 467.5\text{kN}$$

c 桩：

$$N_c = 3380/8 = 422.5\text{kN}$$

d 桩：

$$N_d = 3380/8 + [(350 + 55 \times 1.0)/(4 \times 1.0^2 + 2 \times 0.5^2)] \times (-0.50) = 377.5\text{kN}$$

e 桩：

$$N_e = 3380/8 + [(350 + 55 \times 1.0)/(4 \times 1.0^2 + 2 \times 0.5^2)] \times (-1.0) = 332.5\text{kN}$$

（一）柱下矩形独立承台抗冲切承载力复核

1. 柱对承台的冲切承载力复核

矩形独立承台抵抗柱子冲切承载力应该符合下式要求：

$$F_l \leqslant 2\beta_{hp} f_t h_0 [\alpha_{ox}(b_c + a_{oy}) + \alpha_{oy}(h_c + a_{ox})]$$

$$F_l = \gamma_0 (F - \sum N) = 1.0 \times [3380 - (422.5 \times 2)] = 2535\text{kN}$$

$$\beta_{hp} = 0.9 + (2000 - 1000) \times (1 - 0.9)/(2000 - 800) = 0.98$$

$$h_0 = 1000 - 50 - 40 = 910\text{mm}$$

$$a_{ox} = 2600/2 - 500/2 - 300 - 150 = 600\text{mm}$$

$$a_{oy} = 2300/2 - 400/2 - 300 - 150 = 500\text{mm}$$

$$\lambda_{ox} = a_{ox}/h_0 = 600/910 = 0.66 \in [0.2, 1.0]$$

$$\lambda_{oy} = a_{oy}/h_0 = 500/910 = 0.55 \in [0.2, 1.0]$$

$$\alpha_{ox} = 0.84/(\lambda_{ox} + 0.2) = 0.84/(0.66 + 0.2) = 0.98$$

$$\alpha_{oy} = 0.84/(\lambda_{oy} + 0.2) = 0.84/(0.55 + 0.2) = 1.12$$

$$\begin{aligned} & 2\beta_{hp} f_t h_0 [\alpha_{ox}(b_c + a_{oy}) + \alpha_{oy}(h_c + a_{ox})] \\ &= 2 \times 0.98 \times 1.1 \times 910 [0.98 \times (400 + 500) + 1.12 \times (500 + 600)] \\ &= 4147583\text{N} = 4147.583\text{kN} > F_l = 2535\text{kN} \end{aligned}$$

符合承台抗冲切承载力的要求。

2. 角桩对承台的冲切承载力复核

矩形独立承台抵抗角桩冲切的承载力应该符合下式要求：

$$F_l \leqslant \beta_{hp} f_t h_0 [\alpha_{1x}(c_2 + a_{1y}/2)h_0 + \alpha_{1y}(c_1 + a_{1x}/2)]$$

$$F_l = N_a = 512.5\text{kN}$$

$$\beta_{hp} = 0.98$$

$$h_0 = 910\text{mm}$$

$$c_1 = 300 + 150 = 450\text{mm}$$

$$c_2 = 300 + 150 = 450\text{mm}$$

$$a_{1x} = 2600/2 - 500/2 - 450 = 600\text{mm}$$

$$a_{1y} = 2300/2 - 400/2 - 450 = 500\text{mm}$$

$$\lambda_{1x} = a_{1x}/h_0 = 600/910 = 0.66 \in [0.2, 1.0]$$

$$\lambda_{1y} = a_{1y}/h_0 = 500/910 = 0.55 \in [0.2, 1.0]$$

$$\alpha_{1x} = 0.56/(\lambda_{1x} + 0.2) = 0.56/(0.66 + 0.2) = 0.65$$

$$\alpha_{1y} = 0.56/(\lambda_{1y} + 0.2) = 0.56/(0.55 + 0.2) = 0.75$$

$$\beta_{hp} f_t h_0 [\alpha_{1x}(c_2 + a_{1y}/2)h_0 + \alpha_{1y}(c_1 + a_{1x}/2)]$$

$$= 0.98 \times 1.1 \times 910 \times [0.65 \times (450 + 500/2) + 0.75 \times (450 + 600/2)]$$

$$= 998147\text{N} = 998.147\text{kN} > 512.5\text{kN}$$

符合承台角桩抗冲切承载力的要求。

(二)矩形独立承台斜截面抗剪承载力的复核

矩形独立承台斜截面抗剪承载力设计应该符合下列规定：

$$V \leqslant \beta_{hs} \beta f_t b_0 h_0$$

1. 对平行于 y 轴的柱边斜截面抗剪承载力复核

$$V = \sum N_i = 1.0 \times (2 \times 512.5 + 467.5) = 2517.5\text{kN}$$

$$\beta_{hs} = (800/h_0)^{1/4} = (800/910)^{1/4} = 0.97$$

$$a_x = (2600/2 - 500/2 - 450) \times 2/3 + (500 - 500/2 - 300/2) \times 1/3 = 433\text{mm}$$

$$\lambda_x = a_x/h_0 = 433/910 = 0.48 \in [0.3, 3.0]$$

$$\beta_x = 1.75/(1 + \lambda_x) = 1.75/(1 + 0.48) = 1.18$$

$$\beta_{hs} \beta f_t b_0 h_0 = 0.97 \times 1.18 \times 1.1 \times 2300 \times 910$$

$$= 2635213\text{N} = 2635.213\text{kN} > V = 2517.5\text{kN}$$

符合承台斜截面抗剪承载力的规定。

2. 对平行于 x 轴的柱边斜截面抗剪承载力复核

因相对于平行于 y 轴的柱边斜截面，平行于 x 轴的柱边斜截面的剪力较小，但是抗剪截面较大，所以符合《建筑地基基础设计规范》(GB 50007—2011)中柱下桩基础混凝土矩形独立承台斜截面抗剪承载力设计的规定。

(三)矩形独立承台正截面抗弯承载力校核

柱下桩基础混凝土矩形独立承台正截面抗弯承载力设计应该符合下列规定：

$$M_x \leq f_y A_{gx} \gamma_s (h_0 - d)$$

$$M_y \leq f_y A_{gy} \gamma_s h_0$$

式中 d 为 x 轴方向(承台长向)配筋的钢筋直径。

1. 平行于 x 轴的柱边正截面抗弯承载力校核

$$M_x = \sum N_i y_i = (512.5 + 422.5 + 332.5) \times (2.3/2 - 0.3 - 0.4/2) = 823.875\text{kN}\cdot\text{m}$$

$$f_y A_{gx} \gamma_s (h_0 - d) = 270 \times 5344 \times 0.9 \times (910 - 18) = 1158344060\text{N}\cdot\text{mm}$$

$$= 1158.344\text{kN}\cdot\text{m} > 823.875\text{kN}\cdot\text{m}$$

符合矩形独立承台正截面抗弯承载力的设计规定。

2. 平行于 y 轴的柱边正截面抗弯承载力校核

$$M_y = \sum N_i x_i$$

$$= 2 \times 512.5 \times (2.6/2 - 0.3 - 0.5/2) + 467.5 \times (0.5 - 0.5/2)$$

$$= 885.625\text{kN}\cdot\text{m}$$

$$f_y A_{gy} \gamma_s h_0 = 270 \times 5344 \times 0.9 \times 910 = 1181718720\text{N}\cdot\text{m}$$

$$= 1181.719\text{kN}\cdot\text{m} > 885.625\text{kN}\cdot\text{m}$$

符合矩形独立承台正截面抗弯承载力的设计规定。

五 建设项目桩基础设计监理评价

(1)该建设项目的桩基础设计，适宜建筑场地的岩土工程地质条件和项目周边的环境约束条件。

(2)该建设项目的桩基础设计，符合《建筑地基基础设计规范》(GB 50007—2011)关于桩基础的构造要求、地基承载力设计的规定、单桩施工阶段和使用阶段设计的规定、承台承载力设计的规定。

(3)该建设项目的桩基础设计安全，比较经济，合理可行。

本 章 小 结

本章讲述了建筑桩基础的适用时机；桩基础的分类；桩基础设计的构造要求；桩基础的竖向地基承载力设计和变形验算；单桩和承台的承载力设计。本章的重点是桩基础的地基设计计算及验算，即桩的类型选择、持力层选择、桩径及桩长的确定、单桩竖向地基承载力特征值的估算与确定、桩的根数确定等。

小知识

预应力混凝土管桩是在工厂中以先张法张拉预应力钢丝,然后浇筑混凝土,再以旋转胎模形成空心的管状预制桩。我国于1968年开始批量生产预应力混凝土管桩,目前应用数量较大的首数珠三角和长三角地区。预应力混凝土管桩生产工厂化、桩身质量可靠,施工沉桩机械化、静力压桩无噪音、进度快,承载力高,综合价格较低,在建筑基础工程中应用的空间较大,是具有发展前景的建筑技术之一,将越来越广泛地应用于房建、桥梁、铁路、电力、水利等土木工程建设。

思考题

1. 解释术语:摩擦桩,端承桩,端承摩擦桩,摩擦端承桩,基桩,群桩效应,负摩阻力。
2. 简述建筑桩基础中何谓挤土桩和非挤土桩。
3. 按照桩承受竖向荷载的性状将桩划分为摩擦型桩和端承型桩,有什么工程意义?
4. 桩基础设计为什么要控制桩的最小中心距?
5. 在设计和施工中如何确保单桩的竖向地基承载力?

综合练习题

一、填空题

1. 桩基础承台宽度最小不应小于__________mm。
2. 一般桩端坚硬土层的厚度不宜小于__________桩径。
3. 单桩竖向承载力特征值应通过单桩竖向__________试验确定,同条件下试桩的数量不宜少于总桩数的1%且不应少于__________根。
4. 预应力管桩顶部嵌入承台的长度不宜小于__________。
5. 桩基承台混凝土强度等级不应低于__________。

二、单项选择题

1. 桩顶荷载全部或绝大部分由桩侧摩阻力承受的桩,称为(　　)。
   A. 摩擦端承桩　　B. 端承摩擦桩　　C. 端承桩　　D. 摩擦桩
2. 桩基础承台最小埋置深度不应小于(　　)。
   A. 500mm　　B. 600mm　　C. 800mm　　D. 1000mm
3. 桩基础承台最小厚度不应小于(　　)。
   A. 300mm　　B. 400mm　　C. 500mm　　D. 600mm
4. 预制桩在吊装、运输及堆放时,其受力状态应按(　　)进行验算。

A. 受弯构件　　B. 受压构件　　C. 受拉构件　　D. 受扭构件

5. 灌注桩混凝土强度等级不应低于(　　)。

A. C20　　B. C25　　C. C30　　D. C40

三、判断题

1. 端承桩配筋长度,宜沿桩身通长配置。(　　)
2. 摩擦桩在极限承载力状态下,桩顶荷载全部是由桩侧摩阻力承受的。(　　)
3. 桩底进入持力层的深度宜为桩身直径的3倍以上。(　　)
4. 桩的吊装过程中的受力状态与梁相同。(　　)
5. 沉管灌注桩属于部分挤土桩。(　　)

四、计算题

1. 某建筑场地上的砖混结构建设项目采用桩基础,室内外高差0.90m,底层外墙厚度490mm,承台梁埋深1.50m,荷载效应标准组合上部结构作用于承台顶面的竖向力为0.3MPa;施工图单桩设计完成,采用桩径为450mm的灌注桩,由现场静载荷试验确定的单桩竖向地基承载力特征值为450kN。试设计该项目外墙下的桩基础。(答案:取$n=4$,承台的混凝土强度等级C20;承台梁的宽度$b=600\text{mm}$、高度$h=500\text{mm}$,承台梁配筋8ϕ14、箍筋4肢ϕ8@250,桩距$s_a=1.35\text{m}$)

2. 某建筑场地的天然地层:第一层为杂填土,厚1.4m;第二层为淤泥质土,厚6.5m,$q_{sa}=10\text{kPa}$;第三层为中粗砂土,$q_{sa}=60\text{kPa}$,$q_{pa}=2500\text{kPa}$。建设项目为框架结构,采用灌注桩基础,室内外高差0.60m;室内的中柱截面长边$h_c=350\text{mm}$,短边$b_c=350\text{mm}$,荷载效应标准组合柱根作用于承台顶面的竖向力$F_k=150\text{kN}$,荷载效应基本组合的竖向力$F=2000\text{kN}$。试对该项目室内中柱下的桩基础进行初步设计(提示:取桩截面直径$d=400\text{mm}$)。(答案:取承台埋深1.4m,桩身构造配筋6ϕ12,配筋长度穿过淤泥质土层,取配筋长度7m,其中伸入承台0.4m。承台平面尺寸$a_0\times b_0=2\text{m}\times 2\text{m}$,承台高度$h=0.8\text{m}$,承台混凝土强度等级C20,桩顶嵌入承台50mm,承台下垫层的混凝土强度等级C10,垫层厚度100mm。桩端持力层为砂土层,桩底进入持力层深度1.0m。)

第九章 软弱地基处理

【职业能力目标】

能初步掌握各类软弱地基处理方法的基本原理与适用条件，能根据工程地质条件、施工条件、资金状况等因素因地制宜地选择合适的地基处理方案。

【知识目标】

了解地基处理方法和适用范围，掌握换土垫层法的适用范围及设计计算。学习过程中注重培养分析与解决问题的能力，初步掌握改善地基工程性质的常用方法。

第一节　概　　述

一　基本概念

软弱地基是指主要由淤泥、淤泥质土、冲填土、杂填土或其他高压缩性土层构成的地基。另外，在建筑地基的局部范围内有此类高压缩性土层时，应按局部软弱土层考虑。这类土的工程性质是压缩性高、强度低，用作建筑物的地基时，不能满足地基承载力和变形的基本要求。

地基处理是指通过物理、化学或生物等处理方法，改善天然地基土的工程性质，提高地基承载力，改善变形特性及渗透性质，达到满足建筑物上部结构对地基稳定和变形的要求。地基处理的方法很多，本章将主要介绍目前工程建设中应用较多的机械压实法、换土垫层法、强夯法、排水固结法、挤密法和振冲法。

二　软弱地基的种类及性质

(一)淤泥和淤泥质土

淤泥和淤泥质土，工程上统称为软土，是在静水或缓慢的流水环境中沉积，并经生物化学作用形成的。其天然含水量大于液限、天然孔隙比大于或等于1.5的黏性土，称为淤泥；当天然孔隙比小于1.5但大于或等于1.0时称为淤泥质土。其具有压缩性高、抗剪强度低、渗透性小、结构性及流变性明显等工程特性。因此,建筑物的沉降量大而不均匀、沉降速率大以及沉降稳定历时较长。

(二)杂填土和冲填土

由人类活动而堆填成的土称之为人工填土,其性质与淤泥质土相似,物质成分较杂、均匀性较差,多数情况下,在同一建筑场地的不同位置,其承载力和压缩性往往有较大的差异,如作为地基持力层,一般须经人工处理。

三 地基处理方法分类及适用范围

近年来,大量的土木工程实践推动了软弱地基处理技术的迅速发展,地基处理的途径越来越多。在考虑地基处理的设计与施工时,必须注意坚持因地制宜的原则,不可盲目施工。根据地基处理方法的基本原理,常用的地基处理方法见表9-1。

软弱地基处理方法分类 表9-1

分类	处理方法	原理及作用	适用范围
碾压及夯实	重锤夯实、机械压实、振动压实、强夯等	利用压实原理,通过机械碾压夯击,把表层地基土压实;强夯则利用强大的夯击能,在地基中产生强烈的冲击波和动应力,迫使土动力固结密实	适用于碎石土、砂土、粉土、低饱和度黏性土、杂填土等,对饱和黏性土应慎重采用
换土垫层	砂石垫层、素土垫层、灰土垫层、矿渣垫层等	以砂石、素土、灰土或矿渣等强度较高材料,置换地基表层软弱土,提高持力层的承载力,扩散应力,减少沉降	适用于处理地基表层软弱土和暗沟、暗塘等软弱地基
排水固结	天然地基预压、砂井及塑料排水带预压、真空预压、降水预压等	在地基中增设竖向排水体,加速地基的固结和强度增长,提高地基的稳定性;加速沉降发展,使基础沉降提前完成	适用于处理饱和软弱黏土层;对于渗透性极低的泥炭土,必须慎重对待
振密、挤密	振冲挤密、灰土桩挤密、砂石桩、石灰桩、爆破挤密等	采用一定的技术措施,通过振动或挤密,使土体的孔隙减少,强度提高;必要时在振动挤密的过程中,回填砂、砾石、灰土、素土等,与地基土形成复合地基,从而提高地基的承载力,减少沉降	适用于处理松砂、粉土、杂填土及湿陷性黄土等
置换	振冲置换、挤淤置换、强夯置换等	采用专门的技术措施,以砂、碎石等置换软弱地基中部分软弱土,从而提高地基承载力,减少沉降	软弱地基、人工填土、黏性土、砂土等;振冲置换限于不排水抗剪强度大于20kPa的地基土
灌入固化物	深层搅拌、高压喷射注浆、渗入性灌浆等	采用专门的机械设备,在部分软弱地基中掺入水泥、石灰或砂浆等形成增强体,与未处理部分土组成复合地基	软弱地基、黏性土、粉土、黄土等

续上表

分　类	处理方法	原理及作用	适用范围
加筋	加筋土、锚固、树根桩等	在土体中埋置土工合成材料、金属板条等形成加筋土垫层,提高地基承载力,改善变形特性;锚杆一端固定于地基土或岩石中,另一端与构筑物连接,可以减少或承受水平向作用力;在地基中设置如树根状的微型灌注桩,可以提高地基或边坡的稳定性	软弱地基、填土及陡坡填土等
其他	冻结、烧结、托换技术、纠偏技术等	通过独特的技术措施处理软弱地基	根据实际情况确定

表9-1中的很多地基处理方法具有多重加固处理的功能,例如砂石桩具有挤密、置换、排水和加筋等多重功能,而灰土桩则具有挤密和置换等功能。不同的地基处理方法之间相互渗透、交叉,功能也在不断地扩大,上述分类方法并非是严格统一的。

第二节　机械压实法

地基浅层处理的最简易方法就是表层加固。当需要处理的地基软弱土位于表层,厚度不大或上部荷载较小时,采用机械压实法可取得较好的技术经济效果。

压实是指通过夯锤或机械,夯击或碾压填土或疏松土层,使其孔隙体积减小、密实度提高。压实能提高土的抗剪强度、降低土的压缩性、减弱土的透水性,使经过处理的表层软弱土成为能承担较大荷载的地基持力层。根据不同的施工机械和工艺,机械压实法一般包括机械碾压、振动击实、重锤夯实等。机械压实法可以减少建筑材料的耗用量,施工简便、成本低、工期短,但必须预先正确查明地基土的工程性质,以防出现工程事故。

一　机械碾压法

机械碾压法是一种采用平碾、羊足碾、压路机、推土机或其他压实机械压实松软土的方法。这种方法常用于地下水位以上,大面积填土的压实和杂填土地基的处理。

碾压的效果主要取决于被压实土的含水量和压实机械的压实能量。在实际工程中若要求获得较好的压实效果,应根据碾压机械的压实能量,控制碾压土的含水量,选择合适的分层碾压厚度和遍数,一般可以通过现场碾压试验确定。关于黏性土的碾压,通常用80～100kN的平碾或120kN的羊足碾,每层铺土厚度约为200～300mm,碾压8～12遍。碾压后填土地基的质量常以压实系数和现场含水量控制,压实系数是控制干密度与最大干密度的比值,在主要受力层范围内一般大于0.96。

二　振动压实法

振动压实法是一种在地基表面施加振动把浅层松散土振实的方法,地基土的颗粒受到振动而发生相对运动,移动至稳固位置,减小土的孔隙而压实。

振动压实机是这种方法的主要机具，自重为 20kN，振动力为 50 ~ 100kN，频率为 1160 ~ 1180 转/分，振幅为 3.5mm。这种方法主要应用于处理砂土、炉渣、碎石等无黏性土为主的填土。振动压实的效果主要取决于被压实土的成分和振动的时间，振动的时间越长，效果越好。但超过一定时间后，振动的效果就趋于稳定。所以在施工之前先进行试振，确定振动所需的时间和产生的下沉量。例如炉灰和细粒填土，振实的时间约为 3 ~ 5min，有效的振实深度约为 1.2 ~ 1.5m。一般杂填土经过振实后，地基承载力基本值可以达到 100 ~ 120kPa。如地下水位太高，则将影响振实的效果。另外应注意振动对周围建筑物的影响，振源与建筑物的距离应大于 3m。

三 重锤夯实法

重锤夯实法是利用起重机械将重锤提到一定高度，然后使其自由落下，重复夯打地基，使地基表面形成一层较均匀密实的硬壳层，从而提高了地基强度。这种方法是一种浅层的地基加固方法，适用于处理地下水位 0.8m 高度以上稍湿的杂填土、黏性土、砂土、湿陷性黄土等地基。但在有效夯实深度内存在软黏土层时不宜采用，因为饱和土在瞬间冲击力作用下，水不易排出，很难夯实。

重锤夯实法的主要机具是起重机和重锤。起重设备宜采用带有摩擦式卷扬机的起重机。重锤的样式常为一截圆锥体，锤重不小于 15kN，锤底的直径约为 0.7 ~ 1.5m。

重锤夯实的效果及影响深度与锤重、锤底直径、落距、夯击的遍数、土质条件和含水量等因素有关。

重锤夯实宜按一夯换一夯的顺序进行。在独立基础基坑内，宜先外后内进行夯击。同一基坑底面标高不同时，应按先深后浅的顺序进行夯实。一般当最后两遍的平均夯沉量达到黏性土及湿陷性黄土小于 1.0 ~ 2.0cm，砂土小于 0.5 ~ 1.0cm 时，可停止夯击。

重锤夯实法加固后的地基应经静载试验确定其承载力，必要时还应对软弱下卧层承载力及地基沉降进行验算。

第三节　换土垫层法

换土垫层法又称换填法，是指将基础底面以下不太深的一定范围内的软弱土层挖去，然后以质地坚硬、强度较高、性能稳定、具有抗侵蚀性的砂、碎石、卵石、素土、灰土、煤渣、矿渣等材料分层充填，并予以分层压实，以满足上部建筑所需的地基承载力和减少沉降的要求。

一 换土垫层法的作用及适用范围

(一) 换土垫层法的作用

1. 提高地基承载力

一般换填易夯实易压密的松散材料（中粗砂等）作为持力层，可提高地基的承载力。

2. 减少沉降量

以密实砂等材料代替软弱土层，由于砂垫层或其他垫层对应力的扩散作用，使作用在下卧层土上的附加压力减小，也相应地减少了基础的沉降量。

3. 加速软弱土层的排水固结

砂垫层和砂石垫层等垫层材料透水性大，软弱土层受压后，垫层可作为良好的排水面，可以使基础下面的孔隙水压力迅速消散，加速垫层下软弱土层的固结并提高其强度，避免地基土的塑性破坏。

4. 消除湿陷性黄土的湿陷性

用素土或灰土置换基础底面一定范围内的湿陷性黄土，可消除地基土因遇水湿陷而造成的不均匀变形。但是砂和砂石垫层不宜用于处理湿陷性黄土地基，因为它们良好的透水性反而容易引起下卧黄土的湿陷。

5. 消除膨胀土的胀缩作用

在膨胀土地基上可选用砂、碎石、块石、煤渣、二灰或灰土等材料作为垫层以消除胀缩作用，但垫层厚度应依据变形计算确定，一般不少于 0.3m，且垫层宽度应大于基础宽度，而基础的两侧宜用与垫层相同的材料回填。

6. 防止冻胀

因为粗颗粒的垫层材料孔隙大，不易产生毛细管现象，因此可以防止寒冷地区土中结冰所造成的冻胀。工程实践中，应保证砂垫层的底面满足当地冻结深度的要求。

(二) 换土垫层法的适用范围

换土垫层法适用于淤泥、淤泥质土、湿陷性黄土、素填土、杂填土及暗沟、暗塘等的浅层处理，多用于多层或低层建筑的条形基础、独立基础、地坪、料场及道路工程。

二 砂垫层的设计

垫层设计的主要内容是确定断面的合理厚度和宽度，既要求有足够的厚度置换可能被剪切破坏的软弱土层，又要求有足够的宽度以防止垫层向两侧挤动。

(一) 砂垫层厚度的确定

垫层厚度应根据需置换软弱土的深度或下卧土层的承载力确定，并符合式(9-1)的要求：

$$p_z + p_{cz} \leqslant f_{az} \tag{9-1}$$

式中：p_z——荷载效应标准组合时，垫层底面处的附加压力值，kPa；

p_{cz}——垫层底面处土的自重压力值，kPa；

f_{az}——垫层底面处经深度修正后的地基承载力特征值，kPa。

垫层底面处的附加压力值 p_z 可按压力扩散角法进行简化计算，其计算公式同第七章式(7-11)和式(7-12)，对于式中垫层的压力扩散角，当无试验资料时，可按表 9-2 采用。

具体计算时，一般先假设垫层的厚度，然后按式(9-1)进行验算。再根据下卧土层的承载力确定出垫层的厚度。一般砂垫层的厚度为 1 ~ 2m，小于 0.5m 的垫层效果不显著；垫层也不宜过厚,一般不大于 3m,否则施工较困难,经济上也不合理。

压力扩散角 θ(°)　　表 9-2

换填材料 z/b	中砂、粗砂、砾砂、圆砾、角砾石屑、卵石、碎石、矿渣	粉质黏土、粉煤灰	灰土
0.25	20	6	28
≥0.5	30	23	

注:当 $z/b<0.25$ 时,除灰土仍取 $\theta=28°$ 外,其余材料均取 $\theta=0°$,必要时,宜由试验确定;当 $0.25<z/b<0.5$ 时,θ 值可内插法求得。

(二)砂垫层宽度的确定

砂垫层的宽度一方面要满足基础底面应力扩散的要求,另一方面应防止垫层向两边挤动。常用的计算方法是扩散角法,一般可根据当地经验确定或按下式计算:

$$b' \geqslant b + 2z\tan\theta \tag{9-2}$$

式中:b'——垫层底面宽度,m;

θ——垫层的压力扩散角,(°),可按表 9-2 采用。

垫层顶面每边宜比基础底面大 0.3m 或从垫层底面两侧向上按当地开挖基坑经验的要求放坡,整片垫层的宽度可根据施工的要求适当加宽。

对于重要的或垫层下存在软弱下卧层的建筑,还应进行基础沉降的验算,要求最终沉降量小于建筑物的允许沉降值。验算时不考虑垫层的压缩变形,仅按常规的沉降公式计算下卧软土层引起的基础沉降。

三 砂垫层施工

(1)砂垫层宜采用级配良好、质地坚硬、具有良好压实性的材料,其中以中、粗砂为好,也可使用碎石;细砂虽然也可以作垫层,但不易压实,且强度不高。垫层用料虽然要求不高,但颗粒不均匀系数不能小于 10,且不能夹有过大的石块或碎石。

(2)砂垫层施工的关键是如何将砂加密至设计要求的密实度。常用的加密方法有振动法、水撼法、碾压法等。这些方法都要求在基坑内分层铺砂,然后逐层振密或压实,分层的厚度视振动的大小而定。含水量太低或饱和砂都不易密实,以湿润到接近饱和状态时为最好。

(3)铺筑前,应先进行验槽。浮土应清除,边坡必须稳定,防止塌土。基坑两侧附近如有低于地基的孔洞、沟、井或墓穴等,应在未作垫层前加以填实。

(4)开挖基坑铺设砂垫层时,必须避免扰动软弱土层的表面和破坏坑底土的结构。因此基坑开挖后,应立即回填,不能暴露过久或浸水,并防止践踏坑底。

(5)人工级配的砂垫层,应将砂石拌和均匀后,再进行铺填捣实。

(6)捣实砂垫层时,应注意不要破坏基坑底面和侧面土的强度。因此,对基坑下灵敏度大的地基,应在垫层最下一层铺设一层 15~20cm 的松砂,只用木夯夯实,不得使用振捣器,以免破坏基底土的结构。

四 质量检验

垫层的质量检验是保证工程建设安全的必要手段，一般包括分层施工质量检查和工程质量验收。垫层的施工质量检查必须分层进行，并在每层的压实系数符合设计要求后铺填上层土。

工程质量验收可通过荷载试验进行，在有充分试验依据时，也可采用标准贯入试验或静力触探试验。采用载荷试验检验垫层承载力时，每个单体工程不宜少于 3 点；对于大型工程则应按单体工程的数量或工程的面积确定检验点数。

第四节　强　夯　法

一 概述

（一）强夯法的作用及适用范围

强夯法又称动力固结法或动力压实法，是由法国梅纳技术公司于 1969 年首创的一种地基处理方法。该方法通过 10 ~ 40t 的重锤和 10 ~ 40m 的落距，反复夯实地基。与重锤夯实法不同，它是通过强大的夯实力在地基中产生应力与振动，在地面夯击点发出纵波和横波并传到土层深处，使地基浅层和深处产生不同程度的加固。

强夯法的显著特点是夯击能量大，影响深度也大，并具有施工简单、施工速度快、费用低、适用范围广、加固效果好等优点。它不仅可以提高地基土的强度、降低土的压缩性、改善砂土的抗液化条件、消除湿陷性黄土的湿陷性等，同时还可以提高土层的均匀程度，减少将来可能出现的不均匀沉降。强夯法适用于处理碎石土、砂土、低饱和度的粉土与黏性土、湿陷性黄土、素填土和杂填土等地基。

（二）强夯法的加固机理

强夯法加固地基有三种不同的加固机理：动力挤密、动力固结和动力置换，它取决于地基土的类别和强夯施工工艺。

1. 动力挤密

采用强夯法加固多孔隙、粗颗粒、非饱和土是基于动力挤密的机理，即用冲击型动力荷载，使土体中的孔隙减小土体变得密实，从而提高地基土强度。一般夯击一遍后，其夯坑深度可达 0.6 ~ 1.0m，夯坑底部形成一层超压密硬壳层，承载力可比夯前提高 2 ~ 3 倍。

2. 动力固结

在饱和的细粒土中，土体在巨大夯击能量作用下产生孔隙水压力使土体结构破坏，土颗粒间出现裂隙，形成排水通道，渗透性改变，随着孔隙水压力的消散，土开始密实，抗剪强度、变形模量增大。

3. 动力置换

在饱和软黏土特别是淤泥及淤泥质土中，通过强夯将碎石填充于土体中，形成复合地基，从而提高地基的承载力。

二 施工要点

(一)施工步骤

(1)清理、平整场地,在平整后的场地上铺设垫层,用以支承起重设备,同时增大地下水位和表层面的距离,提高强夯效率。

(2)标出第一遍夯击点的位置,并测量场地高程。

(3)起重机就位,夯锤对准夯击点位置,同时测定夯前锤顶高程。

(4)起吊夯锤至预定高度,开启脱钩装置,待夯锤下落后,放下吊钩并测量下落锤顶高程,若发现下落的夯锤倾斜时,应及时将坑底整平。

(5)重复步骤(4),按设计规定的夯击次数及控制标准,完成一个夯点的夯击。

(6)重复步骤(3)~(5),完成第一遍夯点的夯击。

(7)用推土机填平夯坑,测量场地的高程。

(8)根据规定的时间间歇,按上述步骤逐次完成全部夯击遍数,最后以低能量满夯,并将场地表面推平、夯实,测量夯后场地高程。

(二)施工检测

在强夯施工结束一至数周后,应进行强夯效果质量检测。检测点位置可分别布置在夯坑内、夯坑外和夯击区边缘,其数量应根据场地复杂程度和建筑物的重要性确定。对简单场地上的一般建筑物,检测点不应少于 3 处;对于重要工程或复杂场地,应增加检测方法与检测点。检测的深度不应小于设计地基处理的深度。

第五节 排水固结法

排水固结法是在建(构)筑物建造前,通过预压使土体中孔隙水排出,逐渐固结,孔隙体积逐渐减小,强度逐渐提高,达到解决建筑物地基稳定和变形问题的地基处理方法。

根据预压荷载的不同,排水固结法可分为堆载预压、真空预压、降低地下水位预压、电渗预压及真空和堆载联合预压。堆载预压是工程上常用的软土地基处理方法,一般用填土、砂石等材料堆载。真空预压是在软土地基内设置砂井,然后在地面铺设砂垫层,其上覆盖不透气的密封膜,利用真空装置对砂垫层及砂井抽气,促使孔隙水快速排出,加速地基固结。通过地下水位的下降使土体中的孔隙水压力减小,从而增大有效应力,促进地基固结的方法称为降低地下水位预压。通过电渗作用逐渐排出土中水的方法称为电渗预压。当真空预压达不到要求的预压荷载时,可与堆载预压联合使用,其堆载预压荷载和真空预压荷载可叠加计算。在工程中应用时,可根据不同的土质条件选择相应的方法,也可以采用几种方法联合使用。

一 加固原理及适用范围

在荷载作用下,地基土体中孔隙水慢慢排出,孔隙体积慢慢减小,地基发生固结变形。同时，随着超静孔隙水压力的逐渐消散，土的有效应力逐渐提高，地基土的强度逐渐增长。

如果在建筑场地上预先施加一个和上部结构相同或者更大的荷载进行预压使土层固结，然后卸除荷载，再在其上建造建（构）筑物，可以使地基沉降减少。若预压荷载等于建筑物荷载，则称之为等载预压；若预压荷载大于建筑物荷载时，即为超载预压。值得注意的是，预压荷载不应大于地基土的容许承载力。

排水固结法加固软土地基是一种比较成熟、应用广泛的方法，可提高建筑物软土地基的承载力与稳定性，消除或减少建筑基底沉降。该处理方法适用于处理各类淤泥、淤泥质土及冲填土等饱和黏性土地基。砂井堆载法适用于存在连续薄砂层的地基，对有机质土则不适宜。真空预压法适用于能在加固区形成稳定负压边界条件的软土地基。降低地下水位法、真空预压法和电渗法由于不增加剪应力，地基不会产生剪切破坏，故适用于很软弱的黏土地基。

二 砂井堆载预压法

为了缩短加载预压后排水固结的时间，对较厚的软土层，常在地基中设置砂井等竖向排水通道，以缩短排水距离，加速土层的固结。

（一）砂井堆载预压法的设计

砂井堆载预压法的设计，实质上就是进行排水系统和加压系统的设计，使地基在受压过程中排水固结，强度相应增加，以满足逐渐加荷条件下地基稳定性的要求。

1. 排水系统的设计

排水系统的设计主要包括选择适当的砂井直径、间距、深度、平面布置以及形成砂井排水系统所需的材料、砂垫层厚度等。砂井可分为普通砂井和袋装砂井。普通砂井是指用沉管法或高压射水法施打的砂井，渗透性较强，排水性能良好，但施工速度较慢，工程量大，造价较高。袋装砂井是用土工编织袋，内装砂密实，制成砂袋，用专用机具打入地基中制成，排水性能良好，但随着打入深度的增大，井阻增大，并受涂抹作用影响。其施工机具简单轻便，用料较省，造价低。砂井类型的选用需要根据工程建筑物的特点和对地基固结时间的要求，综合考虑地质条件、材料来源、施工条件及工程造价等因素，通过比较后确定。

2. 加压系统设计要点

加压系统的目的是使地基在预压荷载作用下基本固结完成，然后卸去预压荷载建造建筑物，以消除建筑物基础的部分固结沉降和不均匀沉降。加压系统设计的内容包括：

（1）确定预压荷载的大小。

（2）确定预压荷载的范围。

（3）确定加载速率和荷载分级。

（4）确定预压的时间。

3. 地基土固结度计算

地基土固结度计算是根据各级荷载下不同时间的固结度，推算地基强度的增长值，分析地基的稳定性，确定相应的加载计划，估算加荷期间地基的沉降量，确定预压荷载的期限等。受压土层平均固结度包括径向排水平均固结度和竖向排水平均固结度，一般采用砂井固结理论分析。

4. 地基土的强度增长计算

饱和黏性土在预压荷载作用下排水固结，从而提高了地基土抗剪强度。但同时随着荷载的增加，地基中剪应力也在增大，在一定条件下，因为剪切蠕动还有可能导致强度的衰减。因此，地基土强度增长的预计需要考虑到剪应力因素的影响。

（二）砂井堆载预压法的施工与监测

1. 施工简介

砂井堆载预压法施工一般都有专用的施工机械。普通砂井一般借用沉管灌注桩机或其他压桩机具压入或打入套管成孔，然后在孔中灌砂密实，拔管制成。袋装砂井则用专用振动或压入式机具施工，先将导管压入至预定深度，然后将预制好的砂袋置入导管内，最后上拔导管制成。

砂井的灌砂量，应按井孔的体积和砂在中密状态时的干密度计算，其实际灌砂量不得小于计算值的95%。袋装砂井宜用干砂灌实，袋口扎紧，底部置于设计深度，顶面高出孔口500mm，以便埋入砂垫层。为减小对周围土的扰动范围，袋装砂井施工所用套管内径宜略大于砂井直径。

水平排水垫层是土体孔隙水排出的主要通道。在施工中必须保证排水材料满足渗透性和反滤性的要求，一般采用级配良好的中粗砂。若缺乏良好的砂料，可选用砂石混合料代替，但必须在垫层的底面铺无纺土工布作为滤层，以防止淤堵。垫层的厚度必须满足设计要求，同时还要在施工过程中防止由于地基沉降受拉减薄和断裂，适当考虑一定的增厚余量。

2. 现场监测

砂井堆载预压法应进行现场监测，施工中常进行的监测项目一般包括地面沉降观测、水平位移观测和孔隙水压力观测。根据工程经验，提出如下控制要求：对于砂井地基，最大竖向变形量每天不应超过15mm，对于天然地基，最大竖向变形量每天不应超过10mm，边桩水平位移每天不应超过5mm，并且应根据上述观察资料综合分析、判断地基的稳定性。

第六节　挤密法和振冲法

一　挤密法

挤密法是以沉管、爆扩或冲击等方法，在软弱地基中挤压成孔，随后向孔内填入砂、石、土、石灰、灰土或其他材料，经夯实或振密构成桩体的一种地基处理方法。挤密法适用于处理湿陷性黄土、素填土、杂填土和松散砂土等地基。按其填入材料的不同，挤密法可以分为砂石桩法、土桩挤密法及灰土桩挤密法。

（一）砂石桩法

砂石桩法是指利用振动、冲击或打入套管等方法在地基中成孔，然后向孔中填入含泥量不大于5%的碎石、卵石、角砾、圆砾、砾砂、粗砂、中砂或石屑等硬质材料，再加以夯实或振密形成较大直径的密实砂石桩的地基处理方法。砂石桩法适用于挤密松散砂土、粉土、黏性土、素填土、杂填土等地基。对饱和黏土地基上对变形控制要求不严的工程也可采用砂石桩法置换处理。同时，砂石桩法还可用于处理可液化地基。

1. 设计要点

(1)处理范围：砂石桩处理范围应大于基底范围，处理宽度宜在基础外缘加宽1～3排桩。对可液化地基，在基础外缘扩大宽度不应小于可液化土层厚度的1/2，并不应小于5m。

(2)桩直径及平面布置：砂石桩直径可根据地基土质情况和成桩设备等因素确定，一般为300～800mm，对饱和黏性土地基宜选用较大的直径。平面布置宜采用等边三角形或正方形。

(3)桩间距：砂石桩的间距应通过现场试验确定。对粉土和砂土地基，不宜大于砂石桩直径的4.5倍；对黏性土地基不宜大于砂石桩直径的3倍。

(4)桩长：砂石桩桩长可根据工程要求和工程地质条件通过计算确定，且不宜小于4m。

(5)垫层：砂石桩顶部宜铺设一层厚度为300～500mm的砂石垫层。

2. 施工要点

(1)施工设备：砂石桩施工可采用振动沉管、锤击沉管或冲击成孔等成桩法。当用于消除粉细砂及粉土液化时，宜用振动沉管成桩法。

(2)施工顺序：对砂土地基宜从外围或两侧向中间进行，对黏性土地基宜从中间向外围或隔排施工。在既有建(构)筑物邻近施工时，应按背离建(构)筑物方向进行。

(3)施工要求：施工前应进行成桩工艺和成桩挤密试验。当成桩质量不能满足设计要求时，应在调整设计与施工有关参数后，重新进行试验或改变设计方案。

施工时桩位水平偏差不应大于3/10套管外径，套管垂直度偏差不应大于1%。

(二)土桩和灰土桩挤密法

土桩和灰土桩挤密法是利用形成桩孔时的侧向挤压作用挤密桩间土，然后将桩孔用素土或灰土分层夯填密实。用素土夯填者称为土桩挤密法，用灰土夯填者称为灰土桩挤密法。土桩和灰土桩挤密地基均属于人工复合地基，其上部荷载由桩体和桩间土共同承担。土桩和灰土桩适用于处理地下水位以上的湿陷性黄土、素填土和杂填土等地基。当以消除地基土的湿陷性为主要目的时，宜选用土桩挤密法。当以提高地基土的承载力或增强其水稳性为主要目的时，宜选用灰土桩挤密法。土桩和灰土桩具有原位处理、深层挤密和就地取材等特点，具有明显的技术经济效益，因此在我国西北和华北等地区已被广泛应用。

土桩挤密地基是由素土夯填的土桩和桩间挤密土体组合而成，其加固作用主要体现在增加土的密实度，降低土中孔隙率。灰土桩挤密地基中的石灰与土掺和后，在一定条件下将发生复杂的物理化学反应，从而使灰土桩具有一定的胶凝强度，能够起到分担荷载、降低土中应力的作用。

1. 设计要点

(1)处理范围：土桩和灰土桩挤密法处理地基的面积，应大于基础或建筑物底层平面的面积，以保证地基的稳定性。

局部处理一般用于消除地基的全部或部分湿陷量或用于提高地基的承载力，通常不考虑防渗隔水作用。对非自重湿陷性黄土、素填土和杂填土等地基，超出基础底面的宽度每边不应小于基底宽度的1/4，且不应小于0.50m；对自重湿陷性黄土地基，不应小于基底宽度的3/4，且不应小于1.00m。

整片处理除了消除土层的湿陷性外，还要求具有防渗隔水的作用。整片处理时，超出建筑物外墙基础底面外缘的宽度，每边不宜小于处理土层厚度的1/2，并不应小于2m。

土桩和灰土桩挤密法处理地基的深度，应根据建筑场地的土质情况、工程要求和成孔及夯实设备等综合因素确定。

(2)桩直径及平面布置：桩孔直径可根据所选用的成孔设备或成孔方法确定，一般为300～450mm。桩孔宜按等边三角形布置。

(3)桩间距：桩孔之间的中心距离可为桩孔直径的2.0～2.5倍，也可按现行《建筑地基处理技术规范》(JGJ 79—2012)提供的有关公式估算。

(4)垫层：桩顶标高以上应设置300～500mm厚的2∶8灰土垫层，其压实系数不应小于0.95。

2. 施工要点

土桩和灰土桩的桩孔填料不同，但两者的施工工艺和程序相同。成孔挤密的施工方法有沉管(锤击、振动)法、爆扩法和冲击法。沉管法是目前国内最常用的一种，具体采用哪种方法应根据土质情况、桩孔深度、机械设备和当地施工经验等条件来确定。

成孔时，地基土宜接近最优含水量，当土的含水量低于12%时，宜对拟处理范围内的土层进行增湿。当整片场地成孔和孔内回填夯实时，宜从里向外间隔1～2孔进行，对大型工程，可采取分段施工；当局部处理时，宜从外向里间隔1～2孔进行。雨季或冬季施工时，应采取防雨或防冻措施，防止灰土和土料受雨水淋湿或冻结。

二 振冲法

振动水冲法，简称振冲法，是利用振动和水冲来加固地基的一种方法。振冲法适用于处理砂土、粉土、粉质黏土、素填土和杂填土等地基。对于处理不排水、抗剪强度不小于20kPa的饱和黏性土和饱和黄土地基，应在施工前通过现场试验确定其适用性。

振冲法主要的施工机具是振冲器、吊机和水泵。振冲器是一种利用自激振动，配合水力冲击进行作业的机具。振冲法的优点是施工设备较简单、操作方便、施工速度快、造价较低。缺点是加固地基时要排出大量的泥浆，环境污染比较严重。

根据加固机理的不同，振冲法可分为振冲密实法和振冲置换法两类。

(一)振冲密实法

1. 加固机理

在砂土中，振冲器对地基土施加重复水平振动和侧向挤压，使土的结构逐渐破坏，孔隙水压力逐渐增大。由于土的结构破坏，土粒便向低势能位置转移，土体由松变密。当孔隙水压力增大到大主应力值时，土体开始液化。因此，振冲对砂土的作用主要是振动密实和振动液化。

2. 适用范围

振动密实法适用于砂类土，从粉粒砂到含砾粗砂，只要粒径小于0.005mm的黏粒含量不超过10%，都可得到显著的挤密效果；若黏粒含量大于30%，则挤密效果明显降低。

3. 设计要点

(1)处理范围：振冲的范围如果没有抗液化要求，一般不超出或稍超出基底覆盖的面积；但在地震区有抗液化要求时，应在基底外缘每边放宽不少于5m。当可液化土层不厚时，振冲深度应穿透整个可液化土层；当可液化土层较厚时，振冲深度应按要求的抗震深度处理。

(2)孔位间距和平面布置：孔位间距与砂土的颗粒组成、密实程度、地下水位、振冲器功率等有关。砂的粒径越细，密实要求越高，则间距应越小。使用30kW振冲器，间距一般为1.8～2.5m；使用75kW的大功率振冲器，间距可加大到2.5～3.5m。振冲孔位布置常用等边三角形和正方形两种。

(3)填料：振冲密实法宜用碎石、卵石、角砾、圆砾、砾砂、粗砂、中砂等硬质材料作为填入材料，在施工不发生困难的前提下，粒径越粗，加密效果越好。每一振冲点所需的填料量根据地基土要求达到的密实程度和振冲点间距，通过现场试验而定。

(二)振冲置换法

振冲置换法是利用振冲器在高压水流下边振边冲在地基中冲成一孔，再在孔内填入碎石等坚硬材料制成一根桩体的地基处理技术。

1. 加固原理

在黏性土中，振动不能使黏性土液化。除了部分非饱和土或黏粒土含量较少的黏性土在振动挤压作用下可能压密外，对于饱和黏性土，特别是饱和软土，振动挤压不可能使土密实，甚至会扰动土的结构，引起土中孔隙水压力的升高，降低有效应力，使土的强度降低。所以振冲置换法在黏性土中的作用主要是振冲制成碎石桩，置换软弱土层，碎石桩与周围土组成复合地基。在复合地基中，碎石桩的变形模量远比黏性土的大，因而使应力集中于碎石桩，相应减少软弱土中的附加应力，从而改善地基承载能力和变形特性。

2. 适用范围

振冲置换法适用于主要以黏性土层为主的软弱地基。

3. 设计要点

(1)处理范围：振冲置换法的处理范围根据基础形式而定。对于单独基础和条形基础，一般不超出或适当超出基底覆盖的面积；对于板式、十字交叉和柔性基础，应在建筑物平面外轮廓线范围内满堂加固，且轮廓线外加2～3排保护桩。

(2)桩间距及平面布置：桩中心间距的确定应考虑荷载大小、原土的抗剪强度等。荷载大，间距应小；原土强度低，间距也应小。

大面积满堂加固时，桩位布置常用等边三角形；单独基础、条形基础等小面积加固常用正方形或矩形布置。

(3)桩体材料：桩体材料可以就地取材，碎石、卵石、含石砾砂、矿渣、碎砖等材料均能利用。桩体材料的容许最大粒径与振冲器的外径和功率有关，一般不大于80mm。

(4)振动影响：用振冲法加固地基时，由于振冲器在土中振动产生的振动波向四周传播，对周围的建筑物，特别是不太牢固的陈旧建筑物可能造成某些振害。为此，在设计中应该考虑施工的安全距离或者事先采取适当的防振措施。

4. 施工步骤

(1)清理平整施工场地，布置桩位。

(2)施工机具就位，使振冲器对准桩位。

(3)启动供水泵和振冲器，将振冲器徐徐沉入土中，直至达到设计深度。

(4)造孔后边提升振冲器边冲水直至孔口，再放至孔底，重复两三次扩大孔径并使孔内泥浆变稀，这时开始填料制桩。

(5)将振冲器沉入填料中进行振密制桩，当电流达到规定的密实电流值和规定的留振时间后，将振冲器提升 30 ~ 50cm。

(6)重复以上步骤，自下而上逐段制作桩体直至孔口，记录各段深度的填料量、最终电流值和留振时间，并均应符合设计规定。

(7)关闭振冲器和水泵，施工步骤详见图 9-1。

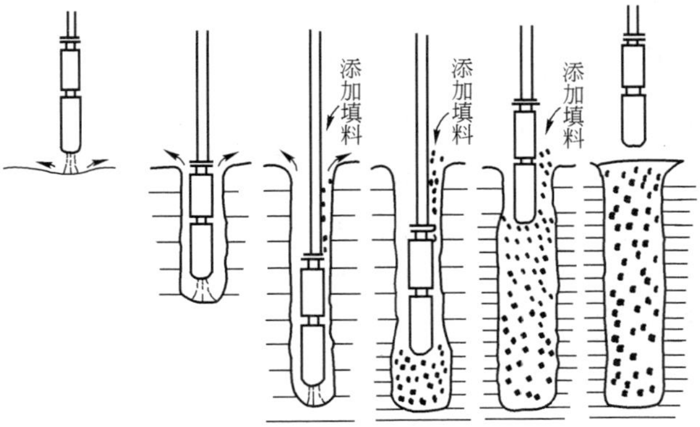

图 9-1　振冲置换法施工步骤示意图

本 章 小 结

本章主要介绍了几种工程上常采用的地基处理方法，包括机械压实法、换土垫层法、强夯法、排水固结法、挤密法、振冲法以及基础托换技术。需要学生对上述地基处理方法有初步的认识，学习重点应放在地基处理方法的适用范围和技术要点方面。

小知识

建筑整体平移技术

在城市规划建设中，经常会遇到这样的问题，在某些必须重建的地区却矗立着一栋年代久远、极有保存意义的古建筑。拆掉意味着丢失了一件文物，是人类文明的遗憾；保留又会影响城市整体规划。这原本难以处理的问题，随着建筑整体平移技术的发展和应用而迎刃而解。

建筑物整体平移的原理与起重搬运中的重物水平移动相似，其主要的技术处理为：

(1)将建筑物在某一水平面切断，使之与基础分离变成一个可搬动的“重物”。

(2)在建筑物切断处设置托换梁，形成一个可移动托梁。

(3)在就位处设置新基础。

(4)在新旧基础间设置行走轨道梁。

(5)安装行走机构，施加外加动力将建筑物移动。

(6)就位后拆除行走机构进行上下结构连接，至此平移完成。

平移前需要对建筑物的结构图纸进行仔细分析，本着安全可靠、经济合理的标准，设定合理的平移路线，选择合适的外加动力。一般根据作用力的方向，将外加动力分为顶推力和牵拉力两种。顶推力一般由油压式千斤顶或机械式千斤顶提供，作用于建筑物平移方向后端。优点是移动比较稳定，平移偏位易调整；缺点是作用点偏高，平移时，建筑物移动一定距离后反力支座需重新安装。牵拉力作用在建筑物前方，优点是在远距离单向平移中只要设置一个反力装置即可实现平移，千斤顶及反力装置无须反复移动，其动力可由油压千斤顶提供。但拉杆或拉绳受力后变形较大，应注意受力均匀性。

思考题

1. 地基处理的目的是什么？常用的地基处理方法有哪些？其适用范围如何？
2. 机械压实包括哪些方法？其适用条件是什么？
3. 试述换土垫层法的作用与适用范围，如何计算垫层厚度和宽度？
4. 强夯法适宜于处理哪些地基？
5. 试述排水固结法的适用范围。
6. 砂井堆载预压法的设计需要考虑哪些因素？
7. 简述挤密法和振冲法各包括哪些具体方法？其适用范围是什么？

综合练习题

一、填空题

1. 换土垫层法是挖去软弱土层，分层回填强度较高、压缩性较低、易夯实易压密的松散材料，一般每分层铺垫厚度为__________mm。

2. 通常将液性指数 $I_L \geqslant 1.0$ 且天然孔隙比 $1.0 \leqslant e < 1.5$ 的土，称为__________。

3. 砂垫层施工的关键是如何将砂压密到设计所要求的__________。

二、单项选择题

1. 通常当液性指数 $I_L \geqslant 1.0$ 且天然孔隙比 $e \geqslant 1.5$ 的土，称为（　　）。

A. 淤泥　　B. 淤泥质土　　C. 泥炭

2. 由人类活动而任意堆填的建筑垃圾、工业废料和生活垃圾，称为(　　)。

A. 杂填土　　B. 素填土　　C. 冲填土

3. 砂垫层顶面宽度每边宜比基础底面大(　　)。

A. 0.3m　　B. 0.4m　　C. 0.5m　　D. 0.6m

第十章 区域性地基*

【职业能力目标】

学生能对工程中常遇到的区域性特殊土的形成、特性、分布范围及处理方法有一定程度的了解,对于常见的基础工程事故,能做出合理的评价。结合工程实例,培养学生独立思考能力和解决工程实际问题的能力。

【知识目标】

重点掌握区域性特殊土的主要工程地质特性,对地基的工程性质做出正确评价。初步掌握区域性地基的处理方法,增强分析与解决特殊土地基问题的能力。

第一节 概　　述

我国地域辽阔,西北地区位于世界最大的大陆——欧亚大陆的腹地,东南地区濒临世界上最大的海洋——太平洋,西南地区为世界上最高的高原——青藏高原。这样极其复杂的地理条件,造成在我国不少地区,分布着多种多样的土类。由于土生成时不同的地理环境、气候条件、地质历史和物质成分等原因,形成的一些土类具有特殊的成分、结构和工程性质。主要有软土、人工填土、湿陷性黄土、膨胀土、红黏土、盐渍土、污染土以及多年冻土等。特殊土具有明显的区域性,如湿陷性黄土主要分布于西北、华北等干旱、半干旱地区;红黏土主要分布于西南亚热带湿热气候地区;膨胀土主要分布于南方和中南地区;多年冻土及盐渍土主要分布于高纬度、高海拔地区。

我国山区(包括丘陵地带)分布广,同平原相比,山区地基的工程地质和水文地质条件更为复杂,表现为具有多种不良地质现象,如滑坡、崩塌、泥石流、岩溶和土洞等,给建筑物造成了直接或潜在的威胁。为保证建筑物的安全和正常使用,应根据其工程特点和要求,因地制宜、综合治理。

此外,我国位于世界两大地震带(环太平洋地震带与欧亚地震带)的交会部位,构造复杂,地震活动频繁。地震中地基的稳定性和变形以及抗震、防震措施是地震区地基基础设计必须考虑的主要问题。

第二节　湿陷性黄土地基

一 黄土的特征及分布

黄土是一种在第四纪时期形成的黄色或褐黄色的特殊土状堆积物，它的内部物质成分和外部形态特征都不同于同时期的其他沉积物。颗粒组成上以粉粒(0.05～0.005mm)为主，同时含有砂粒(0.1mm以上)和黏粒(0.005mm以下)。黄土含有大量的可溶盐类，通常具有肉眼可见的大孔隙，孔隙比变化范围多在1.0～1.1之间。

在一定压力(覆盖土层的自重应力或自重应力和建筑物附加应力)作用下受水浸湿，土的结构迅速破坏，并发生显著地附加下沉，其强度也迅速降低的黄土称为湿陷性黄土。而在受水浸湿后，土的结构不破坏，并无显著附加下沉的黄土称为非湿陷性黄土。非湿陷性黄土地基的设计和施工和一般黏性土地基不存在太大差别，后面讨论的均指与工程建设关系密切的湿陷性黄土。湿陷性黄土又分为自重湿陷性黄土和非自重湿陷性黄土。黄土受水浸湿后，在上覆土层自重应力作用下发生湿陷的称自重湿陷性黄土；若在自重应力作用下不发生湿陷，而需在自重和外荷共同作用下才发生湿陷的称为非自重湿陷性黄土。由于黄土的湿陷性，因此使拟建建筑物的地基处理难度加大，当黄土作为建筑物地基时，首先要判断它是否具有湿陷性，然后才考虑是否需要地基处理以及如何处理。

黄土作为一种常见的工程地基，在世界各地分布很广，我国黄土主要分布在南始于甘肃南部的岷山、陕西的秦岭、河南的熊耳山、伏牛山，北以陕西白于山、河北燕山为界，西起祁连山，东至太行山。我国黄河中游的黄土高原，是世界上黄土和黄土地貌最发育、规模最大的地区。湿陷性黄土约占我国黄土面积的3/4，主要分布于黄河中、下游地区，厚度可达30m左右，并具有自东向西、自南向北其湿陷性逐渐加剧的规律。我国《湿陷性黄土地区建筑规范》(GB 50025—2004)列出了我国湿陷性黄土工程地质分区略图。

二 湿陷发生的原因及影响因素

黄土的湿陷现象不是单一因素作用的结果，而是一个复杂的地质、物理、化学过程。对于湿陷性的原因和机理，归纳起来可以分为外因和内因两部分。由于管道(或水池)漏水、地面积水、生产生活用水等渗入地下或大量降水、附近修建水库、灌溉渠道渗水或回水，使地下水位上升是引起黄土湿陷的外因；而黄土结构特征及其物质成分则是产生湿陷性的内在原因。黄土的结构是由骨架颗粒相互连接形成的，季节性的短期雨水把松散干燥的粉粒黏聚起来，而长期的干旱使土中水分不断蒸发。随着含水量的减少，土粒彼此靠近，颗粒间的分子引力以及结合水和毛细水的联结力也逐渐加大。这些因素都增强了土粒之间抵抗滑移的能力，阻止了土体的自重压密，于是形成了以粗粉粒为主体骨架的多孔隙结构(图10-1)。黄土受水浸湿时，结合水膜增厚并楔入颗粒之间。于是，结合水联结消失，盐类溶于水中，骨架强度随之降低。土体在上覆土层的自重应力或在附加应力与自重应力综合作用下，其结构迅速破坏，土粒滑向大孔，粒间孔隙减少，这就是黄土湿陷现象的内在过程。

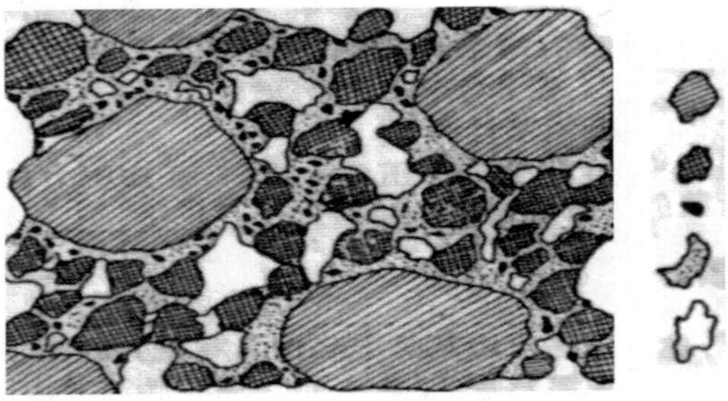

图 10-1　黄土结构示意图

影响黄土结构的特点和湿陷性强弱的因素：黄土中胶结物含量和成分、颗粒的组成和分布。黏粒含量多、胶结物含量大、结构致密，使湿陷性降低并改善其力学性质。此外，与黄土中的盐类、孔隙比、含水量以及所受压力的大小有关。天然孔隙比越大或天然含水量越小则湿陷性越强。

三　湿陷性黄土地基的评价

黄土地基的湿陷性评价，一般包括三方面的内容：

(1)判别黄土在一定压力下浸水后是否具有湿陷性。

(2)判别湿陷类型。

(3)判定湿陷等级。

黄土地基湿陷性的评价标准，世界各国不尽相同。这里只介绍我国现行《湿陷性黄土地区建筑规范》(GB 50025—2004)规定的评价标准，包括湿陷系数、起始压力、湿陷类型的划分等内容。

四　工程措施

湿陷性黄土地基的设计和施工，除了必须遵循一般地基的设计和施工原则外，还应针对建筑物的重要程度、黄土湿陷类型、湿陷等级以及施工条件等因素，因地制宜采取以地基处理为主，兼顾防水和结构的工程措施。

1. 地基处理措施

湿陷性黄土地基处理的目的，主要是改善土的物理力学性质，消除或减少地基因浸水而引起的湿陷变形。湿陷变形是由于地基被水浸湿所引起的一种附加变形，往往是局部和突然发生的，且不均匀，对建筑物破坏大，危害严重。因此，湿陷性黄土地区的建筑物不论地基承载力是否达到容许承载力，都应对地基进行处理，前者以消除湿陷性为目的，后者以提高承载力为主，同时应消除黄土的湿陷性。国内目前较常用的处理方法有换土垫层法、强夯法、土(或灰土)桩挤密法、预浸水、桩基础及化学加固法等，适用范围及可处理的土层厚度见表 10-1。

2. 防水措施

防水措施是用以防止大气降水、生产和生活用水以及污水浸入建筑物地基，消除黄土发生湿陷的外在条件。基本措施包括做好场地平整和排水系统，防止地面积水；压实建筑物四周地表土层，做好散水，防止雨水直接渗入地基；排水管道与房屋间要有一定防护距离；提高防水设施的材料标准，避免漏水浸泡局部地基土；做好施工阶段的临时性排水、防水工作等。

湿陷性黄土地基常用的处理方法　　表10-1

内　容	适 用 范 围	可处理的湿陷性黄土层厚度(m)
垫层法	地下水位以上，局部或整片处理	1～3
强夯法	地下水位以上，S_r≤0.60的湿陷性黄土，局部或整片处理	3～12
挤密法	地下水位以上，S_r≤0.65的湿陷性黄土	5～15
预浸水法	自重湿陷性黄土场地，地基湿陷等级为Ⅲ级或Ⅳ级	可消除地面下6m以下湿陷性黄土层的全部湿陷性；6m以上湿陷性黄土层，尚应采用垫层或其他方法处理
桩基础	有可靠持力层的建筑场地	≤30
化学加固法	地下水位以上，渗透系数为0.50～2.00m/d的湿陷性黄土	2～5

3.结构措施

结构措施的作用是增强建筑物适应或抵抗因湿陷引起的不均匀沉降的能力，避免或减轻由此造成的危害。具体措施包括：选择适宜的结构体系和基础形式；加强结构的整体性和空间刚度；墙体宜选用轻质材料；预留适应沉降的净空等。

在上述措施中，地基处理是主要的工程措施。当地基不处理或仅消除地基的部分湿陷量时，应注意采取必要的防水措施和结构措施。如地基处理已能消除全部地基土的湿陷性，可不必考虑其他措施。

第三节　膨胀土地基

一　膨胀土的特性

膨胀土作为一种典型的特殊土类，按照我国现行《膨胀土地区建筑技术规范》(GB 50112—2013)中的定义，是指土中黏粒成分主要由亲水性矿物组成，同时具有显著的吸水膨胀和失水收缩两种变形特性的黏性土。天然状态下的膨胀土，多呈硬塑到坚硬状态，强度较高，压缩性较低。当无水浸入时，膨胀土是一种良好的天然地基；但遇水或失水后，则胀缩明显。建在未处理的膨胀土地基上的建筑物，往往容易产生开裂和破坏，且多发、反复严重，危害极大。

膨胀土多呈黄、黄褐、红褐、灰白或花斑等颜色，主要矿物成分是蒙脱石、伊利石和高岭石。蒙脱石含量越多，膨胀性越强烈。膨胀土黏粒含量较高，一般超过20%；天然含水量接近塑限，饱和度一般较大，常在80%以上。土中裂隙发育，可见光滑面或擦痕。裂隙有竖向、斜交和水平三种，裂隙中常充填灰绿、灰白色黏土。距地表1～2m内，常有竖向张开裂隙，裂隙宽度随深度增加而逐渐尖灭。膨胀土地区旱季地表常出现地裂，壁面陡立而粗糙，雨季则裂缝闭合。

膨胀土的胀缩变形包括膨胀和收缩两个过程，前者是土在一定条件下吸水而体积不断增大，后者由于失水等原因导致土的体积不断减少。膨胀土的矿物成分、微观结构特征、密度、含水量、结构强度及黏粒的含量是影响胀缩变形的内在因素。影响膨胀土胀缩变形的外部因素是水对膨胀土的作用，主要来源于气候、地形地貌、植被及日照的影响。水分转移和含水量变化是诱发其危害性的关键因素。

我国膨胀土分布范围很广，广西、云南、湖北、安徽、四川、河南、山东等二十多个省、自治区均有不同范围的分布。在国外，南美洲、非洲和中东广大地区，也都有不同程度的分布。世界上已经有四十多个国家遭受过膨胀土造成的危害，每年因膨胀土造成的经济损失是洪水、飓风及地震造成的经济损失总和的两倍多。因此，膨胀土的工程问题已在世界范围内得到充分重视，成为世界性的研究课题。

二 膨胀土地基的评价

膨胀土判别是解决膨胀土地基勘察、设计的首要问题。我国目前对膨胀土采用综合判别法，即根据现场的工程地质特征、自由膨胀率及建筑物的破坏特征来综合判定。《膨胀土地区建筑技术规范》（GB 50112—2013）中规定，凡具有下列工程地质特征的场地，且自由膨胀率大于或等于40%的土应判定为膨胀土：

（1）裂隙发育，常有光滑面和擦痕，有的裂隙中充填着灰白、灰绿色黏土，在自然条件下呈坚硬或硬塑状态。

（2）多出露于二级或二级以上阶地、山前和盆地边缘丘陵地带，地形平缓，无明显自然陡坎。

（3）常见浅层塑性滑坡、地裂，新开挖坑（槽）壁易发生坍塌等。

（4）建筑物裂缝随气候变化而张开和闭合。

三 工程措施

膨胀土地区的工程建设，应根据当地气候、地基胀缩等级、场地工程地质和水文地质等条件，结合当地的施工条件、施工经验等，因地制宜采取综合措施，一般可以从以下几个方面考虑：

（一）地基处理措施

膨胀土地基处理的目的在于减小或消除地基的胀缩对建筑物产生的危害，处理原则应从上部结构和地基基础两方面着手。常用的方法有换土、砂石垫层、桩基和土质改良等方法。换土法是将膨胀土全部或部分挖掉，换填非膨胀性黏性土、砂土或灰土。换土厚度可通过变形计算确定，垫层宽度应大于基础宽度。平坦场地上Ⅰ、Ⅱ级膨胀土地基处理，宜采用砂、碎石垫层。垫层厚度不应小于300mm。垫层宽度应大于基础宽度，两侧宜用相同材料回填，并做好防水处理。当大气影响深度较深、膨胀土层较厚、选用地基加固或墩式基础施工有困难或不经济时，可选用桩基。土质改良可通过在膨胀土中掺入一定量的石灰来提高土的强度，也可采用压力灌浆的方法将石灰浆液灌注入膨胀土的裂隙中起加固作用。

(二)建筑措施

膨胀土地区的民用建筑层数宜多于1~2层,体型力求简单,尽量避免平面凹凸曲折和立面高低不一。建筑物不宜过长,在地基土显著不均匀处、建筑平面转折部位或高度有显著差异部位以及结构类型不同部位,应设置沉降缝。室内地面设计应根据要求区别对待:对一般工业与民用建筑,可按一般方法进行设计;对Ⅲ级膨胀土地基和使用要求特别严格的地面,可采用地面配筋或地面架空的措施。

(三)结构措施

对于较均匀的弱膨胀土地基,可采用条形基础。当基础埋深较大或基底压力较小时,宜采用墩基。一般情况下,基础应埋置在大气风化作用影响深度以下。当以基础埋深为主要防治措施时,基础埋深还可适当增大。在建筑物顶层和基础顶部应设置圈梁,多层房屋的其他各层可隔层设置,必要时可层层设置。

(四)施工措施

膨胀土地区的建筑物,应根据设计要求、场地条件和施工季节,做好施工组织设计。在施工中应尽量减少地基中含水量的变化,以便减少土的胀缩变形。基槽开挖施工宜采取分段快速作业法,施工过程中,基槽不应暴晒或浸泡,雨季施工应有防水措施。基础施工完毕后,基槽应及时分层回填,填土可用非膨胀土、弱膨胀土或掺有石灰的膨胀土。

第四节 红黏土地基

一 红黏土的特征

红黏土是指出露地表的碳酸盐类岩石,在亚热带高温潮湿气候条件下,经红土化作用形成的高塑性黏土,它常覆盖于基岩上,一般呈褐红色、棕红色或黄褐色。红黏土的液限一般大于50%,具有表面收缩、上硬下软、裂缝发育的特征。若红黏土层受间歇性水流的冲蚀,被搬运至低洼处堆积成新的土层,仍保持红黏土的基本特性,且液限大于45%的,称为次生红黏土。

红黏土通常堆积在山坡、山麓、盆地或洼地中,主要为残积、坡积类型。我国的红黏土以云南、贵州和广西壮族自治区等地最为典型,广东、海南、四川、湖北、湖南、安徽等地也有分布。

红黏土具有较高的力学强度和较低的压缩性,各种指标变化幅度较大,具有高分散性。红黏土的这些特殊工程性质与其生成环境及其相应的组成物质是密切相关的。随着深度的增加,红黏土的天然含水量、孔隙比、压缩系数都有较大的增高,状态由坚硬、硬塑可变为可塑、软塑,而强度则大幅度降低。在水平方向上,地势较高的,天然含水量和压缩性较低、强度较高;而地势较低的则相反。

二 红黏土地基的评价

红黏土地区的岩土工程勘察，应着重查明其状态分布、裂隙发育特征及地基的均匀性。在红黏土地基上建造建筑物，应根据具体情况，充分考虑红黏土上硬下软的分布特征，基础尽量浅埋。应充分利用红黏土表层的较硬土层作为地基持力层，还可保持基底下相对较厚的硬土层，以满足下卧层承载力要求。对丙级建筑物，当满足持力层承载力时即可认为已满足下卧层承载力的要求。基坑开挖时宜采取保湿措施，边坡应及时维护，防止失水干缩。对于基岩面起伏大、岩质坚硬的地基，可采用大直径嵌岩桩或墩基。

若红黏土地基的下卧基岩面起伏不平并存在软弱土层，则容易引起地基不均匀沉降。因此，在设计时，应注意验算地基变形值，如沉降量、沉降差等。宜采用改变基宽、调整相邻地段基底压力、增减基础埋深等方式，使基底下可压缩土层厚度相对均匀，消除或减少不均匀沉降。

在红黏土分布的斜坡地带，施工必须注意斜坡和坑壁的崩滑现象。由于红黏土具有胀缩特征，在反复干、湿的条件下会产生裂隙，雨水等可沿裂隙渗入，以致坑壁容易崩塌；斜坡也容易出现滑坡，应予以重视。同时，红黏土裂隙发育，在建筑物施工或使用期间均应做好防水排水措施，避免水分渗入地基。

红黏土地区的岩溶现象一般较为发育，常存在岩溶和土洞，容易发展成地表塌陷，严重危及建筑物场地和地基的稳定性。不均匀地基也是丘陵山地中红黏土地基普遍存在的情况，为了消除岩溶、土层不均匀等不利因素的影响，应采取换土、填洞、加强基础和上部结构整体刚度或采用桩基和其他深基等措施。

第五节　山 区 地 基

山区工程地质条件复杂，覆盖层厚薄不均，基岩埋藏较浅，且层面起伏变化大。不良地质现象较发育，如滑坡、崩塌、泥石流以及岩溶和土洞等。在山区建设时应根据使用要求和地形地质条件合理选择建设场地，并对场地做出必要的工程地质和水文地质评价。对建筑物有潜在威胁或直接危害的不良地质现象的强烈发育地段，不宜选作建设场地。

一 岩溶

岩溶，也称喀斯特，是指可溶性岩石，如石灰岩、泥灰岩、白云岩、大理岩、石膏、岩盐层等受水的长期溶蚀作用而形成溶洞、溶沟、裂隙、暗河、石芽、漏斗、钟乳石等奇特的地面及地下形态的总称。

(一)岩溶发育的条件

岩溶的发育必须具备以下四个条件：可溶岩层的存在；可溶岩必须是透水的；具有侵蚀能力的水；水是流动的。若可溶性岩层具有裂隙，能透水，且位于地下水的侵蚀基准面以上，而地下水又具有化学溶蚀能力时，就可以出现岩溶现象。同时，地下水必须是流动的。这是由于当富含二氧化碳的大气降水和地表水渗入地下后，不断更新水质，就能保持地下水对可溶性岩层的化学溶解能力，从而加速岩溶的发展。

此外，岩溶的发育还与气候条件、地质构造及地形等因素有关。在大气降水丰富及气候潮湿的地区，地下水经常得到地表水的补给。由于来源充沛，因而岩溶发展也快。从地质构造来看，具有裂隙的背斜顶部和向斜轴部、断层破碎带、岩层接触面和构造断裂带等处，地下水流动快，因而也是岩溶发育的有利条件。地形的起伏直接影响着地下水的流速和流向，凡地势高差大的地区，地表水和地下水流速大，水对可溶性岩层的溶解和冲蚀作用强烈，从而加速岩溶的发育。

（二）岩溶地基稳定性评价及处理措施

在岩溶地区进行工程建设时，需要根据已查明的工程地质条件，并结合以往的经验，全面、客观地评价地基的稳定性。

首先要了解岩溶的发育规律、分布情况和稳定程度，查明溶洞、暗河、陷穴的界限以及场地内有无出现涌水、淹没的可能性，以便作为评价和选择建筑场地、布置总图时参考的依据。对于地基主要受力层范围内存在溶洞、暗河等，或是地面石芽、溶沟、溶槽发育、基岩起伏剧烈，其间有软土分布的情况，或是存在规模较大的溶沟、竖向岩溶裂痕、落水洞等，可能使基底沿倾向临空面的软弱结构面产生滑动；均属于不良地质条件的场地。

一般情况下，应避免在不稳定的岩溶地区进行建设。如果一定要利用这些地段作为建筑场地时，应结合岩溶的发育情况、水文地质条件、施工条件、经济与安全的原则等综合分析，因地制宜采取处理措施。

1. 清爆换填

适用于处理顶板不稳定的浅埋溶洞地基。即清除覆土，爆开顶板，挖去松软填充物，回填块石、碎石、黏土或毛石混凝土等，并分层密实。

2. 梁板、桁架跨越

对于洞壁完整、强度较高而顶板破碎的岩溶地基，宜采用钢筋混凝土梁板、桁架跨越，但支承点必须落在较完整的岩面上。

3. 洞底支撑

适用于处理跨度较大，顶板具有一定厚度，但稳定条件差的溶洞。若能进入洞内，可用石砌柱、拱或钢筋混凝土柱支撑洞顶。但应事先查明洞底的稳定性，以免发生洞底下沉。

4. 水流排导

地下水宜疏不宜堵，一般宜采用排水隧洞、排水管道等进行疏导，以防止水流通道堵塞，造成动水压力对基坑底板、地坪及道路等的不良影响。

二 土洞

土洞是岩溶地区上覆土层在地表水冲蚀或地下水潜蚀作用下形成的洞穴，洞穴进一步扩展，将引起地表塌陷。

（一）土洞发育的条件

土洞的形成和发育与土层的性质、地质构造、水的活动、岩溶的发育等因素有关，其中以土层、岩溶的存在和水的活动等为主要因素。

由于地表水下渗，内部冲蚀淘空而逐渐形成土洞或导致地表塌陷。此外，当地下水位随季节升降频繁或人工降低地下水位时，水对结构性差的松软土产生潜蚀作用，这样就在岩土交界面处形成土洞。

(二)土洞地基的处理措施

在建筑物地基范围内有土洞和地表塌陷时，必须认真进行处理，常用的措施如下。

1. 地表水和地下水处理

在建筑场地范围内，做好地表水的截流、防渗、堵漏，以杜绝地表水渗入土层内。这种措施对由地表水引起的土洞和地表塌陷，可起到根治的作用。对由地下水引起的土洞，当地质条件许可时，可采用截流、改道的办法，防止土洞和地表塌陷的发展。

2. 挖填夯实处理

对于地表水形成的土洞和塌陷，应先挖除软土，然后用块石或毛石混凝土回填。对地下水形成的土洞和塌陷，可挖除软土和抛填块石后做反滤层，面层用黏土夯实。

3. 灌砂处理

对于埋藏深、洞径大的土洞，施工时在洞体范围的顶板上钻两个或多个钻孔，其中直径小的作为排气孔，直径大的用来灌砂。灌砂同时要进行冲水，直到小孔冒砂为止。如果洞内有水，灌砂困难时，可用压力灌注强度等级为 C15 的细石混凝土，也可灌注水泥或砾石。

4. 垫层处理

在基础底面下夯填黏土夹碎石作垫层，以提高基底标高，减小土洞顶板附加压力，这样以碎石作为骨架可降低垫层的沉降量增加垫层的强度，碎石之间有黏性土充填，可避免地表水下渗。

5. 梁板跨越

当土洞发育剧烈，可用梁、板跨越土洞，以承受上部建筑物荷载。采用这种方案时，应注意洞旁土体的承载力和稳定性。

6. 桩基或沉井

对重要的建筑物，当土洞较深时，可用桩或沉井穿过覆盖土层，将建筑物的荷载传至稳定的岩层上。

三 滑坡及防治措施

滑坡是指岩质或土质边坡受内外因素的影响，使斜坡上的土石体在重力作用下丧失稳定而发生的一种沿着斜坡方向向下做长期而缓慢的整体移动。滑坡产生的内因与地形地貌、地质构造、岩土性质、水文地质等条件相关，其外因与地下水活动、雨水渗透、河流冲刷、人工切坡、堆载、爆破、地震等因素有关。

1. 滑坡的预防措施

滑坡常会危及建筑物的安全，造成生命财产的损失。因此，在山区建设中，对有可能形成滑坡的地段，应贯彻以预防为主的方针。加强地质勘察工作，认真对坡体稳定性进行分析和评价。主要预防措施包括：

（1）厂址要选择在山坡稳定的地段。对于稳定性差、易于滑动或存在古滑坡的地段，一般不宜选为建筑场地。

（2）尽量利用原有地形条件，因地制宜地沿等高线布置建筑物；避免大挖大填，破坏场地及边坡的稳定性。

（3）做好建筑场地的排水工作，应防止地表水下渗、施工用水到处漫流。

（4）开挖边坡时，如发现坡体有滑动迹象，应避免继续开挖，并尽快采取恢复原边坡平衡的措施。

2. 滑坡的治理措施

滑坡的产生是一个发展过程，一般由小到大，由浅入深，由简单到复杂。当出现滑坡时，应及时采取相应措施进行治理。否则，会增加治理的难度，甚至发生危险。主要处理措施包括：

（1）排水：应设置排水沟以防止地面水浸入滑坡地段，必要时尚应采取防渗措施。在地下水影响较大的情况下，应根据地质条件，设置地下排水工程。

（2）支挡：根据滑坡推力的大小、方向及作用点，可选用重力式抗滑挡墙、阻滑桩及其他抗滑结构。抗滑挡墙的基底及阻滑桩的桩端应埋置于滑动面以下的稳定地层中。

（3）卸载：在保证卸载区上方及两侧岩土稳定的情况下，可在滑体主动区卸载，以减小坡体下滑力，但不得在滑体被动区卸载。

（4）反压：在滑体的阻滑区段增加竖向荷载，以增加阻滑力。

滑坡的治理可根据滑坡规模和施工条件等因素，采取切实有效的措施进行处理。必要时可通过通风疏干、电渗排水、化学加固等方法来改善岩土的性质，以达到稳定边坡的目的。

第六节　季节性冻土地基

所谓冻土是指温度下降到零度或零度以下，土壤里的水分会凝结成冰，并将土壤也冻结在一起，形成胶结状态的土层。冻土的存在主要受温度的影响，同时由于岩性、含水量、植被、地表沼泽化、坡向等地质地理因素的作用，使得同一地方的不同地形部位，冻土分布及发育程度明显不同。

根据冻结延续时间，冻土可分为季节性冻土和多年冻土两大类。

季节性冻土是指地壳表层冬季冻结而在夏季又全部融化的土。在我国华北、西北和东北广大地区均有分布，因其随季节变化而周期性的冻结、融化，故对地基的稳定性影响较大。

多年冻土是指连续三年或三年以上保持在摄氏零度以下，并含有冰的土层。即使在温度偏高的年份，只是表面一小层土壤被融化，深层仍然是坚硬的冻土。多年冻土主要分布于严寒地区，集中在黑龙江的大小兴安岭一带、内蒙古高纬度地区、青藏高原和甘肃、新疆的高山区，其厚度从不足 1m 至几十米，总面积约为 215 万 km^2，约占我国面积的 22%。在多年冻土地区常见到如地下冰、冻胀、融陷、热融滑坍、冰丘等特殊不良地质现象。

季节性冻土常覆盖在多年冻土之上。冻土由于外界原因融化后，强度显著降低，压缩性增大，会导致建在其上的建筑物破坏或影响正常使用。

一 冻土地基的评价

现行《冻土地区建筑地基基础设计规范》(JGJ 118—2011)规定，按照冻土的平均冻胀率 η 的大小以及对建筑物的危害程度可将季节性冻土分为五种类型，见表 10-2。

季节性冻土的冻胀性分类表　　表 10-2

冻胀等级	冻胀类别	平均冻胀率 η(%)	冻结特征	对建筑物危害程度
Ⅰ	不冻胀	$\eta \leq 1$	基本无水分迁移，冻胀变形很小	对各种浅基础无任何危害
Ⅱ	弱冻胀	$1 < \eta \leq 3.5$	水分迁移很少，地表无明显冻胀隆起	对一般浅基础无危害
Ⅲ	冻胀	$3.5 < \eta \leq 6$	水分有较多迁移，形成冰夹层	如建筑物自重轻、基础埋深过浅，会产生较大冻胀变形
Ⅳ	强冻胀	$6 < \eta \leq 12$	水分大量迁移，形成较厚冰夹层	冻胀严重，即使基础埋深超过冻结线，也可能由于切向冻胀力而上拔
Ⅴ	特强冻胀	$\eta > 12$	冻胀量很大	基础冻胀上拔破坏的主要原因

二 防冻害工程措施

冻土未融化时，强度较高，可作为天然地基，而融化后的冻土应进行处理或采取相应措施后才能作为建筑物的地基。因此，冻土地基可采取保持冻结和允许融化两种不同的设计原则。

一般来说，当冻土厚度较大，土温比较稳定或者是坚硬和融陷性很大的冻土，采取保持冻结的原则比较合理，特别是对那些不采暖房屋的建筑物最为适宜。如果冻土厚度不大，土层埋藏较浅，不连续分布的小块岛状冻土或融陷量不大的冻土层，则采取允许融化的原则较合理。

对于季节性冻土，工程上应尽量减少其冻胀力并改善周围冻土的冻胀性，可采取如下措施。

1. 换填法

采用较纯净的粗砂、砾石等粗颗粒非冻胀性土换填基础四周冻土，以削弱或基本消除地基土的冻胀。其效果与换填深度、换填材料的排水条件、地基土质、地下水位及建筑物适应不均匀冻胀变形能力等因素有关。

2. 物理化学法

通过人工盐渍化、添加憎水物质等方式处理地基土，以改变土粒与水之间的相互作用，使土体中的水分迁移强度及其冰点发生变化，从而达到削弱冻胀的目的。

3. 排水隔水法

通过在建筑物周围设置排水沟，阻断外水补给来源和排除地表水渗入地基。

4. 保温法

在建筑物基础底部或四周设置隔热层，增大热阻，以推迟地基土的冻结，提高土中温度，减少冻结深度。

5. 基础形式

改善基础断面形状,利用冻胀反力的自锚作用增加基础抗冻拔的能力。通过在基础侧面涂刷工业凡士林、渣油等方式改善基础侧表面平滑度,减少切向冻胀力。

在冻土地基场地进行施工,还应根据设计原则,选择好施工季节。采用保持冻结原则时,基础宜在冬季施工;采用融化原则时,最好在夏季施工。

第七节 地震区地基

一 地震的概念

(一) 地震的类型

地震是地球上经常发生的一种自然现象,在古代又称为地动,是由内力地质作用和外力地质作用引起的地壳振动现象的总称。在地壳内部,震动的发源处称为"震源"。震源在地表的投影称为"震中"。引起地震的原因很多,根据其成因可分为构造地震、火山地震、塌陷地震和激发地震。

(二) 地震的震级和烈度

1. 地震震级

地震震级是表示地震本身强度大小的等级,是对地震中释放能量大小的度量。震源释放的能量越大,震级也就越高。震级是根据记录的地震波的最大振幅来确定的。震级每增加一级,能量约增大 32 倍。

2. 地震烈度

地震烈度指发生地震时地面及建筑物遭受破坏的强弱程度。地震烈度大小取决于震源释放能量的大小,并与震源深度、距震中的远近、地震波传播的介质性质以及场地岩土情况等因素有关。为确定各地区的地震烈度,各国均制定了"地震烈度表",作为划分烈度的标准。烈度表是根据地震最大加速度、地震系数、人的感觉、器物动态、建筑物损坏情况及地表现象等宏观标志而制定的。除日本地震烈度按 0 ~ 7 度分成八级外,我国和美国、俄罗斯等世界上绝大多数国家的地震烈度按 12 度划分。以要求重点设防的 7 ~ 9 度为例,主要标志见表 10-3。详细内容可参看我国国家质量技术监督局于 1999 年发布的地震烈度表。

7 ~ 9 度地震烈度表 表 10-3

烈度及名称	地震系数	最大水平加速度(cm/s^2)	主要标志
7 损害震	1/100 ~ 1/40	10 ~ 25	一般民房大多数损坏,少数破坏;坚固的房屋也可能破坏;民房烟囱顶部损坏,个别牌坊和塔或工厂烟囱轻微损坏;井泉水位有时变化

续上表

烈度及名称	地震系数	最大水平加速度(cm/s^2)	主 要 标 志
8 破坏震	1/40 ~ 1/20	25 ~ 50	一般民房多数破坏，少数倾倒；坚固的房屋也可能倾倒；有些碑石和纪念物损坏、移动或翻倒。山坡的松土和潮湿的河滩上裂缝宽达 10cm 以上；水位较高地方，常有夹泥沙的水喷出；土石松散的山区，常有相当大的崩滑；人畜有伤亡
9 毁坏震	1/20 ~ 1/10	50 ~ 100	一般房屋多数倾倒，坚固的房屋许多遭受破坏，少数倾倒

各地区的实际烈度受到各种复杂因素的影响，故《建筑抗震设计规范》(GB 50011—2010)(以下简称《抗震规范》)在上述烈度基础上，结合时间、地点和建筑物的重要性等条件进一步提出了“基本烈度”和“设防烈度”两个概念。

(1)基本烈度：一个地区的基本烈度是指该地区在今后一定时期内，在一般场地条件下可能遭遇的最大地震烈度。它是根据当地的地质地形条件、历史地震情况和长期地震预报由专业部门确定的。所谓“一定时期”是以 100 年为期限，也就是一般建筑物的使用年限。

(2)设防烈度：一个地区作为抗震设防依据的地震烈度称为抗震设防烈度。它由国家规定权限审批、颁发的文件确定，一般情况下可采用基本烈度。

(三)震害现象

由于地区特点和地形地质条件的复杂性，强烈地震造成的地面和建筑物的破坏类型多种多样。典型的地震震害现象包括地基土液化、震陷、滑坡和地裂等。这些现象的宏观特征各不相同，产生的条件是互相依存的，部分防治措施可以通用。

1. 地基土液化

在地震的作用下，地表裂缝中喷水冒砂，地面下陷，建筑物产生巨大沉降和严重倾斜、开裂甚至倒塌，这种现象称为地基土液化。在国内外的大地震中，液化现象是造成地震灾害的重要原因，且相当普遍。唐山大地震时，液化区喷水高度达 8m，厂房沉降达 1m。

液化现象是由于孔隙水压力增大而出现的。地震时饱和砂土受到振动，颗粒之间发生相互错动而重新排列，其结构趋于密实。如果砂土为颗粒细小的粉细砂，则因透水性较弱而导致孔隙水压力加大，相应地减少了颗粒间的有效应力，从而降低了土体的抗剪强度。在周期性的地震荷载作用下，孔隙水压力逐渐累积增加，甚至可以完全抵消有效应力，将使砂土颗粒处于悬浮状态而接近液体的特性。此时，地基完全丧失承载能力而导致建筑物的破坏。

影响砂土液化的主要因素包括地震烈度、振动的持续时间、土的粒径组成、密实程度、饱和度、土中黏粒含量以及土层埋深等。

2. 震陷

震陷是指地基土由于地震作用而产生的明显竖向永久变形。在发生强烈地震时，如果地基由软弱黏性土或松散砂土构成，其结构受到扰动和破坏，强度严重降低，在重力和基础荷载的作用下会产生附加的沉陷。若地基土质不均，则地面变形起伏，将使建筑物发生较大的差异沉降和倾斜，从而影响建筑物的安全和使用。

3. 地震滑坡

在山区和陡峭的河谷区域，强烈地震可能引起诸如山崩、滑坡、泥石流等大规模的岩土体运动，从而直接导致地基、基础和建筑物上部结构的破坏。地震导致滑坡的原因，一方面在于地震时边坡滑楔承受了附加惯性力而使下滑力加大；另一方面，土体有效应力降低，从而减少了阻止滑动的内摩擦力。

4. 地裂

地震导致岩面和地面的突然破裂，地表出现的大量裂缝称为地裂。地裂与地震滑坡引起的地层相对错动有密切关系。地裂会引起位于附近的或横跨断层的建筑物的变形和破坏。唐山地震时，地面出现一条长 10km、水平错动 1.25m、垂直错动 0.6m 的大地裂，错动带宽约 2.5m，致使在该断裂带附近的房屋、道路、地下管道等遭到极其严重的破坏，民用建筑几乎全部倒塌。

二 地基基础抗震设计原则

(一) 抗震设计的基本原则

根据《抗震规范》规定，建筑抗震设防类别分为甲、乙、丙、丁四类。甲类建筑应属于重大建筑工程和地震时可能发生严重次生灾害的建筑；乙类建筑应属于地震时使用功能不能中断或需尽快恢复的建筑；丙类建筑应属于除甲、乙、丁类以外的一般建筑；丁类建筑应属于抗震次要建筑。抗震设计的基本原则如下。

1. 选择有利的建筑场地

选择建筑场地时，尽量选择对抗震有利的地段，避开不利的地段，禁止在危险地段建设。有利、不利及危险地段的划分见表 10-4。

有利、不利及危险地段的划分　　表 10-4

地段类别	地质、地形、地貌
有利地段	稳定基岩，坚硬土，开阔、平坦、密实、均匀的中硬土等
不利地段	软弱土，液化土，条状突出的山嘴，高耸孤立的山丘，非岩质的陡坡，河岸和边坡边缘，平面分布上成因、岩性、状态明显不均匀的土层(如故河道、疏松的断层破碎带、暗埋的塘浜沟谷和半填半挖地基)等
危险地段	地震时可能发生滑坡、崩塌、地陷、地裂、泥石流等及发震断裂带上可能发生地表错位的部位

进行场地选择时，还应考虑建筑物自振周期与地层卓越周期的相互关系，原则上应尽量避免两种周期过于接近，以防共振。

2. 合理选择基础方案

(1) 正确选择基础类型：不同的基础类型对于抗震的效果是不同的。软土地基上应该选择刚度大、整体性好的箱形基础或筏板基础，此类基础能有效地调整、减轻震沉引起的不均匀沉降，从而减轻对上部结构的破坏。此外，桩基础也是一种良好的抗震基础形式，设计时应注意使桩基插入非液化的坚实土层一定深度。

(2)合理加大基础埋深：加大基础埋深，可以增加基础侧面土体对建筑物的约束作用，从而减小建筑物的振幅，减轻震害。在条件允许时，可结合建造地下室以加深基础。

3. 增强建筑物整体刚度和强度

可采用基础底部配置构造钢筋，加强基础整体刚度，抵抗地基的不均匀沉降。对于一般砖混结构的防潮层宜采用防水砂浆代替油毡。当上部结构采用组合柱时，柱的下端应与地梁牢固连接。

(二)天然地基抗震验算

天然地基基础抗震验算时，应采用地震作用效应标准组合，且地基抗震承载力应取地基承载力特征值乘以地基抗震承载力调整系数计算。

$$f_{aE}=\xi_a f_a \tag{10-1}$$

式中：f_{aE}——调整后的地基抗震承载力；

ξ_a——地基抗震承载力调整系数，按表 10-5 采用；

f_a——深宽修正后的地基承载力特征值。

地基抗震承载力调整系数 表 10-5

岩土名称和性状	ξ_a
岩石，密实的碎石土，密实的砾、粗、中砂，$f_{ak}\geqslant$300kPa 的黏性土和粉土	1.5
中密、稍密的碎石土，中密和稍密的砾、粗、中砂，密实和中密的细、粉砂，150kPa$\leqslant f_{ak}<$300kPa 的黏性土和粉土，坚硬黄土	1.3
稍密的细、粉砂，100kPa$\leqslant f_{ak}<$150kPa 的黏性土和粉土，可塑黄土	1.1
淤泥，淤泥质土，松散的砂，杂填土，新近沉积黄土和流塑黄土	1.0

验算地震作用下的天然地基竖向承载力时，基底平均压力和边缘最大压力应符合以下要求：

$$p\leqslant f_{aE} \tag{10-2}$$

$$p_{max}\leqslant 1.2f_{aE} \tag{10-3}$$

式中：p——地震作用效应标准组合的基础底面平均压力；

p_{max}——地震作用效应标准组合的基础边缘的最大压力。

对于高宽比大于 4 的高层建筑，在地震作用下基础底面不宜出现拉应力。其他建筑，基础底面与地基土之间零应力区面积不应超过基础底面面积的 15%。

对下列建筑可不进行天然地基及基础的抗震承载力验算：

(1)砌体房屋。

(2)地基主要受力层范围内，不存在软弱黏性土层的一般单层厂房、单层空旷房屋和不超过8层且高度在25m以下的一般民用框架房屋及与其基础荷载相当的多层框架厂房。

(3)《抗震规范》规定可不进行上部结构抗震验算的建筑。

(三)地基基础抗震措施

对建筑物及基础采取有针对性的抗震措施,在抗震工程中也是十分重要的,而且往往能起到事半功倍的效果。下面介绍基础工程针对不同地基常用的抗震措施。

1. 软弱地基

若建筑物地基主要受力层范围内存在软弱黏土,应结合建筑物重要程度、以往震害经验等采取相应措施。可以通过地基处理等方式,改善土的物理力学性质,提高地基抗震性能,也可以采用桩基础、沉井基础或者改进基础和上部结构设计来增强建筑物的抗震效果。

2. 不均匀地基

不均匀地基包括土质明显不均、有河道或暗沟通过及半挖半填地带。在抗震设计时,应尽量避开这些地段。无法避开时,应详细勘察,查明不均匀地基的范围和性质,尽量填平不必要的残存沟渠。对于不均匀性过大的地基,可采用局部换土、重锤夯实等方式,必要时可设置沉降缝,以避免地震作用下基础断裂事故的发生。

3. 可液化地基

液化是地震中造成地基失效的主要原因,要减轻这种危害,应根据地基液化等级和结构特点等采取相应措施。这些措施可分为全部或部分消除液化沉陷、基础和上部结构处理等。

(1)全部消除液化沉陷:采用非液化土替换全部液化土层。采用桩基时,桩端伸入液化深度以下稳定土层中的长度,应按计算确定,且对碎石土,砾、粗、中砂和坚硬黏性土尚不应小于0.5m,对其他非岩石土不宜小于1.5m。深基础底面应埋入液化深度以下稳定土层的深度不应小于0.5m。

采用加密法(如振冲、振动加密、挤密碎石桩、强夯等)加固时,应处理至液化深度下界,且处理后土层的标准贯入锤击数的实测值不宜小于相应的临界值。

(2)部分消除液化沉陷的措施:在处理深度范围内,应挖除其液化土层或采用加密法加固,并使桩间土的标准贯入锤击数的实测值不宜小于相应的临界值。并应使处理后的地基液化等级为"轻微"。

(3)基础和上部结构处理:需选择合适的基础埋深;调整基础底面积,减少基础偏心;加强基础的整体性和刚度,如采用箱基、筏基或钢筋混凝土交叉条形基础,加设基础圈梁等;减轻荷载,增强上部结构整体刚度和均匀对称性,合理设置沉降缝,避免采用对不均匀沉降敏感的结构形式等。

本章小结

本章主要介绍了几种工程上常见的区域性地基,包括湿陷性黄土地基、膨胀土地基、红黏土地基、山区地基、季节性冻土地基和地震区地基。需要学生对上述特殊土有概念性的了解,学习重点应放在区域性地基的特殊工程性质和工程措施上,对于工程中常见的基础工程事故,能做出合理的评价和处理。

小知识

大自然所产生的各种灾害中，地震灾害被列为群害之首。但一些关于地震的知识，普通公众却不一定了解。

地震是地壳运动的一种形式，全球每年发生约 500 万次地震，平均约 7s 就有一次。不过这些地震中，人们能够感觉到的只有不到 1 万次，而能够造成灾害的仅有 100 次左右。

地震绝大多数分布在环太平洋地震带和欧亚地震带，其中环太平洋地震带集中了全球地震的 80%，欧亚地震带集中了 15%。全球地震中，有 85% 发生在海洋，15% 发生在大陆。

两个震级仅相差一级的地震，其能量的差别可以达到 30 多倍。也就是说，一个 8 级地震相当于发生了 30 多个 7 级地震，约 1000 个 6 级地震。

衡量地震的标准除了震级之外，还有烈度。震级与烈度的关系，打个比方，震级相当于原子弹的当量，而烈度就相当于原子弹在不同距离点造成的破坏程度。一般而言，距离震中越近，地震产生的破坏越大，烈度也就越高；距离震中越远，地震产生的破坏越小，烈度就越低。

思 考 题

1. 何谓自重和非自重湿陷性黄土？怎样区分？
2. 如何判断地基土是否属于膨胀土？采取哪些措施可减轻地基胀缩对工程的不利影响？
3. 何谓红黏土？红黏土地基有何特点？
4. 岩溶和土洞各有什么特点？在地基基础设计中应注意哪些问题？
5. 滑坡是如何分类的？如何预防和治理滑坡？
6. 何谓季节性冻土和多年冻土地基？工程上如何评价和处理？
7. 何谓地震震级、烈度、基本烈度和设防烈度？
8. 地基液化的原因是什么？如何进行抗液化处理？
9. 抗震设计的基本原则是什么？对建筑场地应如何选择？
10. 如何进行地基基础抗震验算？哪些建筑可不进行天然地基基础抗震承载力验算？

附录A
土工试验指导

土工试验是学习土力学基本理论的一个重要的教学环节。它不仅起着巩固课堂理论，增强对土的各种工程性质的理解等重要作用，而且是学习科学的试验方法和培养实践技能的重要途径。根据高等职业教育建筑工程技术专业教育标准和培养方案主干课程“地基与基础”教学大纲要求，安排下列基本试验，并且各项试验完全遵照国家颁布的《土工试验方法标准》(GB/T 50123—1999)规定的土工试验方法进行。

试验一　土的物理性质基本指标测定

一　天然含水量试验

土的含水量是土在温度105~110℃下烘到恒重时失去的水分质量与达到恒重后干土质量的比值，以百分数表示。

1. 试验目的

测定土的含水量，以了解土的含水情况。土的含水量是计算土的孔隙比、液性指数、饱和度和其他物理力学性质不可缺少的一个基本指标。

2. 试验方法

本试验采用烘干法测定。烘干法适用于黏性土、砂土和有机质含量土类。

3. 仪器设备

(1)电热烘箱：温度控制在105~110℃。

(2)天平：称量200g，最小分度值0.01g；称量1000g，最小分度值0.1g。

(3)其他：干燥器、铝盒等。

4. 操作步骤

(1)先称空铝盒的质量，准确至0.01g。

(2)取代表性试样(细粒土)15~30g或用环刀中的试样，有机质土、砂类土和整体状的冻土50g，放入称量铝盒内，并立即盖好盒盖，称铝盒加试样的质量。称量结果即为湿土质量，准确至0.01g。

(3)打开盒盖，将盒盖套在盒底下，一起放入烘箱内，在105~110℃下烘至恒量。烘干时间:黏土、粉土不得少于 8h;砂性土不得少于 6h;有机质超过 5% 的土应将温度控制在 65 ~ 70℃的恒温下烘至恒重。

(4)将烘干的试样与盒取出,盖好盒盖放入干燥器内冷却至室温(一般只需 0.5 ~ 1h 即可),冷却后盖好盒盖,称铝盒加干土的质量,准确至 0.01g。

5. 注意事项

(1)刚刚烘干的土样要等冷却后才能称重。

(2)称重时精确至小数点后两位。

(3)本试验需进行两次平行测定,取其算术平均值,允许平行差值应符合附表 A-1 规定。

允许平行差值 附表 A-1

含水量(%)	<40	≥40
允许平行差值(%)	1.0	2.0

6. 计算公式

土的天然含水量按下列公式计算:

$$w = \frac{m_w}{m_s} \times 100\% = \frac{m_1 - m_2}{m_2 - m_0} \times 100\%$$

式中:w——土的含水量,%;

m_w——试样中水的质量,g;

m_s——试样土粒的质量,g;

m_1——称量盒加湿土质量,g;

m_2——称量盒加干土质量,g;

m_0——称量盒质量,g。

7. 本试验记录见附表 A-2。

含水量试验记录(烘干法) 附表 A-2

工程名称__________ 试验日期__________

土样编号__________ 试 验 者__________

盒号	称量盒质量 m_0(g)	湿土 + 盒质量 m_1(g)	干土 + 盒质量 m_2(g)	含水量 w(%)	平均含水量 $\overline{w}$(%)

二 密度试验

土的密度是指单位体积内土的质量。

1. 试验目的

测定土的湿密度,以了解土的疏密和干湿状态,供换算土的其他物理性质指标和工程设计以及控制施工质量时用。

2. 试验方法

土的密度测定方法有以下三种:

(1)环刀法——适用于测定细粒土,即测定一般黏性土的密度。

(2)蜡封法——适用于测定易破裂土和不规则的坚硬土的密度。

(3)灌砂法——适用于现场测定粗粒土的密度,这里仅介绍常用的环刀法。

3. 仪器设备

(1)环刀:内径 61.8mm 和 79.8mm,高度 20mm。

(2)天平:称量 500g,最小分度值 0.1g;称量 200g,最小分度值 0.01g。

(3)其他:削土刀、钢丝锯、玻璃片、凡士林等。

4. 操作步骤

(1)测出环刀的体积 V,在天平上称环刀质量 m_1。

(2)按工程需要取原状土或人工制备所需要求的重塑土样,其直径和高度应大于环刀的尺寸,整平两端放在玻璃板上。

(3)将环刀的刀口向下放在土样上面,然后用手将环刀垂直下压,使土样位于环刀内。然后用削土刀或钢丝锯沿环刀外侧削去两侧余土,边压边削至与环刀口平齐,两端盖上平滑的圆玻璃片,以免水分蒸发。

(4)擦净环刀外壁,拿去圆玻璃片,称取环刀加土的质量 m_2,精确至 0.1g。

(5)记录环刀加土的质量 m_2、环刀号以及环刀质量 m_1 和质环刀体积(即试样体积),见附表 A-3。

密度试验记录(环刀法)　　附表 A-3

工程名称＿＿＿＿＿　试验者＿＿＿＿＿

试验日期＿＿＿＿＿　计算者＿＿＿＿＿

环刀号	环刀质量(g)	试样体积(cm^3)	环刀+试样质量(g)	土样质量(g)	湿密度(g/cm^3)	试样含水量(%)	干密度(g/cm^3)	平均干密度(g/cm^3)

5. 试验注意事项

(1)密度试验应进行两次平行测定,两次测定的差值不得大于 $0.03g/cm^3$,取两次试验结果的算术平均值。

(2)密度计算准确至 $0.01\ g/cm^3$。

6. 计算公式

(1)土的密度:

$$\rho_0 = \frac{m_0}{V} = \frac{m_2 - m_1}{V}$$

式中:ρ_0——试样的湿密度,g/cm^3,准确到 $0.01g/cm^3$;

m_0——试样的质量,g;

V——试样的体积(环刀的内径净体积),cm^3;

m_1——环刀质量,g;

m_2——环刀加土的质量，g。

（2）试样的干密度：

$$\rho_d = \frac{\rho_0}{1 + 0.01w}$$

式中：ρ_d——干土质量密度，g/cm^3；

ρ_0——湿土密度，g/cm^3；

w——土的含水量，%。

7. 本试验记录格式（附表 A-3）

三 相对密度试验

土的相对密度是试样在 105～110℃下烘至恒重时，土粒质量与同体积 4℃时的水质量之比。

1. 试验目的

测定土的相对密度，它是土的物理性质基本指标之一，为计算土的孔隙比、饱和度以及为其他土的物理力学试验（如颗粒分析的比重计法试验、压缩试验等）提供必需的数据。

2. 试验方法

通常采用比重瓶法测定粒径小于 5mm 的颗粒组成的各类土。

用比重瓶法测定土粒体积时，必须注意所排除的液体体积能代表固体颗粒的实际体积。土中含有的气体，试验时必须把它排尽，否则会影响测试精度。可用沸煮法或抽气法排除土内气体，所用的液体为纯水。若土中含有大量的可溶盐类、有机质、胶粒时，则可用中性溶液，如煤油、汽油、甲苯等，此时，必须采用抽气法排气。

3. 仪器设备

（1）比重瓶：容量 100mL 或 50mL，分长径和短径两种。

（2）天秤：称量 200g，最小分度值 0.001g。

（3）砂浴：应能调节温度的（可调电加热器）。

（4）恒温水槽：准确度应为 ±1℃。

（5）温度计：测定范围刻度为 0～50℃，最小分度值为 0.5℃。

（6）真空抽气设备。

（7）其他：烘箱、纯水、中性液体、小漏斗、干毛巾、小洗瓶、磁钵及研棒、孔径为 2mm 及 5mm 筛、滴管等。

4. 操作步骤

（1）试样制备：取有代表性的风干的土样约 100g，碾散并全部过 5mm 的筛。将过筛的风干土及洗净的比重瓶在 100～110℃下烘干，取出后置于干燥器内冷却至室温称量后备用。

（2）将比重瓶烘干，冷却后称得瓶的质量。

（3）称烘干试样 15g（当用 50mL 的比重瓶时，称烘干试样 10g）经小漏斗装入 100mL 比重瓶内，称得试样和瓶的质量，准确至 0.001g。

(4)为排出土中空气,将已装有干试样的比重瓶,注入半瓶纯水,稍加摇动后放在砂浴上煮沸排气。煮沸时间自悬液沸腾时算起,砂土应不少于30min,黏土、粉土不得少于1h。煮沸后应注意调节砂浴温度,比重瓶内悬液不得溢出瓶外。然后,将比重瓶取下冷却。

(5)将事先煮沸并冷却的纯水(或排气后的中性液体)注入装有试样悬液的比重瓶中,如用长颈瓶,用滴管注水恰至刻度处,擦干瓶内、外刻度上的水,称瓶、水土总质量。如用短颈比重瓶,将纯水注满瓶塞紧瓶塞,使多余水分自瓶塞毛细管中溢出。将瓶外水分擦干后,称比重瓶、水和试样总质量,准确至0.001g。然后立即测出瓶内水的温度,准确至0.5℃。

(6)根据测得的温度,从已绘制的温度与瓶、水总质量关系曲线中查得各试验比重瓶、水总质量。

(7)用中性液体代替纯水测定可溶盐、黏土矿物或有机质含量较高的土的土粒密度时,常用真空抽气法排除土中空气。抽气时间一般不得少于1h,直至悬液内无气泡逸出为止,其余步骤同前。

5. 注意事项

(1)用中性液体,不能用煮沸法。

(2)煮沸(或抽气)排气时,必须防止悬液溅出瓶外,火力要小,并防止煮干。必须将土中气体排尽,否则影响试验成果。

(3)必须使瓶中悬液与纯水的温度一致。

(4)称量必须准确,必须将比重瓶外水分擦干。

(5)若用长颈式比重瓶,液体灌满比重瓶时,液面位置前后几次应一致,以弯液面下缘为准。

(6)本试验必须进行两次平行测定,两次测定的差值不得大于0.02,取两次测值的平均值,精确至0.01g/cm³。

6. 计算公式

土粒相对密度 d_s 应按下式计算:

$$d_s = \frac{m_d}{m_{bw} + m_d - m_{bws}} \times G_{iT}$$

式中:m_d——试样的质量,g;

m_{bw}——比重瓶、水总质量,g;

m_{bws}——比重瓶、水、试样总质量,g;

G_{iT}——T℃时纯水或中性液体的相对密度。

水的密度见附表A-4,中性液体的相对密度应实测,称量准确至0.001g。

不同温度时水的密度　附表A-4

水温(℃)	4.0~5	6~15	16~21	22~25	26~28	29~32	33~35	36
水的密度(g/cm³)	1.000	0.999	0.998	0.997	0.996	0.995	0.994	0.993

7. 比重瓶法测定土的试验记录(附表 A-5)

相对密度试验记录(比重瓶法)　　附表 A-5

工程名称________　　试验日期________

土样编号________　　试 验 者________

试样编号	比重瓶号	温度(℃)	液体相对密度查表	比重瓶质量(g)	干土质量(g)	瓶+液体质量(g)	瓶+液体+干土总质量(g)	与干土同体积的液体质量(g)	相对密度	平均值
		①	②	③	④	⑤	⑥	⑦=④+⑤-⑥	⑧	⑨

试验二　界限含水量液、塑限测定

一 黏性土的液限、塑限联合测定试验

1. 试验目的

测定黏性土的液限 w_L 和塑限 w_p，并由此计算塑性指数 I_p、液性指数 I_L，进行判别黏性土的软硬程度。同时，作为黏性土的定名分类以及估算地基土承载力的依据。

2. 基本原理

黏性土随含水量变化，从一种状态转变为另一种状态的含水量界限值，称为界限含水量。液限是黏性土从可塑状态转变为流动状态的界限含水量；塑限是黏性土可塑状态转变为半固态的界限含水量。

液限、塑限联合测定法是根据圆锥仪的圆锥入土深度与其相应的含水量在双对数坐标上具有线性关系的特性来进行的。利用圆锥质量为76g的液塑限联合测定仪测得土在不同含水量时的圆锥入土深度，并绘制其关系直线图，在图上查得圆锥下沉深度为17mm所对应的含水量即为液限，查得圆锥下沉深度为2mm所对应的含水量即为塑限。

3. 试验方法

(1)土的液限试验——采用锥式法。

(2)土的塑限试验——采用搓条法。

(3)土的液塑限试验——采用液塑限联合测定法。

本试验采用液限、塑限联合测定法，适用于粒径小于0.5mm颗粒以及有机质含量不大于试样总质量5%的土。

4. 试验设备

(1)液塑限联合测定仪：如附图 A-1，包括带标尺的圆锥仪、电磁铁、显示屏、控制开关、测读装置、升降支座等，圆锥质量76g，锥角30°，试样杯内径40mm，高30mm。

(2)天平：称量200g，最小分度值0.01g。

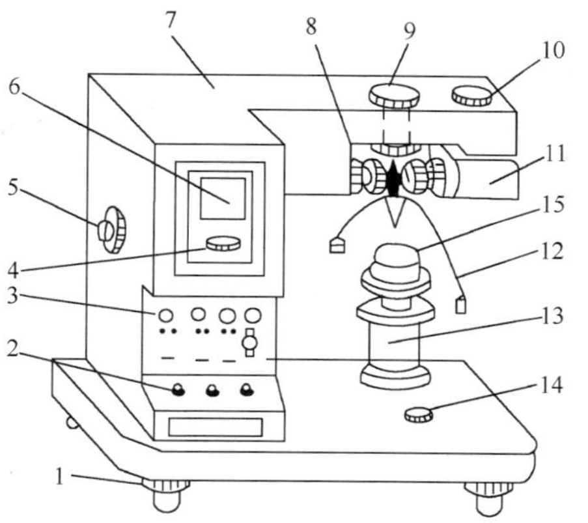

附图 A-1　光电式液塑限仪结构示意图

1-水平调节螺丝；2-控制开关；3-指示灯；4-零线调节螺钉；5-反光镜调节螺钉；6-屏幕；7-机壳；8-物镜调节螺钉；9-电池装置；10-光源调节螺钉；11-光源装置；12-圆锥仪；13-升降台；14-水平泡；15-盛土杯

(3)其他：烘箱、干燥器、调土刀、不锈钢杯、凡士林、称量盒、孔径0.5mm的筛等。

5. 操作步骤

(1)本试验宜采用天然含水量试样，当土样不均匀时，采用风干试样，当试样中含有粒径大于0.5mm的土粒和杂物时应过0.5mm筛。

(2)当采用天然含水量土样时，取代表性土样250g；采用风干试样时，取0.5mm筛下的代表性土样200g，分成3份，分别放入3个盛土皿中，加入不同数量的纯水，使分别接近液限、塑限和二者中间状态的含水量，然后调成均匀膏状，放入调土皿，浸润过夜。

(3)将制备的试样充分调拌均匀，填入试样杯中，填入时不应留有空隙，对较干的试样充分搓揉，密实地填入试样杯中，填满后刮平表面。

(4)将试样杯放在联合测定仪的升降座上，在圆锥上抹一薄层凡士林，接通电源，使电磁铁吸住圆锥。

(5)调节零点，将屏幕上的标尺调在零位，调整升降座，使圆锥尖接触试样表面，指示灯亮时圆锥在自重下沉入试样，经5s后测读圆锥下沉深度(显示在屏幕上)，取出试样杯，挖去锥尖入土处的凡士林，取锥体附近的试样不少于10g，放入称量盒内，测定含水量。

(6)按(3)～(5)的步骤分别测试其余两个试样的圆锥下沉深度及相应的含水量。液塑限联合测定应不少于三点。

6. 注意事项

(1)圆锥入土深度宜为3～4mm，7～9mm，15～17mm。

(2)土样分层装杯时，注意土中不能留有空隙。

(3)每种含水量设三个测点，取平均值作为这种含水量所对应土的圆锥入土深度，如三点下沉深度相差太大，则必须重新调试土样。

7. 计算与绘图

(1)计算各试样的含水量，计算公式与含水量试验相同。

(2)绘制圆锥下沉深度 h 与含水量 w 的关系曲线。以含水量为横坐标，圆锥下沉深度为纵坐标，在双对数坐标纸上绘制关系曲线，三点连一直线(附图A-2中的A线)。当三点不在一直线上，可通过高含水量的一点与另两点连成两条直线，在圆锥下沉深度为2mm处查得相应的含水量。当两个含水量的差值大于或等于2%时，应重做试验。当两个含水量的

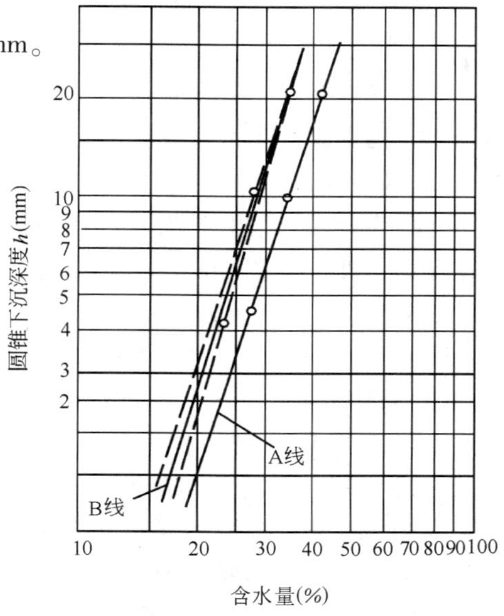

附图 A-2　圆锥入土深度与含水量关系图

差值小于 2% 时，用这两个含水量的平均值与高含水量的点连成一条直线（附图 A-2 中的 B 线）。

(3) 在圆锥下沉深度 h 与含水量 w 关系图上查得：下沉深度为 17mm 所对应的含水量为液限 w_L；下沉深度为 2mm 所对应的含水量为塑限 w_p，以百分数表示，准确至 0.1%。

(4) 计算塑性指数和液性指数

塑性指数

$$I_p = w_L - w_p$$

液性指数

$$I_L = \frac{w - w_p}{I_p}$$

8. 试验记录（附表 A-6）

液限、塑限联合试验记录（液塑限联合测定法） 附表 A-6

工程名称________ 试验者________
试样编号________ 计算者________
试验日期________ 校核者________

试样编号	圆锥下沉深度 (mm)	盒号	湿土质量 (g)	干土质量 (g)	含水量 (%)	液限 (%)	塑限 (%)	塑性指数 I_p
			①	②	③	④	⑤	⑥

二 滚搓法塑限试验

塑限是黏性土的可塑状态与半固态的界限含水量。

1. 试验目的

测定黏性土的塑限 w_p，并根据液限 w_L 和塑限 w_p 计算土的塑性指数 I_p，进行黏性土的定名分类，判别黏性土的软硬程度。

2. 仪器设备

(1) 毛玻璃板：尺寸 200mm × 300mm。

(2) 天平：分度值 0.01 ~ 0.001g。

(3) 卡尺：分度值为 0.02mm，直径为 3mm 的铁丝。

(4) 其他：称量盒、滴管、纯水、吹风机、烘箱等。

3. 操作步骤

(1) 取 0.5mm 筛下代表性试样 100g，放在盛土皿中加纯水拌匀，湿润过夜。

(2) 将制备好的试样在手中揉捏至不粘手，当捏扁出现裂缝时，表示其含水量接近塑限。

(3) 取接近塑限含水量的试样 8 ~ 10g，然后用手搓成椭圆形，放在毛玻璃板上用手掌滚搓，滚搓时手掌用力要均匀地施加在土条上，土条不得有空心现象，长度不宜大于手掌宽度。

(4) 若土条搓压至直径达 3mm 时仍没有出现裂纹和断裂或者直径大于 3mm 时土条就出现裂纹和断裂，表示试样的含水量高于塑限或低于塑限，都应该重新取样再进行滚搓，直到土条直径搓成 3mm 时土条表面产生均匀裂纹并开始断裂(附图 A-3),此时试样的含水量即为塑限。

(5)取直径 3mm 有裂纹的土条 3 ~ 5g,测定土条的含水量即为塑限 w_p。

4. 试验记录

计算黏性土塑限 w_P 公式同前。滚搓法塑限试验记录见附表 A-7。

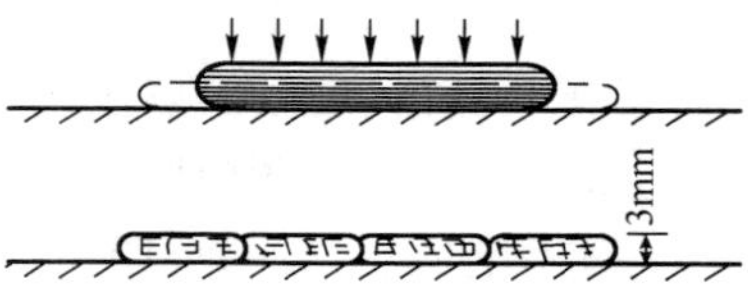

附图 A-3 滚搓法测定塑限

滚搓法塑限试验记录 附表 A-7

工程名称__________ 试验者__________

试样编号__________ 计算者__________

试验日期__________ 校核者__________

称量盒盒号	称量盒质量(g)	湿土 + 称量盒总质量(g)	干土 + 称量盒总质量(g)	塑限(%)	平均值(%)

5. 注意事项

(1)搓条时要用手掌全面地施加轻微的均匀压力搓滚。搓条法测塑限需要耐心反复地实践,才能达到试验标准。

(2)做两次平行试验,取两个测值的平均值,以百分数表示。

三 锥式仪液限试验

液限是指黏性土可塑状态与流塑状态的界限含水量。

1. 试验目的

测定黏性土的液限 w_L 含水量。

2. 仪器设备

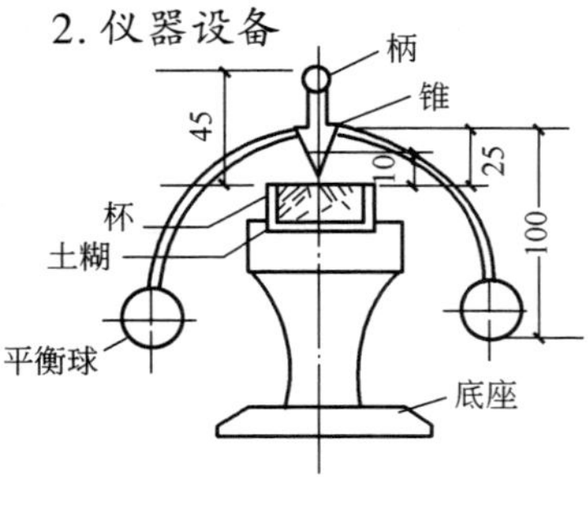

附图 A-4 锥式液限仪

(1)锥式液限仪:该仪器的主要部分是用不锈钢制成的精密圆锥体,顶角 30°, 高约 25mm,距锥尖 10mm 处刻有一环形刻线。有两个金属锤通过一半圆形钢丝固定在圆锥体上部作为平衡装置。锥式液限仪的圆锥质量是 76g,另外还配备有试样杯和台座各一个(附图 A-4)。

(2)天平:称量 200g,最小分度值 0.01g。

(3)电烘箱。

(4)烘干称量盒。

(5)其他:盛土皿、调土板、调土刀、滴管、凡士林等。

3. 操作步骤

(1)取有代表性的天然含水量的土样,在橡皮垫上将土碾散(切勿压碎颗粒),然后将土样放入调土皿中,加纯水调成均匀浓糊状。若土中含有大于 0.5mm 颗粒时,应过 0.5mm 筛去掉。

(2)用调土刀取制备好的土样放在调土板上彻底拌均匀，填入试样杯中，填土时注意勿使土内留有空气，然后刮去多余的土，使土面与杯口平齐，然后将试样杯放在台座上。注意在刮去余土时，不得用刀在土面上反复涂抹。

(3)用纸或布揩净锥式液限仪，并在锥体上抹一薄层凡士林。用拇指和食指提住上端手柄，使锥尖与试样中部表面接触，放开手指使锥体在重力作用下沉入土中。

(4)若锥体约经过 15s 沉入土中的深度大于或小于 10mm 时，则表示试样的含水量高于或低于液限。这时应先挖出粘有凡士林的土，再将试样杯中的试样全部放回调土板上或铺开使多余水分蒸发，或加入少量纯水，重新调拌均匀，再重复(2)、(3)、(4)步的操作，直至当锥体经 15s 沉入土中深度恰好为 10mm 时为止，此时土样的含水量即为液限 w_L。

(5)取出锥体，挖出粘有凡士林的土后，在沉锥附近取土约 10g 左右放到烘干的称量盒中。然后按含水量试验方法测定含水量。

4. 计算液限

$$w_L = \frac{m_w}{m_s} \times 100\% = \frac{m_1 - m_2}{m_2 - m_0} \times 100\%$$

式中符号的意义同前。

5. 注意事项

(1)在制备好的试样中加水时不能一次加得太多，特别是初次宜少许。

(2)试验前应校验锥式液限仪的平衡性能。

(3)需取两次试样进行测定，两次测定差值：液限小于 40% 时，不大于 1%，液限大于或等于 40% 时，不大于 2%。取两次测定的平均值，以百分数表示。

6. 数据记录

将上述试验测得的数据记录在附表 A-8 上。

锥式仪液限试验记录 附表 A-8

工程名称__________ 试验日期__________

试样编号__________ 试 验 者__________

盒号	烘干盒质量 m_0 (g)	湿土 + 称量盒总质量 m_1 (g)	干土 + 称量盒总质量 (g)	干土质量 (g)	水质量 (g)	液限 (%)	平均值 (%)

试验三　土的标准固结试验

土的固结(压缩)试验是测定土样在各级垂直压力作用下其体积逐渐缩小的过程。土的固结试验是将土样放在金属容器内，在有侧限的条件下施加垂直压力，观察土在不同压力作用下的压缩变形量，并测定土的压缩性指标。

1. 试验目的

测定土的压缩性指标压缩系数和压缩模量，了解土的压缩性，为地基变形计算提供依据。本试验采用杠杆式压缩仪。

2. 仪器设备

(1)固结容器：其中包括环刀、护环、透水板、水槽、加压及传压装置和百分表等(附图A-5)精度0.01mm。

①环刀：内径61.8mm和79.8mm，面积$30cm^2$，高为20mm。环刀应具有一定的刚度，内壁应保持较高的光洁度，宜涂一薄层硅脂或聚四氟乙烯。

②透水板：氧化铝或不受腐蚀的金属材料制成，其渗透系数应大于试样渗透系数。用固定式容器时，顶部透水板直径应小于环刀内径0.2～0.5 mm；当用浮环式容器时上下端透水板直径相等，均应小于环刀内径。

(2)加压设备：应能垂直地在瞬间施加各级压力，且没有冲击力。

(3)变形量测设备：量程10mm，最小分度值为0.01mm的百分表或精确度为全量程0.2%的位移传感器。

(4)其他：天平、刮刀、钢丝锯、玻璃片、凡士林、滤纸、秒表等。

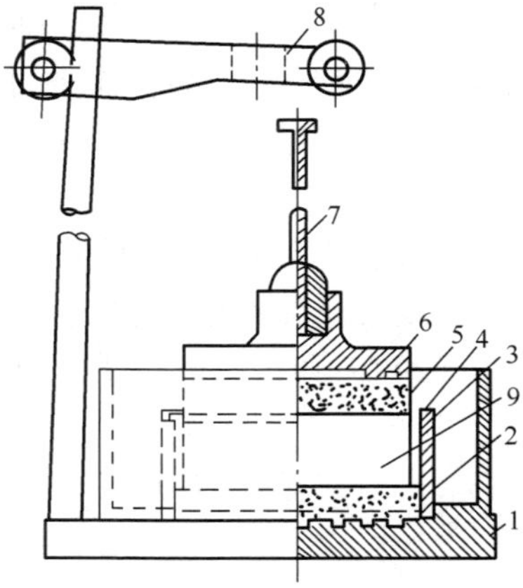

附图 A-5　固结仪示意图

1-水槽；2-护环；3-环刀；4-导环；5-透水石；6-加压上盖；7-位移级导杆；8-位移计架；9-试样

3. 操作步骤

(1)环刀取土：将环刀内壁涂上一薄层凡士林，刃口向下，放在试样上端表面，先用两手将环刀轻轻地下压，再用削土刀将上下两端多余的土削去并与环刀齐平。

(2)擦净粘在环刀外壁的土屑，称环刀与土的重量(精确至0.1g)，求得试样在试验前的密度，同时取环刀四边削下来的试样重约10g左右放入铝盒，称得铝盒与土的重量后，再放入烘箱烘至恒重，再称重量，以测得试验前的含水量。

(3)先在固结容器内放置护环、透水板和润湿的薄型滤纸，将带有试样的环刀一起放入护环内，套上导环，然后在试样顶面再依次放上润湿的薄型滤纸、透水板、加压上盖和钢球，并适当移动将固结容器置于加压框架正中，使加压上盖正好与加压框架(横梁)中心对准，与此同时，安装百分表或位移传感器(在此应当注意：滤纸和透水板的湿度应接近试样的湿度；此外，当轻轻按下杠杆使加压横梁正好与钢球接触时，不能使其受力)。

(4)施加1kPa的预压力使试样与仪器上下各部件之间接触，将百分表或位移传感器调整到零或测读初读数。至此，试验的准备工作已经就绪。

(5)开始加荷：根据实际需要确定需要施加的各级压力，压力等级宜按12.5kPa、25kPa、50kPa、100kPa、200kPa、400kPa、800kPa、1600kPa的顺序施加。第一级压力的大小应视土的软硬程度而定，宜用12.5kPa、25kPa或50kPa，最后一级压力应大于土的自重压力与附加压力之和。只需测定压缩系数时，最大压力不小于400kPa。

本次试验由于受课时的限制，统一按50kPa、100kPa、200kPa、400kPa四级荷重顺序施加压力。学生做试验应限于课内时间，可缩短固结时间，每级荷重历时为9min，即每加一级荷重测至9min的读数。记录下百分表的读数之后再加下一级荷重，直至第四级荷重施加完毕为止。

对于饱和试样施加第一级压力后应立即向水槽中浸没试样。非饱和土试样进行压缩试验时须用湿棉纱围住加压板周围。

(6)需要进行回弹试验时，可在某级压力下试样固结稳定后退压，直到退到要求的压力，每次退压至24h后测定土样的回弹量。

(7)不需要测定沉降速率时，施加每级压力后24h测定试样高度变化作为稳定标准。只需测定压缩系数的试样，施加每级压力后，每小时变形达0.01mm。

(8)试验结束后吸去容器中的水，迅速拆除仪器各部件，取出整块试样测定含水量。

4. 注意事项

(1)首先装好试样，再安装百分表。在装量表的过程中，小指针需调至整数位，大指针调至零，量表杆头要有一定的伸缩范围，固定在量表架上。

(2)加荷时，应按顺序加砝码。试验中不要震动实验台，以免指针产生移动。

5. 试验成果整理

(1)计算试样的初始孔隙比：

$$e_0 = \frac{d_s(1 + w_0)\rho_w}{\rho_0} - 1$$

式中：d_s——土粒的相对密度；

w_0——压缩前试样的含水量，%；

ρ_0——压缩前试样的密度，g/cm^3；

ρ_w——水的密度，g/cm^3。

(2)计算各级压力下试样固结稳定后的孔隙比：

$$e_i = e_0 - \frac{1 + e_0}{h_0}\Delta h_i \qquad \left(\text{或按式 } e_i = \frac{h}{h_s} - 1 \text{ 计算}\right)$$

式中：h_0——试样初始高度，等于环刀高度20mm；

h_s——试样中土粒(骨架)净高，$h_s = \dfrac{h_0}{1 + h_0}$；

h——在某一级压力下试样固结稳定后的高度，mm，按下式计算

$$h = h_0 - (\Delta h_1 - \Delta h_2)$$

Δh_1——在同一级压力下试样和仪器的总变形，mm，即等于施加第一级压力前预压调整时的百分表起始读数与某一级压力下试样固结稳定后的百分表的读数之差；

Δh_2——在同一级压力下仪器的总变形(其值可由实验室给出)，mm。

(3)计算各级压力下试样固结稳定后的单位沉降量 s_i(mm/m)：

$$s_i = \frac{\sum \Delta h_i}{h_0} \times 10^3$$

式中：$\sum \Delta h_i$——某级压力下试样固结稳定后的总变形(即高度的累计变形量)，mm，其值等于该级压力下固结稳定读数减去仪器变形量，在试验过程中测出各级压力 p_i 作

用下的 $\Delta h_i = \Delta h_1 - \Delta h_2$。

(4)计算某级压力下的压缩系数 a_v 和压缩模量 E_s：

$$a_v = \frac{e_i - e_{i+1}}{p_{i+1} - p_i}\ (\text{MPa}^{-1})$$

$$E_s = \frac{1 + e_i}{a_v}(\text{MPa})$$

求压缩系数 a_v 时，一般取 $p_1 = 100\text{kPa}$，$p_2 = 200\text{kPa}$，用压缩系数 a_{1-2} 表示。a_{1-2} 可以用来判定土的压缩性：若 $a_{1-2} < 0.1\text{MPa}^{-1}$，为低压缩性；$0.1\text{MPa}^{-1} \leqslant a_{1-2} < 0.5\text{MPa}^{-1}$，为中压缩性；$a_{1-2} \geqslant 0.5\text{MPa}^{-1}$，为高压缩性。

(5)以孔隙比 e 为纵坐标、压力 p 为横坐标，绘制孔隙比与压力 e-p 曲线(附图 A-6)；

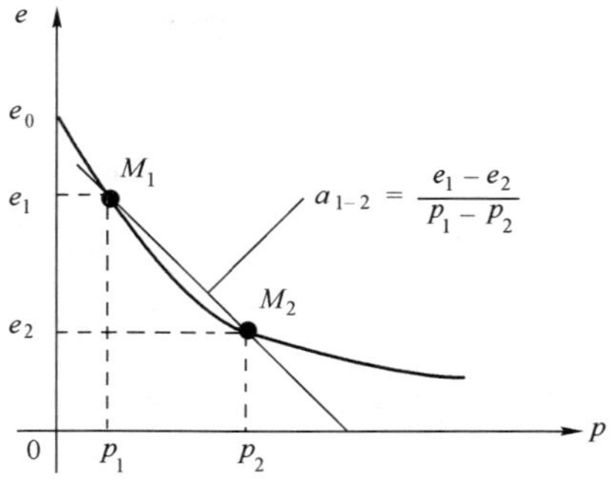

附图 A-6　e-p 曲线

(6)土的标准固结试验记录，见附表A-9、附表 A-10。

土的标准固结试验记录（一）　　附表 A-9

工程编号＿＿＿＿＿　试验日期＿＿＿＿＿

试样编号＿＿＿＿＿　试验者＿＿＿＿＿

仪器编号＿＿＿＿＿　计算者＿＿＿＿＿

压力	0.05(MPa)		0.1(MPa)		0.2(MPa)		0.39(MPa)		0.4(MPa)	
经过时间(min)	时间	变形读数	时间	变形读数	时间	变形读数	时间	变形读数	时间	变形读数
0										
0.1										
0.25										
1										
2.25										
4										
6.25										
9										
12.25										
16										
20.25										
25										
30.25										
36										
42.25										
49										
64										
100										
200										

续上表

压力	0.05(MPa)		0.1(MPa)		0.2(MPa)		0.39(MPa)		0.4(MPa)	
经过时间(min)	时间	变形读数	时间	变形读数	时间	变形读数	时间	变形读数	时间	变形读数
23(h)										
24(h)										
总变形量(mm)										
仪器变形量(mm)										
试样总变形量(mm)										

土的标准固结试验记录(二)　　附表 A-10

工程编号__________　试样面积__________________　试验者__________

仪器编号__________　土粒相对密度__________________　计算者__________

试样编号__________　试验前孔隙比 e_0 __________________　校核者__________

试验日期__________　试验前试样高度 h_0 __________ mm

含水量试验记录

	盒号	湿土质量(g)	干土质量(g)	含水量(%)	平均含水量(%)
试验前					
试验后					

密 度 试 验 记 录

环刀号	湿土质量(g)	环刀容积(cm^3)	湿密度(g/cm^3)

压 缩 模 量 计 算

加压历时(h)	压力 p (MPa)	试样变形量(mm)	压缩后试样高度 h (mm)	孔隙比 e_i	压缩系数 a_v (MPa^{-1})	压缩模量 E_s (MPa)
		$\sum \Delta h_i$	$h_0-\sum \Delta h_i$			

试验四　直接剪切试验

一 慢剪试验

1. 试验目的

剪切试验的目的是测定土的抗剪强度指标。通常采用四个试样为一组,分别在不同的垂直压力 σ 作用下,施加水平剪应力进行剪切,求得破坏时的剪应力 τ,然后根据库仑定律确定土的抗剪强度指标:内摩擦角 φ 和黏聚力 c。

2. 试验方法

直接剪切试验是测定土的抗剪强度的一种常用方法。根据排水条件不同具体可分为慢剪试验(S)、固结快剪试验(CQ)和快剪试验(Q)三种。

3. 仪器设备

(1)采用应变控制式直接剪切仪:如附图 A-7 所示,有剪力盒、垂直加压设备、剪切传动装置、测力计及位移量测系统等。

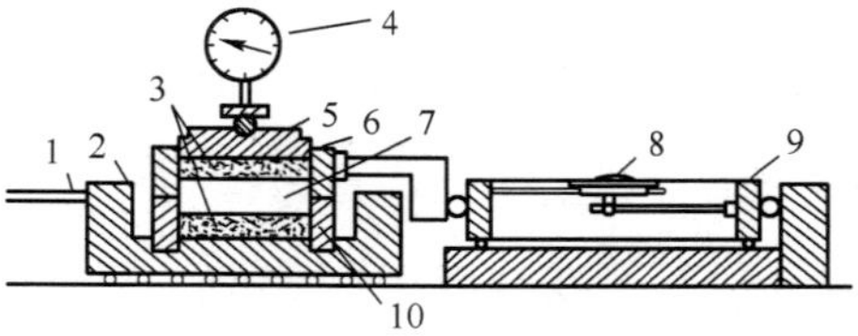

附图 A-7　应变控制式直剪仪

1-轮轴;2-底座;3-透水石;4-测微表;5-活塞;6-上盒;7-土样;8-测微表;9-量力环;10-下盒

(2)环刀:内径 61.8mm,高度 20mm。

(3)位移量测设备:量程为 10mm,分度值 0.01mm 的百分表或准确度为全量程 0.2% 的传感器。

4. 操作步骤

(1)切取试样:按工程需要用环刀切取一组试样,至少四个,并测定试样的密度及含水量。如试样需要饱和,可对试样进行抽气饱和。

(2)安装试样:对准剪切容器的上下盒插入固定销钉。在下盒内放入一块透水石,上覆一张滤纸。将装有试样的环刀平口向下对准剪切盒,试样上放一张滤纸,再放上一块透水石,将试样慢慢推入剪切盒内,移去环刀。需注意,透水石和滤纸的湿度应接近试样的湿度。

(3)移动传动装置:顺时针转动手轮,使上盒前端钢珠刚好与测力计接触(即量力环中的量表的指针刚被触动),依次加上传压板(上盖)、加钢珠及加压框架,安装垂直位移和水平位移量测装置,调整测力计(即量力环中量表)读数为零或测记初读数。

每组四个试样,分别在四种不同的垂直压力下进行剪切。在教学上,可取四个垂直压力分别为 100kPa、200kPa、300kPa、400kPa。

(4)施加垂直压力:根据工程实际中土的软硬程度施加各级垂直压力。对松软试样垂直压力应分级施加,以防土样挤出。如饱和土试样,施加压力后,向盒内注水。非饱和试样应在加压板周围包上湿棉纱。

(5)施加垂直压力后,每 1h 测读垂直变形一次,直至试样固结变形稳定。变形稳定标准为每小时变形不大于 0.005mm。

（6）拔出固定销钉，开动秒表，记录，以 4 ~ 6rad/min 的均匀速率旋转手轮对试样施加水平剪力，即以小于 0.02mm/min 的剪切速度进行剪切（在教学中可采用 6rad/min），试样每产生 0.2 ~ 0.4mm，记下测力计和位移读数，直至测力计读数出现峰值。如测力计中的测微表指针不再前进或有显著后退，表示试样已经被剪破，但一般宜剪至剪切变形达 4mm 为止。若量表指针再继续增加，则剪切变形应达 6mm 为止。手轮每转一圈推进下盒 0.2mm，同时记录测力计量表读数，直到试样剪坏停止试验。

（7）拆卸试样：剪切结束后，吸去剪切盒内的积水，倒转手轮退去剪切力和垂直压力，移动加压框架、上盖板，取出试样，测定试样的含水量。

5. 注意事项

（1）先安装试样，再装量表。安装试样时要用透水石把土样从环刀推进剪切盒里，试验前将量表中的大指针调至零。

（2）加荷时，不要摇晃砝码，剪切时要先拔出销钉。

6. 计算及制图

（1）当需要估算试样的剪切破坏时间时，其计算公式为：

$$t_f = 50t_{50}$$

式中：t_f——达到破坏所经历的时间，min；

t_{50}——固结度达 50% 所需的时间，min。

（2）计算各级垂直压力下的剪应力（以最大剪应力为抗剪强度）：

$$\tau = \frac{C_0 \cdot R}{A_0} \times 10$$

式中：τ——试样所受的剪应力，kPa；

C_0——测力计（量力环）校正系数，kPa/0.01mm；

R——剪切时测力计量表最大读数或位移 4mm 时的读数，0.01mm。

（3）绘制 τ_f-σ 关系曲线。以垂直压力 σ 为横坐标，以抗剪强度 τ_f 为纵坐标，纵横坐标必须同一比例，根据图中各点绘制 τ_f-σ 关系曲线，该直线的倾角为土的内摩擦角 φ，该直线在纵轴上的截距即为土的黏聚力 c，如附图 A-8 所示。

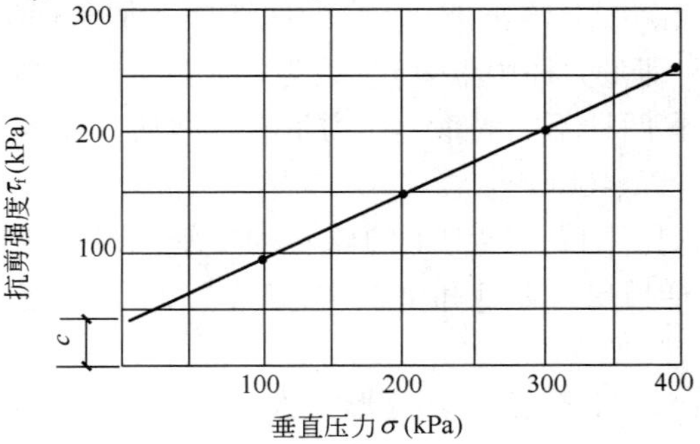

附图 A-8　抗剪强度与垂直压力关系曲线

（4）慢剪试验的记录格式见附表 A-11。

慢剪试验的记录

附表 A-11

工程编号＿＿＿＿ 试验方法＿＿＿＿ 试验日期＿＿＿＿

仪器编号＿＿＿＿ 土壤类别＿＿＿＿ 试 验 者＿＿＿＿

试样编号＿＿＿＿ 量力环校正系数＿＿＿＿ 计 算 者＿＿＿＿

量表读数 / 手轮转数	各级垂直压力（kPa）			
	100	200	300	400
抗剪强度				
剪切历时				
固结时间				
剪切前压缩量				

二 固结快剪试验

快剪试验步骤：试样制备、安装和固结应按慢剪试验的第（1）～（5）步操作步骤进行。固结快剪试验的剪切速度为 0.8mm/min，使试样在 3～5 min 内剪损或使试样在 3～5min 内剪破。其剪切步骤应按慢剪试验的第（6）、（7）步操作步骤进行。固结快剪试验的计算、绘图及试验记录的格式与慢剪相同。

固结快剪法适用于测定渗透系数小于 10^{-6}cm/s 的细粒土。

三 快剪试验

快剪试验步骤：试样制备、安装应按慢剪试验的第（1）～（4）步操作步骤进行（注意：安装时应以硬塑料薄膜代替滤纸，不需安装垂直位移装置）。快剪试验是在试样上施加垂直压力后，拔去固定销钉，立即以 0.8mm/min 的剪切速度按慢剪试验的第（5）、（6）步操作进行至试验结束，使试样在 3～5min 内剪损。一般在整个试验过程中，不允许试样的原始含水量有所改变即在试验过程中孔隙水压力保持不变。

快剪试验法适用于测定渗透系数小于 10^{-6}cm/s 的细粒土。

附录B 课程设计指导

墙下条形基础设计

一 设计目的

(1)了解砌体结构的受力特点及荷载传递途径。

(2)掌握荷载计算方法及浅基础设计步骤。

(3)熟悉基础有关的构造要求。

(4)初步掌握基础施工图的平面整体表示方法、制图规则及制图基本技能。

二 设计资料

工程名称:中学教学楼,首层平面图见附图 B-3。

建筑地点:哈尔滨市。

标准冻深:$z_0 = 2\text{m}$。

地质条件:见附图 B-1。

工程概况:建筑物结构形式为砖混结构,采用纵墙承重方案。建筑物层数为 6 层,层高 3.6m,窗高 2.4m,室内外高差为 0.6m。教室内设置进深梁,梁的截面尺寸 $b \times h = 250\text{mm} \times 500\text{mm}$,其上铺预应力混凝土空心板,墙体采用机制普通砖 MU15,砂浆采用 M5 砌筑。

屋面作法:改性沥青防水层

20mm 厚 1:3 水泥砂浆找平层

220mm 厚(平均厚度包括找坡层)水泥珍珠岩保温层

一毡二油(改性沥青)隔气层

20mm 厚 1:3 水泥砂浆找平层

预应力混凝土空心板 120mm 厚(或 180mm 厚)

20mm 厚天棚抹灰(混合砂浆),刷两遍大白

楼面作法:地面抹灰水泥砂浆 20mm 厚

钢筋混凝土空心板 120mm 厚(或 180mm 厚)

20mm 厚天棚抹灰(混合砂浆)

刷两遍大白

材料重度: 三毡四油上铺小石子(改性沥青) 0.4kN/m²

一毡二油(改性沥青) 0.05kN/m²

塑钢窗 0.45kN/m²

混凝土空心板 120mm 厚 1.88kN/m²

预应力混凝土空心板 180mm 厚 2.37kN/m²

水泥砂浆 20kN/m³

混合砂浆 17kN/m³

机制普通砖 19kN/m³

水泥珍珠岩制品 4kN/m³

钢筋混凝土 25kN/m³

屋面及楼面使用活荷载标准值见附表 B-1。

屋面及楼面使用活荷载标准值 附表 B-1

类　　别	标准值(kN/m²)	备　　注
不上人的屋面(上人的屋面 2.0)	0.5	荷载规范规定:墙、柱基础,计算截面以上各楼层活荷载总和的折减系数,按楼层活荷载折减系数为: 4~5 层为 0.7;6~8 层为 0.65
楼面(教室、实验室、阅览室)	2.0	
走廊、门厅、楼梯	2.5	
厕所、盥洗室	2.5	

注:表中使用活荷载仅用于教学楼。

《黑龙江省建筑地基基础设计规范》(DB 23/902—2005)推荐的有关地基承载力特征值,见附表B-2和附表 B-3。

一般黏性土地基承载力特征值 f_{ak}(单位:kPa) 附表 B-2

e \ I_L	0	0.25	0.50	0.75	1.00	1.20
0.60	(380)	320	250	(200)	(160)	
0.70	310	275	215	170	140	120
0.80	260	240	190	150	125	105
0.90	220	210	170	135	110	100
1.00	190	180	150	120	100	

一般黏性土地基承载力特征值 f_{ak}(单位:kPa) 附表 B-3

标贯锤击数 N	3	5	7	9	11	13	15
f_{ak}	110	145	180	215	250	290	325

三 设计要求

(1)结构布置方案:中学教学楼结构类型为砖混结构,采用纵墙承重方案。

(2)基础类型：采用墙下钢筋混凝土条形基础。

(3)基础材料与构造：混凝土强度等级不低于 C20，基础垫层采用 C10 混凝土 100mm 厚。基础底板钢筋采用 HPB300 级。底板受力钢筋直径不宜小于 10mm，间距不宜大于 200mm，也不小于 100mm；纵向分布钢筋直径不小于 8mm，间距不宜大于 300mm。基础设垫层钢筋保护层不小于 40mm。

(4)绘图要求：绘制 2 号图一张，包括基础平面布置图和基础剖面图，并编写施工说明。绘图比例：基础平面布置图 1∶100，基础剖面图 1∶30。

四 基础设计步骤

(1)计算上部结构竖向荷载。

对于纵墙承重方案，外纵墙荷载传递途径为：屋面（楼面）荷载→进深梁→外纵墙→墙下基础→地基。

计算上部结构传来的竖向荷载时，根据房屋结构承重方案的受力特点，合理地选择荷载计算单元，具体可分为以下两种情况：

①对于有门窗洞的墙以及搁置进深大梁的承重墙，取一个开间为荷载计算单元。

②对于无门窗洞的墙，取 1m 宽为荷载计算单元。

由上部结构传至基础设计标高 ±0.000 处的竖向荷载主要有结构自重（屋面、楼面、墙体等）、屋面使用活荷载（注意：屋面使用活荷载与雪荷载二者不能同时考虑，取其较大者计算）以及楼面使用活荷载。

(2)根据建筑物荷载大小、地基土质情况等，合理选择基础类型和材料。

(3)根据工程地质条件、建筑物使用要求以及地下水影响等因素，确定基础埋深。

首先根据工程地质条件，可初步选择基础持力层，按照《建筑地基基础设计规范》（GB 50007—2011）规定，基础埋深不得小于 0.5m。对于寒冷地区，确定外墙基础埋深时，应考虑地基土冻胀的影响。主要根据持力层土质情况、冻前天然含水量、冻结期间地下水位距冻结面的最小距离、平均冻胀率等因素，确定地基土的冻胀性（查表 7-2）。再根据土的冻胀性、基础形式、采暖情况、基底平均压力，确定基底下容许残留冻土层厚度 h_{max}（查表 7-3），然后计算基础最小埋深（还需考虑土的类别、环境对冻深等因素的影响），即：

$$d_{max} = z_d - h_{max}$$

选择外墙基础埋深时，要求基础埋深 $d > d_{min}$，内墙基础埋深不必考虑地基土冻胀的影响，可以适当浅埋。

(4)根据工程地质条件，计算地基持力层和下卧层的承载力。如果地基下卧层是软弱土层（淤泥或淤泥质土），必须进行软弱下卧层承载力验算，并应满足：

$$p_z + p_{cz} \leqslant f_{az}$$

(5)根据修正后的地基承载力特征值 f_a 以及相应于荷载效应标准组合上层结构传至基础顶面的竖向力 F_k（即每延米荷载），计算墙下条形基础宽度：

$$b \geqslant \frac{F_k}{f_a - \gamma_G d}$$

(6)对于墙下钢筋混凝土条形基础，需根据抗剪强度条件确定基础高度（即底板厚度），同时还要考虑其构造要求，然后计算基础底板配筋。具体设计步骤与计算方法详见下面设计实例。

五 墙下条形基础设计实例

根据设计资料、工程概况和设计要求，采用墙下钢筋混凝土条形基础。基础材料选用 C25 混凝土，$f_t = 1.27\text{N/mm}^2$；HPB300 钢筋，$f_y = 270\text{N/mm}^2$。建筑场地工程地质条件，如附图 B-1 所示，试设计墙下钢筋混凝土条形基础。

（一）确定基础埋深

已知建筑场地工程地质条件如附图 B-1 所示。

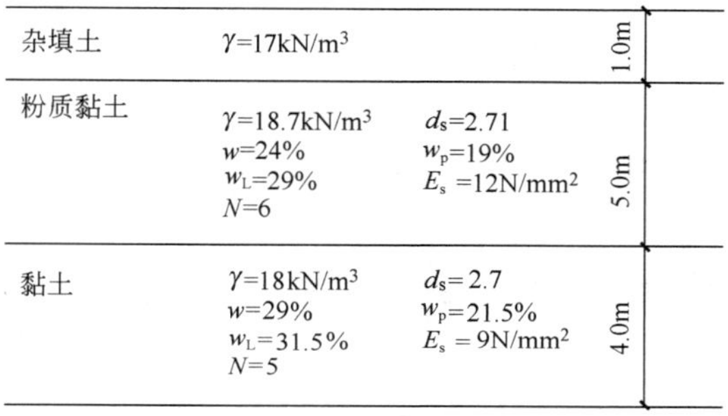

附图 B-1　建筑场地工程地质条件

根据建筑场地工程地质条件，初步选择第二层粉质黏土作为持力层。根据地基土的天然含水量以及冻结期间地下水位低于冻结面的最小距离为 10m，平均冻胀率 $\eta = 3$，冻胀等级为 II 级，查表 7-2，确定持力层土为弱冻胀性土，选择基础埋深 $d = 1.6\text{m} > d_{\min}$（基础最小埋深计算过程略）。

（二）确定地基承载力

1. 第二层粉质黏土地基承载力

$$I_L = \frac{w - w_p}{w_L - w_p} = \frac{24 - 19}{29 - 19} = 0.5$$

$$e = \frac{d_s\gamma_w(1 + w)}{\gamma} - 1 = \frac{2.71 \times 9.8 \times (1 + 0.24)}{18.7} - 1 = 0.75$$

查附表 B-2，地基承载力特征值 $f_{ak} = 202.5\text{kPa}$，按标准贯入试验锤击数 $N = 6$，查附表 B-3，$f_{ak} = 162.5\text{kPa}$，二者取较小者，则 $f_{ak} = 162.5\text{kPa}$。

2. 第三层黏土地基承载力

$$e = \frac{d_s\gamma_w(1 + w)}{\gamma} - 1 = \frac{2.7 \times 9.8 \times (1 + 0.29)}{18} - 1 = 0.9$$

$$I_L = \frac{w - w_p}{w_L - w_p} = \frac{29 - 21.5}{31.5 - 21.5} = 0.75$$

查附表 B-2，$f_{ak} = 135\text{kPa}$，按标准贯入锤击数查表 B-3，$f_{ak} = 145\text{kPa}$，二者取较小者，

则 $f_{ak}=135\text{kPa}$。

3. 修正持力层地基承载力特征值

根据持力层物理指标 $e=0.75$，$I_L=0.5$，二者均小于 0.85。

查表 4-3，知 $\eta_b=0.3$，$\eta=1.6$，则：

$$\gamma_m=\frac{17\times1+18.7\times0.6}{1.6}=17.63\text{kN/m}^3$$

$$f_a=f_{ak}+\eta_d\gamma_m(d-0.5)=162.5+1.6\times17.63\times(1.6-0.5)=193.5\text{kPa}$$

(三) 计算上部结构传来的竖向荷载 F_k

教学楼为纵墙承重方案，外纵墙的荷载传递途径为：屋面（楼面）荷载→进深梁→外纵墙→墙下基础→地基。

1. 外纵墙（墙厚 0.49m）基础顶面的荷载，取一个开间 3.3m 为计算单元（附图 B-2）

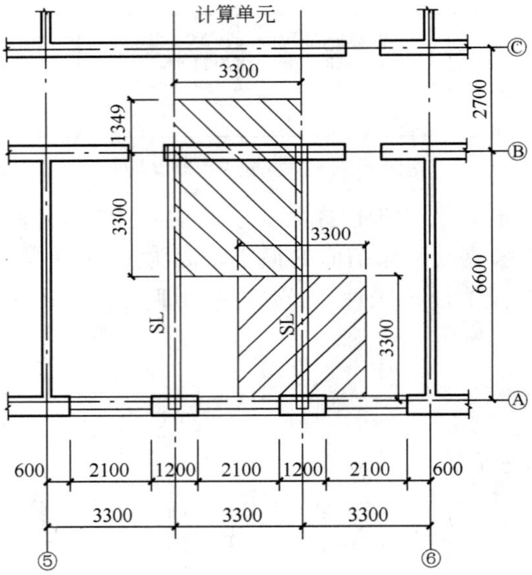

附图 B-2　教学楼一个教室平面示意图（尺寸单位：mm）

(1) 屋面荷载

恒载：

改性沥青防水层	0.4kN/m^2
20mm 厚水泥砂浆找平层	$0.02\times20=0.4\text{kN/m}^2$
水泥珍珠岩保温层（最薄处 100mm 厚 + 找坡层平均厚 120mm）	$0.22\times4=0.88\text{kN/m}^2$
改性沥青（一毡二油）隔气层	0.05kN/m^2
20mm 厚水泥砂浆找平层	$0.02\times20=0.4\text{kN/m}^2$
预应力凝土空心板 120mm 厚	1.88kN/m^2

20mm 厚天棚抹灰(混合砂浆)	$0.02\times17=0.34\text{kN/m}^2$
恒载标准值	4.35kN/m^2
恒载设计值	$1.2\times4.35=5.22\text{kN/m}^2$
屋面活载标准值	0.5kN/m^2
屋面活载设计值	$1.4\times0.5=0.7\text{kN/m}^2$

屋面总荷载标准值	$4.35+0.5=4.85\text{kN/m}^2$
屋面总荷载设计值	$5.22+0.7=5.92\text{kN/m}^2$

(2)楼面荷载

恒载:

地面抹灰水泥砂浆 20mm 厚	$0.02\times20=0.4\text{kN/m}^2$
混凝土空心板 120mm 厚	1.88kN/m^2
天棚抹灰混合砂浆 20mm 厚	$0.02\times17=0.34\text{kN/m}^2$
恒载标准值	2.62kN/m^2
恒载设计值	$1.2\times2.62=3.14\text{kN/m}^2$
楼面活载标准值(教室)	2.0kN/m^2
楼面活载设计值	$1.4\times2.0\times0.65=1.82\text{kN/m}^2$

楼面总荷载标准值	$2\times0.65+2.62=3.92\text{kN/m}^2$
楼面总荷载设计值	4.96kN/m^2

注:0.65 为荷载规范 4.1.2 规定的设计墙、柱和基础时活荷载按楼层的折减系数

(3)进深梁自重

钢筋混凝土梁	$25\times0.25\times0.5=3.13\text{kN/m}$
梁侧抹灰	$17\times0.02\times0.5\times2=0.34\text{kN/m}$

梁自重标准值	3.47kN/m
梁自重设计值	$1.2\times3.47=4.16\text{kN/m}$

(4)墙体自重(窗尺寸:2.1m×2.4m)

窗重:	$0.45\times2.1\times2.4=2.27\text{kN}$
浆砌机砖:	$19\times0.49\times(3.6\times3.3-2.1\times2.4)=63.86\text{kN}$
墙双面抹灰:	$0.02\times(17+20)\times(3.6\times3.3-2.1\times2.4)=5.06\text{kN}$

墙体自重标准值	71.19kN
墙体自重设计值	$1.2\times71.19=85.43\text{kN}$

(5)基础顶面的竖向力 F_k(按地基承载力确定基础底面积时,传至基础顶面的荷载,应按正常使用极限状态下荷载效应标准组合计算)

F_k = [屋面荷载 + 楼面荷载 ×(层数 − 1)] × 进深/2 +(进深梁重 × 进深/2 + 墙体自重)÷ 开间 × 层数

即:

$F_k=[4.85+3.92\times5]\times6.6/2+(3.47\times6.6/2+71.19)\div3.3\times6=230.9\text{kN/m}$

2. 内纵墙(墙厚 0.37m)基础顶面的荷载,取一个开间 3.3m 为计算单元

对于纵墙承重方案,内纵墙荷载传递途径:

屋面(楼面)荷载→进深梁 ↘

内纵墙→墙下基础→地基

走廊屋面(楼面)荷载 ↗

(1)屋面荷载(同外纵墙) 4.85kN/m²

(2)楼面荷载(同外纵墙) 3.92kN/m²

(3)进深梁自重(同外纵墙) 3.47kN/m

(4)墙体自重

浆砌机砖: $19\times0.37\times3.6\times3.3=83.52\text{kN}$

墙双面抹灰: $0.02\times2\times17\times3.6\times3.3=8.08\text{kN}$

墙体自重标准值 91.60kN

墙体自重设计值 $1.2\times91.60=109.92\text{kN}$

(5)基础顶面的竖向力 F_k

F_k = [屋面荷载 + 楼面荷载 ×(层数 −1)] × 进深/2 +(进深梁重 × 进深/2 + 墙体自重)÷ 开间 × 层数 +[屋面荷载 + 楼面荷载 ×(层数 −1)] × 走廊开间/2

即:$F_k=(4.85+3.92\times5)\times6.6/2+(3.47\times6.6/2+91.6)\div3.3\times6+(4.85+3.92\times5)\times2.7/2=80.685+187.37+33.01=301.1\text{kN/m}$

3. 山墙(墙厚 0.49m)基础顶面的荷载,取①轴山墙 4.5m 开间、1m 宽为计算单元

(1)屋面荷载(同外纵墙) 4.85kN/m

(2)楼面荷载(同外纵墙) 3.92kN/m

(3)墙体自重

浆砌机砖: $19\times0.49\times3.6=33.52\text{kN/m}$

墙双面抹灰: $0.02\times(17+20)\times3.6=2.66\text{kN/m}$

墙体自重标准值 36.18kN/m

墙体自重设计值 $1.2\times36.18=43.42\text{kN/m}$

(4)基础顶面的竖向力 F_k

F_k = [屋面荷载 + 楼面荷载 ×(层数 −1)] × 开间/2 + 墙体自重 × 层数

即:$F_k=[4.85+3.92\times5]\times4.5/2+36.18\times6=272.09\text{kN/m}$

4. 内横墙(墙厚 0.24m)基础顶面的荷载,取 1m 宽为计算单元

(1)屋面荷载(同外纵墙) 4.85kN/m²

(2)楼面荷载(同外纵墙) 3.92kN/m²

(3)墙体自重

浆砌机砖: $19\times0.24\times3.6=16.42\text{kN/m}$

墙双面抹灰：　　　　$0.02 \times 2 \times 17 \times 3.6 = 2.45\text{kN/m}$

墙体自重标准值　　　　18.87kN/m

墙体自重设计值　　　　$1.2 \times 18.87 = 22.64\text{kN/m}$

(4)基础顶面的竖向力 F_k

F_k = [屋面荷载 + 楼面荷载 ×(层数 − 1)] × 开间 + 墙体自重 × 层数

即：$F_k = [4.85 + 3.92 \times 5] \times 3.3 + 18.89 \times 6 = 194.3\text{kN/m}$

(四)计算基础宽度

各墙下条形基础宽度的计算结果见附表 B-4。

墙下条形基础宽度的计算结果　　　　附表 B-4

承　重　墙	墙下条形基础宽度(m)	基础宽度取值(m)
外纵墙(厚0.49m)	$b \geqslant \frac{F_k}{f_a - \gamma_G d} = \frac{230.9}{193.5 - 20 \times \left(1.6 + \frac{0.6}{2}\right)} = 1.48$	取 $b = 1.6$
山墙(厚0.49m)	$b = \frac{F_k}{f_a - \gamma_G d} = \frac{272.09}{193.5 - 20 \times \left(1.6 + \frac{0.6}{2}\right)} = 1.75$	取 $b = 1.9$
内纵墙(厚0.37m)	$b = \frac{F_k}{f_a - \gamma_G d} = \frac{301.1}{193.5 - 20 \times (1.6 + 0.6)} = 2.01$	取 $b = 2.1$
内横墙(厚0.24m)	$b = \frac{F_k}{f_a - \gamma_G d} = \frac{194.3}{193.5 - 20 \times (1.6 + 0.6)} = 1.30$	取 $b = 1.4$

(五)计算基础底板厚度及配筋

各墙下条形基础的底板厚度及其配筋计算结果，见附表 B-5。

墙下条形基础底板厚度及其配筋计算　　　　附表 B-5

墙(厚度) / 计算公式	外纵墙(厚0.49m)	山墙(厚0.49m)	内纵墙(厚0.37m)	内横墙(厚0.24m)
$p_j = \frac{F}{b}$ (kPa)	$p_j = \frac{1.35 \times 230.39}{1.6} = 194.82$	$p_j = \frac{1.35 \times 272.09}{1.9} = 193.30$	$p_j = \frac{1.35 \times 301.1}{2.1} = 193.50$	$p_j = \frac{1.35 \times 194.3}{1.4} = 187.40$
$a_1 = \frac{b - b_0}{2}$(m)	$a_1 = \frac{1.6 - 0.49}{2} = 0.555$	$a_1 = \frac{1.9 - 0.49}{2} = 0.705$	$a_1 = \frac{1.9 - 0.37}{2} = 0.865$	$a_1 = \frac{1.4 - 0.24}{2} = 0.580$
$M = \frac{1}{2} p_j \cdot a_1^2$(kN·m)	$M = 194.82 \times 0.555^2 = 41.79$	$M = 193.3 \times 0.705^2 = 48.04$	$M = 193.5 \times 0.865^2 = 72.40$	$M = 187.4 \times 0.580^2 = 31.52$
$V = p_j \cdot a_1$ (kN)	$V = 194.82 \times 0.555 = 108.13$	$V = 193.30 \times 0.705 = 136.27$	$V = 193.50 \times 0.865 = 167.40$	$V = 187.40 \times 0.850 = 108.69$

续上表

墙(厚度) / 计算公式	外纵墙(厚0.49m)	山墙(厚0.49m)	内纵墙(厚0.37m)	内横墙(厚0.24m)
经验公式 $h=\frac{b}{8}$(m)	$h=\frac{1.6}{8}=0.20$，取 $b=0.30$	$h=\frac{1.9}{8}=0.24$，取 $b=0.30$	$h=\frac{2.1}{8}=0.26$，取 $b=0.30$	$h=\frac{1.4}{8}=0.175$，取 $b=0.30$
$0.7\beta_{hs}f_t bh_0$(kN)	$0.7\times1.0\times1.27\times1000\times260=231.14$	$0.7\times1.0\times1.27\times1000\times260=231.14$	$0.7\times1.0\times1.27\times1000\times260=231.14$	$0.7\times1.0\times1.27\times1000\times260=231.14$
$A_s=\frac{M}{0.9h_0f_y}$(mm^2)	$A_s=\frac{41.79\times10^6}{0.9\times260\times270}=661$	$A_s=\frac{48.04\times10^6}{0.9\times260\times270}=760$	$A_s=\frac{72.40\times10^6}{0.9\times260\times270}=1146$	$A_s=\frac{31.52\times10^6}{0.9\times260\times270}=499$
受力钢筋选用	ϕ12@150，$A_s=754mm^2$	ϕ12@150，$A_s=754mm^2$	ϕ14@130，$A_s=1184mm^2$	ϕ10@150，$A_s=523mm^2$
分布钢筋选用	ϕ8@300	ϕ8@300	ϕ8@300	ϕ8@300

（六）确定基础剖面尺寸，绘制基础底板施工图

（1）教学楼首层平面图，见附图B-3。

（2）基础平面图，见附图B-4。

（3）教学楼外纵墙基础剖面及底板配筋，见附图B-5。

（4）山墙基础（楼梯间横墙）基础剖面及底板配筋，详见附图B-6。

（5）内纵墙基础剖面及底板配筋，见附图B-7。

（6）内横墙基础剖面及底板配筋，见附图B-8。

（七）条形基础平法制图规则

1. 条形基础平法施工图的一般规定

（1）条形基础平法施工图，有平面注写与截面注写两种表达方式，可根据情况选择一种或者将两种方式结合进行条形基础的施工图设计。

（2）当梁板式基础梁中心或板式条形基础板中心与建筑定位轴线不重合时，应标注其偏心中心尺寸；对于编号相同的条形基础，可仅选一个进行标注。

（3）绘制条形基础平面图时，应将条形基础平面与基础所支承的上部结构柱、墙一起绘制。

（4）条形基础整体可以分两大类：

①梁板式条形基础：适合于钢筋混凝土框架结构、框架-剪力墙结构、框支结构和钢结构。平法施工图将梁板式条形基础分解为基础梁和条形基础底板分别进行表达。

②板式条形基础：适用于钢筋混凝土剪力墙结构和砌体结构。平法施工图仅表达条形基础底板，当墙下设有基础圈梁时，再加注基础圈梁的截面尺寸和配筋。

2. 条形基础编号

条形基础平法施工图中的基础梁、基础圈梁、条形基础底板编号，应符合附表B-6的规定。

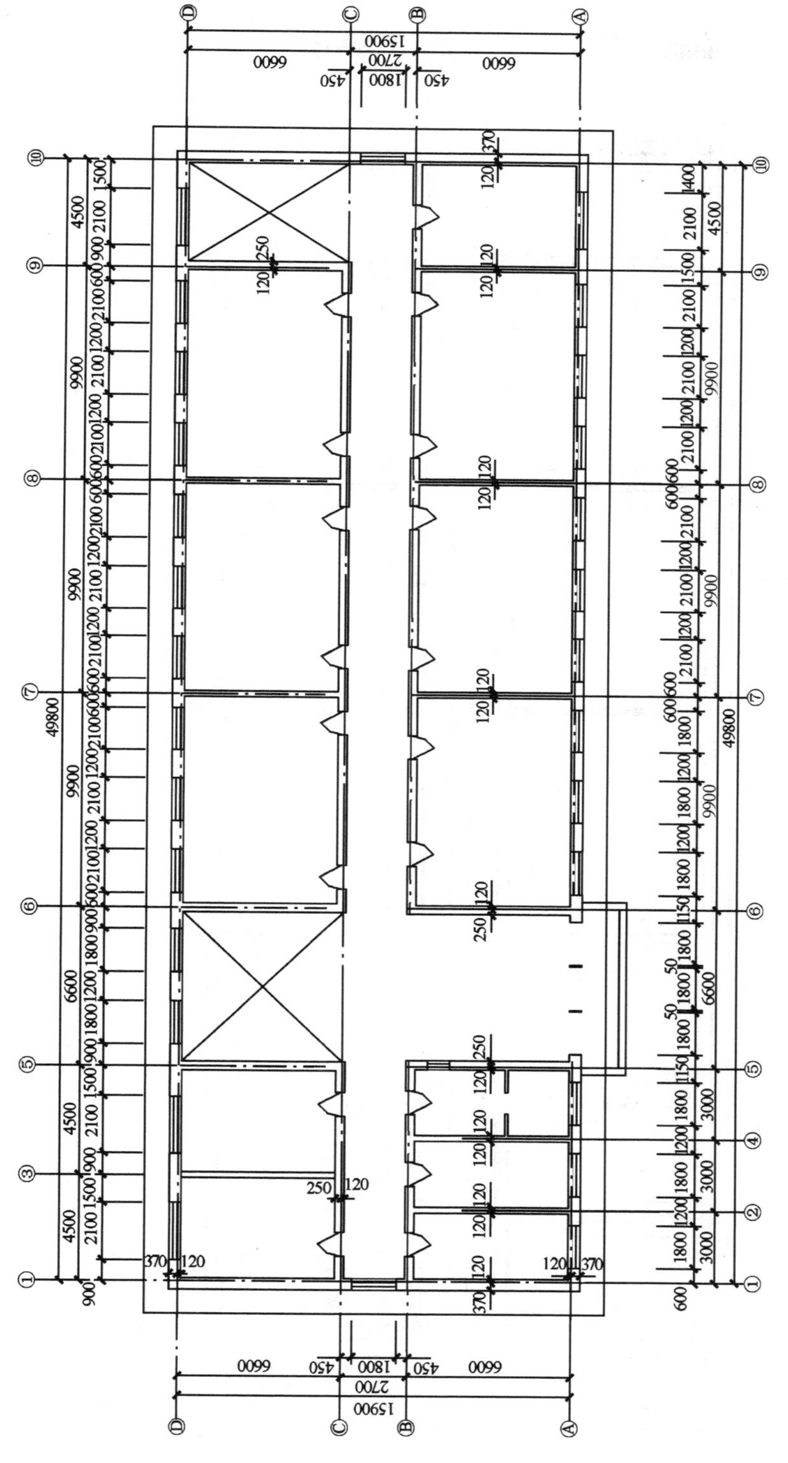

附图B-3　教学楼首层平面图（尺寸单位：mm）

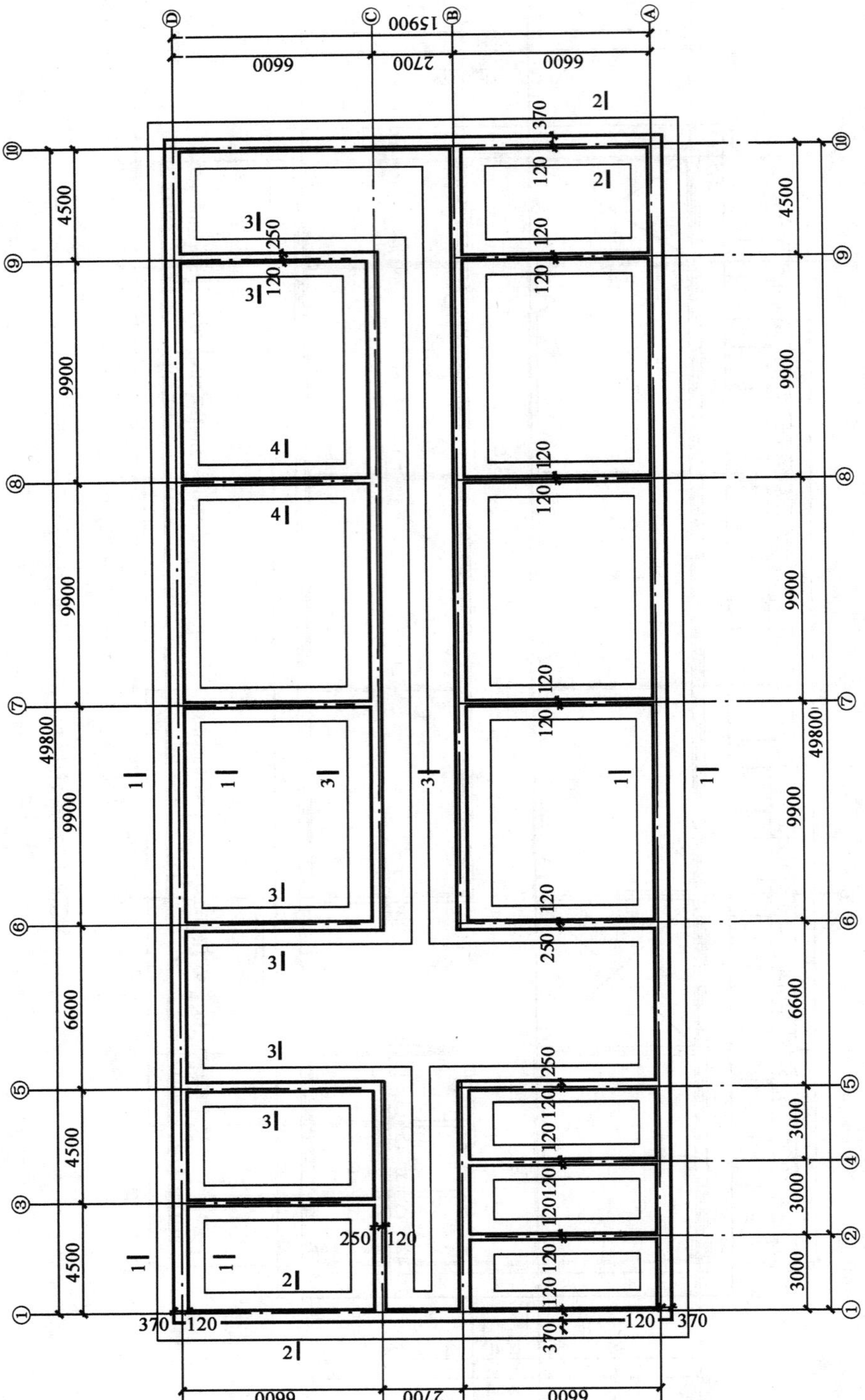

附图B-4　教学楼基础平面图（尺寸单位：mm）

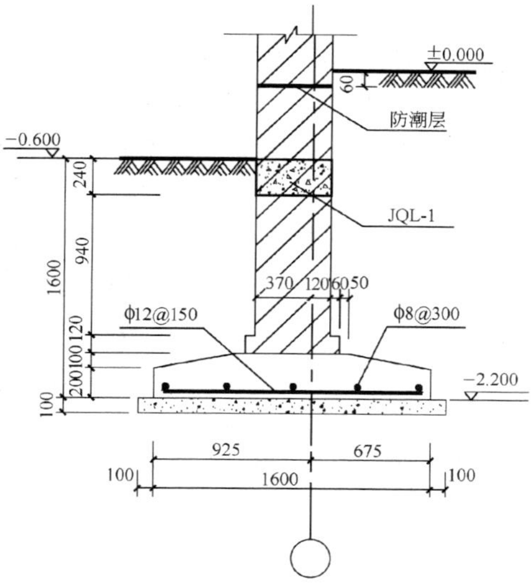

附图 B-5　1-1 剖面图（尺寸单位：mm）

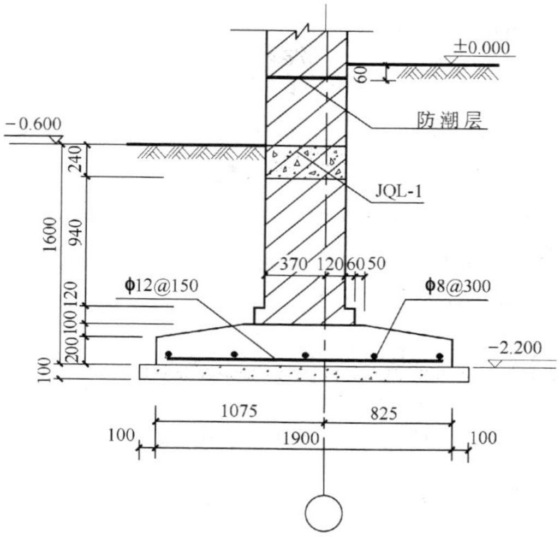

附图 B-6　2-2 剖面图（尺寸单位：mm）

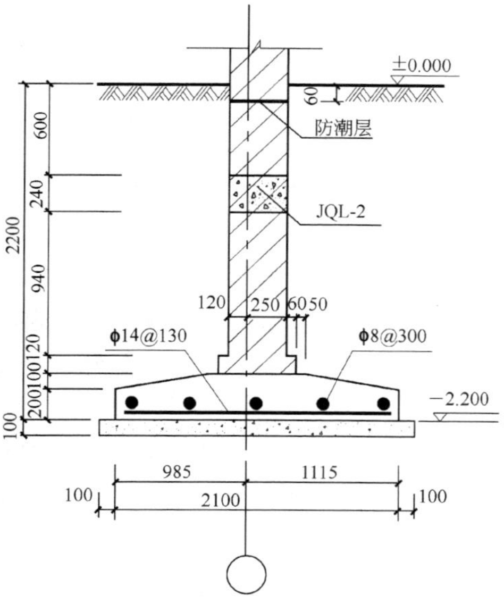

附图 B-7　3-3 剖面图（尺寸单位：mm）

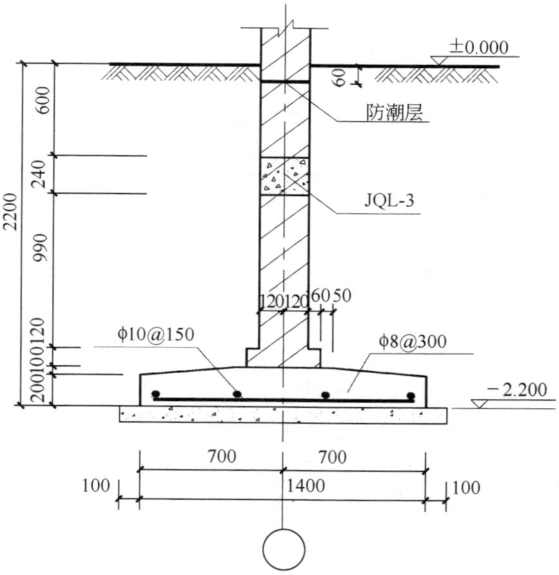

附图 B-8　4-4 剖面图（尺寸单位：mm）

条形基础梁、基础底板编号　　附表 B-6

类　　型		代　　号	序　　号	跨数及有无外伸
基础梁		JL	xx	（xx）端部无外伸 （xxA）一端有外伸 （xxB）两端有外伸
基础圈梁		JQL	xx	
基础底板	坡形	TJB_P	xx	
	阶形	TJB_j	xx	

注：条形基础通常采用坡形截面或单阶形截面。

3. 条形基础底板的平面注写方式

(1)条形基础底板 TJB_P、TJB_J 的平面注写方式,分集中标注和原位标注两部分。

(2)条形基础底板的集中标注内容中条形基础底板编号、截面竖向尺寸、配筋三项为必注内容,条形基础底板相对标高高差、必要的文字注解两项为选注内容。条形基础底板平面注写具体规定如下:

①注写条形基础底板编号(必注内容)见附表 B-6。条形基础底板向两侧的截面形状通常有两种:阶形截面,编号加下标"J",如 TJB_Jxx(xx);坡形截面,编号加下标"P",如 TJB_Pxx(xx)。

例:教学楼墙下条形基础底板 TJB_P01(7),TJB_P 表示条形基础底板坡形,其序号为 01,(7)表示 7 跨,端部无外伸。

②注写条形基础底板截面竖向尺寸(必注内容),注写 $h_1/h_2/\cdots$,具体标注为:

当条形基础底板为坡形截面时,注写为 h_1/h_2,如附图 B-9 所示。例:当条形基础底板为坡形截面 TJB_Pxx,其截面竖向尺寸注写为$\frac{200}{150}$时,表示 $h_1 = 200$, $h_2 = 150$,基础底板总厚度为 350。

当条形基础底板为阶形截面时,如附图 B-10 所示。例:当条形基础底板为阶形截面 TJB_Pxx,其截面竖向尺寸注写为 300 时,表示 $h_1 = 300$,且为基础底板总厚度。

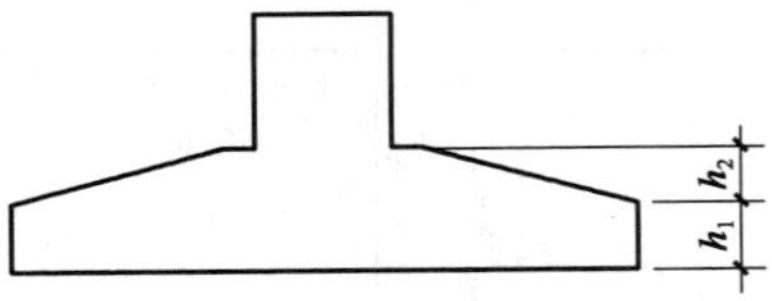

附图 B-9　条形基础板坡截面竖向尺寸

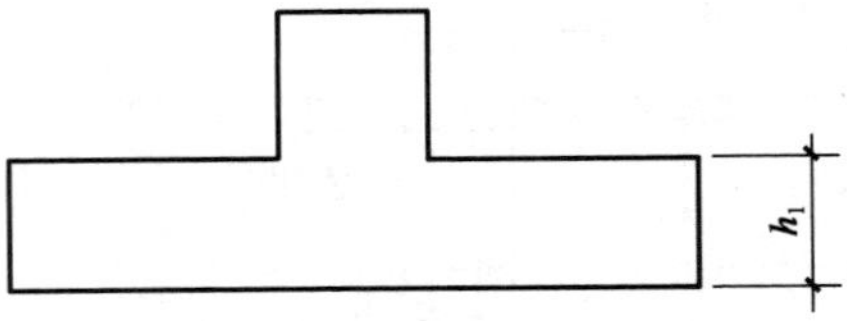

附图 B-10　条形基础底板阶形截面竖向尺寸

上例及附图 B-10 为单阶,当为多阶时各阶尺寸自下而上以"/"分隔顺写。

③注写条形基础底板底部及顶部配筋(必注内容):以 B 打头,注写条形基础底板底部的横向受力钢筋;以 T 打头,注写条形基础底板顶部的横向受力钢筋;注写时,用"/"分隔条形基础底板的横向受力钢筋。

例:当条形基础底板配筋标注为 B:Φ14@150/φ8@250,表示条形基础底板底部配置 HRB335 级横向受力钢筋,直径 14mm,分布间距 150mm;配置 HPB300 级构造钢筋,直径为 8mm,分布间距 250mm,如附图 B-11 所示。

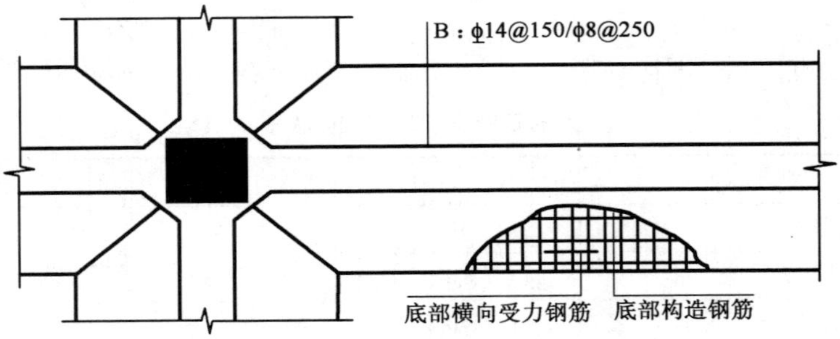

附图 B-11　条形基础底板底部配筋

对于双梁(或双墙)条形基础底板,除在底板底部配置钢筋外,一般需在两根梁或两道墙之间的底板顶部配置钢筋,其中横向受力钢筋的锚固从梁的内边缘(或墙边缘)起算,如附图 B-12所示。

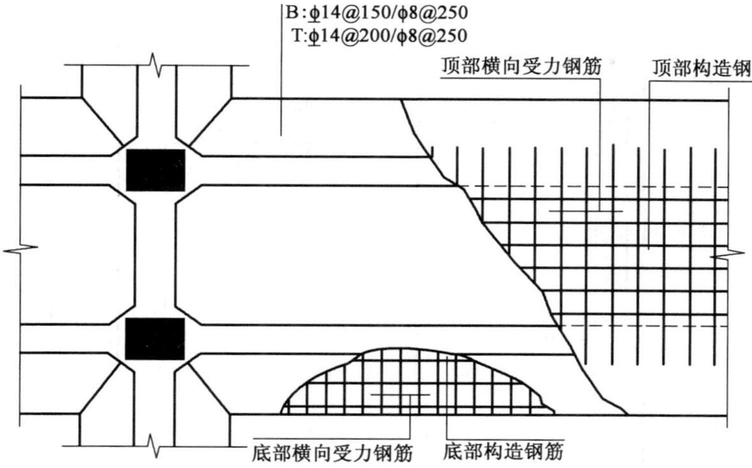

附图 B-12 双梁条形基础底板顶部配筋

④注写条形基础底板底面相对标高高差(选注内容)。

当条形基础底板的底面标高与条形基础底面基准标高不同时,应将条形基础底板底面相对标高高差注写在(　　)内。

⑤必要的文字注解(选注内容),当条形基础底板有特殊要求时应增加必要的文字注解。

(3)条形基础底板的原位标注规定如下。

①原位注写条形基础底板的平面尺寸:原位标注 b、b_i($i=1,2,\cdots$),其中 b 为基础底板总宽度,b_i 为基础底板台阶的宽度。当基础底板采用对称与基础梁的坡形截面或单阶形截面时,b_i 可不注,如附图 B-13 所示。对于相同编号的条形基础底板,可仅选择一个进行标注。

梁板式条形基础、墙下条形基础都存在双墙共用同一基础底板的情况,当为双梁或为双墙且两梁或两墙荷载差别较大时,条形基础两侧可取不同的宽度,实际宽度可以原位标注的基础底板两侧非对称的不同台阶宽度 b_i 进行表达。

②原位注写修正内容。当在条形基础底板上集中标注的某项内容,如底板截面竖向尺寸、底板配筋、底板底面相对标高高差等,不适用于条形基础底板的某跨或某外伸部分时,可将其修正内容原位标注在该跨板或该板外伸部位,施工时"原位标注取值优先"。

(4)教学楼墙下条形基础采用平面注写方式表达的基础施工图,如附图 B-13 所示。

4. 基础梁、基础圈梁的平面注写方式

(1)基础梁 JL 的平面注写方式,分集中标注和原位标注两部分内容,详见《国家建筑标准设计图集》(06G101—6)。

(2)基础圈梁 JQL 仅需集中引注:基础圈梁编号、截面尺寸、配筋三项为必注内容,基础圈梁底面相对标高高差、必要的文字注解两项为选注内容,标注方式与基础梁集中标注相同。

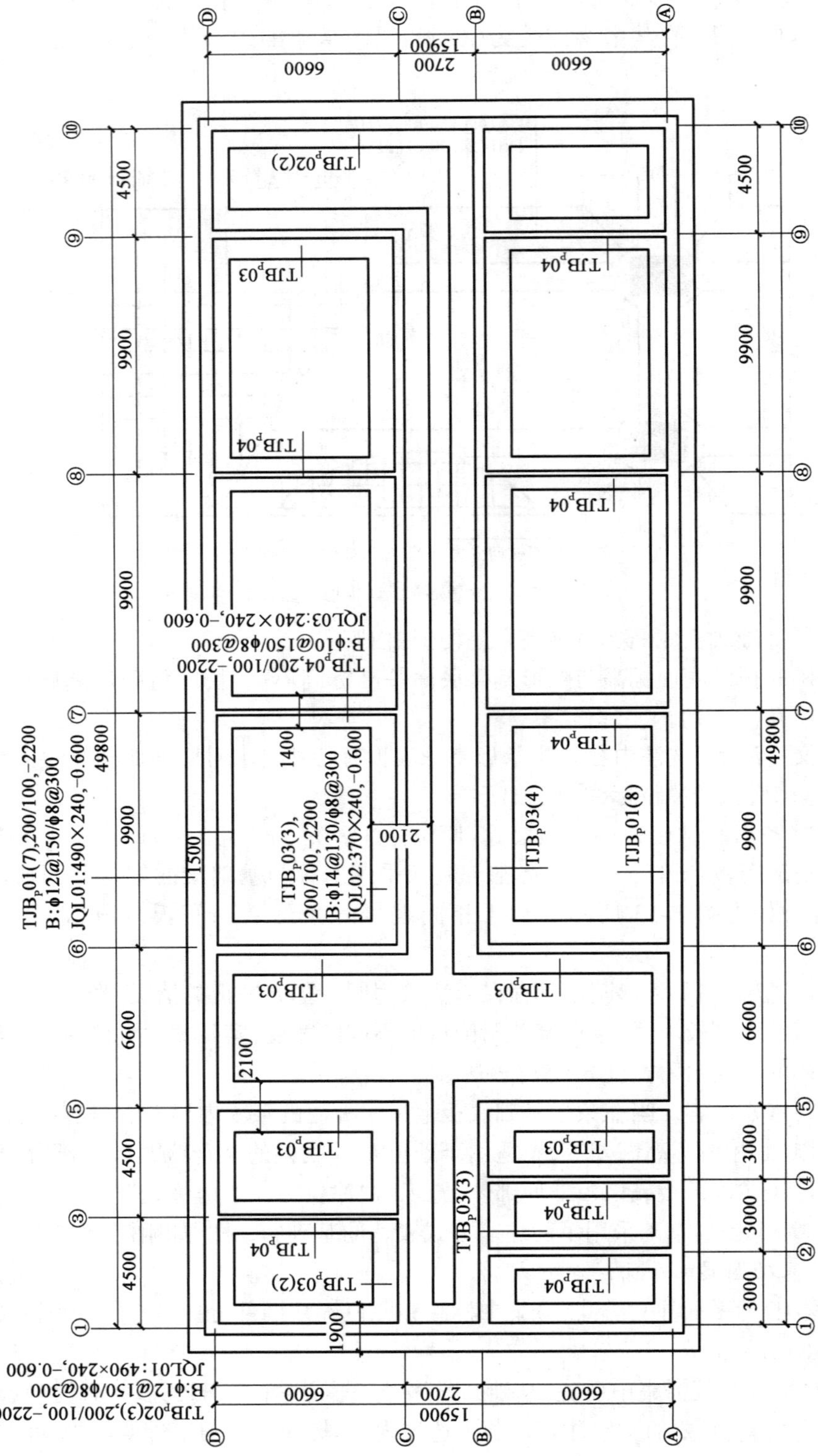

附图 B-13　教学楼基础施工图平面表示法（尺寸单位：mm）

参考文献

[1] 陈希哲. 土力学地基基础[M]. 北京:清华大学出版社,1998.
[2]《地基处理手册》编委会. 地基处理手册[M]. 北京:中国建筑工业出版社,2000.
[3] 周景星,王洪瑾,虞石民,等. 基础工程[M]. 北京:清华大学出版社,1996.
[4] 白晓红. 基础工程设计原理[M]. 北京:科学出版社,2005.
[5] 刘永红. 地基处理[M]. 北京:科学出版社,2005.
[6] 陈国兴,樊良本. 基础工程学[M]. 北京:中国水利水电出版社,2002.
[7] 孙维东. 土力学与地基基础[M]. 北京:机械工业出版社,2003.
[8] 顾晓鲁,钱鸿缙,刘惠珊,等. 地基与基础[M]. 北京:中国建筑工业出版社,2003.
[9] 中国建筑标准设计研究院. 16G101—3 国家建筑标准设计图集 混凝土结构施工图平面整体表示方法制图规则和构造详图(独立基础、条形基础、筏形基础、桩基础)[M]. 北京:中国计划出版社,2016.
[10] 中华人民共和国住房和城乡建设部. GB 50007—2011 建筑地基基础设计规范[S]北京:中国建筑工业出版社,2011.

高职高专土建类专业规划教材图书目录

序号	书号 978-7-114-	书 名	著译者	定价(元)
1	16619-8	钢结构构造与识图(第 2 版)	马瑞强	48.00
2	12631-4	建筑材料与检测(第三版)	宋岩丽	42.00
3	16618-1	建筑工程计量与计价(第 4 版)	蒋晓燕	58.00
4	08462-1	建筑工程施工图实例图集	蒋晓燕	38.00
5	12637-6	建筑法规(第三版)	马文婷、隋灵灵	42.00
6	10018-5	建筑法规学习指导	隋灵灵	28.00
8	14863-7	建筑识图与构造	董罗燕	42.00
8	13098-4	建筑识图与构造技能训练手册(第二版)	金梅珍	38.00
9	12663-5	地基与基础(第三版)	王秀兰	38.00
10	12644-4	建筑工程质量与安全管理	程红艳	36.00
11	12920-9	建设工程监理概论(第三版)	杨峰俊	35.00
12	13880-5	建筑工程技术资料管理(第三版)	李媛	40.00
13	13913-0	新平法识图与钢筋计算(第二版)	肖明和	43.00
14	13672-6	建筑装饰装修工程预算(第三版)	吴锐	43.00
15	13558-3	建筑装饰装修工程预算习题集与实训指导(第三版)	吴锐	30.00
16	13648-1	园林绿化工程预算	吴锐	38.00
17	13979-6	建筑构造与识图(第三版)	张艳芳	48.00
18	13687-0	建筑构造与识图习题与实训(第三版)	张艳芳	26.00
19	13311-4	建筑工程预算(第三版)	王晓薇	38.00
20	13157-8	建筑工程预算实训指导书与习题集(第三版)	程颢 罗淑兰	25.00
21	13220-9	建筑结构(第二版)	盛一芳 刘敏	52.00
22	08947-3	建筑工程 CAD(第二版)	张小平	36.00
23	09269-5	建筑施工技术(第二版)	危道军	49.00
24	10863-1	工程测量	王晓平	39.00
25	09684-6	建筑工程质量事故分析与处理(第二版)	余斌	39.00
26	09174-2	钢结构制作与安装	盛一芳	33.00
27	06885-0	建筑制图习题集	夏文杰	38.00
28	07379-3	建筑施工图识读与钢筋翻样	张细权	56.00
29	10026-0	建筑工程量电算化鲁班软件教程	温风军	58.00
30	08602-1	广联达工程造价类软件实训教程—案例图集(第二版)	广联达公司	25.00
31	08579-6	广联达工程造价类软件实训教程—图形软件篇(第二版)	广联达公司	20.00
32	08580-2	广联达工程造价类软件实训教程—钢筋软件篇(第二版)	广联达公司	15.00
33	08453-9	工程建设法规与合同管理	宁先平	36.00
34	11353-6	土力学及地基基础	王雪浪	38.00